普通高等教育“十三五”规划教材
卓越工程师培养计划系列教材

网络工程综合实践教程

俞 研 付安民 吕建勇 陆一飞 陈清华 编著

電子工業出版社
Publishing House of Electronics Industry
北京 · BEIJING

内 容 简 介

本书针对不同阶段计算机网络与网络安全实验需求，系统全面地介绍计算机网络与网络安全的相关原理与实验方法，详细讨论所涉及的网络基础知识、局域网与广域网组网原理、网络安全理论与方法，以及软件定义网络 SDN 等网络新技术，并结合计算机网络与网络安全知识学习的特点与关键知识，深入浅出、逐次递进地给出了相关的实验内容。本书内容系统全面，内容贯穿了计算机网络与网络安全所涉及的主要知识与关键实验内容，并注重相关内容的层次化和连续性，力求使读者通过本书的学习既可以全面理解和掌握计算机网络与网络安全的基础理论与技术，也可以根据自身的知识基础和需要有针对性地进行学习。

本书可作为高等院校相关专业高年级本科生和研究生了解和掌握计算机网络与网络安全的专业书籍与实验教材，也可以作为从事计算机网络与网络安全工作的工程技术人员的参考读物。

图书在版编目（CIP）数据

网络工程综合实践教程 / 俞研等编著. —北京：电子工业出版社，2017.4
ISBN 978-7-121-31117-8

I. ①网… II. ①俞… III. ①计算机网络－高等学校－教材 IV. ①TP393

中国版本图书馆 CIP 数据核字（2017）第 055496 号

策划编辑：戴晨辰
责任编辑：郝黎明
印　　刷：北京盛通商印快线网络科技有限公司
装　　订：北京盛通商印快线网络科技有限公司
出版发行：电子工业出版社
　　　　　北京市海淀区万寿路 173 信箱　　邮编：100036
开　　本：787×1 092　1/16　印张：15.5　字数：396.8 千字
版　　次：2017 年 4 月第 1 版
印　　次：2023 年 8 月第 2 次印刷
定　　价：39.00 元

凡所购买电子工业出版社图书有缺损问题，请向购买书店调换。若书店售缺，请与本社发行部联系，联系及邮购电话：（010）88254888，88258888。

质量投诉请发邮件至 zlts@phei.com.cn，盗版侵权举报请发邮件至 dbqq@phei.com.cn。

本书咨询联系方式：192910558（QQ 群）。

前　言

计算机网络技术的飞速发展和广泛应用，使其在社会中的地位和作用越来越重要，日益成为社会生活和发展的重要组成部分。计算机网络以及与之相关的网络安全技术是支撑网络基础设施与正常运行的关键和核心技术。

网络工程涵盖了计算机网络与网络安全的相关知识，是一门涉及计算机科学、网络通信技术、数学等多学科和技术的综合性、多学科交叉的技术。

本书针对计算机网络与网络安全所涉及的理论知识与应用技术，结合实践教学的特点与规律，按照层次式、递阶性的方式有针对性地将实验内容组织为初级、中级和高级网络实验三个自包含部分，使得教师和学生可以根据自身的特点和需求有选择性地选择相关的实验内容。本书的内容包括局域网、广域网、网络安全、模拟组网与故障排除和软件定义网络 SDN 等内容。局域网实验部分介绍了局域网理论基础、常用命令、有线与无线接入以及安全认证等理论知识与实验方法，详细给出了局域网络所涉及的网络部署与网络安全技术与方法；广域网实验部分讨论和介绍了广域网理论知识、路由协议、网络设备配置等方法与手段，使读者能够进一步理解网络互连的概念；网络安全部分则详细讨论了计算机网络所面临的安全威胁与相应的安全机制，介绍了防火墙、安全网关等安全机制与安全配置方法；模拟组网与故障排除部分则针对高级网络需求，设计并讨论了网络故障的特点、排查机制与解决方法；最后，介绍了软件定义网络 SDN 的相关原理与技术，以及 SDN 网络的部署与应用方法，为读者提供了进一步研究网络新技术的网络解决方案。

本书针对计算机网络与网络安全所具有的理论与实践紧密结合的特点，在首先解释相关基本概念、原理和方法的基础上，有针对性地设计了关键知识的实验内容，力求在做到内容全面的前提下，对于不同读者群又兼具针对性和自包含的特点，使得实践内容既涵盖了计算机网络与网络安全的关键知识，又能够使读者根据自身特点与需求独立选择所需要的知识内容，强调了内容的递进性、自包含性与实用性。

本书既可以作为高等院校相关专业高年级本科生和研究生深入了解计算机网络与网络安全的专业书籍与实践教材，也可以作为从事计算机网络与网络安全工作的工程技术人员的参考读物。

本书是在俞研、付安民、吕建勇、陆一飞和陈清华等作者长期从事计算机网络与网络安全理论与实践教学以及相关科研工作的基础上编写而成，南京理工大学的邵黎、冯元、魏松杰、濮存来、苏铓、黄婵颖、秦斐和唐玲等老师也参与了本书的编写工作，并提供了宝贵建议和帮助，电子工业出版社的编辑为本书的出版做了大量的工作，作者对他们表示由衷的谢意。同时，本书涉及的实验内容基于杭州华三通信技术有限公司的平台和设备进行，对在本书编写过程中给予帮助的杭州华三通信技术有限公司和南京信同诚信息技术有限公司表示感谢。另外，本书在编写过程中参考了国内外的有关著作和文献，在此致以真诚的敬意和衷心的感谢。

由于编者水平所限，书中难免存在缺点和错误，殷切希望广大读者批评指正。

编　者

2017 年 2 月

目　录

第 0 章　计算机网络概述……1

0.1　计算机网络常见分类……1

0.1.1　三种主要网络……1

0.1.2　按照网络拓扑结构分类……3

0.1.3　按照地理覆盖范围分类……3

0.1.4　按照网络的用途分类……4

0.2　计算机网络常用名词……4

0.3　计算机网络常用硬件设备……6

第 1 章　局域网实验……13

1.1　局域网基础理论……13

1.1.1　局域网分类……14

1.1.2　局域网安全……17

1.1.3　无线局域网……19

1.1.4　虚拟局域网……24

1.1.5　动态主机分配协议 DHCP……27

1.1.6　无线 802.11 协议……29

1.1.7　双绞线……29

1.1.8　三层交换机……31

1.2　常用网络检测命令及使用……31

1.2.1　网络测试命令 Ping……31

1.2.2　检查 IP 的配置……32

1.2.3　故障排查……32

1.3　局域网实验内容……34

1.4　网线制作及网络工具使用实验……35

1.5　网络设备基本连接实验……36

1.6　局域网有线用户的接入实验……43

1.7　局域网无线用户的接入实验……52

*1.8　用户接入认证……59

1.9　局域网设备的管理维护实验……66

第 2 章　广域网实验……68

2.1　广域网基础理论……68

2.1.1 广域网介绍 …… 68
2.1.2 广域网实例 …… 73
2.1.3 广域网路由协议 …… 79
2.2 广域网设备介绍 …… 83
2.3 广域网实验内容 …… 86
2.3.1 实验总体架构图（图 2-5） …… 86
2.3.2 实验组图说明 …… 86
2.4 路由设备基本连接实验 …… 86
2.5 广域网路由协议实验 …… 92
2.6 路由策略实验 …… 110
第 3 章 网络安全实验 …… 122
3.1 网络安全基础理论 …… 122
3.1.1 概述 …… 122
3.1.2 解决方案与安全分析 …… 126
3.1.3 技术原理 …… 127
3.2 安全设备基本介绍 …… 134
3.3 局域网内网络设备安全 …… 140
3.4 防火墙基本操作实验 …… 148
3.5 广域网安全网关安全 …… 152
*第 4 章 模拟组网与故障排除实验 …… 183
4.1 组网基本概念 …… 183
4.1.1 组网相关概念 …… 183
4.1.2 组网相关技术介绍 …… 185
4.2 故障排除相关概念 …… 191
4.3 模拟组网实验 …… 193
4.4 故障排除实验 …… 208
*第 5 章 SDN 实验 …… 213
5.1 SDN 技术介绍 …… 213
5.1.1 传统网络的弊病 …… 213
5.1.2 SDN 的提出 …… 214
5.1.3 SDN 的南北向接口 …… 214
5.1.4 OpenFlow 协议 …… 215
5.1.5 Google 的 SDN 应用部署 …… 218
5.2 方案介绍 …… 219
5.2.1 用户组 …… 219

5.2.2 安全策略 ········ 219
5.2.3 策略控制 ········ 220
5.3 实验内容和目的 ········ 220
5.4 实验组网图 ········ 220
5.5 交换机配置 ········ 221
5.6 功能实验 ········ 223
5.6.1 登录 VCFC ········ 223
5.6.2 策略跟随应用 ········ 223
5.6.3 北向接口功能支持 ········ 235
参考文献 ········ 240

第0章

计算机网络概述

计算机网络是计算机技术和通信技术紧密结合的产物。不同的网络定义反映了人们对网络本质的不同理解，也体现了网络技术的发展水平与阶段。广义的观点实质上定义了计算机网络中的通信网络，主要应用在主机-终端系统中，目前已经不适用。用户透明的观点实质上定义了分布式计算机系统，分布式系统和计算机网络系统是两个不同的概念，但二者有十分密切的关系。资源共享的观点实质上是从计算机网络的基本功能来定义计算机网络的，比较符合当前人们对计算机网络本质的认识。计算机网络是将地理位置不同的具有独立功能的多台计算机，连同其外部设备，通过通信线路连接起来，在网络操作系统、网络管理软件及网络通信协议的管理和协调下，实现资源共享和信息传递的计算机通信系统。简单地说，计算机网络就是通过电缆、电话线或无线通信将两台以上的计算机互连起来的集合。它能够利用快速的信息传送，实现广泛的资源共享。计算机网络的基本功能是资源共享和数据通信。资源共享是非实时性的数据交换，在数据已处理好的基础上通过某种形式在计算机网络上交换从而实现资源的共享，针对不同的资源所需的数据量和数据类型的不同，该功能对网络性能的要求也各不相同。数据通信是实时性的数据交换，在数据形成过程中实时进行交换从而实现各种具体的网络功能，如网络电话、网络广播、网络直播、网络课堂等，这些实时数据交换功能对计算机网络的性能要求一般比较高。计算机还有其他一些功能，如提高计算机系统的可靠性与可用性，为负载均衡技术（协同处理）提供实现平台，为分布式计算机系统提供可靠的运行环境，为各种联机协作型应用程序提供执行环境等。

计算机网络的发展经历了面向终端的单级计算机网络、计算机网络对计算机网络和开放式标准化计算机网络三个阶段。它的基本组成包括计算机、网络操作系统、传输介质（可以是有形的，也可以是无形的，如无线网络的传输介质就是看不见的电磁波）以及相应的应用软件四部分。计算机网络系统由**网络硬件**和**网络软件**两部分组成。网络硬件是计算机网络系统的物理实现，一般指网络的计算机、传输介质和网络连接设备等。网络软件是网络系统中的技术支持，一般指网络操作系统、网络通信协议等，两者相互作用，共同完成网络功能。

0.1　计算机网络常见分类

0.1.1　三种主要网络

电信网是由传输、交换、终端设施和信令过程、协议，以及相应的运行支撑系统组成的综合系统，它从概念上可分为装备（物理）网和业务网。装备网是许多业务网的承载者，一般由终端设备、传输设备和交换设备等组成。业务网是承担各种业务（话音、数据、图像、广播电视等）中的一种或几种的电信网，一般由终端、传输、交换和网路等技术组成，网内各个同类终端之间可根据需要接通，有时也可固定连接。简单的电信系统可以没有交换系统。而复杂的电信网除了终端、传输和交换设备外，还有维护监控网、信令网、网路管理网以及特种服务中心等。随着电信网综合化、智能化的发展以及电信新业务不断增多，对电信网的构成在概念上提出了一些新的划分方法，如将电信网分为承载层、支撑层、业务层等。承载层相当于装备网及其拓扑结构总体，承担电信网中沟通信息交流的承载部分。将电信网的维护监控管理系统、网内信令、信息处理系统和数字同步系统等划分出来作为支撑层。而业务层近似于业务网，是电信网中面向电信用户业务的部分。这种划分有利于电信网向智能网（IN）和综合业务数字网（ISDN）方向发展，但国际上尚无统一的划分标准。现在世界各国的通信体系正向数字化的电信网发展，将逐渐代替模拟通信的传输和交换，并且向智能化、综合化的方向发展，但是由于电信网具有全程全网互通的性质，已有的电信网不能同时更新，因此，电信网的发展是一个逐步的过程。

有线电视网是高效廉价的综合网络。有线电视网利用有线电视铺设的同轴电缆进行数据信号的传递，它具有频带宽、容量大、多功能、成本低、抗干扰能力强、支持多种业务、连接千家万户的优势，它的发展为信息高速公路的发展奠定了基础。同时，由于其免去了铺设线缆的麻烦，只需要在用户端增加设备即可访问网络，极大地便利了网络的普及。数字化和网络化是广播电视的主要发展趋势。网络整合有效促进了网络规模效益的实现，网络整合不仅突破了有线网络本地分散发展的空间限制，同时也集中优势打造出了引领有线网络发展的骨干企业，为站在更高起点上加快有线网络数字化、双向化发展，推进网络产业化、集约化运营提供了基础和条件。

计算机网络，是指将地理位置不同的具有独立功能的多台计算机及其外部设备，通过通信线路连接起来，在网络操作系统、网络管理软件及网络通信协议的管理和协调下，实现资源共享和信息传递的计算机系统。通俗地讲就是将“自治”的计算机互连起来的集合，以功能完善的网络软件（在协议的控制下）实现网络中的资源共享和数据交换。

按广义定义来说，计算机网络也称计算机通信网。关于计算机网络的最简单定义是一些相互连接的、以共享资源为目的的、自治的计算机的集合。若按此定义，则早期的面向终端的网络都不能算是计算机网络，而只能称为联机系统（因为那时的许多终端不能算是自治的计算机）。但随着硬件价格的下降，许多终端都具有一定的智能，因而“终端”和“自治的计算机”逐渐失去了严格的界限。若用微型计算机作为终端使用，按上述定义，则早期的那种面向终端的网络也可称为计算机网络。

另外，从逻辑功能上看，计算机网络是以传输信息为基础目的，用通信线路将多个计算机连接起来的计算机系统的集合，一个计算机网络组成包括传输介质和通信设备。

从用户角度看，计算机网络是这样定义的：存在着一个能为用户自动管理的网络操作系统，由它调用完成用户所调用的资源，而整个网络像一个大的计算机系统一样，对用户是透明的。

一个比较通用的定义是：利用通信线路将地理上分散的、具有独立功能的计算机系统和通信设备按不同的形式连接起来，以功能完善的网络软件及协议实现资源共享和信息传递的系统。

从整体上来说计算机网络就是把分布在不同地理区域的计算机与专门的外部设备用通信线路互连成一个规模大、功能强的系统，从而使众多的计算机可以方便地互相传递信息，共享硬件、软件、数据信息等资源。简单来说，计算机网络就是由通信线路互相连接的许多自主工作的计算机构成的集合体。最简单的计算机网络只有两台计算机和连接它们的一条链路，即两个节点和一条链路。

按连接定义来说，计算机网络就是通过线路互连起来的、资质的计算机集合，确切地说就是将分布在不同地理位置上的具有独立工作能力的计算机、终端及其附属设备用通信设备和通信线路连接起来，并配置网络软件，以实现计算机资源共享的系统。

按需求定义来说，计算机网络就是由大量独立但相互连接起来的计算机来共同完成计算机任务。这些系统称为计算机网络（Computer Networks）。

在这三种网络中，计算机网络的发展最快，其技术已成为信息时代的核心技术。

0.1.2　按照网络拓扑结构分类

按照网络拓扑结构划分，计算机网络分为星状（Star）、环状（Ring）、总线网（Bus）、阶层树状（Hierarchical Tree）和网状（Distributed Mesh），如图 0-1 所示。

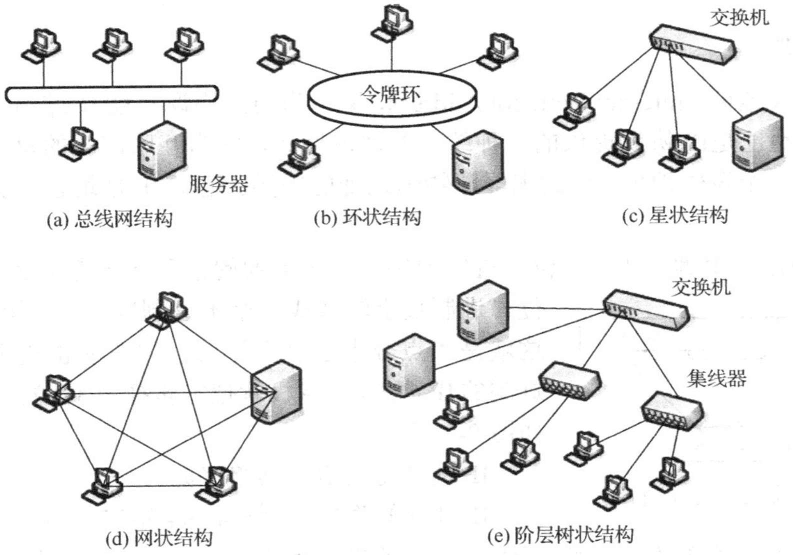

图 0-1　拓扑结构网络分类

0.1.3　按照地理覆盖范围分类

按照地理覆盖范围划分，计算机网络分为局域网（LAN，Local Area Network）、城域网（MAN，Metropolitan Area Network）、广域网（WAN：Wide Area Network）。

广域网、城域网、接入网以及局域网的关系如图 0-2 所示。

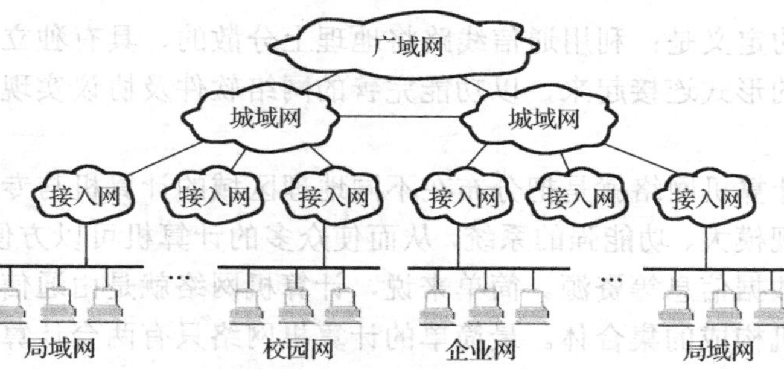

图 0-2 广域网、城域网、接入网以及局域网的关系

0.1.4 按照网络的用途分类

按照网络的用途划分，可将计算机网络分为公用网（Public Network）和专用网（Private Network）。

公用网一般是国家的邮电部门建造的网络，是为公众提供服务的网络。

专用网是某些公司或部门为本系统的工作业务需要而建造的网络，一般不向本单位以外的人提供服务。

0.2 计算机网络常用名词

1. IP 地址

互联网协议地址（Internet Protocol Address，又译为网际协议地址），缩写为 IP 地址（IP Address）。IP 地址是IP 协议提供的一种统一的地址格式，它为互联网上的每一个网络和每一台主机分配一个逻辑地址，以此来屏蔽物理地址的差异。这个 IP 地址在世界范围内必须是唯一的。

IP 协议规定：IP 地址是 32 位二进制数字。为了方便阅读和从键盘上输入，可把每 8 位二进制数字转换成一个十进制数字，并用小数点隔开，这就是“点分十进制”记法。用户从键盘上输入点分十进制的IP 地址，计算机就把它转换为32位的二进制数字，如图 0-3 所示。

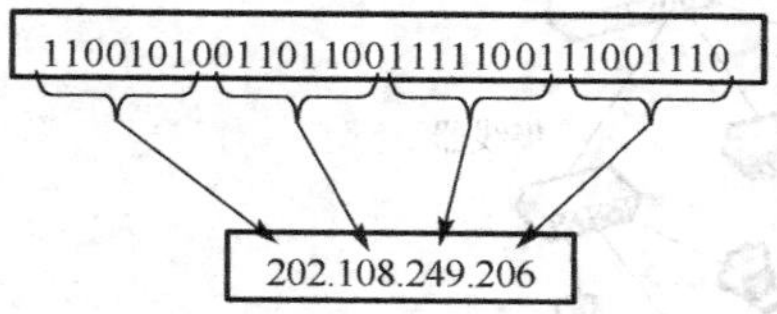

图 0-3 二进制与点分十进制

IP 地址是宝贵的网络资源。

IP 地址的总数：2^{32} = 4 294 967 296 个，接近 43 亿个。

由于 IP 地址的总数有限，因此 IP 地址是非常宝贵的资源，需要使用大量 IP 地址的单位必须向有关机构进行申请。

考虑到 IP 地址不久会用尽，因此现在已考虑对 IP 协议进行版本升级，即从现在的 IPv4 升级到新的版本 IPv6。

2. MAC 地址

MAC（Media Access Control 或者 Medium Access Control）地址，意译为媒体访问控制，或称为物理地址、硬件地址，用来定义网络设备的位置。在OSI 模型中，第三层网络层负责 IP 地址，第二层数据链路层则负责 MAC 地址。因此一个主机会有一个 MAC 地址，而每个网络位置会有一个专属于它的 IP 地址。MAC 地址是由网卡决定的，是固定的。

3．域名

域名（Domain Name）其实就是通常所说的网址，只是因为使用分级管理，因特网使用多级的域，因此就出现了“域名”这个名词。

因特网的域名分为顶级域名、二级域名、三级域名、四级域名等，如图 0-4 所示。

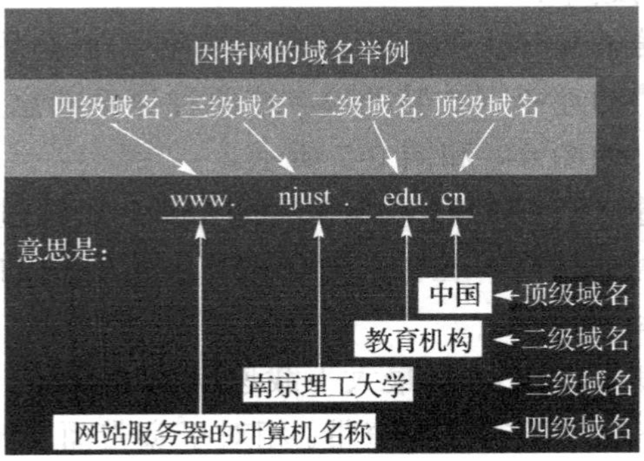

图 0-4　域名举例

4．DNS

DNS（Domain Name System，域名解析系统）帮助用户在互联网上寻找路径。在互联网上的每一台计算机都拥有一个唯一的地址，称作“IP 地址”（即互联网协议地址）。由于 IP 地址（为一串数字）不方便记忆，DNS 允许用户使用一串常见的字母（即域名）取代。

因特网中设有很多的域名服务器 DNS，用来把域名转换为 IP 地址，如图 0-5 所示。

例如，DNS 收到 www.cctv.com 后，经过查询过程，就把这个域名转换为 IP 地址：11001010011011001111100111001110，用点分十进制表示就是：202.108.249.206。

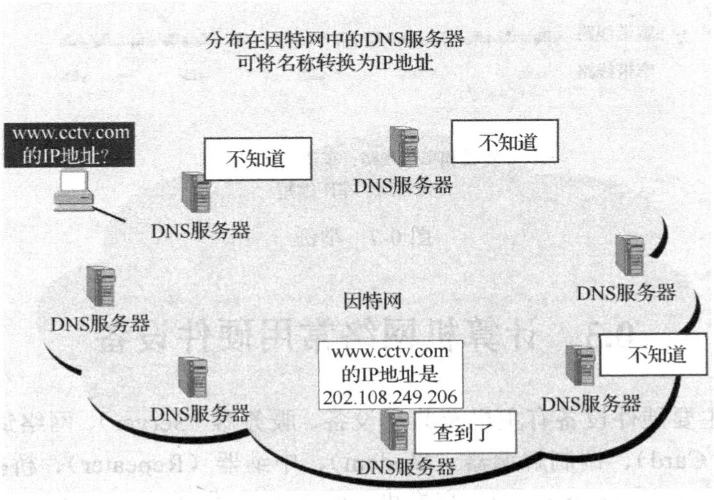

图 0-5　域名转化为 IP 地址

5. 带宽

计算机网络的带宽是指网络可通过的最高数据率，即每秒多少比特。描述带宽也常常把“比特/秒”省略。例如，带宽是10M，实际上是10Mb/s。

一些错误的观念：

有些人愿意用“汽车在公路上跑”来比喻“比特在网络上传输”，认为宽带传输的好处就是传输更快，好比汽车在高速公路上可以跑得更快一样。

在网络中有两种不同的速率：

信号（即电磁波）在传输媒体上的传播速率（米/秒，或公里/秒）。

计算机向网络发送比特的速率（比特/秒），这两种速率的意义和单位完全不同。

宽带线路和窄带线路，如图0-6和图0-7所示。

宽带：在数字通信中通常指64Kb/s以上信号的带宽，可通过较高数据率的线路。宽带是相对的概念，并没有绝对的标准，在目前对于接入到因特网的用户来说，每秒传送几个兆比特就可以算是宽带速率。

窄带：将网络接入速度为64Kb/s（最大下载速度为8Kb/s）及其以下的网络接入方式称为“窄带”，拨号上网是最常见的一种窄带。相对于宽带而言窄带的缺点是接入速度慢。

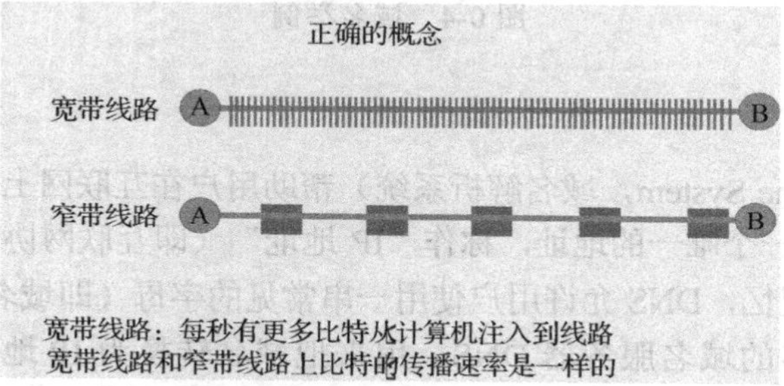

图 0-6 宽带线路和窄带线路

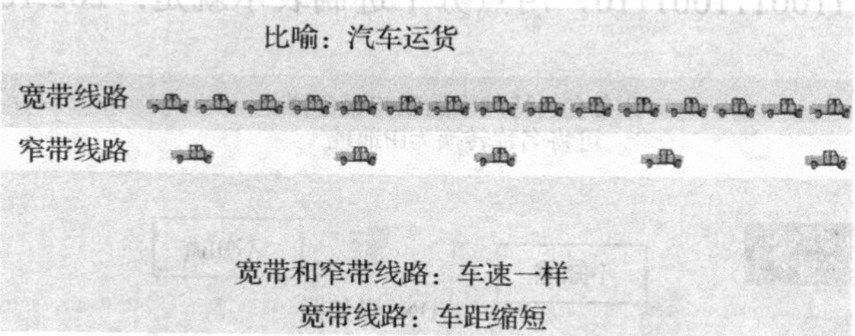

图 0-7 举例

0.3 计算机网络常用硬件设备

计算机网络主要硬件设备有主机及共享设备、服务器（Server）、网络适配器（Adapter，Network Interface Card）、调制解调器（Modem）、中继器（Repeater）、桥接器（Bridge）、路由器（Router）、网关（Gateway）、交换机（Switch）、集线器（HUB）、无线热点（AP）、无线控制器（AC）、防火墙、网线，如图0-8所示。

1. 主机及共享设备

主机及共享设备包括巨型计算机（简称巨型机）、大型机、工程工作站（Workstation）、小型机、微型机、服务器（Server）、网络打印机、绘图仪等资源设备。

2. 服务器

服务器是网络的核心控制计算机。用于管理网络资源、处理工作站提交的任务。网络操作系统主要运行在服务器上，因此一般来说服务器应具备承担服务并且保障服务的能力。服务器的构成与微机基本相似，有处理器、硬盘、内存、系统总线等，但是由于需要提供高可靠的服务，因此服务器在处理能力、稳定性、可靠性、安全性、可扩展性、可管理性等方面要求较高。在网络环境下，根据服务器提供的服务类型不同，分为文件服务器、数据库服务器、应用程序服务器、Web 服务器等。

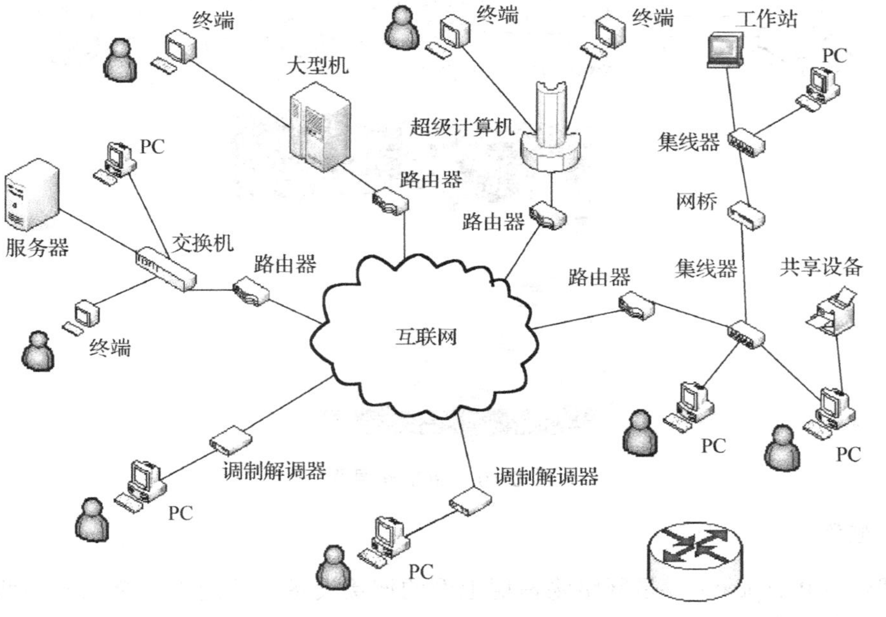

图 0-8　计算机网络

3. 网卡

工作在数据链路层的网络组件，是局域网中连接计算机和传输介质的接口。

网络适配器又称为网络接口卡（Network Interface Card），也叫做网卡，如图 0-9 所示，有了它就能将计算机连接到网络。网卡的主要作用是完成数据转换、信息包的组装、网络访问控制、数据缓存、网络信号生成等。每块网卡都有一个唯一的物理地址，它是网卡生产厂家在生产时烧入 ROM（只读存储芯片）中的，称为 MAC 地址（物理地址）。

4. 调制解调器

调制解调器（Modem）是完成“调制”和“解调”两种功能的设备，如图 0-10 所示。它能把计算机的数字信号翻译成可沿普通电话线传送的模拟信号，而这些模拟信号又可被线路另一端的另一个调制解调器接收，并译成计算机可懂的语言。所谓调制，就是把数字信号转换成电话线上传输的模拟信号；解调，即把模拟信号转换成数字信号，合称调制解调器。这一简单过程完成了两台计算机间的通信。

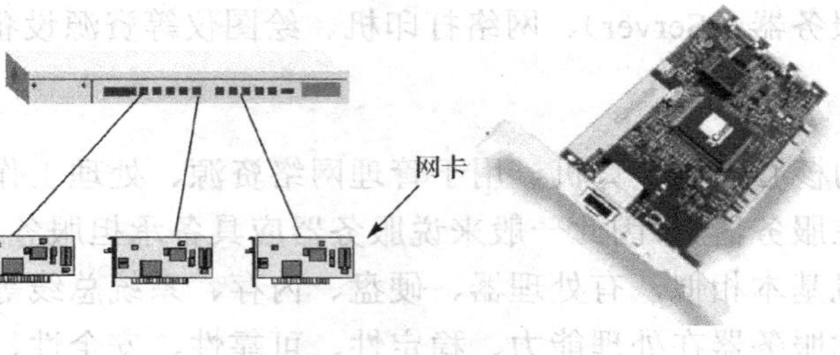

图 0-9　网卡

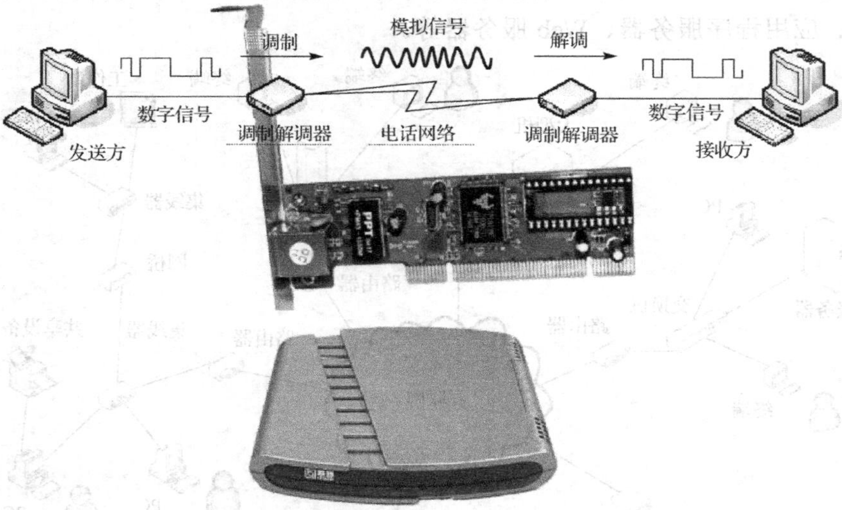

图 0-10　调制解调器

5. 中继器

中继器（RP repeater）是网络物理层上面的连接设备，适用于完全相同的两类网络的互连，主要功能是通过对数据信号的重新发送或者转发，来扩大网络传输的距离，如图 0-11 所示。中继器是最简单的网络互连设备，主要完成物理层的功能，负责在两个节点的物理层上按位传递信息，完成信号的复制、调整和放大功能，以此来延长网络的长度。由于存在损耗，在线路上传输的信号功率会逐渐衰减，衰减到一定程度时将造成信号失真，因此会导致接收错误。中继器就是为解决这一问题而设计的，它将线路中已经衰减的信号进行放大。中继器的主要作用是加强信号和整形信号，以延长传输距离将线路中已经衰减的信号进行放大，使其传送更远的距离。

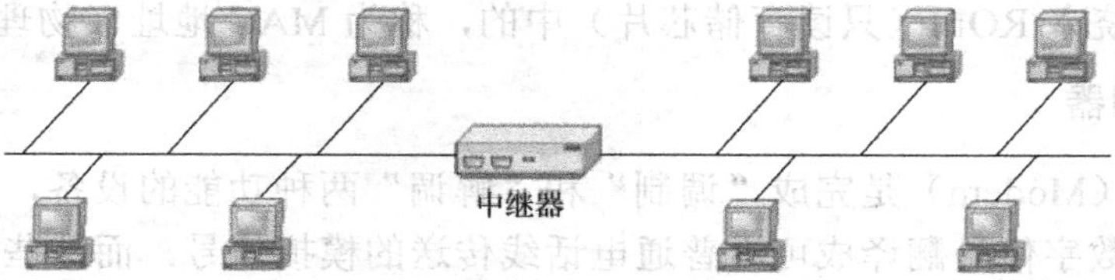

图 0-11　中继器

6. 集线器

集线器用来集中连接网络系统中的各种设备，如图 0-12 所示。集线器是将多条以太网双绞线或光纤集合连接在同一段物理介质下的设备。集线器是运作在 OSI 模型中的物理层，它可以视作多端口的中继器，若它侦测到碰撞，它会提交阻塞信号，它的主要功能是对接收到的信号进行再生整形放大，以扩大网络的传输距离，同时把所有节点集中在以它为中心的节点上。集线器（Hub）属于纯硬件网络底层设备，基本上不具有类似于交换机的“智能记忆”能力和“学习”能力，它也不具备交换机所具有的MAC 地址表，所以它发送数据时都是没有针对性的，而是采用广播方式发送的。

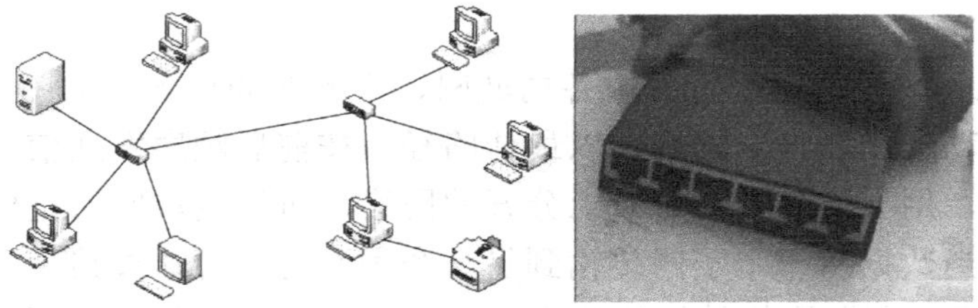

图 0-12 集线器

7. 网桥

网桥（Bridge）也称桥接器，是连接两个局域网的一种存储/转发设备，如图 0-13 所示，它能将一个大的 LAN 分割为多个网段，或将两个以上的 LAN 互连为一个逻辑 LAN，使 LAN 上的所有用户都可访问服务器；用来连接若干个网络，这些网络一般运行相同的通信协议；是早期的两端口二层网络设备，用来连接不同网段。网桥的两个端口分别有一条独立的交换信道，不是共享一条背板总线，可隔离冲突域。网桥比集线器性能更好，集线器上各端口都是共享同一条背板总线的。后来，网桥被具有更多端口，同时也可隔离冲突域的交换机（Switch）所取代。

网桥像一个聪明的中继器。中继器从一个网络电缆里接收信号，放大它们，将其送入下一个电缆。相比较而言，网桥对从关卡上传下来的信息更敏锐一些。网桥是一种对帧进行转发的技术，根据 MAC 分区块，可隔离碰撞。网桥将网络的多个网段在数据链路层连接起来。

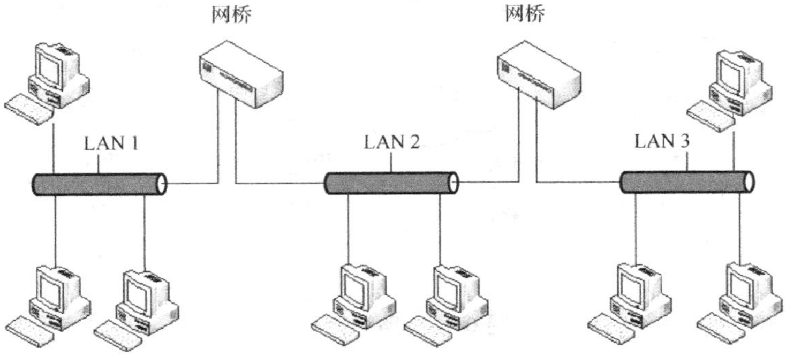

图 0-13 网桥

8. 交换机

交换机是一种用于电信号转发的网络设备，如图 0-14 所示。它可以为接入交换机的任意两个网络节点提供独享的电信号通路。最常见的交换机是以太网交换机，其他常见的还有电话语音交换机、光纤交换机等。

H3C S5500-HI 系列交换机是 H3C 公司最新开发的增强型 IPv6 强三层万兆以太网交换机产品，具备先进的硬件处理能力和丰富的业务特性。此交换机支持最多 6 个万兆接口，实现业界 1U 设备最高的端口密度以及灵活的端口扩展能力；支持 IPv4/IPv6 硬件双栈及线速转发，使客户能够从容应对即将带来的 IPv6 时代。除此以外，其出色的安全性、可靠性、PoE 供电能力和多业务支持能力使其成为大型企业网络和园区网的汇聚、中小企业网核心，以及城域网边缘设备的第一选择。

9. 路由器

路由器（Router），是连接因特网中各局域网、广域网的设备，如图 0-15 所示，它会根据信道的情况自动选择和设定路由，以最佳路径，按前后顺序发送信号。路由器又称网关设备（Gateway），用于连接多个逻辑上分开的网络，所谓逻辑网络是代表一个单独的网络或者一个子网，当数据从一个子网传输到另一个子网时，可通过路由器的路由功能来完成。因此，路由器具有判断网络地址和选择 IP路径的功能，它能在多网络互连环境中，建立灵活的连接，可用完全不同的数据分组和介质访问方法连接各种子网，路由器只接收源站或其他路由器的信息，属网络层的一种互连设备，用于连接多个运行不同协议的网络，主要功能是路由选择，如图 0-16 所示。

图 0-14　交换机

图 0-15　路由器设备

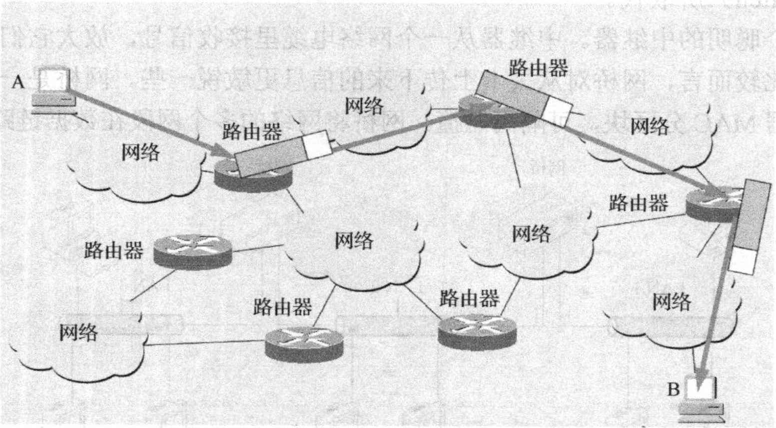

图 0-16　路由网络

10. 网关

网关（Gateway）可以互连不同体系结构的网络，主要用来进行高层协议之间的转换，如图 0-17 所示。网关比网桥/路由器的功能更加强大。网关又称网间连接器、协议转换器。

网关在网络层以上实现网络互连，是最复杂的网络互连设备，仅用于两个高层协议不同的网络互连。网关既可以用于广域网互连，也可以用于局域网互连。网关是一种充当转换重任的计算机系统或设备，在不同的通信协议、数据格式或语言，甚至体系结构完全不同的两种系统之间使用，网关是一个翻译器。与网桥只是简单地传达信息不同，网关对收到的信息要重新打包，以适应目的系统的需求。

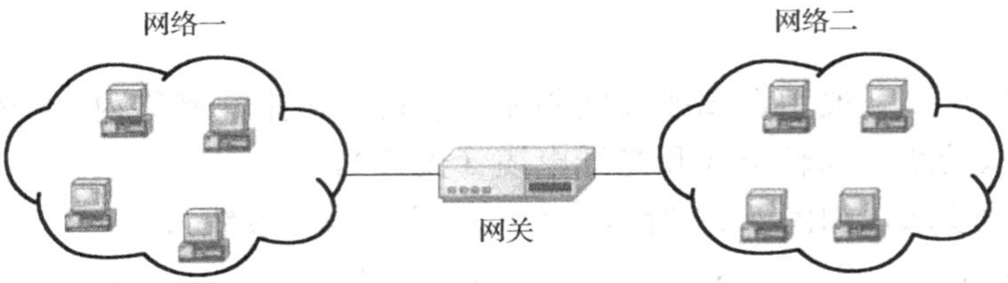

图 0-17　网关

11. 无线接入点

无线接入点（Access Point）是一个无线网络的接入点，俗称“热点”，如图 0-18 所示，主要有路由交换接入一体设备和纯接入点设备，一体设备执行接入和路由工作，纯接入设备只负责无线客户端的接入，纯接入设备通常作为无线网络扩展使用，与其他 AP 或者主 AP 连接，以扩大无线覆盖范围，而一体设备一般是无线网络的核心。

图 0-18　AP 设备

H3C WA4600 i 系列无线产品是杭州华三通信技术有限公司（H3C）自主研发的新一代基于 3-Streams 11ac MIMO 技术的千兆高速无线接入设备（以下简称 AP），可提供相当于传统 802.11n 网络 5 倍以上的无线接入速率，能够覆盖更大的范围。

WA4600 i 系列目前有 WA4620i-ACN 一款产品，全部内置终端感知型硬件智能天线阵列（最高可达 1600 万种波形），外型小巧美观，安装方式灵活，适用于壁挂、吸顶等多种安装方式。

12. 无线控制器

无线控制器（Wireless Access Point Controller）是一种网络设备，用来集中化控制无线 AP，是一个无线网络的核心，负责管理无线网络中的所有无线 AP，对 AP 管理包括下发配置、修改相关配置参数、射频智能管理、接入安全控制等。

13. 防火墙

所谓防火墙指的是一个由软件和硬件设备组合而成、在内部网和外部网之间、专用网与公共网之间的界面上构造的保护屏障，是一种获取安全性方法的形象说法，它是一种计算机硬件和软件的结合，使Internet与Intranet之间建立起一个安全网关（Security Gateway），从而保护内部网免受非法用户的侵入。防火墙主要由服务访问规则、验证工具、包过滤和应用网关4 个部分组成，防火墙就是一个位于计算机和它所连接的网络之间的软件或硬件，该计算机流入流出的所有网络通信和数据包均要经过此防火墙，它是一项信息安全的防护系统，依照特定的规则，允许或是限制传输的数据通过。在网络中，所谓防火墙，是指一种将内部网和公众访问网（如 Internet）分开的方法，它实际上是一种隔离技术。防火墙是在两个网络通信时执行的一种访问控制尺度，它能允许用户同意的人和数据进入其网络，同时将用户不同意的人和数据拒之门外，最大限度地阻止网络中的黑客来访问用户的网络。防火墙对流经它的网络通信进行扫描，这样能够过滤掉一些攻击，以免其在目标计算机上被执行。防火墙还可以关闭不使用的端口，而且它还能禁止特定端口的流出通信，封锁特洛伊木马。最后，它可以禁止来自特殊站点的访问，从而防止来自不明入侵者的所有通信。

14．网线

网络电缆（网线）一般由金属或玻璃制成，它可以用来在网络内传给信息。常用的网络电缆有三种：双绞线、同轴电缆和光纤电缆（光纤）。

双绞线有两种接法，如图 0-19 所示（不可按其他顺序接线）：

T568A 线序：	1	2	3	4	5	6	7	8
	绿白	绿	橙白	蓝	蓝白	橙	棕白	棕
T568B 线序：	1	2	3	4	5	6	7	8
	橙白	橙	绿白	蓝	蓝白	绿	棕白	棕

网络使用范围如图 0-20 所示。

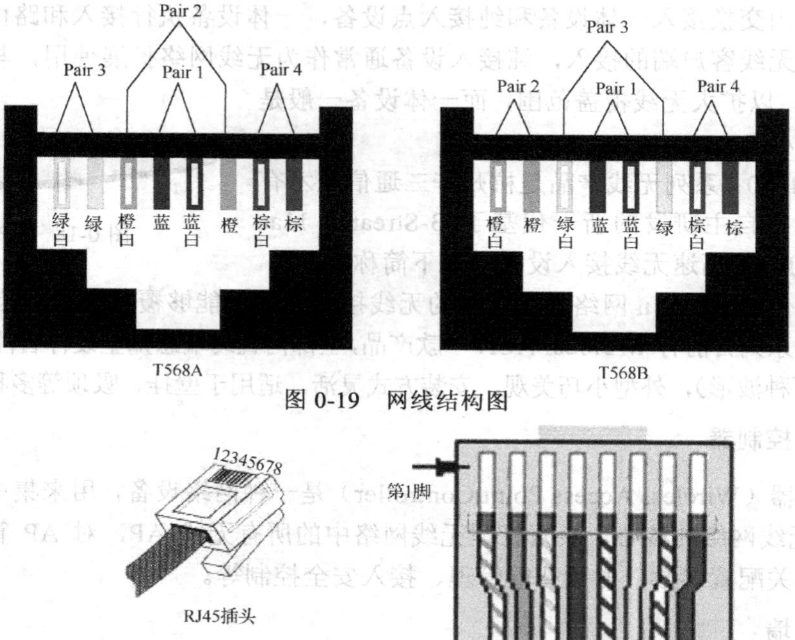

图 0-19　网线结构图

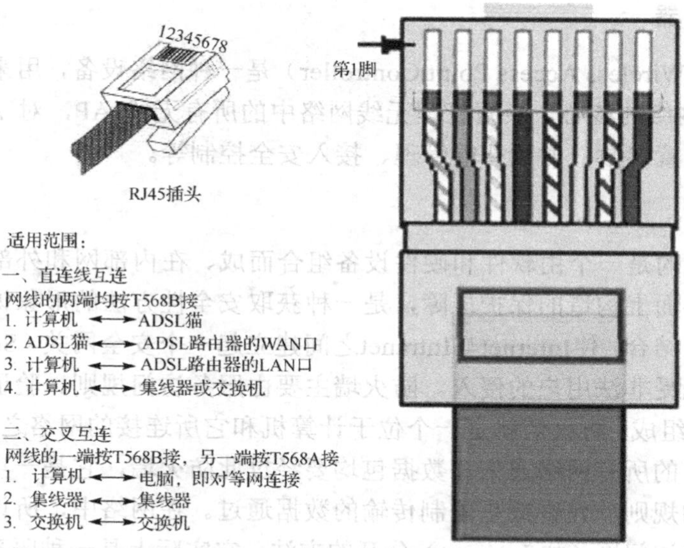

图 0-20　网线使用范围

第1章

局域网实验

1.1 局域网基础理论

局域网（Local Area Network，LAN）是指在某一区域内由多台计算机互连成的计算机组，一般是方圆几千米以内。局域网可以实现文件管理、应用软件共享、打印机共享、工作组内的日程安排、电子邮件和传真通信服务等功能。局域网是封闭型的，可以由办公室内的两台计算机组成，也可以由一个公司内的上千台计算机组成。

局域网是在一个局部的地理范围内（如一个学校、工厂和机关内），一般是方圆几千米以内，将各种计算机、外部设备和数据库等互相连接起来组成的计算机通信网，它可以通过数据通信网或专用数据电路，与远方的局域网、数据库或处理中心相连接，构成一个较大范围的信息处理系统。局域网可以实现文件管理、应用软件共享、打印机共享、扫描仪共享、工作组内的日程安排、电子邮件和传真通信服务等功能。局域网严格意义上是封闭型的，它可以由办公室内几台甚至上千上万台计算机组成。决定局域网的主要技术要素为：网络拓扑、传输介质与介质访问控制方法。

局域网由网络硬件（包括网络服务器、网络工作站、网络打印机、网卡、网络互连设备等）和网络传输介质，以及网络软件组成。

为了完整地给出LAN的定义，必须使用两种方式：一种是功能性定义，另一种是技术性定义。前一种将LAN定义为一组台式计算机和其他设备，在物理地址上彼此相隔不远，以允许用户相互通信和共享如打印机和存储设备之类的计算资源的方式互连在一起的系统，这种定义适用于办公环境下的LAN、工厂和研究机构中使用的LAN。而后一种将LAN定义为由特定类型的传输媒体（如电缆、光缆和无线媒体）和网络适配器（也称为网卡）互连在一起的计算机，并受网络操作系统监控的网络系统。

功能性和技术性定义之间的差别是很明显的，功能性定义强调的是外界行为和服务，技术性定义强调的则是构成LAN所需的物质基础和构成的方法。

局域网（LAN）的名字本身就隐含了这种网络地理范围的局域性。由于较小的地理范围的局限性，LAN通常要比广域网（WAN）具有高得多的传输速率。例如，LAN的传输速率为10Mb/s，FDDI的传输速率为100Mb/s，而WAN的主干线速率国内仅为64Kb/s或2.048Mb/s，最终用户的上限速率通常为14.4Kb/s。

局域网一般为一个部门或单位所有，建网、维护以及扩展等较容易，系统灵活性高。其主要特点是：

- 覆盖的地理范围较小，只在一个相对独立的局部范围内联，如一座或集中的建筑群内。
- 使用专门铺设的传输介质进行联网，数据传输速率高（10Mb/s～10Gb/s）。
- 通信延迟时间短，可靠性较高（传输的时延一般在几毫秒到几十毫秒之间，其误码率一般为 10^{-11}～10^{-8}）。
- 局域网可以支持多种传输介质（电话线、同轴电缆、光纤、双绞线、红外线、卫星等）。

此外，局域网还有诸如高可靠性、易扩缩和易于管理及安全等多种特性。

1.1.1 局域网分类

局域网的类型很多，若按网络使用的传输介质分类，可分为有线网和无线网；若按网络拓扑结构分类，可分为总线网、星状、环状、树状、混合网等；若按传输介质所使用的访问控制方法分类，又可分为以太网、令牌环网、FDDI 网和无线局域网等。其中，以太网是当前应用最普遍的局域网技术。

1. 拓扑结构

局域网通常是分布在一个有限地理范围内的网络系统，一般所涉及的地理范围只有几公里。局域网专用性非常强，具有比较稳定和规范的拓扑结构。常见的局域网拓扑结构如下。

（1）星状

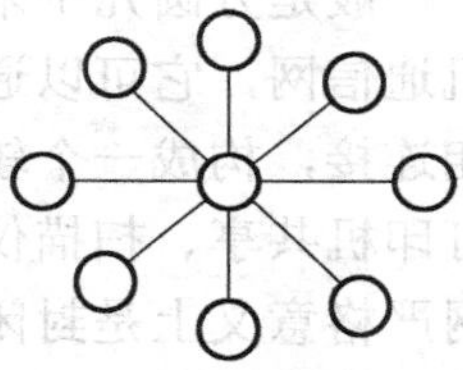

图 1-1 星状拓扑图

这种结构的网络是各工作站以星状方式连接起来的，网中的每一个节点设备都以中防节为中心，通过连接线与中心节点相连，如图 1-1 所示。如果一个工作站需要传输数据，它首先必须通过中心节点。由于在这种结构的网络系统中，中心节点是控制中心，任意两个节点间的通信最多只需两步，所以，传输速度快，并且网络构形简单，建网容易，便于控制和管理。但这种网络系统，网络可靠性低，网络共享能力差，并且一旦中心节点出现故障则导致全网瘫痪。

（2）树状

树状结构网络是天然的分级结构，又被称为分级的集中式网络。其特点是网络成本低，结构比较简单。在网络中，任意两个节点之间不产生回路，每个链路都支持双向传输，并且，网络中节点扩充方便、灵活，寻查链路路径比较简单，如图 1-2 所示。

但在这种结构网络系统中，除叶节点及其相连的链路外，任何一个工作站或链路产生故障会影响整个网络系统的正常运行。

（3）总线网

总线网结构网络是将各个节点设备和一根总线相连，如图 1-3 所示。网络中所有的节点工作站都是通过总线进行信息传输的，作为总线的通信连线可以是同轴电缆、双绞线，也可以是扁平电缆。在总线结构中，作为数据通信必经的总线的负载能量是有限度的，这是由通信媒体本身的物理性能决定的。所以，总线结构网络中工作站节点的个数是有限制的，如果工作站节点的个数超出总线负载能量，就需要延长总线的长度，并加入相当数量的附加转接部件，使总线负载达到容量要求。总线网结构网络简单、灵活，可扩充性能好，所以，进行节点设备的插入与拆卸非常方便。另外，总线结构网络可靠性高、网络节点间响应速度快、共享资源能力强、设备投入量少、成本低、安装使用方便，当某个工作站节点出现故障时，对整个网络系统影响小。因此，总线结构网络是最普遍使用的一种网络。但是由于所有的工作站通信均通过一条共用的总线，所以，实时性较差。

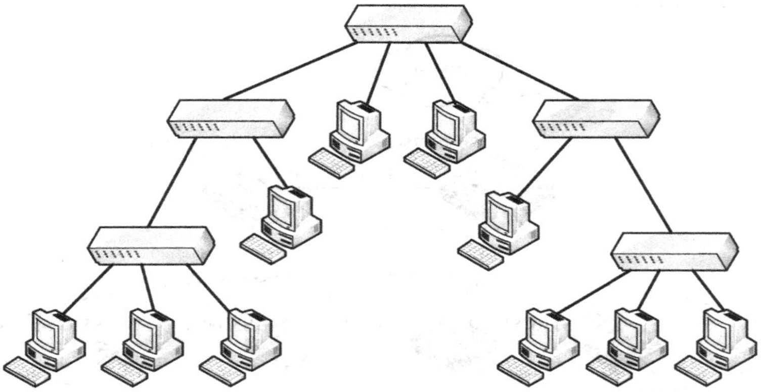

图 1-2　树状拓扑图

（4）环状

环状结构是网络中各节点通过一条首尾相连的通信链路连接起来的一个闭合环状结构网，如图 1-4 所示。环状结构网络的结构也比较简单，系统中各工作站地位相等，系统中通信设备和线路比较节省。

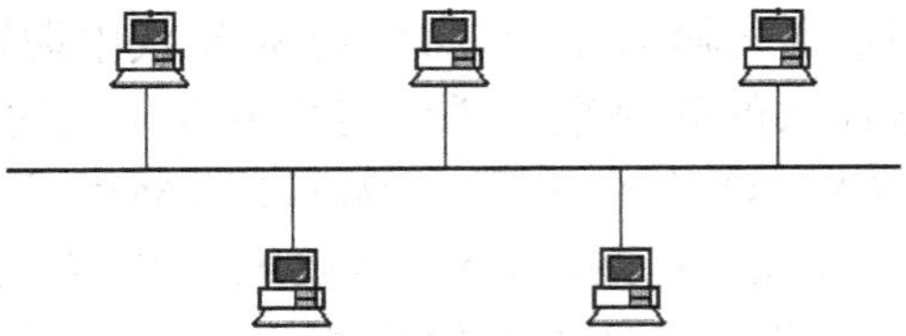

图 1-3　总线网拓扑图

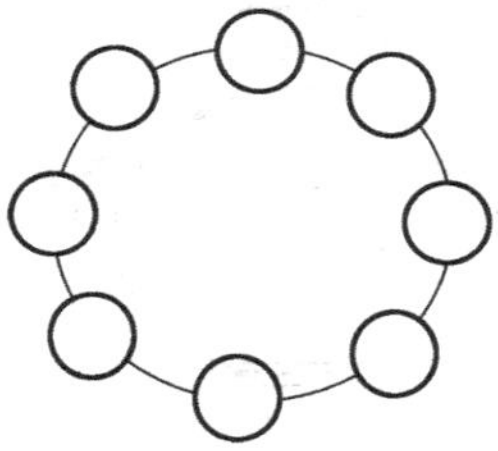

图 1-4　环状拓扑图

在网络中信息设有固定方向单向流动，两个工作站节点之间仅有一条通路，系统中无信道选择问题，某个节点的故障将导致物理瘫痪。环网中，由于环路是封闭的，所以不便于扩充，系统响应延时长，且信息传输效率相对较低。

2．传输介质所使用的访问控制方法

（1）以太网

以太网（Ethernet）指的是由 Xerox 公司创建并由 Xerox、Intel 和 DEC 公司联合开发的基带局域网规范，是当今现有局域网采用的最通用的通信协议标准，如图 1-5 所示。以太网络使用 CSMA/CD（载波监听多路访问及冲突检测）技术，并以 10Mb/s 的速率运行在多种类型的电缆上。以太网与 IEEE802.3 系列标准相类似。

标准的以太网（10Mb/s）、快速以太网（100Mb/s）和 10G（10Gb/s）以太网。它们都符合 IEEE802.3。

（2）令牌环网

令牌环网（Token-ring Network）常用于 IBM 系统中，其支持的速率为 4Mb/s 和 16Mb/s

两种，如图 1-6 所示。目前 Novell、IBM LAN Server 支持 16Mb/s IEEE802.5 令牌环网技术。在这种网络中，有一种专门的帧称为“令牌”，在环路上持续地传输来确定一个节点何时可以发送数据包。

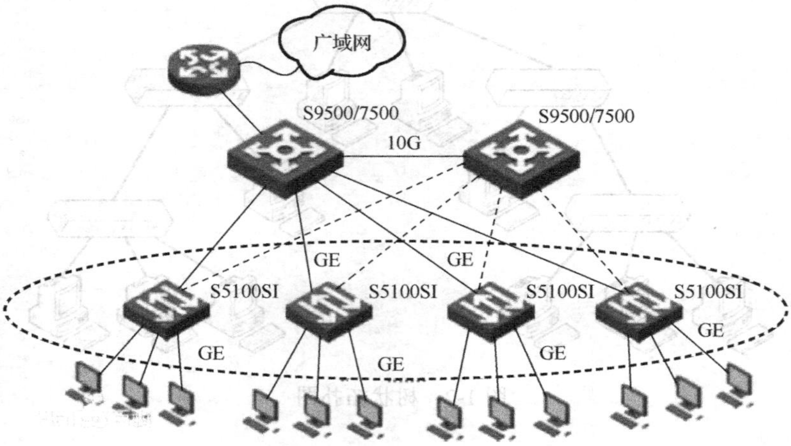

图 1-5 以太网

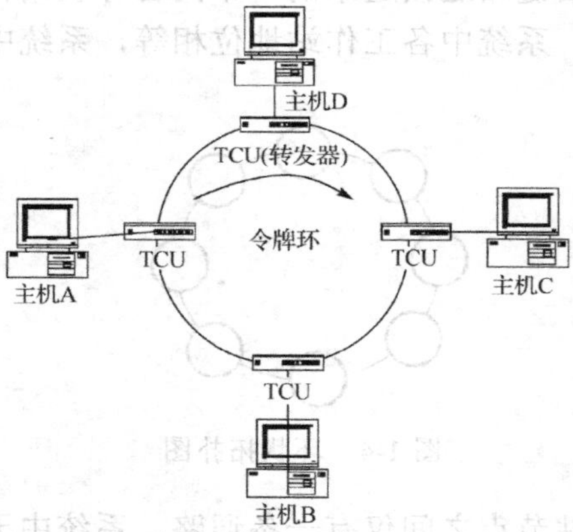

图 1-6 令牌环网

（3）FDDI 网

FDDI（Fiber Distributed Data Interface，光纤分布式数据接口），如图 1-7 所示，它是一项局域网数据传输标准，于 20 世纪 80 年代中期发展起来，它提供的高速数据通信能力要高于当时的以太网（10Mb/s）和令牌网（4Mb/s 或 16Mb/s）的能力。

FDDI 标准由 ANSI X3T9.5 标准委员会制订，为网络高容量输入输出提供了一种访问方法。FDDI 技术同 IBM 的 Token Ring 技术相似，并具有 LAN 和 Token Ring 所缺乏的管理、控制和可靠性措施，FDDI 支持长达 2km 的多模光纤。

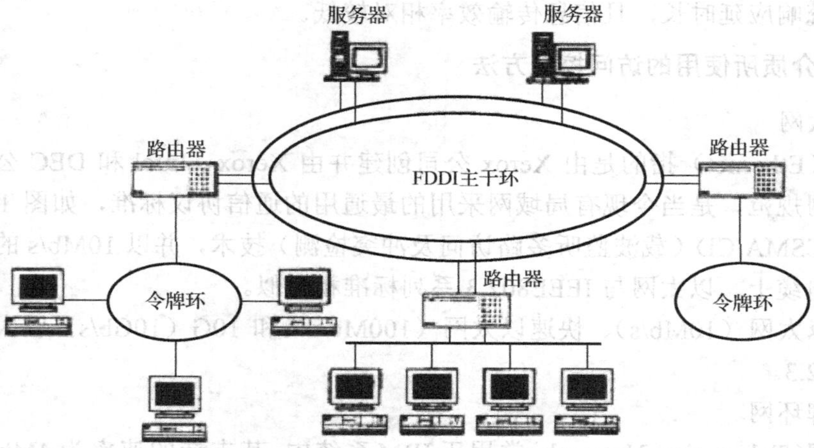

图 1-7 FDDI 网

（4）无线局域网

无线局域网络（Wireless Local Area Networks，WLAN）是相当便利的数据传输系统，如图 1-8 所示，它利用射频（Radio Frequency，RF）的技术，使用电磁波，取代旧式碍手碍脚的双绞铜线（Coaxial）所构成的局域网络，在空中进行通信连接，使得无线局域网络能利用简单的存取架构让用户通过它，达到“信息随身化、便利走天下”的理想境界。

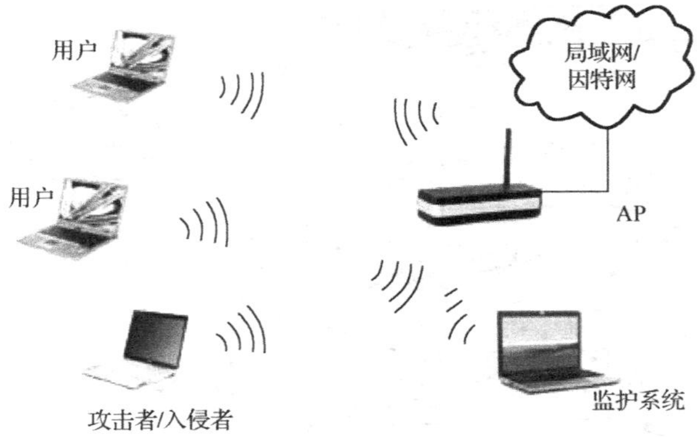

图 1-8 无线局域网

1.1.2 局域网安全

局域网基本上都采用以广播为技术基础的以太网，任何两个节点之间的通信数据包，不仅为这两个节点的网卡所接收，也同时为处在同一以太网上的任何一个节点的网卡所截取，如图 1-9 所示。因此，黑客只要接入以太网上的任一节点进行侦听，就可以捕获发生在这个以太网上的所有数据包，对其进行解包分析，从而窃取关键信息，这就是以太网所固有的安全隐患。事实上，Internet 如 SATAN、ISS、NETCAT 等，都把以太网侦听作为其最基本的手段。

当前，局域网安全的解决办法有以下几种。

1. 网络分段

网络分段通常被认为是控制网络广播风暴的一种基本手段，但其实也是保证网络安全的一项重要措施。其目的就是将非法用户与敏感的网络资源相互隔离，从而防止可能的非法侦听，网络分段可分为物理分段和逻辑分段两种方式。海关的局域网大多采用以交换机为中心、路由器为边界的网络格局，应重点挖掘中心交换机的访问控制功能和三层交换功能，综合应用物理分段与逻辑分段两种方法，来实现对局域网的安全控制。例如，在海关系统中普遍使用的 DEC MultiSwitch900 的入侵检测功能，其实就是一种基于 MAC 地址的访问控制，也就是上述的基于数据链路层的物理分段。

以交换式集线器代替共享式集线器对局域网的中心交换机进行网络分段后，以太网侦听的危险仍然存在。这是因为网络最终用户的接入往往是通过分支集线器而不是中心交换机，而使用最广泛的分支集线器通常是共享式集线器。这样，当用户与主机进行数据通信时，两台机器之间的数据包（称为单播包 Unicast Packet）还是会被同一台集线器上的其他用户所侦听。一种很危险的情况是：用户 TELNET 到一台主机上，由于 TELNET 程序本身缺乏加密功能，用户所键入的每一个字符（包括用户名、密码等重要信息），都将被明文发送，这就给黑客提供了机会。

因此，应该以交换式集线器代替共享式集线器，使单播包仅在两个节点之间传送，从而防止非法侦听。当然，交换式集线器只能控制单播包（Unicast Packet）和多播包（Multicast Packet）。所幸的是，广播包和多播包内的关键信息，要远远少于单播包。

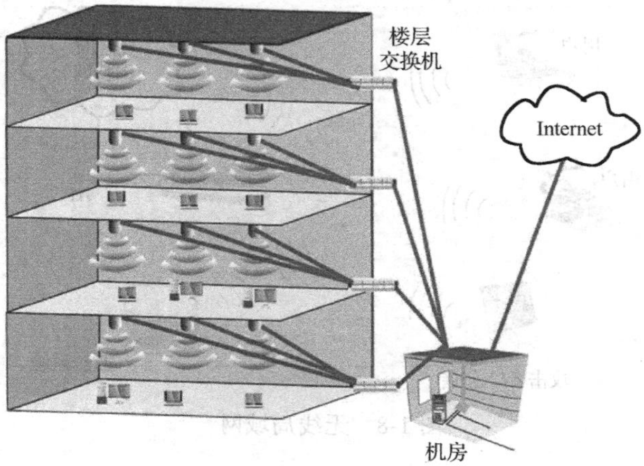

图 1-9　局域网

2．虚拟局域网

为了克服以太网的广播问题，除了上述方法外，还可以运用虚拟局域网（VLAN）技术，将以太网通信变为点到点通信，防止大部分基于网络侦听的入侵。

VLAN 技术主要有三种：基于交换机端口的 VLAN、基于节点 MAC 地址的 VLAN 和基于应用协议的 VLAN。基于端口的 VLAN 虽然稍欠灵活，但却比较成熟，在实际应用中效果显著，广受欢迎。基于 MAC 地址的 VLAN 为移动计算提供了可能性，但同时也潜藏着遭受 MAC 欺诈攻击的隐患。而基于协议的 VLAN，理论上非常理想，但实际应用却尚不成熟。

在集中式网络环境下，用户通常将中心的所有主机系统集中到一个 VLAN 里，在这个 VLAN 里不允许有任何用户节点，从而较好地保护敏感的主机资源。在分布式网络环境下，用户可以按机构或部门的设置来划分 VLAN。各部门内部的所有服务器和用户节点都在各自的 VLAN 内，互不侵扰。

VLAN 内部的连接采用交换实现，而 VLAN 与 VLAN 之间的连接则采用路由实现。大多数的交换机（包括海关内部普遍采用的 DEC MultiSwitch 900）都支持 RIP 和 OSPF 这两种国际标准的路由协议。如果有特殊需要，必须使用其他路由协议（如 Cisco 公司的 EIGRP 或支持 DECnet 的 IS-IS），也可以用外接的多以太网口路由器来代替交换机，实现 VLAN 之间的路由功能。当然，这种情况下，路由转发的效率会有所下降。

无论是交换式集线器还是 VLAN 交换机，都是以交换技术为核心的，它们在控制广播、防止黑客上相当有效，但同时也给一些基于广播原理的入侵监控技术和协议分析技术带来了麻烦。因此，如果局域网内存在这样的入侵监控设备或协议分析设备，就必须选用特殊的带有 SPAN（Switch Port Analyzer）功能的交换机。这种交换机允许系统管理员将全部或某些交换端口的数据包映射到指定的端口上，提供给接在这一端口上的入侵监控设备或协议分析设备。笔者在厦门海关外部网设计中，就选用了 Cisco 公司的具备 SPAN 功能的 Catalyst 系列交换机，既得到了交换技术的好处，又使原有的 Sniffer 协议分析仪“英雄有用武之地”。

1.1.3 无线局域网

当要把相离较远的节点连接起来时，架设专用通信线路的布线施工难度大、费用高、耗时长，对正在迅速扩大的连网需求形成了严重的瓶颈阻塞。无线局域网 WLAN（Wireless LAN）就是为解决有线网络的以上问题而出现的。在无线局域网 WLAN 发明之前，人们要想通过网络进行联络和通信，必须先用物理线缆-铜绞线组建一个电子运行的通路，为了提高效率和速度，后来又发明了光纤。当网络发展到一定规模后，人们又发现，这种有线网络无论组建、拆装还是在原有基础上进行重新布局和改建，都非常困难，且成本和代价也非常高，于是 WLAN 的组网方式应运而生。

WLAN 是相当便利的数据传输系统，它利用射频（Radio Frequency，RF）的技术，使用电磁波，取代旧式碍手碍脚的双绞铜线（Coaxial）所构成的局域网络，在空中进行通信连接，使得无线局域网络能利用简单的存取架构让用户透过它，达到“信息随身化、便利走天下”的理想境界。

WLAN 最大的优势就是免去或减少了繁杂的网络布线，一般只要安放一个或多个接入点设备就可建立覆盖整个建筑或地区的局域网络，无线用户可以通过传统的 802.11a/b/g 方式接入，也可以使用 802.11n 方式接入无线网络，获得网络资源服务。相比而言，使用 802.11n 方式能够覆盖更大的范围，使无线多媒体应用成为现实。

无线局域网和有线局域网相比优势不言而喻，它可实现移动办公、架设与维护更容易等。在如此巨大的应用与市场面前，无线局域网安全问题就显得尤为重要。人们不禁要问：通过电波进行数据传输的无线局域网的安全性有保障吗?

对于无线局域网的用户提出这样的疑问可以说不无根据，因为无线局域网采用公共的电磁波作为载体，而电磁波能够穿越天花板、玻璃、楼层、砖、墙等物体，因此在一个无线局域网接入点（Access Point，AP）的服务区域中，任何一个无线客户端都可以接收到此接入点的电磁波信号。这样，非授权的客户端也能接收到数据信号。也就是说，由于采用电磁波来传输信号，非授权用户在无线局域网（相对于有线局域网）中窃听或干扰信息就容易得多。所以为了阻止这些非授权用户访问无线局域网络，从无线局域网应用的第一天开始便引入了相应的安全措施。

实际上，无线局域网比大多数有线局域网的安全性更高。无线局域网技术早在第二次世界大战期间便出现了，它源自于军方应用。一直以来，安全性问题在无线局域网设备开发及解决方案设计时，都得到了充分的重视。无线局域网络产品主要采用的是 IEEE（美国电气和电子工程师协会）802.11b 国际标准，大多应用 DSSS（Direct Sequence Spread Spectrum，直接序列扩频）通信技术进行数据传输，该技术能有效防止数据在无线传输过程中丢失、干扰、信息阻塞及破坏等问题。802.11 标准主要应用三项安全技术来保障无线局域网数据传输的安全。第一项为 SSID（Service Set Identifier）技术，该技术可以将一个无线局域网分为几个需要不同身份验证的子网络，每一个子网络都需要独立的身份验证，只有通过身份验证的用户才可以进入相应的子网络，防止未被授权的用户进入本网络。第二项为MAC（Media Access Control）技术，应用这项技术，可在无线局域网的每一个接入点（Access Point）下设置一个许可接入的用户的MAC地址清单，MAC地址不在清单中的用户，接入点将拒绝其接入请求。第三项为WEP（Wired Equivalent Privacy）加密技术。因为无线局域网络是通过电波进行数据传输的，存在电波泄露导致数据被截听的风险。WEP安全技术源自于名为RC4的RSA数据加密技术，以满足用户更高层次的网络安全需求。

下面从无线局域网安全技术的发展历程来对无线局域网中采用的主要安全技术及发展方向进行介绍。

1．早期技术

（1）无线网卡物理地址（MAC）过滤

每个无线工作站网卡都由唯一的物理地址标示，该物理地址编码方式类似于以太网物理地址，是48位。网络管理员可在无线局域网访问点AP中手工维护一组允许访问或不允许访问的MAC地址列表，以实现物理地址的访问过滤。

如果企业当中的AP数量太多，为了实现整个企业当中所有AP统一的无线网卡MAC地址认证，AP也支持无线网卡MAC地址的集中Radius认证。

（2）服务区标识符（SSID）匹配

无线工作站必须出示正确的SSID，与无线访问点AP的SSID相同，才能访问AP；如果出示的SSID与AP的SSID不同，那么AP将拒绝它通过本服务区上网。因此可以认为SSID是一个简单的口令，从而提供口令认证机制，实现一定的安全性。

在无线局域网接入点AP上对此项技术的支持就是可不让AP广播其SSID号，这样无线工作站端就必须主动提供正确的SSID号才能与AP进行关联。

（3）有线等效保密（WEP）

有线等效保密（WEP）协议是由802.11标准定义的，用于在无线局域网中保护链路层数据。WEP使用40位钥匙，采用RSA开发的RC4对称加密算法，在链路层加密数据。

WEP加密采用静态的保密密钥，各WLAN终端使用相同的密钥访问无线网络。WEP也提供认证功能，当加密机制功能启用，客户端要尝试连接上AP时，AP会发出一个Challenge Packet给客户端，客户端再利用共享密钥将此值加密后送回存取点以进行认证比对，只有正确无误，才能获准存取网络的资源。40位WEP具有很好的互操作性，所有通过Wi-Fi组织认证的产品都可以实现WEP互操作。WEP一般也支持128位的钥匙，提供更高等级的安全加密。

2．解决方案

（1）802.11技术

端口访问控制技术（IEEE 802.1x）和可扩展认证协议（EAP）：该技术也是用于无线局域网的一种增强性网络安全解决方案。当无线工作站与无线访问点AP关联后，是否可以使用AP的服务要取决于802.1x的认证结果。如果认证通过，则AP为无线工作站打开这个逻辑端口，否则不允许用户上网。

802.1x要求无线工作站安装802.1x客户端软件，无线访问点要内嵌802.1x认证代理，同时它还作为 Radius 客户端，将用户的认证信息转发给 Radius 服务器。安全功能比较全的 AP 在支持 IEEE802.1x 和 Radius 的集中认证时支持的可扩展认证协议类型有：EAP-MD5&TLS、TTLS 和 PEAP。

（2）无线客户端二层隔离技术

在电信运营商的公众热点场合，为确保不同无线工作站之间的数据流隔离，无线接入点 AP 也可支持其所关联的无线客户端工作站二层数据隔离，确保用户的安全。

无线局域网内的无线用户只要属于同一 VLAN 就可以互连互通，而有线内的用户可以通过交换机的二层隔离功能实现用户间的相互访问。

智能型无线交换网络的无线交换机由于有了一般交换机的 VLAN 的强大功能，所以，对于二层隔离也可以实现，从而隔离无线网络用户的相互访问。

端口隔离的基本原理是在交换机上创建一个端口隔离组，加入同一端口隔离组内的接口之间不能通信。不同隔离组的接口，或者隔离组内接口和未加入隔离组的接口之间可以通信。端口隔离技术提供一种同一 VLAN 内主机禁止互访的基本机制，交换机所做的就是基于 MAC 转发表（二层转发）或路由表（三层转发）判断出接口之后，如果出接口和入接口在同一端口隔离组就丢弃该报文。

（3）VPN-Over-Wireless 技术

已广泛应用于广域网络及远程接入等领域的 VPN（Virtual Private Networking）安全技术也可用于无线局域网。与 IEEE802.11b 标准所采用的安全技术不同，VPN 主要采用 DES、3DES 等技术来保障数据传输的安全。对于安全性要求更高的用户，将现有的 VPN 安全技术与 IEEE802.11b 安全技术结合起来，是较为理想的无线局域网络的安全解决方案之一。

（4）2003 年的技术

在 IEEE802.11i 标准最终确定前，WPA（Wi-Fi Protected Access）技术将成为代替 WEP 的无线安全标准协议，为 IEEE802.11 无线局域网提供更强大的安全性能。WPA 是 IEEE802.11i 的一个子集，其核心就是 IEEE802.1x 和 TKIP。

新一代的加密技术 TKIP 与 WEP 一样基于 RC4 加密算法，且对现有的 WEP 进行了改进。在现有的 WEP 加密引擎中增加了“密钥细分（每发一个包重新生成一个新的密钥）”“消息完整性检查（MIC）”“具有序列功能的初始向量”和“密钥生成和定期更新功能”4 种算法，极大地提高了加密安全强度。TKIP 与当前 Wi-Fi 产品向后兼容，而且可以通过软件进行升级。从 2003 年的下半年开始，Wi-Fi 组织已经开始对支持 WPA 的无线局域网设备进行认证。

3. 安全标准

为了进一步加强无线网络的安全性和保证不同厂家之间无线安全技术的兼容，IEEE802.11 工作组正在开发作为新的安全标准的 IEEE802.11i，并且致力于从长远角度考虑解决 IEEE802.11 无线局域网的安全问题。IEEE802.11i 标准草案中主要包含加密技术：TKIP（Temporal Key Integrity Protocol）和 AES（Advanced Encryption Standard），以及认证协议 IEEE802.1x。

无线局域网总的发展方向是速度会越来越快(已见的是 11Mb/s 的 IEEE802.11b，54Mb/s 的 IEEE802.11g 和 IEEE802.11a 标准)，安全性会越来越高。当然无线局域网的各项技术均处在快速的发展过程当中，但 54Mb/s 的无线局域网规范 IEEE802.11g 及 IEEE802.1x 将是整个无线局域网业的热点。

（1）对无线局域网的安全防护应考虑以下防范点和措施。

安全防范点：①未经授权用户的接入；②网上邻居的攻击；③非法用户截取无线链路中的数据；④非法 AP 的接入；⑤内部未经授权的跨部门使用。

相应措施：使用各种先进的身份认证措施，防止未经授权用户的接入。由于无线信号是在空气中传播的，信号可能会传播到不希望到达的地方，在信号覆盖范围内，非法用户无须任何物理连接就可以获取无线网络的数据，因此，必须从多方面防止非法终端接入以及数据的泄露问题。

（2）利用 MAC 阻止未经授权的接入。每块无线网卡都拥有唯一的一个 MAC 地址，为 AP 设置基于 MAC 地址的 Access Control（访问控制表），确保只有经过注册的设备才能进入网络。使用 802.1x 端口认证技术进行身份认证。使用 802.1x 端口认证技术配合后台的 Radius 认证服务器，对所有接入用户的身份进行严格认证，杜绝未经授权的用户接入网络，盗用数据或进行破坏。

（3）使用先进的加密技术，使得非法用户即使截取无线链路中的数据也无法破译基本的 WEP。加密 WEP 是 IEEE 802.11b 无线局域网的标准网络安全协议。在传输信息时，WEP 可以通过加密无线传输数据来提供类似有线传输的保护。在简便的安装和启动之后，应立即设置 WEP 密钥。

（4）利用对 AP 的合法性验证以及定期进行站点审查，防止非法 AP 的接入。在无线 AP 接入有线集线器的时候，可能会遇到非法 AP 的攻击，非法安装的 AP 会危害无线网络的宝贵资源，因此必须对 AP 的合法性进行验证。AP 支持的 IEEE 802.1x 技术提供了一个客户机和网络相互验证的方法，在此验证过程中不但 AP 需要确认无线用户的合法性，无线终端设备也必须验证 AP 是否为虚假的访问点，然后才能进行通信。通过双向认证，可以有效地防止非法 AP 的接入。对于那些不支持 IEEE 802.1x 的 AP，则需要通过定期的站点审查来防止非法 AP 的接入。在入侵者使用网络之前，通过接收天线找到未被授权的网络。通过物理站点的监测应当尽可能地频繁进行，频繁的监测可增加发现非法配置站点的存在概率。选择小型的手持式检测设备，管理员可以通过手持扫描设备随时到网络的任何位置进行检测。

（5）利用 ESSID、MAC 限制防止未经授权的跨部门使用。

利用 ESSID 进行部门分组，可以有效地避免任意漫游带来的安全问题；MAC 地址限制更能控制连接到各部门 AP 的终端，避免未经授权的用户使用网络资源。

保障整个网络安全是非常重要的，无论是否有无线网段，大多数的局域网都必须要有一定级别的安全措施。而无线网络相对来说比较安全，无线网段即使不能提供比有线网段更多的保护，也至少和它相同。需要注意的是，无线局域网并不是要替代有线局域网，而是有线局域网的替补。使用无线局域网的最终目标不是消除有线设备，而是尽量减少线缆和断线时间，让有线与无线网络很好地配合工作。

下面我们对 WLAN 技术进行介绍。

（1）WLAN 安全技术

无线网络的安全性主要体现在认证和数据加密两个方面。认证用来保证只能由授权用户进行访问，数据加密则保证发送的数据只能被特定的用户所接收。

认证主要有 802.1x 接入认证、PSK 认证、MAC 地址认证等。数据加密主要有 WEP、TKIP 和 CCMP。如果和安全服务器配合使用，无线设备还支持动态控制用户权限、Portal 等安全管理方式。

（2）WLAN 漫游技术

WLAN 漫游技术支持 AC 内漫游、AC 间漫游，并且提供必要的安全性，确保漫游过程中的可靠性和私密性。漫游域不受子网的限制，可以让客户在规划无线网络时，不用考虑以前的有线网络的规划，完全只考虑无线信号的覆盖即可，这种方式大大简化了前期的网络规划，减少了网络规划成本。

此外，设备也支持快速漫游，满足对切换时间要求苛刻的语音业务需求。

（3）WLAN 资源管理

WLAN 资源管理解决了如何为接入点自动配置最佳工作频率和传输功率的关键问题，并且提供了一套实时智能射频管理方案，使无线网络能够自动适应无线射频环境的变化，保持最优的射频资源状态。它采用了分布式方法学习周围环境，进行集中式评估，有效地控制和分配无线资源，降低用户的操作成本。此外，系统还实现了无线接入用户的负载均衡，有效保证该高密度无线网络环境中无线用户的合理接入。

（4）WLAN IDS 技术

WLAN IDS 技术就是为了解决 WLAN 网络的入侵检测实现对 WLAN 服务网络的保护。目前主要包括下面三个特性。

① 非法设备检测：非法设备检测比较适合于大型的 WLAN 网络。通过在已有的 WLAN 网络中部署非法设备检测功能，可以对整个 WLAN 网络中的异常设备进行监视，并且可以根据需要对非法的设备进行防攻击处理。

② 入侵检测：入侵检测主要为了及时发现 WLAN 网络的恶意或者无意的攻击，通过记录信息或者日志方式通知网络管理者。根据入侵检测的结果，可以及时调整网络的配置，清除 WLAN 网络的不安全因素。

③ 无线用户接入控制（黑名单和白名单）：无线用户接入控制根据特定的属性实现对无线客户端接入 WLAN 网络的权限控制。

（5）WLAN QoS 技术

多媒体、语音等业务在无线局域网中的应用，使得原本紧张的无线资源更加捉襟见肘。由于无线网络具有数据传输率低而误码率高的特点，传统有线网络的 QoS 技术无法直接应用在无线局域网中。IEEE 802.11E 标准的引入，再结合有线网络的 QoS，就可以保证端到端的 QoS。端到端的 QoS 解决方案不仅解决了无线接入点和无线用户直接在无线介质上的 QoS，而且可以将无线用户的优先级映射到 AP-AC 间的 CAPWAP 隧道上，保证了 AP-AC 间无线用户的 QoS。

（6）WLAN Mesh 技术

传统 WLAN 网络的骨干网络均采用 Ethernet 技术，各 AP 之间通过有线方式进行互连。Mesh 网络是利用无线连接替代有线连接将多个 AP 连接起来，并最终通过一个 Portal 节点接入有线网络。在 Mesh 网络里，如果要添加或移动设备时，Mesh 网络能够自动发现拓扑变化，并调整通信路由，以获取最有效的传输路径。与传统非 Mesh 网络相比，Mesh 网络具有高性价比、部署快捷、可扩展性强等优点。

1.1.4 虚拟局域网

虚拟局域网（VLAN）是一组逻辑上的设备和用户，这些设备和用户并不受物理位置的限制，可以根据功能、部门及应用等因素将它们组织起来，相互之间的通信就好像它们在同一个网段中一样，由此得名虚拟局域网。VLAN 工作在 OSI 参考模型的第 2 层和第 3 层，一个 VLAN 就是一个广播域，VLAN 之间的通信是通过第 3 层的路由器来完成的。与传统的局域网技术相比较，VLAN 技术更加灵活，它具有以下优点：网络设备的移动、添加和修改的管理开销减少；可以控制广播活动；可提高网络的安全性。

在计算机网络中，一个二层网络可以被划分为多个不同的广播域，一个广播域对应了一个特定的用户组，默认情况下这些不同的广播域是相互隔离的。不同的广播域之间想要通信，需要通过一个或多个路由器。这样的一个广播域就称为 VLAN。

虚拟局域网（Virtual Local Area Network，VLAN）是指在局域网交换机（ATM、LAN、以太网等）里采用网络管理软件所构建的可跨越不同网段、不同网络、不同位置的端到端的逻辑网络。VLAN 是一个在物理网络上根据用途、工作组、应用等来逻辑划分的局域网络，是一个广播域，与用户的物理位置没有关系。VLAN 中的网络用户是通过 LAN 交换机来通信的，一个 VLAN 中的成员看不到另一个 VLAN 中的成员。同一个 VLAN 中的所有成员共同拥有一个 VLAN ID，组成一个虚拟局域网络；同一个 VLAN 中的成员均能收到同一个 VLAN 中的其他成员发来的广播包，但收不到其他 VLAN 中成员发来的广播包；不同 VLAN 成员之间不可直接通信，需要通过路由支持才能通信，而同一 VLAN 中的成员通过 VLAN 交换机可以直接通信，不需路由支持。VLAN 的特性是：控制通信活动，隔离广播数据顺化网络管理，便于工作组优化组合；VLAN 中的成员只要拥有一个 VLAN ID 就可以不受物理位置的限制，随意移动工作站的位置；增加网络的安全性，VLAN 交换机就是一道道屏风，只有具备 VLAN 成员资格的分组数据才能通过，这比用计算机服务器做防火墙要安全得多；网络带宽得到充分利用，网络性能大大提高。

以太网是一种基于 CSMA/CD（Carrier Sense Multiple Access/Collision Detect，载波侦听多路访问/冲突检测）的共享通信介质的数据网络通信技术，当主机数目较多时会导致冲突严重、广播泛滥、性能显著下降甚至使网络不可用等问题。通过交换机实现 LAN 互连虽然可以解决冲突（Collision）严重的问题，但仍然不能隔离广播报文。在这种情况下出现了虚拟局域网 VLAN（Virtual Local Area Network）技术，这种技术可以把一个 LAN 划分成多个逻辑的 LAN——VLAN，每个 VLAN 是一个广播域，VLAN 内的主机间通信就和在一个 LAN 内一样，而 VLAN 间则不能直接互通，这样，广播报文被限制在一个 VLAN 内，如图 1-10 所示。

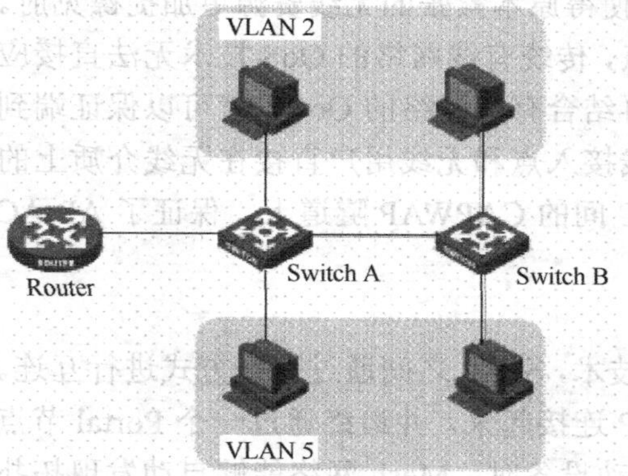

图 1-10　VLAN

VLAN 的划分不受物理位置的限制：不在同一物理位置范围的主机可以属于同一个 VLAN；一个 VLAN 包含的用户可以连接在同一个交换机上，也可以跨越交换机，甚至可以跨越路由器。

VLAN 的优点如下。

① 限制广播域。广播域被限制在一个 VLAN 内，节省了带宽，提高了网络处理能力。

② 增强局域网的安全性。VLAN 间的二层报文是相互隔离的，即一个 VLAN 内的用户不能和其他 VLAN 内的用户直接通信，如果不同 VLAN 要进行通信，则需通过路由器或三层交换机等三层设备。

③ 灵活构建虚拟工作组。用 VLAN 可以划分不同的用户到不同的工作组，同一工作组的用户也不必局限于某一固定的物理范围，网络构建和维护更方便灵活。

VLAN 两个相关的端口：Access 端口、Trunk 端口。

- Access 口：字面意思理解就是访问端口，一般用于连接计算机网卡，能且只能属于一个 VLAN（必须属于一个 VLAN）。
- Trunk 口：中继链路的端口，用来透明传输多个 VLAN（就是 Access 口的 VLAN），一般是用来连接 SW 到 SW 或者 SW 到 Router。Trunk 口上可以配置允许哪些 VLAN 通过，哪些不能通过。
- Access 口收到帧时：检查该帧是否有 VLAN 信息，没有就加上自己的 VLAN ID 然后再发送，有的话丢弃该帧。
- Access 口发送帧时：检查该帧 VLAN ID，与自己的 VLAN ID 一致的，剥离 VLAN ID 后发送，不一致的丢弃。
- Trunk 口收到帧时：检查该帧是否有 VLAN 信息，没有就加上 Native VLAN ID 然后发送，有的话检查该 VLAN ID 是否为本 Trunk 口所允许通过的 VLAN ID，是的话原封不动地转发，否则丢弃。
- Trunk 口发送帧时：检查该帧 VLAN ID，与本端口 VLAN ID 一致时，剥离 VLAN 标签转发；与本端口不一致时，在相应的 VLAN 中来进行转发。

VLAN 成员的连接方式分为三种：Access、Trunk 和 Hybrid。

- Access 连接：报文不带 tag 标签，一般用于和 tag-unaware（不支持 802.1Q 封装）设备相连，或者不需要区分不同 VLAN 成员时使用。
- Trunk 连接：在 PVID 所属的 VLAN 不带 tag 标签转发，其他 VLAN 中的报文都必须带 tag 标签，用于 tag-aware（支持 802.1Q 封装）设备相连，一般用于交换机之间的互连。
- Hybrid 连接：可根据需要设置某些 VLAN 报文带 tag，某些报文不带 tag。与 Trunk 连接最大的不同在于，Trunk 连接只有 PVID 所属的 VLAN 不带 tag，其他 VLAN 都必须带 tag，而 Hybrid 连接是可以设置多个 VLAN 不带 tag。
- 实际应用中，根据设置设备端口的 Access、Trunk、Hybrid 属性来实现各种不同的连接方式。端口属性的应用也远远超出了简单的 VLAN 成员互连，用端口属性来实现了一些相对复杂的功能，比如 isolated-user VLAN，组播 VLAN。

为了理解 VLAN 内报文的转发，就必须要知道交换机对于不同 VLAN 报文的 tag/untag 的处理原则。

首先，需要明确的一点就是，在交换机的内部，为了快速高效地处理，报文都是带 tag 转发的。其实，这点很好理解，因为交换机上很可能会配置多个 VLAN，那不同 VLAN 流量区分只有依靠 tag 标签。

下面从报文入和报文出两个方向来介绍。

（1）报文入方向

在入方向上，交换机的根本任务就是决定该报文是否允许进入该端口，根据入报文的tag/untag的属性以及端口属性，细分为如下情况。

① 报文为untag：允许报文进入该端口，并打上PVID的VLAN tag，与端口属性无关。

② 报文为tag：在这种情况下，需要交换机来判断是否允许该报文进入端口：

Access端口：PVID和报文中tag标明的VLAN一致，接收并处理报文；否则丢弃。

Trunk/Hybrid端口：如果端口允许tag中标明的VLAN通过，则接收并处理报文；否则丢弃。

（2）报文出方向

在出方向上，交换机已经完成对报文的转发，其根本任务就是在转发出端口时，是否携带tag转发出去，根据出端口属性，细分为如下情况。

① Access端口：将标签剥掉，不带tag转发。

② Trunk端口：报文所在VLAN和PVID相同，则报文不带tag；否则带tag。

③ Hybrid端口：报文所在VLAN配置为tag，则报文带tag；否则不带tag；

图1-11和图1-12所示分别为Trunk发送和接收示意图。

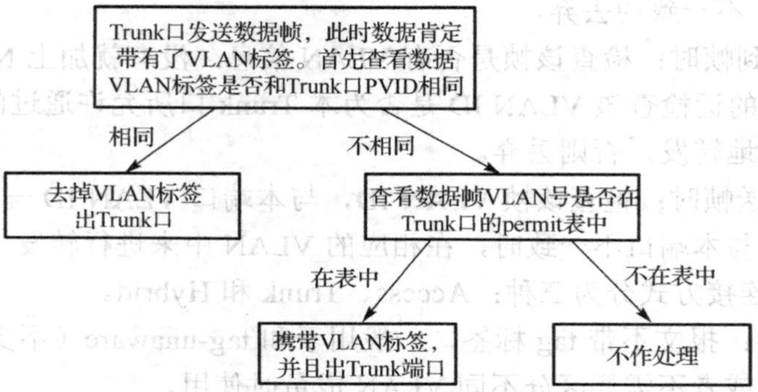

图1-11 Trunk发送

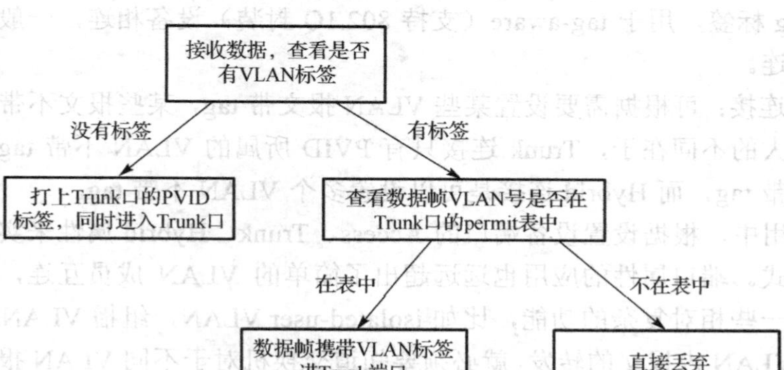

图1-12 Trunk接收

图1-13和图1-14所示分别为Hgbird发送和接收示意图。

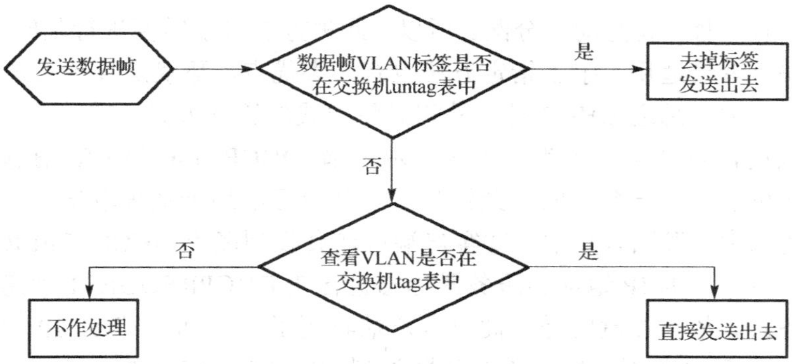

图 1-13　Hybrid 发送

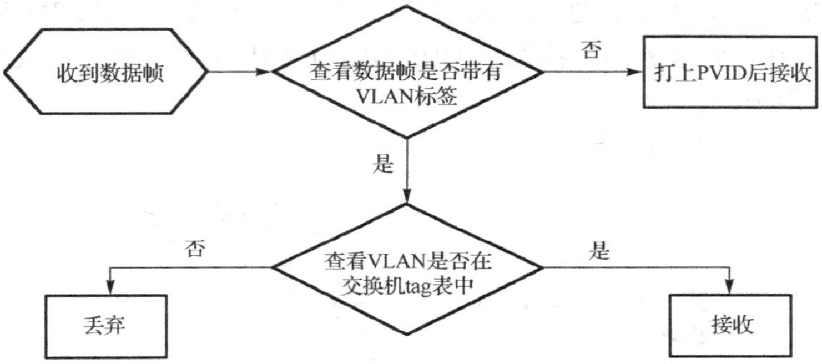

图 1-14　Hybrid 接收

1.1.5　动态主机分配协议 DHCP

DHCP（Dynamic Host Configuration Protocol）是一个简化主机 IP 地址分配管理的 TCP/IP 标准协议。它能够动态地向网络中每台设备分配独一无二的 IP 地址，并提供安全、可靠的 TCP/IP 网络配置，确保不发生地址冲突，帮助维护 IP 地址的使用。这些被分配的 IP 地址都是 DHCP 服务器预先保留的一个由多个地址组成的地址集，并且它们一般是一段连续的地址。

DHCP 是 BOOTP 协议的一个扩展，它主要实现允许无盘工作站连接到网络系统并且自动获取一个 IP 地址。DHCP 由两个基本部分组成，分别是把配置的专用信息传达给网络主机和把 IP 地址分配给主机，从而向网络主机提供配置参数。将默认网关、一个 IP 地址、一个 DNS 服务器 IP 地址、子网掩码以及一个 WINS 服务器 IP 地址等提供给每一位网络客户是 DHCP 的主要工作。DHCP 是在对客户/服务器的模式上而存在的，这种模式是将网络地址分配给专门特别指出的主机，再把网络配置的参数给有此需求的网络主机传送过去。将被特指的主机称作成服务器是因为易于被理解，也就是能够给主机进行 DHCP 服务的提供者。对信息进行接收的主机被称作客户。我们将 DHCP 的 IP 地址的分配方式大致分为三种：自动分配、动态分配、手工分配。它们之间的区别在于自动分配给用户机分配的 IP 地址是永久性的；动态分配获取的 IP 地址使用时间受限制；手工分配的意思就是由管理员手工指定一个 IP 地址给用户，而 IP 地址的传送是由 DHCP 服务器来实现的。不同的网络配置也不相同，因此要根据实际情况来选择采用什么样的方法来进行分配。关于准许自动重用地址方法只有一种，就是动态分配。所以，此种方法对于需要进行临时上网而且 IP 地址的资源也较缺乏者最适用。手工指定方法也有一大优点，那就是管理不希望使用动态 IP 地址的用户十分方便。总之 DHCP 是一种相对集中式的管理方式。

DHCP 协议的消息交互过程为：①客户端广播 DHCPDISCOVER 消息。②网络中的 DHCP 服务器（可能不止一台）收到此消息后，从自己的地址池里取出一个地址，包含在 DHCPOFFER 消息中，发回客户端。③客户端可能会收到多个 DHCPOFFER 消息，从中选择一个服务器，将里面的 IP 地址和服务器标志包含在 DHCPREQUEST 消息中，再次广播发送到所有服务器。值得注意的是，此时客户端收到了 IP 地址，但此 IP 地址在收到服务器的 DHCPACK 消息之前不可用。④服务器收到 DHCPREQUEST 消息后，判断客户端是否选择了自己。如果是，则判断此地址是否可用。如果可用，则将此地址与客户端绑定，并发回 DHCPACK 消息。若此地址已分配给其他客户端，则发回 DHCPACK 消息。⑤一段时间后，客户端下线，向服务器单播发送 DHCPRELEASE 消息。服务器收到此消息后，标记该 IP 地址为可用地址。

DHCP 工作流程如图 1-15 所示。

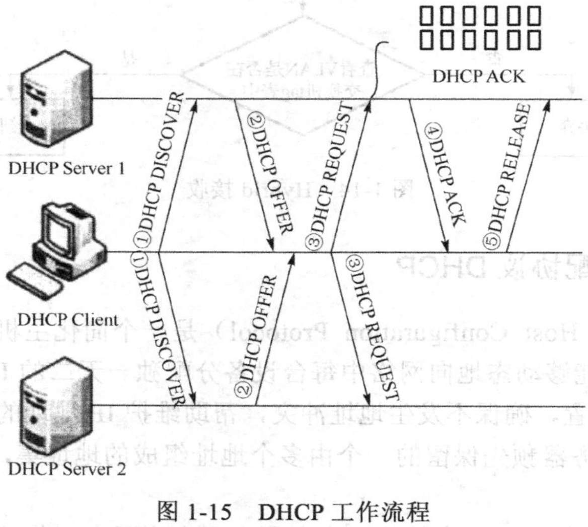

图 1-15　DHCP 工作流程

在使用 TCP/IP 协议的网络上，每一台计算机都拥有唯一的计算机名和 IP 地址。IP 地址（及其子网掩码）使用与鉴别它所连接的主机和子网，当用户将计算机从一个子网移动到另一个子网的时候，一定要改变该计算机的 IP 地址。如采用静态 IP 地址的分配方法将增加网络管理员的负担，而 DHCP 可以让用户将 DHCP 服务器中的 IP 地址数据库中的 IP 地址动态地分配给局域网中的客户机，从而减轻了网络管理员的负担。

动态分配 IP 地址的好处：可以解决 IP 地址不够用的问题；用户不必自己设置 IP 地址、网关地址、DNS 服务器地址等网络属性，不存在盗用 IP 地址的问题。

DHCP 使服务器能够动态地为网络中的其他服务器提供 IP 地址，通过使用 DHCP，就可以不给局域网中除 DHCP、DNS 和 WINS 服务器外的任何服务器设置和维护静态 IP 地址。使用 DHCP 可以大大简化配置客户机的 TCP / IP 的工作，尤其是当某些 TCP / IP 参数改变时，如网络的大规模重建而引起的 IP 地址和子网掩码的更改。

1.1.6 无线 802.11 协议

无线 802.11 协议发展经历了 802.11、802.11b、802.11a、802.11g 和 802.11n 的过程。目前最新的无线协议是 802.11n 协议，但主流且使用最多的还是 802.11a/g 协议。

无线网络协议只定义了 OSI 架构中物理层和数据链路层（MAC 子层）两层的内容，其他层的内容和有线网络是一样的。

802.11i 是无线安全协议，是总的原则，相当于“宪法”，其内容包括 WPA 和 WPA2 两个部分内容，WPA 相当于“治安处罚管理条例”，而 WPA2 相当于“刑法”，所以 WPA2 是更高级的一种安全方式。PSK 和 802.1x 是两种无线安全认证方式，PSK 是一种个人级别的，相对简单，而 802.1x 是一种企业级别的，较为复杂，但更安全。TKIP 和 CCMP 是两种数据加密算法，在 WPA 和 WPA2 中都可以使用。而 AES 是 CCMP 算法中的核心算法，且目前来看，是最可靠的加密算法。

1.1.7 双绞线

双绞线是综合布线工程中最常用的一种传输介质，有正线和反线两种。

正线，即直通线，（标准 568B），两端线序一样，从左至右线序是：橙白，橙，绿白，蓝，蓝白，绿，棕白，棕。

反线，即交叉线（标准 568A），一端为正线的线序，另一端为从左至右：绿白，绿，橙白，蓝，蓝白，橙，棕白，棕。

双绞线是由一对相互绝缘的金属导线绞合而成的。采用这种方式，不仅可以抵御一部分来自外界的电磁波干扰，也可以降低多对绞线之间的相互干扰。把两根绝缘的导线互相绞在一起，干扰信号作用在这两根相互绞缠在一起的导线上是一致的（这个干扰信号称为共模信号），在接收信号的差分电路中可以将共模信号消除，从而提取出有用信号（差模信号）。

任何材质的绝缘导线绞合在一起都可以叫做双绞线，同一电缆内可以是一对或一对以上双绞线，一般由两根 22～26 号单根铜导线相互缠绕而成，也有使用多根细小铜丝制成单根绝缘线的（这与集肤效应有关），实际使用时，双绞线是由多对双绞线一起包在一个绝缘电缆套管里的。典型的双绞线有一对的，有四对的，也有更多对双绞线放在一个电缆套管里的，这些我们称之为双绞线电缆。双绞线一个扭绞周期的长度，称为节距，节距越小，抗干扰能力越强。

双绞线的作用是使外部干扰在两根导线上产生的噪声（在专业领域里，把无用的信号称为噪声）相同，以便后续的差分电路提取出有用信号，差分电路是一个减法电路，两个输入端同相的信号（共模信号）相互抵消（m–n），反相的信号相当于 x–（–y），得到增强。理论上，在双绞线及差分电路中 m=n，x=y，那么相当于干扰信号被完全消除，有用信号加倍，但在实际运行中是有一定差异的。

双绞线分为屏蔽双绞线（Shielded Twisted Pair，STP）与非屏蔽双绞线（Unshielded Twisted Pair，UTP）。屏蔽双绞线在双绞线与外层绝缘封套之间有一个金属屏蔽层。屏蔽双绞线分为 STP 和 FTP（Foil Twisted-Pair），STP 指每条线都有各自的屏蔽层，而 FTP 只在整个电缆有屏蔽装置，并且两端都正确接地时才起作用。所以要求整个系统是屏蔽器件，包括电缆、信息点、水晶头和配线架等，同时建筑物需要有良好的接地系统。屏蔽层可减少辐射，防止信息被窃听，也可阻止外部电磁干扰的进入，使屏蔽双绞线比同类的非屏蔽双绞线具有更高的传输速率。非屏蔽双绞线是一种数据传输线，由四对不同颜色的传输线组成，广泛用于以太网路和电话线中。非屏蔽双绞线电缆最早在1881年被用于贝尔发明的电话系统中。1900年美国的电话线网络也主要由UTP所组成，由电话公司所拥有。

双绞线常见的有3类线、5类线和超5类线，以及最新的6类线，前者线径细而后者线径粗。

（1）1类线（CAT1）：线缆最高频率带宽是750kHz，用于报警系统，或只适用于语音传输（1类标准主要用于20世纪80年代初之前的电话线缆），不用于数据传输。

（2）2类线（CAT2）：线缆最高频率带宽是1MHz，用于语音传输和最高传输速率4Mb/s的数据传输，常见于使用4Mb/s规范令牌传递协议的旧的令牌网。

（3）3类线（CAT3）：指目前在ANSI和EIA/TIA568标准中指定的电缆，该电缆的传输频率为16MHz，最高传输速率为10Mb/s（10Mb/s），主要应用于语音、10Mb/s以太网（10BASE-T）和4Mb/s令牌环，最大网段长度为100m，采用RJ形式的连接器，目前已淡出市场。

（4）4类线（CAT4）：该类电缆的传输频率为20MHz，用于语音传输和最高传输速率16Mb/s（指的是16Mb/s令牌环）的数据传输，主要用于基于令牌的局域网和10BASE-T/100BASE-T。最大网段长为100m，采用RJ形式的连接器，未被广泛采用。

（5）5类线（CAT5）：该类电缆增加了绕线密度，外套一种高质量的绝缘材料，线缆最高频率带宽为100MHz，最高传输率为100Mb/s，用于语音传输和最高传输速率为100Mb/s的数据传输，主要用于100BASE-T和1000BASE-T网络，最大网段长为100m，采用RJ形式的连接器，这是最常用的以太网电缆。在双绞线电缆内，不同线对具有不同的绞距长度。通常，4对双绞线绞距周期在38.1mm长度内，按逆时针方向扭绞，一对线对的扭绞长度在12.7mm以内。

（6）超5类线（CAT5e）：超5类具有衰减小，串扰少的特点，并且具有更高的衰减与串扰的比值（ACR）和信噪比（SNR）、更小的时延误差，性能得到很大提高。超5类线主要用于千兆位以太网（1000Mb/s）。

（7）6类线（CAT6）：该类电缆的传输频率为1MHz～250MHz，6类布线系统在200MHz时综合衰减串扰比（PS-ACR）应该有较大的余量，它提供2倍于超5类的带宽。6类布线的传输性能远远高于超5类标准，最适用于传输速率高于1Gb/s的应用。6类与超5类的一个重要的不同点在于：改善了在串扰以及回波损耗方面的性能，对于新一代全双工的高速网络应用而言，优良的回波损耗性能是极重要的。6类标准中取消了基本链路模型，布线标准采用星状的拓扑结构，要求的布线距离为：永久链路的长度不能超过90m，信道长度不能超过100m。

（8）超6类或6A（CAT6A）：此类产品传输带宽介于6类和7类之间，传输频率为500MHz，传输速度为10Gb/s，标准外径6mm。目前和7类产品一样，国家还没有出台正式的检测标准，只是行业中有此类产品，各厂家宣布一个测试值。

（9）7类线（CAT7）：传输频率为600MHz，传输速度为10Gb/s，单线标准外径为8mm，多芯线标准外径为6mm，可能用于今后的10Gb/s以太网。

通常，计算机网络所使用的是3类线和5类线，其中10 BASE-T使用的是3类线，100BASE-T使用的是5类线。

目前，双绞线还可分为非屏蔽双绞线和屏蔽双绞线。屏蔽双绞线电缆的外层由铝铂包裹，以减小辐射，但并不能完全消除辐射，屏蔽双绞线价格相对较高，安装时要比非屏蔽双绞线电缆困难。

非屏蔽双绞线电缆具有以下优点。

① 无屏蔽外套，直径小，节省所占用的空间，成本低；

② 重量轻，易弯曲，易安装；

③ 将串扰减至最小或加以消除；

④ 具有阻燃性；

⑤ 具有独立性和灵活性，适用于结构化综合布线；

⑥ 既可以传输模拟数据也可以传输数字数据。

1.1.8　三层交换机

同一网络上的计算机如果超过一定数量（通常在 200 台左右，视通信协议而定），就很可能会因为网络上大量的广播而导致网络传输效率低下，为了避免在大型交换机上进行广播所引起的广播风暴，可将其进一步划分为多个虚拟网（VLAN）。但是这样做将导致一个问题：VLAN 之间的通信必须通过路由器来实现。但是传统路由器也难以胜任 VLAN 之间的通信任务，因为相对于局域网的网络流量来说，传统的普通路由器的路由能力太弱，此时可使用三层交换机。

使用三层交换机的好处：

（1）高可扩充性

三层交换机在连接多个子网时，子网只是与第三层交换模块建立逻辑连接，不像传统外接路由器那样需要增加端口，从而保护了用户对校园网、城域教育网的投资，并满足学校 3～5 年网络应用快速增长的需要。

（2）高性价比

三层交换机具有连接大型网络的能力，功能基本上可以取代某些传统路由器，但是价格却接近二层交换机。现在一台百兆三层交换机的价格只有几万元，与高端的二层交换机的价格差不多。

1.2　常用网络检测命令及使用

1.2.1　网络测试命令 Ping

Ping 命令是使用频率极高的实用命令，可以用来验证 IP 级的连通性，检测网络是否畅通或者网络的连接速度，根据返回的信息，就可以推断 TCP/IP 参数是否设置得正确以及运行是否正常。

Ping 命令格式是：ping+对方主机的地址（可以是域名地址或 IP 地址）+[参数]，一般是在 DOS 状态下使用这个命令的。

Ping 命令的参数说明：

- -t：表示连续对 IP 地址执行 Ping 命令，使用 Ctrl+Break 中断并显示统计信息，使用 Ctrl+C 中断退出 Ping 命令。

- -l size：表示指定 Ping 命令中的发送的数据长度，而不是默认的 32 字节。
- -n count：表示执行特定次数的 Ping 命令。指定要发送的回响请求数，默认发送 4 个回响请求。
- -w timeout：表示指定等待响应的时间，在指定时间内没有收到回送的信息，显示请求超时，默认时间为 4 000ms。
- -r count：返回的结果中记录返回的跳线数。
- -a：在显示结果的开头解析出 IP 地址对应的主机名。
- -f：在发送的 ICMP 分组中设置不分帧标志。返回的结果中记录返回的跳线数。

需要注意的是有时候 Ping 不通可能是出于安全考虑，设置了防火墙等，不让 Ping 数据包通过。

使用 Ping 命令的一般步骤是先 ping127.0.0.1，畅通表示主机协议正确，然后 Ping 该网段内的某个指定 IP，畅通，表明网段内都是畅通的，再 Ping 该网段的出口网关，依次类推。

1.2.2 检查 IP 的配置

ipconfig 显示当前计算机的网络配置，可以用来检验人工配置是否正确。如果在局域网中使用了动态主机配置协议 DHCP，使用该命令可以显示相关的信息。

ipconfig：当使用 ipconfig 时不带任何参数选项，那么它为每个已经配置了的接口显示 IP 地址、子网掩码和默认网关值。

ipconfig/all：获得本机 MAC 地址，可用于显示当前的 TCP/IP 配置的设置值。了解计算机当前的 IP 地址、子网掩码和默认网关是进行测试和故障分析的必要项目。

ipconfig /release 是释放当前适配器的 DHCP 地址租约，ipconfig /renew 是更新当前适配器的 DHCP 地址租约，这两个命令只能在配置了自动获取 IP 地址的适配器上使用。

1.2.3 故障排查

1. 网络不通

这是最常见的问题，解决问题的基本原则是“先软后硬”。

（1）先从软件方面去考虑，检查是否正确安装了 TCP/IP 协议，是否为局域网中的每台计算机都指定了正确的 IP 地址。

（2）使用 Ping 命令，看其他的计算机是否能够 Ping 通。如果不通，则证明网络连接有问题；如果能够 Ping 通但是有时候丢失数据包，则证明网络传输有阻塞，或者说是网络设备接触不太好，需要检查网络设备。

（3）当整个网络都不通时，可能是交换机或集线器的问题，要看交换机或集线器是否在正常工作。

（4）如果只有一台计算机网络不通时只能看到本地计算机，而看不到其他计算机，可能是网卡和交换机的连接有问题，则要首先看一下 RJ45 水晶头是不是接触不良；然后再用测线仪，测试一下线路是否断裂；最后要检查一下交换机上的端口是否正常工作。

2．连接故障

（1）检查 RJ45 接口是否制作好，RJ45 是 10BASE-T 网络标准中的接口形式，已被广泛使用，其内部有 8 个线槽，线槽含义遵循 EIA/TIA 568 国际标准，在 10BASE-T 网络中 1、2 线为发送线，3、6 线为接收线。在双机进行连接的时候，其中的 1、3、2、6 线需要对调，否则也会造成网络的不通。

（2）检查 HUB 或者交换机的接头是否有问题，如果某个接口有问题，可以换一个接口来测试。

3．网卡故障

（1）网卡的问题不太明显，所以在测试的时候最好是先测试网线，再测试网卡，如果有条件的话，可以使用测线仪或者万用表进行测试。

（2）查看网卡是否正确安装驱动程序，如果没有安装驱动程序，或者驱动程序有问题，则需要重新安装驱动程序。

（3）硬件冲突。需要查看与什么硬件冲突，然后修改对应的中断号和 I/O 地址来避免冲突，有些网卡还需要在 CMOS 中进行设置。

4．病毒故障

互联网上有许多能够攻击局域网的病毒，如红色代码、蓝色代码、尼姆达等。某些病毒除了使计算机运行变慢，还可以阻塞网络，造成网络塞车。对付这些新病毒，大多数病毒厂商，如瑞星，KV3000 等都在其主页上设有对付的办法。在这里一定要注意，不要按照平常的杀毒办法杀毒，必须对杀毒软件进行定时的升级。

5．突然掉线

局域网大家都应该明白，就是由在一定区域内的计算机组成的，好比在一个公司内，所有的计算机形成一个局域网。有时我们会遇到公司里的所有计算机都掉线的情况，这个时候该怎么办呢？

解决方案 1：关闭局域网内所有的交换机 5 分钟后，重新接通电源，观察网络是否恢复正常！（原因：可能是交换机长时间没有重启其内存已用光，导致交换数据速度缓慢，或受网络风暴影响导致阻塞；另一种原因可能是交换机的某一个或几个接口模块损坏，或交换机故障引发网络内暴，解决方法是更换交换机。）

解决方案 2：找个机器装个 CommView，IP 地址设置为路由器 IP（拔掉路由器，使其脱离网络），然后看看内网机器都向外面发送了什么包，看看哪个机器发包最多，向什么 IP 发的？如果发现某机器向外发送大量的目的 IP 是连续的包，且速度很快的话，请修理该机器！（可能原因是：局域网中的某一台或者多台机器感染了蠕虫病毒，在疯狂发包，导致路由器 NAT 连接很快占满。）

解决方案 3：如果上述两种原因被排除或不能解决其问题，可能是由路由器性能低劣，处理能力有限造成的。你可以制作 ROUTE OS 之类的软件路由器，或者购买 3000～5000 元左右的硬路由，并更换以观察情况。

解决方案 4：局域网内某台/某几台计算机网卡接口损坏，而不停地向网络中发送大量的数据包造成网络阻塞。（集成网卡容易出现此问题，尤其是网络中机器较多时此问题也是比较难以排查的，可以试着断开某台交换机，进行逐一排查。）在确认了是哪台交换机内的机器有问题后，逐台打开这些机器，进入桌面，退出所有管理软件，打开网络连接，在不做任何事的情况下，看谁在大量发包或收包。

解决方案 5：（此情况比较特殊：局域网中有人使用非法软件恶意攻击网络或 ARP 病毒攻击网络）在技术员制作母盘时应各面屏蔽非法攻击网吧的一些软件，并在可能的情况下对网关 MAC 进行静态 ARP 绑定，有很多硬路由器有专门的防掉线的功能，可定时广播正常的 ARP 包，如果你是软件路由的话也可以用 MAX 提供的一个防 ARP 攻击的软件，原理和 ARP 木马差不多，广播 ARP 包。

1.3 局域网实验内容

1. 实验设备介绍（图 1-16）

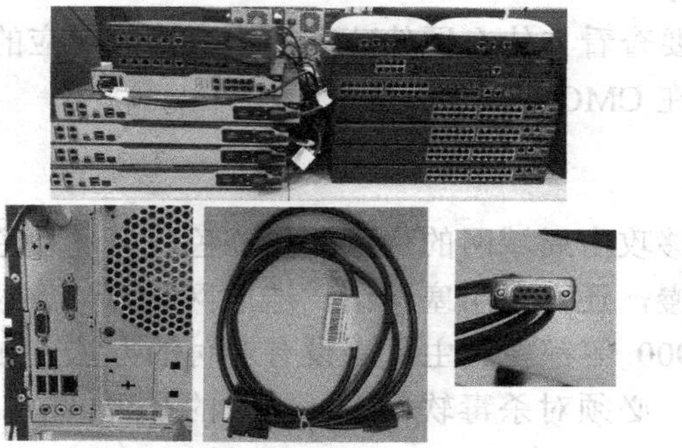

图 1-16 实验设备

2. 实验总体架构图（图 1-17）

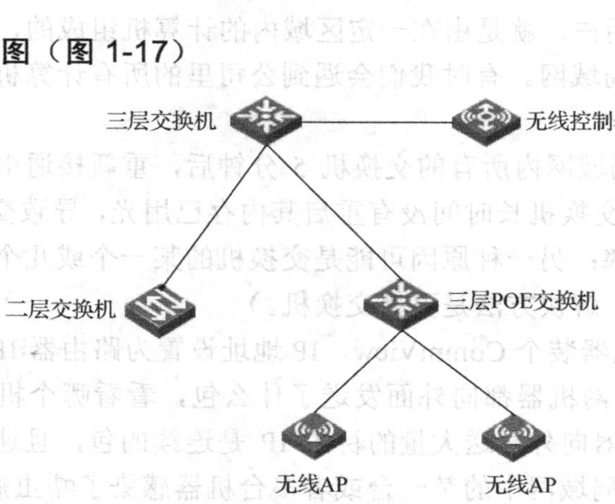

图 1-17 实验总体架构图

3. 实验组图说明

这是一个模拟环境，模拟的是校园宿舍楼的上网环境。宿舍有三层楼，每层楼都有一个交换机连着这层楼所有上网的寝室，包括这层楼无线 AP，将每层楼的每个寝室都划分到不同 VLAN 中去。所有楼层的交换机接入汇聚层的交换机连接到外网。

4．涉及实验内容

网线制作、交换机配置、VLAN 的划分与配置、家庭路由器使用及无线 AP 配置、DHCP 配置、Portal 认证、802.1x、Web 认证配置、无线 AP 配置。

1.4　网线制作及网络工具使用实验

1．实验目的

掌握网线的制作方法。

2．实验拓扑（图 1-18）

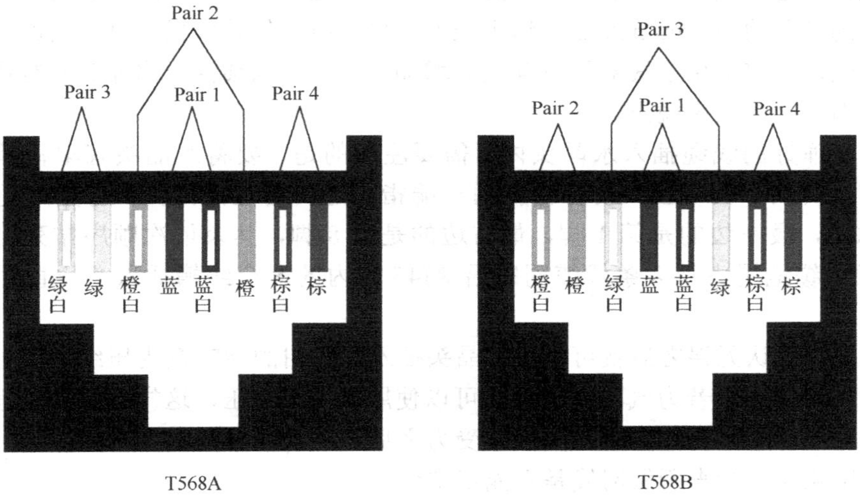

图 1-18　实验拓扑图

3．实验设备

网线、水晶头、压线钳、测线仪，如图 1-19 和图 1-20 所示。

图 1-19　实验设备 1

4．实验步骤

（1）首先利用压线钳的剪线刀口剪裁出计划需要使用到的双绞线长度。

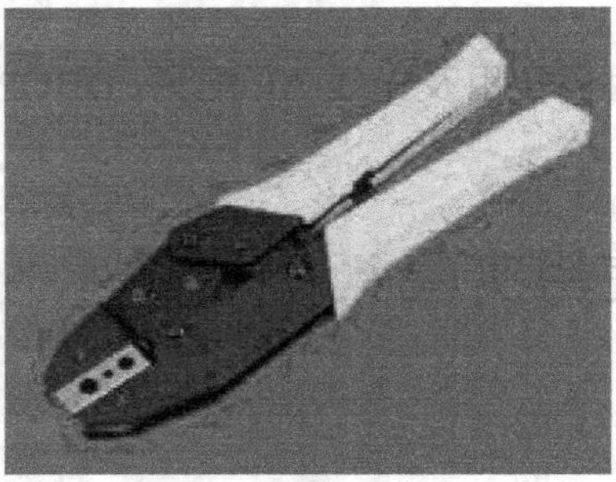

图 1-20　实践设备 2

（2）把双绞线的灰色保护层剥掉，可以利用压线钳的剪线刀口将线头剪齐，再将线头放入剥线专用的刀口，稍微用力握紧压线钳慢慢旋转，让刀口划开双绞线的保护胶皮。

（3）把每对都是相互缠绕在一起的线缆逐一解开。解开后则根据需要接线的规则把几组线缆依次地排列好并理顺，排列的时候应该注意尽量避免线路的缠绕和重叠。

（4）把线缆依次排列好并理顺压直之后，应该细心检查一遍，之后利用压线钳的剪线刀口把线缆顶部裁剪整齐，需要注意的是裁剪的时候应该是水平方向插入，否则线缆长度会影响到线缆与水晶头的正常接触。若之前把保护层剥下过多的话，可以在这里将过长的细线剪短，保留的去掉外层保护层的部分约为 15mm 左右，这个长度正好能将各细导线插入到各自的线槽。如果该段留得过长，一来会由于线对不再互绞而增加串扰，二来会由于水晶头不能压住护套而可能导致电缆从水晶头中脱出。

（5）把整理好的线缆插入水晶头内。需要注意的是，要将水晶头有塑料弹簧片的一面向下，有针脚的一方向上，使有针脚的一端指向远离自己的方向，有方形孔的一端对着自己。此时，最左边的是第 1 脚，最右边的是第 8 脚，其余依次顺序排列。插入的时候需要注意缓缓地用力把 8 条线缆同时沿 RJ45 头内的 8 个线槽插入，一直插到线槽的顶端脱出。

（6）压线，确认无误之后就可以把水晶头插入压线钳的 8P 槽内压线了，把水晶头插入后，用力握紧线钳，若力气不够的话，可以使用双手一起压，这样一压的过程使得水晶头凸出在外面的针脚全部压入水晶头内，受力之后听到轻微的“啪”一声即可。

（7）使用测线仪检查所做网线是否能正常使用。

5. 实验报告

（1）完成本实验的相关配置命令截图。
（2）完成本实验的相关测试结果截图。
（3）对本实验的测试结果的分析和评注。
（4）对本实验的个人体会。
（5）对相关问题的回答。

1.5　网络设备基本连接实验

1. 实验目的

掌握网络设备的基本连接和基础操作方法，包括几种交换机（S5120-28SC-HI）的基本配置、交换机（S5500-28SC-HI）的基本配置、交换机（POE，S5500-34C-PWR-HI）的基本配置、无线控制器 AC（WX3010E-POEP）的基本配置、无线 AP（WA4620i）的基本配置，基本配置中包含设备的登录方式以及基本命令操作、交换机的网络连接。

2. 实验拓扑（图 1-21）

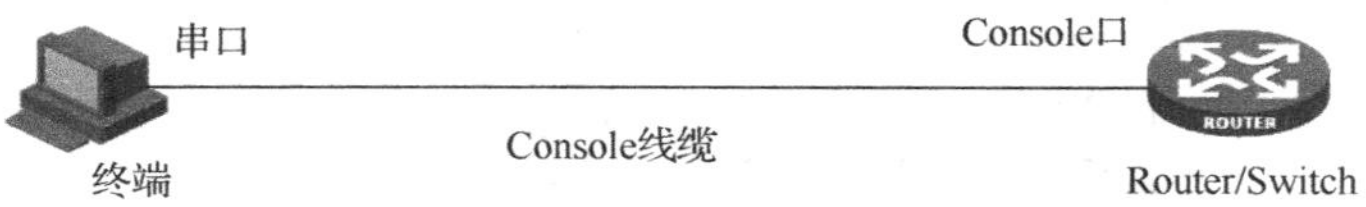

图 1-21　实验拓扑图

3. 实验设备

PC（终端）、S5120-28SC-HI（交换机）。其中，PC 与 S5120-28SC-HI（交换机）之间以 Console 线进行连接，PC 的串口连接路由器/交换机的 Console 口。

4. 实验步骤

由于 H3C 产品系列的基本操作命令都是相同的，所以这里以 S5120-28SC-HI 为例，做基本操作实验。

1）使用 Console 口登录设备实验

右击桌面计算机，然后单击管理菜单，弹出“计算机管理”对话框，如图 1-22 所示，单击设备管理器，在端口选项中查看 COM 后跟随的数值，这里为 COM3。

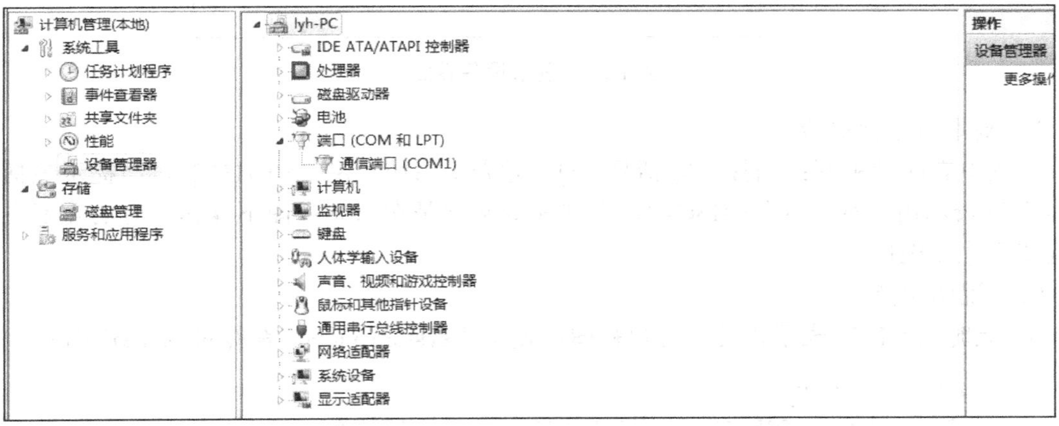

图 1-22　设备管理器对话框

开启桌面的 SecureCRT 软件，如图 1-23 所示，单击快速链接按钮，弹出“Quick Connect”对话框，如图 1-24 所示，协议选择 Serial，端口选择之前查看的 COM 口数值“COM3”，波特率选择 9600，其余默认，取消勾选 RTS/CTS。

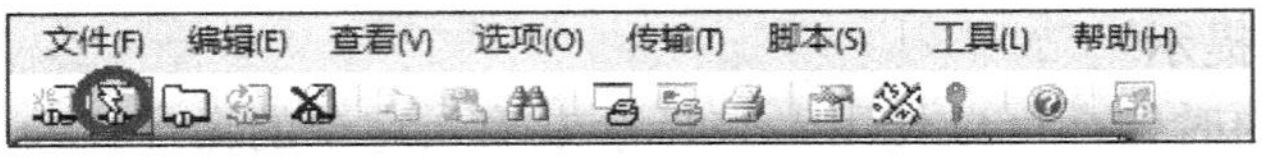

图 1-23　SecureCRT 菜单图示

单击“Connet”按钮就可以登录到设备了，登录界面如图 1-25 所示。按 Enter 键如果出现<H3C>表示登录成功。

如果提示风扇错误“Fan 1 airflow direction is not preferred on slot 1, please check it.”，则输入“fan prefer-direction slot 1 port-to-power”修复。

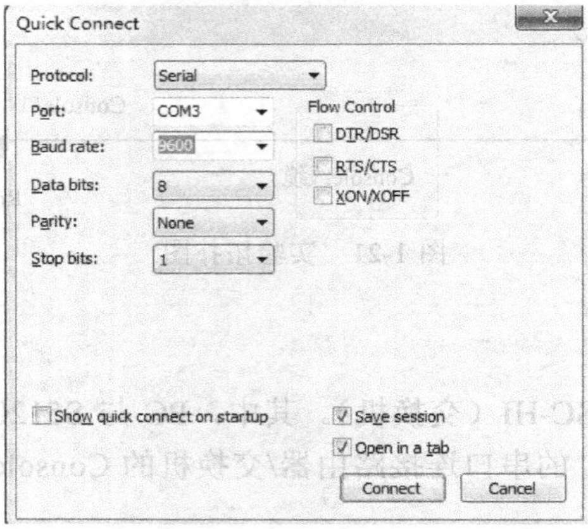

图 1-24 “Quick Connect”对话框

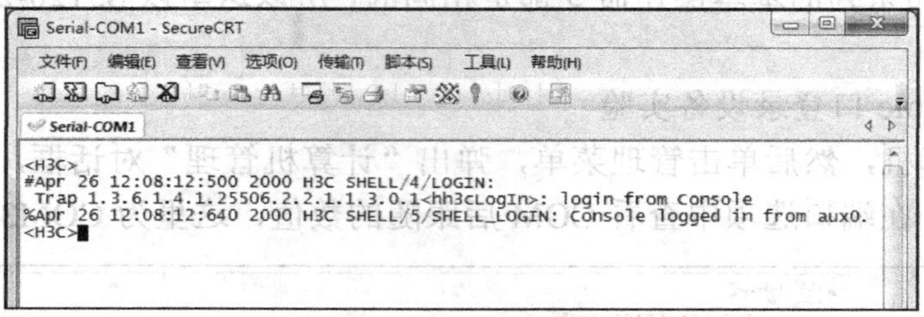

图 1-25 登录设备界面

2）基本命令行实验

系统中有两种视图：当提示方括号“[]”时表示系统视图（如[H3C]），当提示尖括号“<>”时表示用户视图（如<H3C>），有些命令必须是在系统视图下操作，有的需要在用户视图下才能操作。

（1）视图切换

① 此时的<H3C>表示正处于用户视图，使用“system-view”命令进入系统视图：

```
<H3C>system-view
System View: return to User View with Ctrl+Z.
[H3C]
```

② 在系统视图使用“quit”命令退回到用户视图：

```
[H3C]quit
<H3C>
```

（2）补全命令和提示

① 在忘记命令的时候，可以使用？来提示未输入完全的命令：

```
<H3C>sy?
  system-view
[H3C]sysn?
  Sysname
[H3C]sysname ?
 TEXT  Host name (1 to 30 characters)
```

② 在输入字符较长的命令时往往费时，在不全的命令后面使用<Tab>键可以补全命令，并且多次键入<Tab>可以切换补全命令的选项。例如，输入"in"：

```
[H3C]in
```

由于"in"中所含字符较少，以"in"开头的命令不止一条，键入 <Tab>后，自动补全以"in"开头的第一条命令"info-center"如下所示：

```
[H3C]info-center
```

再键入 <Tab>，可以切换到以"in"开头的第二条命令"interface"，以此类推：

```
[H3C]interface
```

③ 输入命令时，在不造成任何歧义的情况下，可以只输入其中几个字符（这几个字符唯一确定一条命令），命令便可以生效，如查看系统时间命令为"display clock"，此时只要输入"dis clo"即可起到相同的作用：

```
<YourName>dis clo
10:14:11 UTC Wed 04/08/2015
```

（3）使用命令"sysname + 参数"更改系统名称：

```
[H3C]sysname YourName
[YourName]
```

（4）使用"clock datetime + 参数"命令更改系统时间：

```
<YourName>clock datetime 10:10:10 04/08/2015
```

（5）使用"display clock"命令查看当前系统：

```
<YourName>display clock
10:12:24 UTC Wed 04/08/2015
```

（6）使用"display current-configuration"命令显示系统运行配置：

```
<YourName>display current-configuration
#
 version 5.20, Release 5206
#
 sysname YourName
#
 irf mac-address persistent timer
 irf auto-update enable
 undo irf link-delay
#
 domain default enable system
#
 undo ip http enable                    //关闭 HTTP 服务
#
 fan prefer-direction slot 1 port-to-power
//处理风扇问题（设备左边 LED 灯显示 F 表示风扇非正常运行，需在全局下配置此命令）
```

```
#
password-recovery enable                    //使能密码恢复功能
#
vlan 1                                      //进入系统缺省视图 vlan1
#
domain system
access-limit disable
state active
idle-cut disable
---- More ----
```

按<Enter>键进行翻行显示，使用<Ctrl+C>组合键结束显示，使用空格键翻页显示。

```
interface GigabitEthernet1/0/25         //开启端口
shutdown
#
interface GigabitEthernet1/0/26
shutdown
#
interface M-GigabitEthernet0/0/0
#
interface Ten-GigabitEthernet1/0/27
#
interface Ten-GigabitEthernet1/0/28
#
load xml-configuration                      //加载网页配置
#
load tr069-configuration                    //加载文件节点信息
#
user-interface aux 0                        //进入 aux0 用户界面视图
user-interface vty 0 15                     //进入 vty0-15 用户界面视图
#
Return                                      //从当前视图直接退回到用户视图
<YourName>
```

（7）配置的保存

① 使用“display saved-configuration”命令显示当前系统保存的配置：

```
<YourName>display saved-configuration
 The config file does not exist!
```

② 使用“save”命令保存配置：

```
<YourName>save
The current configuration will be written to the device. Are you sure? [Y/N]:
//输入 Y 保存
Please input the file name(*.cfg)[flash:/startup.cfg]
(To leave the existing filename unchanged, press the enter key):
//如果不需要更改保存的文件名字，就按<Enter>键
 Validating file. Please wait...
```

```
 The current configuration is saved to the active main board successfully.
 Configuration is saved to device successfully.
//跳出如上信息，表明保存成功
```

（8）删除和清空配置

① 需要删除某些命令时可以使用在命令之前加 **undo**，例如，在 **sysname** 之前加 **undo** 就可以回复设备名称：

```
[YourName]undo sysname
[H3C]
```

② 需要将设备恢复至出厂状态时可以使用命令 **reset saved-configuration** 清空配置，再 **reboot** 重启设备：

```
[H3C]quit
<H3C>reset saved-configuration
The saved configuration file will be erased. Are you sure? [Y/N]:y
Configuration file in flash is being cleared.
Please wait ...
MainBoard:
 Configuration file is cleared.
<H3C>rebo
<H3C>reboot
 Start to check configuration with next startup configuration file, please
wait.........DONE!
 This command will reboot the device. Current configuration will be lost,
save current configuration? [Y/N]:n
 This command will reboot the device. Continue? [Y/N]:y
```

（9）**Ping** 命令检查连通性

① 设备上的 **Ping** 命令的使用：

```
[H3C]ping 127.0.0.1
  PING 127.0.0.1: 56  data bytes, press CTRL_C to break
    Reply from 127.0.0.1: bytes=56 Sequence=1 ttl=255 time=1 ms
    Reply from 127.0.0.1: bytes=56 Sequence=2 ttl=255 time=1 ms
    Reply from 127.0.0.1: bytes=56 Sequence=3 ttl=255 time=1 ms
    Reply from 127.0.0.1: bytes=56 Sequence=4 ttl=255 time=1 ms
    Reply from 127.0.0.1: bytes=56 Sequence=5 ttl=255 time=1 ms

  --- 127.0.0.1 ping statistics ---
    5 packet(s) transmitted
    5 packet(s) received
    0.00% packet loss
round-trip min/avg/max = 1/1/1 ms
```

发送 5 个 ICMP 请求报文，收到 5 个，证明连通性良好。

Ping 也可以携带参数：

```
[H3C]ping ?
  -a              Select source IP address
  -c              Specify the number of echo requests to be sent
```

```
-f              Specify packets not to be fragmented
-h              Specify TTL value for echo requests to be sent
-i              Select the interface to send the packets
-m              Specify the interval in milliseconds to send packets
-n              Numeric output only. No attempt will be made to lookup host
                addresses for symbolic names
-p              No more than 8 "pad" hexadecimal characters to fill out the
                sent packet. For example, -p f2 will fill the sent packet
                with 000000f2 repeatedly
-q              Quiet output. Nothing will be displayed except for the summary
                lines.
-r              Record route. Include the RECORD_ROUTE option in the
                ECHO_REQUEST packets and display the route
-s              Specify the number of data bytes to be sent
-t              Specify the time in milliseconds to wait for each reply
-tos            Specify TOS value for echo requests to be sent
-v              Display the received ICMP packets other than ECHO-RESPONSE
                packets.
STRING<1-255> IP address or hostname of a remote system
ip              IP Protocol
ipv6            IPv6 Protocol
```

图 1-26 cmd 命令

② PC 也可以使用 Ping 命令来检查连通性，单击计算机左下角开始图标，在输入框中输入 cmd 后按<Enter>键，如图 1-26 所示，打开 cmd 命令处理程序。

出现黑色背景的 cmd 窗口后，直接使用 Ping 命令检查连通性，结果如图 1-27 所示。

这里也可以使用 tracert 命令进行连通性检查，tracert 命令能够查看报文从源到目的经过的路由节点，结果如图 1-28 所示。

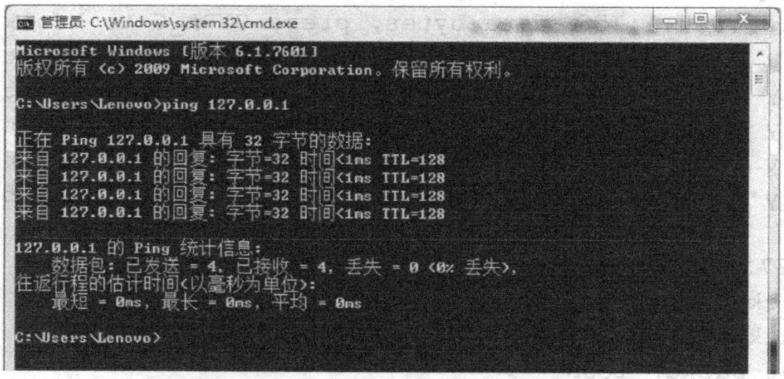

图 1-27 Ping127.0.0.1 验证连通性

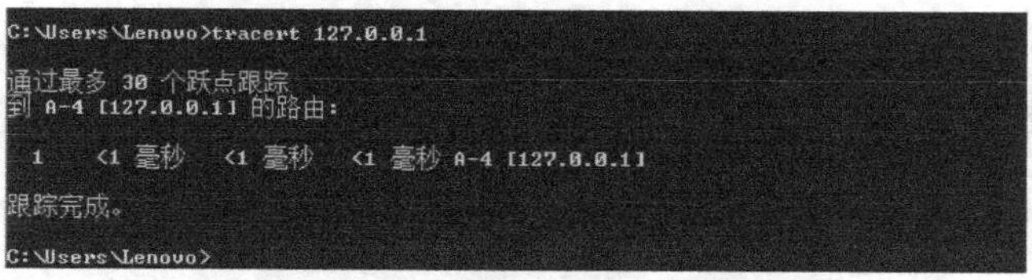

图 1-28 tracert127.0.0.1 结果示意图

5．实验报告

（1）完成本实验的相关配置命令截图。
（2）完成本实验的相关测试结果截图。
（3）对本实验的测试结果的分析和评注。
（4）对本实验的个人体会。
（5）对相关问题的回答。

1.6　局域网有线用户的接入实验

1．实验目的

学习在局域网环境下，有线用户如何接入到网络中进行使用。掌握二、三层交换机（SW1、SW2）VLAN 的配置（包含交换机端口 Access、Trunk 的配置），实现相同 VLAN 之间能互通和不同 VLAN 之间能互通。掌握三层交换机 DHCP 的配置、用户的 PC 配置，掌握设备管理层面的安全防护：SSH 登录设备实验。

2．实验拓扑及实验设备（图 1-29）

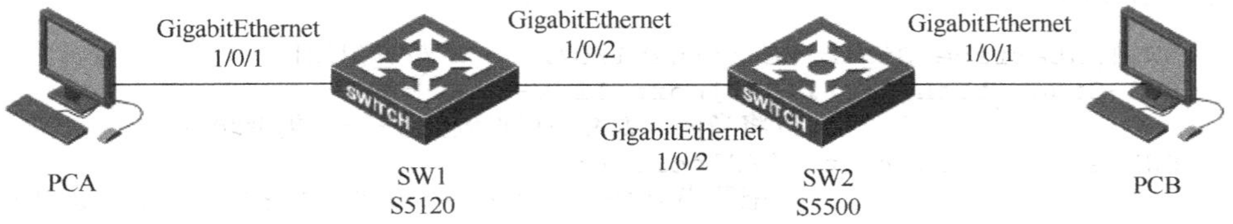

图 1-29　实验拓扑图

3．实验设备

两台 PC（PCA 和 PCB）、SW1（S5120-28SC-HI）、SW2（S5500-28SC-HI）。其中，PCA 和 PCB 之间隔着两台交换机（SW1 和 SW2），PCA 用网线连接 SW1 的 GigabitEthernet1/0/1 口，PCA 的 com 口用 Console 线连接 SW1 的 Con 口，SW1 的 GigabitEthernet1/0/2 口与 SW2 的 GigabitEthernet1/0/2 口相连，SW2 的 GigabitEthernet1/0/1 口连接 PCB 的网口（RJ45），PCB 的 com 口用 Console 线连接 SW2 的 Con 口。

4．实验步骤

1）VLAN 配置实验

（1）给两台交换机配置两个 VLAN：vlan10 和 vlan20，用户名用学号（用“sysname 学号”命令将默认的用户名“[H3C]”替换成各自的“[学号]”，例如“sysname 12345678”），然后配置 VLAN。

PCA 上操作如下：

```
[SW1]vlan 10              //创建并进入 vlan10 视图
[SW1-vlan10]quit          //从当前视图退回到上一层视图，如果当前是用户视图，则会
                            断开当前连接，退出系统
[SW1]vlan 20              //创建并进入 vlan20 视图
```

PCB 同样操作：

```
[SW2]vlan 10
[SW2-vlan10]quit
[SW2]vlan 20
```

（2）把 SW1 的端口 GigabitEthernet1/0/1 划分到 vlan10 中，把 SW2 的端口 GigabitEthernet1/0/1 划分到 vlan20 中。

PCA 操作如下：

```
[SW1-vlan20]quit
[SW1]vlan 10
[SW1-vlan10]port GigabitEthernet1/0/1    //向当前 VLAN 中添加一个以太网端口
[SW1-vlan10]quit
```

对 PCB 进行同样操作：

```
[SW2]vlan 20
[SW2-vlan20]port GigabitEthernet1/0/1
[SW2-vlan20]quit
```

（3）把 SW1 和 SW2 的 GigabitEthernet1/0/2 端口类型设置为 Trunk 并且允许 vlan10 和 vlan20 通过。

PCA 操作如下：

```
[SW1]interface GigabitEthernet1/0/2      //开启端口
[SW1-GigabitEthernet1/0/2]port link-type trunk
                                //将当前以太网端口设置为 Trunk 类型端口
[SW1-GigabitEthernet1/0/2]port trunk permit vlan 10 20
                                //配置当前 Trunk 类型端口允许 vlan10、vlan20 通过
 Please wait... Done.
```

对 PCB 进行同样操作：

```
[SW2] interface GigabitEthernet1/0/2
[SW2-GigabitEthernet1/0/2] port link-type trunk
[SW2-GigabitEthernet1/0/2] port trunk permit vlan 10 20
 Please wait... Done.
```

（4）给 PCA 和 PCB 配置 IP 地址，PCA 的 IP 地址为 192.168.1.1，PCB 的 IP 地址为 192.168.1.2，操作步骤如下：

① 打开“控制面板/所有控制面板项/网络和共享中心”，在“网络共享中心”对话框的左边菜单栏中单击“更改适配器设置”（图 1-30），弹出“网络连接”对话框。

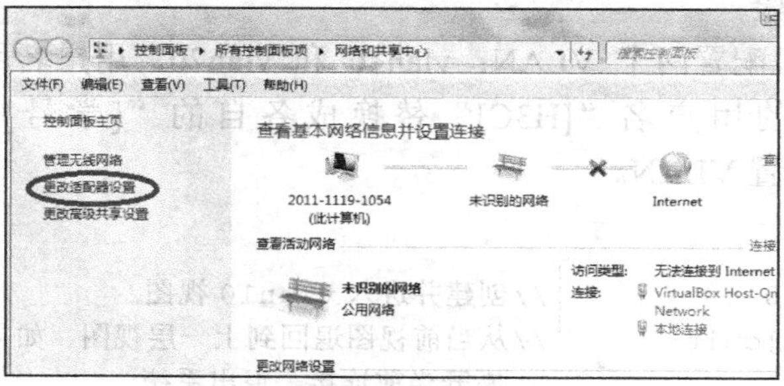

图 1-30 “网络和共享中心”对话框

② 在“网络连接”对话框中选择本地连接并右击，在弹出的快捷菜单中选择“属性”菜单（图 1-31），跳出“本地连接 属性”对话框。

③ 在“本地连接 属性”对话框中选择“Internet 协议版本 4（TCP/IPv4）”（图 1-32），单击，打开“Internet 协议版本 4（TCP/IPv4）属性”对话框。

图 1-31　选择本地连接的属性菜单

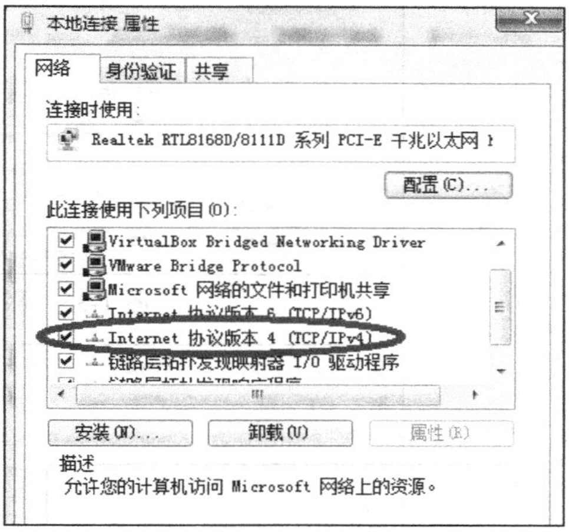

图 1-32　“本地连接 属性”对话框

④ 如图 1-33 所示，在“Internet 协议版本 4（TCP/IPv4）属性”对话框中输入 PCA 的 IP 地址和掩码。

⑤ 如图 1-34 所示，PCB 配置 IP 地址的操作和 PCA 一样，不再赘述。

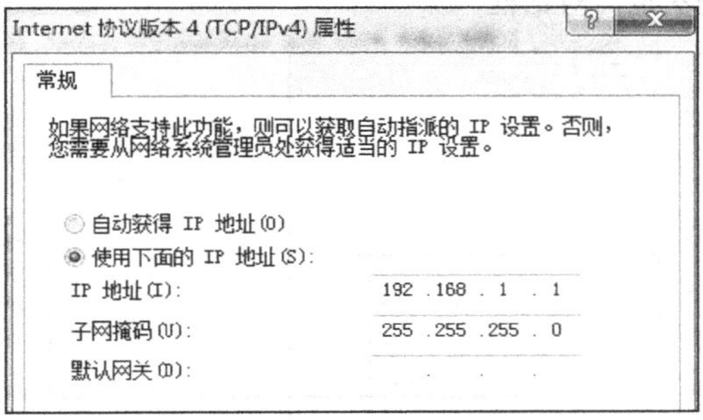

图 1-33　“Internet 协议版本 4（TCP/IPv4）属性”对话框，配置 PCA 的 IP 地址

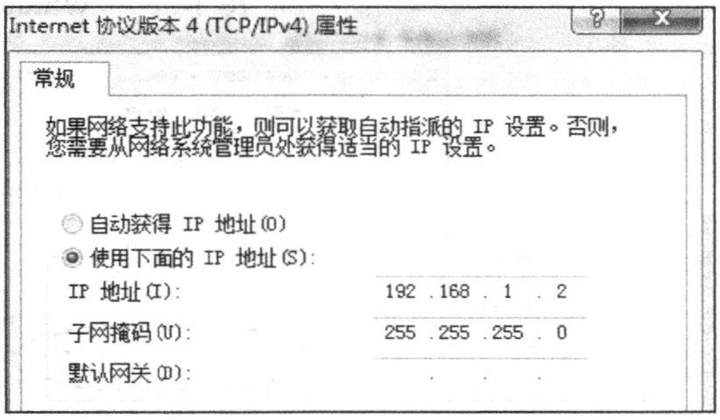

图 1-34　“Internet 协议版本 4（TCP/IPv4）属性”对话框，配置 PCB 的 IP 地址

（5）关闭 PCA 和 PCB 上的防火墙。

① 打开“控制面板/所有控制面板项/网络和共享中心”，选择左下角的“Windows 防火墙”选项，如图 1-35 所示，打开“Windows 防火墙”对话框。

② 在“Windows 防火墙”对话框的左侧，单击“打开或关闭 Windows 防火墙”菜单，如图 1-36 所示，弹出“自定义设置”对话框。

③ 在“自定义设置”对话框中，将所有网络的位置设置都改为“关闭 Windows 防火墙（不推荐）”设置，如图 1-37 所示，单击“确定”按钮完成修改。

（6）结果测试

① 在 PCA 上 Ping PCB 上的地址，Ping 结果如图 1-38 所示。

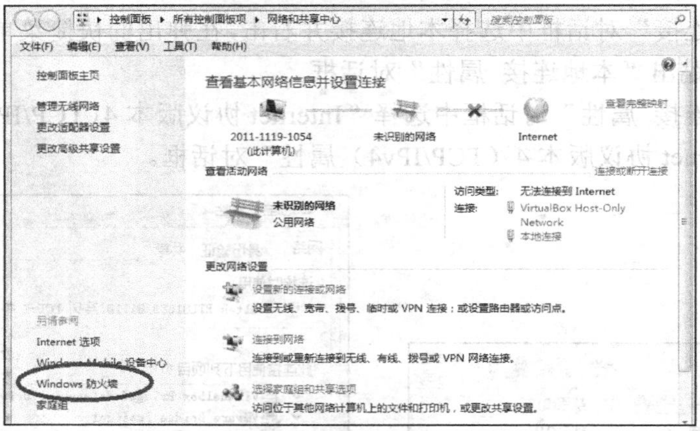

图 1-35　网络共享中心

图 1-36　“Windows 防火墙”对话框

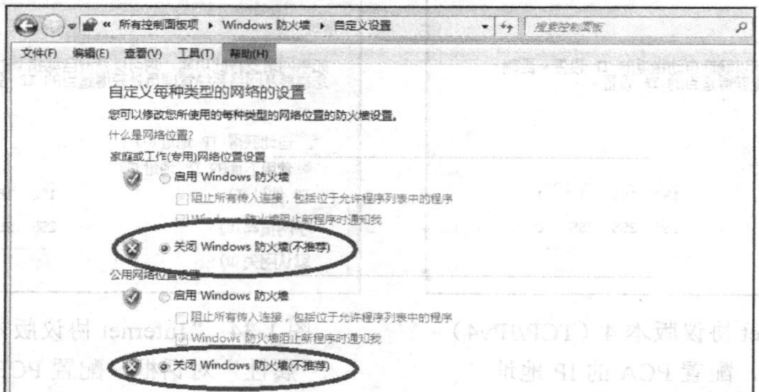

图 1-37　“自定义设置”对话框

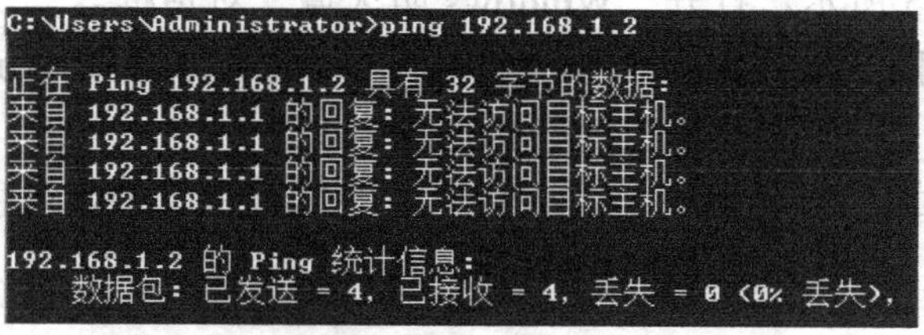

图 1-38　PCA Ping PCB 结果图 1

Ping 不通是因为 PCA 和 PCB 在不同 VLAN 中，如果想 Ping 通需要将 PCA 和 PCB 划分到相同的 VLAN 中。

② 将 SW2 的 GigabitEthernet1/0/1 口划分到 vlan10 中，PCB 上的操作如下：

```
[SW2]vlan 10
[SW2-vlan10] port GigabitEthernet1/0/1
```

③ 再在 PCA 上 Ping PCB 的地址，结果如图 1-39 所示。

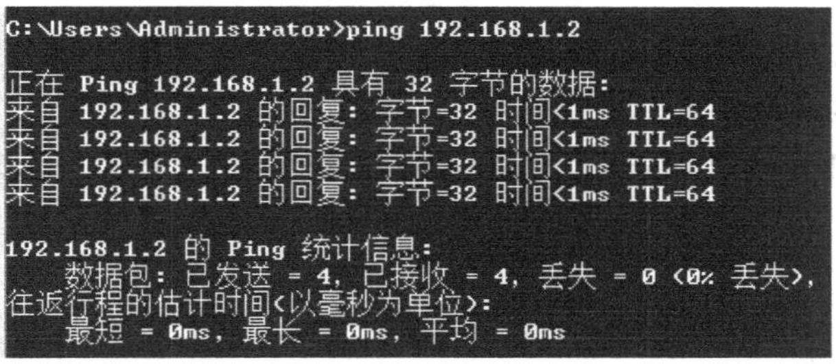

图 1-39 PCA Ping PCB 结果图 2

发现可以 Ping 通，说明两台主机已经可以相互通信了。因为 PCA 和 PCB 在相同的 VLAN 中，所以能 Ping 通。

（7）VLAN 间路由。

① 做完以上实验后，把 PCA 的地址改成 10.10.10.2/24，网关写为 10.10.10.1，如图 1-40 所示，PCB 的地址改为 20.20.20.2/24，网关写为 20.20.20.1，如图 1-41 所示。

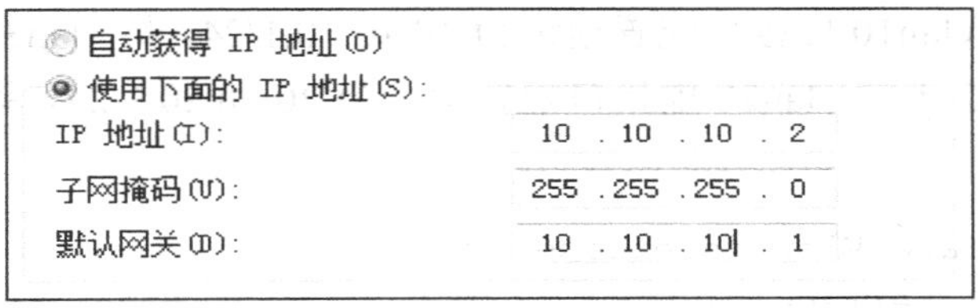

图 1-40 修改 PCA 的 IP 地址为 10.10.10.2

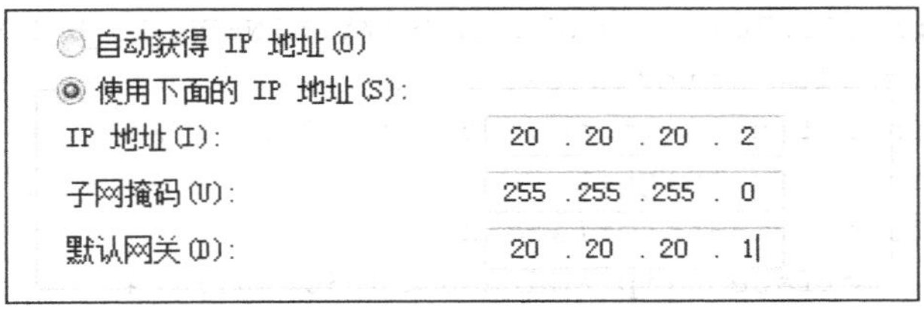

图 1-41 修改 PCB 的 IP 地址为 20.20.20.2

② 将 PCB 连接 SW2 的端口 GigabitEthernet1/0/1 划分到 vlan20 中去：

```
[SW2]vl 20
[SW2-vlan20]port GigabitEthernet1/0/1
[SW2-vlan20]quit
```

③ 在 PCA 上 Ping PCB 的地址检查连通性，结果如图 1-42 所示。

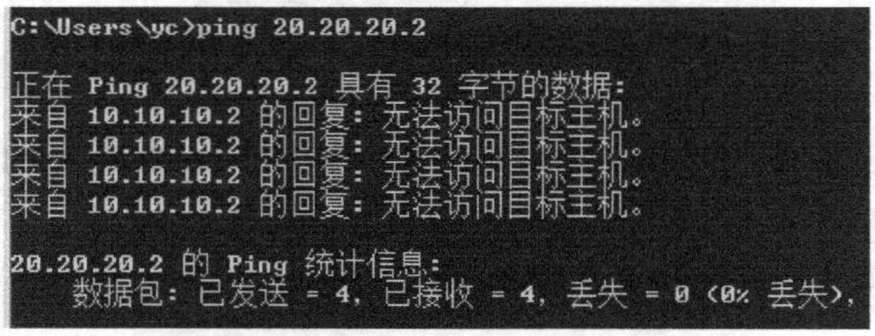

图 1-42 PCA Ping PCB 结果图 3

此时，发现不通。是否属于不同 VLAN 的 PC 就一定不能互通呢？解决方法有多种，这里使用 VLAN 间路由来解决。

④ 在两台交换机上创建 vlan30，并且将 SW1 和 SW2 上的 GigabitEthernet1/0/2 都划分到 vlan30 中去：

```
[SW1]interface GigabitEthernet1/0/2
[SW1-GigabitEthernet1/0/2]port link-type access
[SW1]vlan 30
[SW1-vlan30]port GigabitEthernet1/0/2
[SW1-vlan30]quit
[SW2]interface GigabitEthernet1/0/2
[SW2-GigabitEthernet1/0/2]port link-type access
[SW2]vlan 30
[SW2-vlan30]port GigabitEthernet1/0/2
[SW2-vlan30]quit
```

⑤ 将 SW1 上的 vlan10 虚接口配置地址为 10.10.10.1/24，将 vlan30 虚接口配置地址为 30.30.30.1/24；将 SW2 上的 vlan20 虚接口配置地址为 20.20.20.1/24，将 vlan30 虚接口配置地址为 30.30.30.2/24：

```
[SW1]interface Vlan-interface 10
[SW1-Vlan-interface10]
%Apr 26 13:12:43:564 2000 SW1 IFNET/3/LINK_UPDOWN: Vlan-interface10 link status is UP.
%Apr 26 13:12:43:704 2000 SW1 IFNET/5/LINEPROTO_UPDOWN: Line protocol on the interface Vlan-interface10 is UP.
[SW1-Vlan-interface10]ip address 10.10.10.1 24
[SW1-Vlan-interface10]quit
[SW1]interface Vlan-interface 30
[SW1-Vlan-interface30]ip address 30.30.30.1 24
[SW1-Vlan-interface30]quit
[SW2-Vlan-interface20]
%Apr 26 13:16:42:000 2000 SW2 IFNET/3/LINK_UPDOWN: Vlan-interface20 link status is UP.
%Apr 26 13:16:42:140 2000 SW2 IFNET/5/LINEPROTO_UPDOWN: Line protocol on the interface Vlan-interface20 is UP.
[SW2-Vlan-interface20]ip address 20.20.20.1 24
[SW2-Vlan-interface20]quit
[SW2]interface Vlan-interface 30
```

```
[SW2-Vlan-interface30]ip address 30.30.30.2 24
[SW2-Vlan-interface30]quit
```

⑥ 配置静态路由：

```
[SW1]ip route-static 20.20.20.2 24 30.30.30.2
[SW2]ip route-static 10.10.10.2 24 30.30.30.1
```

⑦ 在 PCA 上 Ping PCB 的地址，结果如图 1-43 所示。

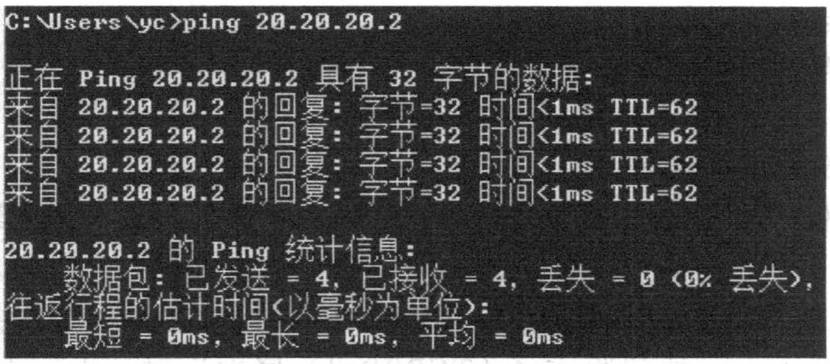

图 1-43 PCA Ping PCB 结果图 4

可以 Ping 通，因为 PCA 的网关 SW1 上有到达 PCB 的路由。

2）DHCP 实验

（1）首先重启 SW1 和 SW2 两台交换机，以便清空上次实验的配置。

PCA 操作：

```
<SW1>reset save                    //清空配置
<SW1>reboot                        //重启
```

对 PCB 进行同样的操作：

```
<SW2>reset save
<SW2>reboot
```

（2）以 SW1 为 DHCP Server，开启 DHCP Server 服务：

```
[SW1]dhcp enable                   //开启 DHCP 服务
DHCP is enabled successfully!
```

（3）建立 DHCP 地址池，名字为 1（可自选）：

```
[SW1]dhcp server ip-pool 1         //可分配地址范围为 192.168.0.0/24 网段的地址
[SW1-dhcp-pool-1]network 192.168.0.1 mask 255.255.255.0
```

（4）建立 vlan10，将 PCA 与 SW1 连接的接口 GigabitEthernet1/0/1 划分到 vlan10 中，再给 vlan10 的虚接口设置地址作为网关：

```
[SW1-dhcp-pool-1]quit
[SW1]vlan 10
[SW1-vlan10]port GigabitEthernet1/0/1
[SW1-vlan10]quit
[SW1]interface Vlan-interface 10          //创建 VLAN 接口并进入 VLAN 接口视图
[SW1-Vlan-interface10]ip address 192.168.0.1  24  //配置端口的 IP 地址
```

（5）为地址池设置 PC 网关地址：

```
[SW1-Vlan-interface10]quit
[SW1]dhcp server ip-pool 1
[SW1-dhcp-pool-1]gateway-list 192.168.0.1
                        //配置 DHCP 地址池为 DHCP 客户端分配的网关地址
```

（6）不让网关地址被分配给 PC：

```
[SW1-dhcp-pool-1]quit
[SW1]dhcp server forbidden-ip 192.168.0.1
                        //配置 DHCP 地址池中不参与自动分配的 IP 地址
```

（7）在 PC 上设置自动获取地址。

打开“控制面板/所有控制面板项/网络共享中心”，选择“更改适配器设置”选项，弹出“网络连接”对话框，右击，在弹出的快捷菜单中选择“属性”菜单，打开“本地连接属性”对话框，右击“Internet 协议版本 4（TCP/IPv4）”，在弹出的快捷菜单中选择“属性”菜单，弹出“Internet 协议版本 4（TCP/IPv4）属性”对话框，选择“自动获得 IP 地址”，如图 1-44 所示，让 PC 从 DHCP 服务器处自动获得 IP 地址。若弹出来“设置网络位置”单击取消即可。

（8）在 PC 的命令处理程序中使用 ipconfig 命令，如图 1-45 所示，查看是否获得地址，结果如图 1-46 所示。

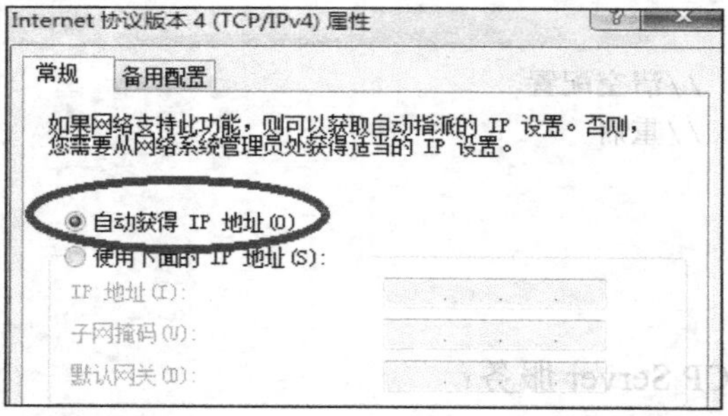

图 1-44　配置 PC 自动获得 IP 地址

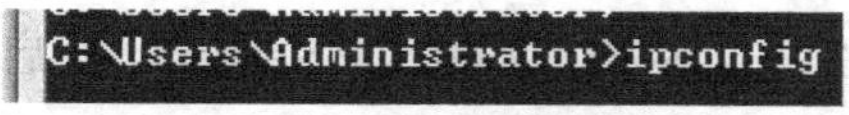

图 1-45　在命令处理程序中输入 ipconfig

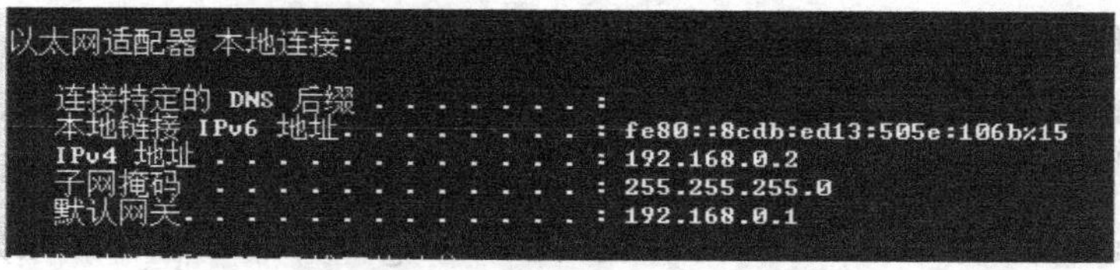

图 1-46　本机 IP 地址结果图

可以看到本地连接获得地址 192.168.0.2，分配地址成功。

3）SSH 实验

接着上一个 DHCP 实验进行，无须清空配置。

（1）在 SW1 上生成 RSA 密钥，操作如下：

```
[SW1]public-key local create rsa
```

```
The range of public key size is (512 ~ 2048).
NOTES: If the key modulus is greater than 512,
It will take a few minutes.
Press CTRL+C to abort.
Input the bits of the modulus[default = 1024]:   （按<Enter>即可）
Generating Keys...
++
+++
++++++
++++
```

（2）开启 SW1 上的 SSH 服务，操作如下：

```
[SW1]ssh server enable
Info: Enable SSH server.
```

（3）建立登录用户，操作如下：

```
[SW1]local-user jiance                      //建立名为 jiance 的登录用户
New local user added.
[SW1-luser-jiance]password simple h3c //设置登录密码，如 h3c
[SW1-luser-jiance]service-type ssh     //设置服务类型为 SSH
```

（4）设置 vty 线路的认证方式，操作如下：

```
[SW1-luser-jiance]quit
[SW1]user-interface vty 0 4                 //进入 vty0-4 用户界面视图
[SW1-ui-vty0-4]authentication-mode scheme
   //指定用户使用 vty0-4 用户界面登录设备时使用 AAA 认证方式，即登录需要用户名和密码
[SW1-ui-vty0-4]protocol inbound ssh    //指定所在用户界面支持的协议为 SSH
```

（5）使用 CRT 来登录 SW1，打开 CRT，单击“Quick Connect”按钮，弹出如图 1-47 所示的对话框，协议一栏选择 SSH2，地址一栏写虚接口地址 192.168.0.1，其余不变。

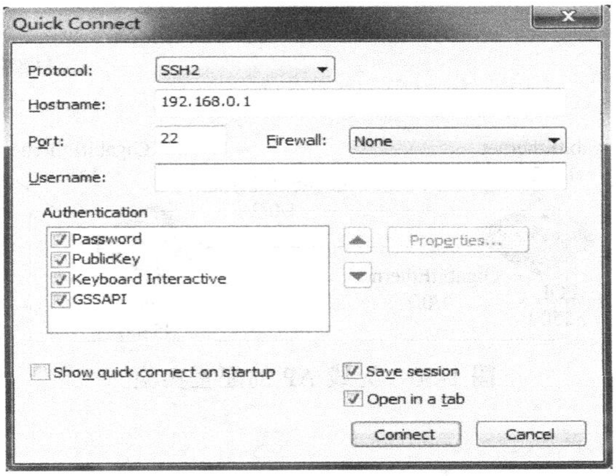

图 1-47　使用 CRT 登录 SW1

单击“Connect”按钮，弹出“新建主机密钥”，单击“只接受一次”按钮，弹出“Enter SSH Username”对话框，如图 1-48 所示，在“Username”文本框中输入之前设置的用户名。

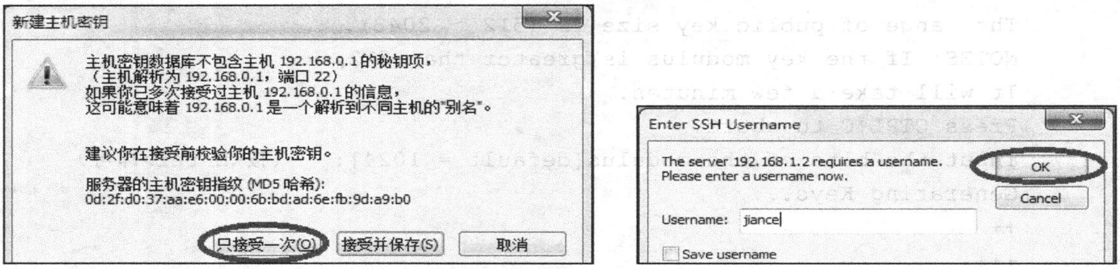

图 1-48　Enter SSH Username 对话框

单击“OK”按钮，弹出“Enter Secure Shell Password”对话框，如图 1-49 所示，输入之前设置的密码，单击“OK”按钮，这样就能顺利利用 SSH 协议远程登录设备了。

图 1-49　“Enter Secure Shell Password”对话框

5. 实验报告

（1）完成本实验的相关配置命令截图。
（2）完成本实验的相关测试结果截图。
（3）对本实验的测试结果的分析和评注。
（4）对本实验的个人体会。
（5）对相关问题的回答。

1.7　局域网无线用户的接入实验

1. 实验目的

学习在局域网环境下，无线用户如何接入到网络中进行使用。掌握无线 AC 的配置（AP 注册等）、无线 AP 的配置（发布无线信号等）、用户 PC 的配置。

2. 实验拓扑及实验设备（图 1-50）

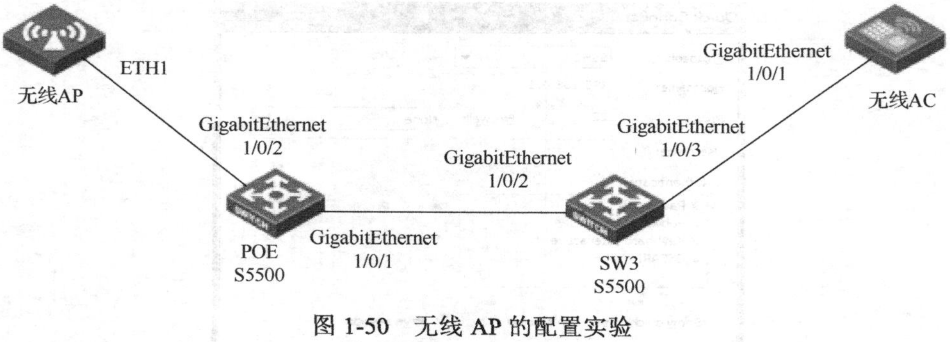

图 1-50　无线 AP 的配置实验

3. 实验设备

WA4620i-CAN（无线 AP）、WX3010E（无线 AC）、S5500（POE 交换机）、S5500-28SC-HI（SW3）。其中，无线 AP 的 ETH1 接口连接 POE 交换机的 GigabitEthernet1/0/2 口，POE 交换机的 GigabitEthernet1/0/1 口接 SW3 的 GigabitEthernet1/0/2 口，SW3 的 GigabitEthernet1/0/3 口接无线 AC 的 GigabitEthernet1/0/1 口。

4．实验步骤

1）家用路由器的使用实验

（1）将 TP-LINK 的 LAN 口和 PCA 连接，在 PCA 上打开浏览器，输入管理域名“tplogin.cn”进入页面设置路由器。

（2）首先设置管理员密码（这里设置为 123456789），若忘记密码，在路由器带电状态下长按路由器背后的 RESET 恢复出厂设置，如图 1-51 所示。

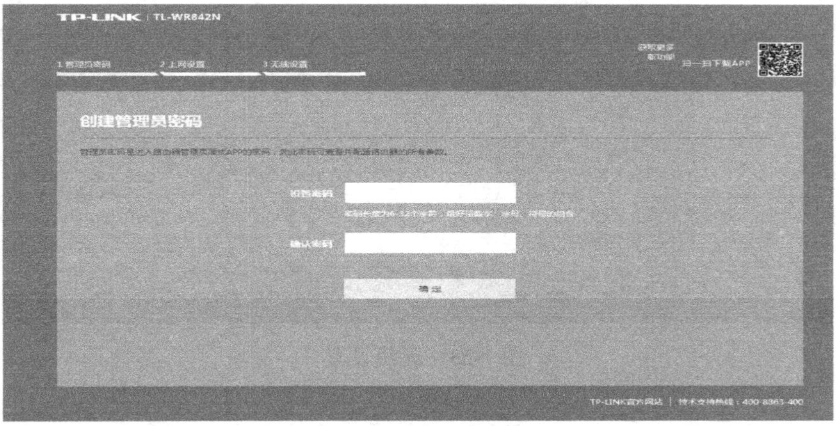

图 1-51　设置管理员密码

（3）单击“确定”按钮，进行上网设置，上网方式选择“自动获得 IP 地址”，如图 1-52 所示。

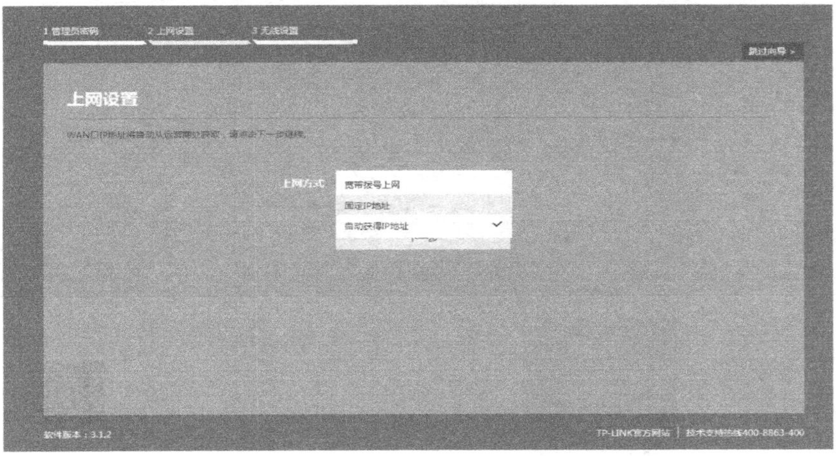

图 1-52　上网方式设置

（4）单击“下一步”按钮，进行无线设置，设置无线信号名称和密码，如图 1-53 所示。

（5）单击“确定”按钮，自动保存配置，“网络状态/主人网络”显示已开启，如图 1-54 所示。

（6）此时将无线网卡插入 PCB 连接无线，输入密码，可以自动获得一个地址 192.168.1.103，如图 1-55 所示。

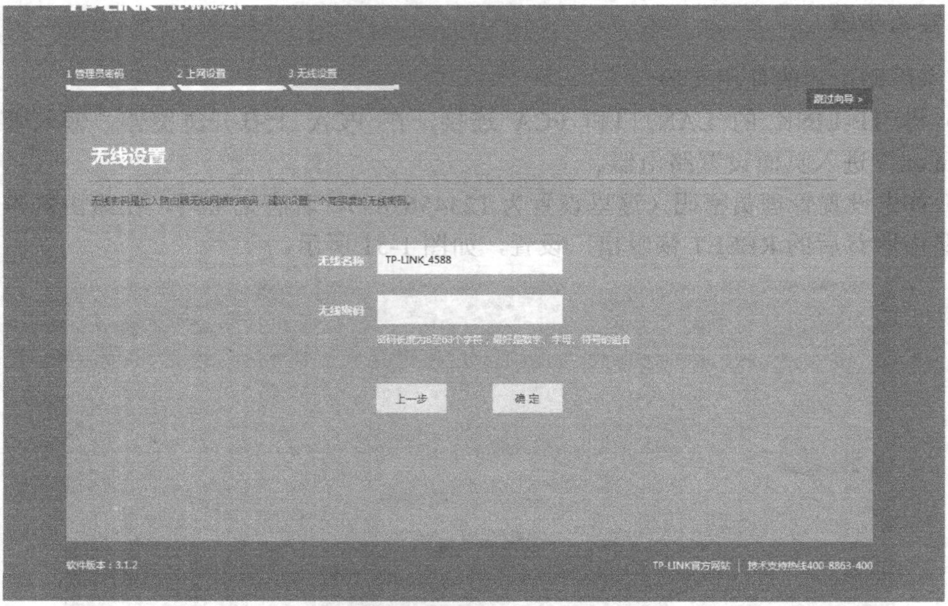

图 1-53　无线设置

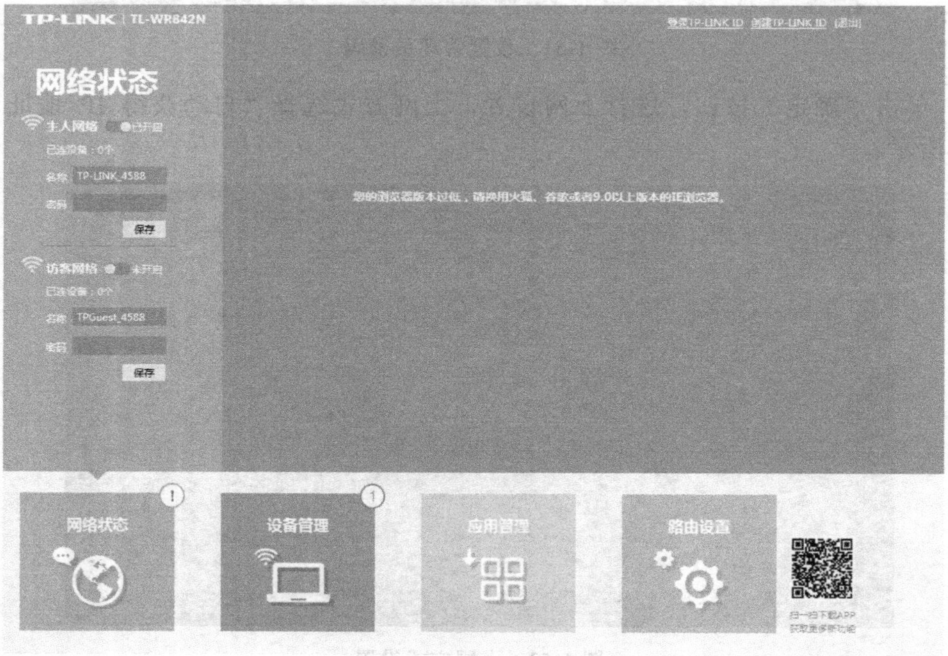

图 1-54　无线网络开启成功示意图

（7）使用 PCA Ping PCB，结果能 Ping 通，无线实验成功，结果如图 1-56 所示。

2）无线 AP 的配置实验

（1）让 POE 交换机给 AP 供电。PCA 的 Console 线接 POE（S5500）的 Con 口，按<Enter>键出现以下提示符，在用户视图下输入以下命令对此机器进行重置操作。

```
<H3C>reset saved-configuration
<H3C>reboot
<H3C>system-view
[H3C]sysname POE
[POE]interface GigabitEthernet1/0/2
[POE-GigabitEthernet1/0/2]poe enable
[POE-GigabitEthernet1/0/2]quit
```

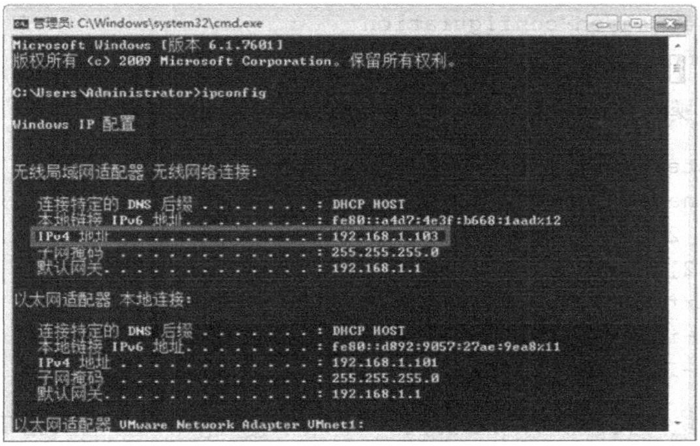

图 1-55　PCB 通过连接无线并获得地址

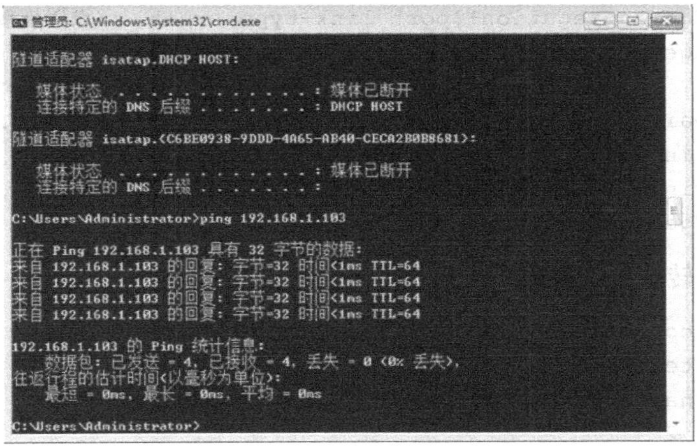

图 1-56　PCA Ping PCB 实验结果图

（2）将 AP 的工作模式改为 fit，PCA 的 Console 线接 AP 的 Con 口，按<Enter>键出现以下提示符，操作如下：

```
<WA4620i-ACN>ap-mode fit
Current working mode is already FIT
**跳出的各种状态提示不需要管，能敲入这句命令并出现正确提示即配置成功
```

接入 AC，PCA 的 Console 线接 AC 的 Con 口，按<Enter>键出现以下提示符，连入 AC 时看到：

```
Please set your country/region code.
Input ? to get the country code list, or input q to log out.
cn
```

此时输入 cn 按<Enter>键即可。

（3）在 AC 上创建 VLAN 并配置地址，在用户视图下输入以下命令对此机器进行重置操作：

```
<H3C>reset saved-configuration
<H3C>reboot
```

然后进行如下操作：

```
<H3C>system-view
[H3C]sysname AC
[AC]vlan 2
[AC-vlan2]quit
[AC]interface Vlan-interface 2
[AC-Vlan-interface2]ip address 192.168.2.253 24
[AC-Vlan-interface2]quit
```

（4）在无线模块与交换模块互连的接口 bridge-aggregation 1 口设置 Trunk，操作如下：

```
[AC]interface bridge-aggregation 1 //如果发现以下接口配置了链路聚合，请 undo
                                        //指定二层聚合接口的编号
[AC-Bridge-Aggregation1]port link-type trunk  //设置连接类型为 trunk
[AC-Bridge-Aggregation1]port trunk permit vlan all
                            //将二层聚合接口 1（Trunk 类型）允许所有 VLAN 通过
Please wait........................................ Done.
Configuring GigabitEthernet1/0/1..............................Done.
Configuring GigabitEthernet1/0/2..............................Done.
[AC-Bridge-Aggregation1]return
```

（5）使用命令转换到交换模块，操作如下：

```
<AC>oap connect slot 0
<H3C>system-view
[H3C]sysname SW
[SW]vlan 2
[SW-vlan2]quit
[SW]interface Vlan-interface 2
[SW-Vlan-interface2]ip address 192.168.2.254 24
[SW-Vlan-interface2]quit
```

（6）为互连接口 bridge-aggregation 1 配置 Trunk，操作如下：

```
[SW]interface bridge-aggregation 1
[SW-Bridge-Aggregation1]port link-type trunk
[SW-Bridge-Aggregation1]port trunk permit vlan all
 Please wait........................................ Done.
Configuring GigabitEthernet1/0/11.............................Done.
```

```
Configuring GigabitEthernet1/0/12................................Done.
[SW-Bridge-Aggregation1]quit
```

（7）配置 GigabitEthernet1/0/1 口为 Access 口，操作如下：

```
[SW]interface GigabitEthernet1/0/1
[SW-GigabitEthernet1/0/1]port link-type access
[SW-GigabitEthernet1/0/1]port access vlan 2
```

（8）给 SW3 接口配置 Access，PCA 的 Console 线接 SW3 的 Con 口，按<Enter>键出现以下提示符，在用户视图下输入以下命令对此机器进行重置操作。

```
<H3C>reset saved-configuration
<H3C>reboot
```

然后再进行如下操作：

```
<H3C>system-view
[H3C]sysname SW3
[SW3]vlan 2
[SW3-vlan2]quit
[SW3]interface GigabitEthernet1/0/3
[SW3-GigabitEthernet1/0/3]port link-type access
[SW3-GigabitEthernet1/0/3]port access vlan 2
[SW3-GigabitEthernet1/0/3]quit
[SW3]interface GigabitEthernet1/0/2
[SW3-GigabitEthernet1/0/2]port link-type access
[SW3-GigabitEthernet1/0/2]port access vlan 2
[SW3-GigabitEthernet1/0/2]quit
```

（9）给 POE 供电交换机配置 Access，PCA 的 Console 线接 POE 的 Con 口，按<Enter>键出现以下提示符，操作如下：

```
<H3C>system-view
[POE]vlan 2
[POE-vlan2]quit
[POE]interface GigabitEthernet1/0/2
[POE-GigabitEthernet1/0/2]port link-type access
[POE-GigabitEthernet1/0/2]port access vlan 2
[POE-GigabitEthernet1/0/2]quit
[POE]interface GigabitEthernet1/0/1
[POE-GigabitEthernet1/0/1]port link-type access
[POE-GigabitEthernet1/0/1]port access vlan 2
[POE-GigabitEthernet1/0/1]quit
```

（10）PCA 的 Console 线接 AC 的 Con 口，按<Enter>键出现以下提示符，在使用 AC 的交换模块时按住<Ctrl+K>组合键返回到无线模块，在 AC 上配置 DHCP，操作如下：

```
<AC>sys
[AC]dhcp enable
[AC]dhcp server ip-pool POOL2
[AC-dhcp-pool-pool2]network 192.168.2.0 mask 255.255.255.0
          //配置 DHCP 地址池 POOL2 动态分配的网段为 192.168.8.0/24
[AC-dhcp-pool-pool2]gateway-list 192.168.2.254
```

```
                //配置 DHCP 地址池为 DHCP 客户端分配的网关地址
[AC-dhcp-pool-pool2]quit
[AC]dhcp server forbidden-ip 192.168.2.253
[AC]dhcp server forbidden-ip 192.168.2.254
```

（11）执行“display dhcp server ip-in-use all”命令可以查看地址是否分配成功，结果如图 1-57 所示表示配置成功。

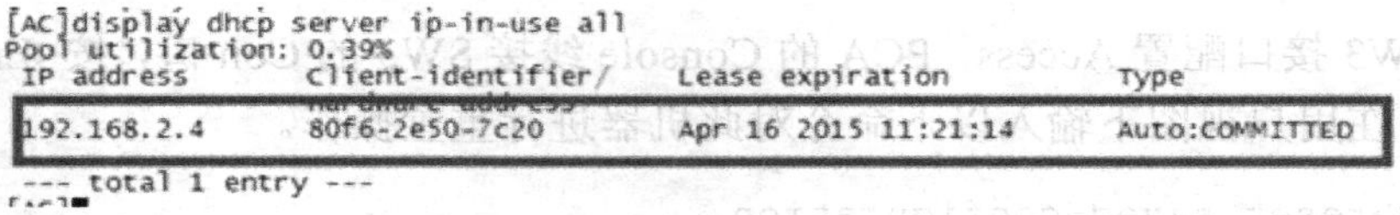
[AC]display dhcp server ip-in-use all
Pool utilization: 0.39%
IP address Client-identifier/ Lease expiration Type
Hardware address
192.168.2.4 80f6-2e50-7c20 Apr 16 2015 11:21:14 Auto:COMMITTED
--- total 1 entry ---

图 1-57　查看地址是否分配成功结果图

（12）查看 AP 底部的型号和 serial-id 并记下，在 AC 注册 AP，操作如下：

```
[AC]wlan ap ap1 model WA4620i-ACN
[AC-wlan-ap-ap1]serial-id 210235A1BSC149001009
[AC-wlan-ap-ap1]quit
```

（13）执行“display wlan ap all”命令观察 AP 的状态，结果如图 1-58 所示：

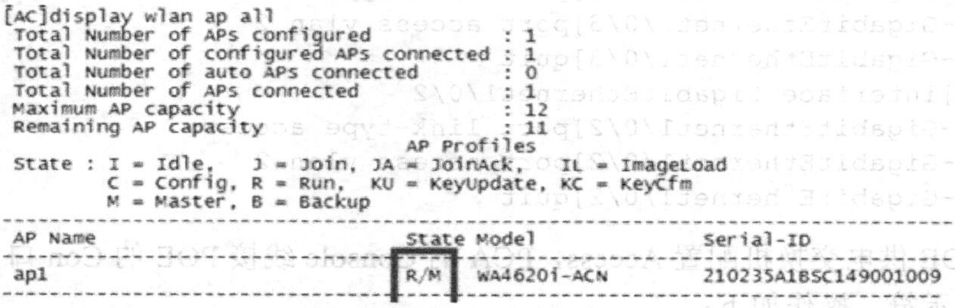
[AC]display wlan ap all
Total Number of APs configured : 1
Total Number of configured APs connected : 1
Total Number of auto APs connected : 0
Total Number of APs connected : 1
Maximum AP capacity : 12
Remaining AP capacity : 11
AP Profiles
State : I = Idle, J = Join, JA = JoinAck, IL = ImageLoad
C = Config, R = Run, KU = KeyUpdate, KC = KeyCfm
M = Master, B = Backup
AP Name State Model Serial-ID
ap1 R/M WA4620i-ACN 210235A1BSC149001009

图 1-58　观察 AP 的状态结果图

其中 State Model 显示 R/M 状态，表明 AP 注册成功，显示 I 表示未成功。如果未出现正确结果请等待一会儿后再次执行“display wlan ap all”命令。

3）无线信号发射实验

（1）在完成以上配置后配置无线虚拟接口，操作如下：

```
[AC]interface WLAN-ESS 2        //在 AC 视图下创建编号为 2 的 WLAN-ESS 接口
[AC-WLAN-ESS2]port access vlan 2
[AC-WLAN-ESS2]quit
```

（2）配置无线服务模板，SSID 参数设置为无线名称，这里设置成“ALADING（FIT_AP）”，操作如下：

```
[AC]wlan service-template 2 clear
[AC-wlan-st-2]ssid ALADING(FIT_AP)
[AC-wlan-st-2]bind WLAN-ESS 2
[AC-wlan-st-2]authentication-method open-system
[AC-wlan-st-2]service-template enable
[AC-wlan-st-2]quit
```

（3）进入 ap1 进行配置，操作如下：

```
[AC]wlan ap ap1
[AC-wlan-ap-ap1]radio 2
[AC-wlan-ap-ap1-radio-2]max-power 14
[AC-wlan-ap-ap1-radio-2]channel 11
[AC-wlan-ap-ap1-radio-2]service-template 2
[AC-wlan-ap-ap1-radio-2]radio enable
```

（4）打开无线终端（如手机、笔记本电脑）搜索无线信号，找到名为“ALADING（FIT_AP）”的无线信号，如图 1-59 所示，表明无线信号发射成功。

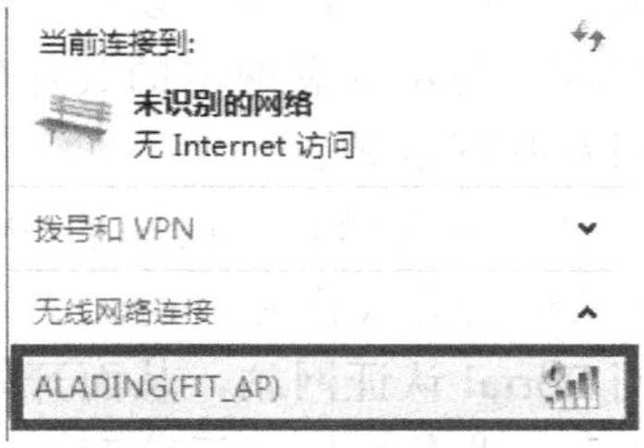

图 1-59　手机搜索无线信号结果示意图

4）用户配置实验

（1）在成功完成以上配置后，使用无线终端连接上 AP 发射出的无线网络，在 AC 中执行“display wlan client”命令查看连接的用户，结果如图 1-60 所示。

```
[AC]display wlan client
 Total Number of Clients              : 2
                              Client Information
 SSID: ALADING(FIT_AP)
---------------------------------------------------------------------------
MAC Address      User Name              APID/RID IP Address              VLAN
---------------------------------------------------------------------------
68a3-c4b8-6480 -NA-                     1   /2    0.0.0.0                 2
74e5-0bd5-68c8 -NA-                     1   /2    0.0.0.0                 2
---------------------------------------------------------------------------
```

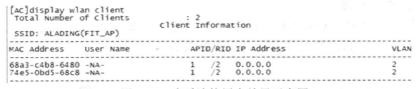

图 1-60　查看连接用户结果示意图

（2）执行“display dhcp server ip-in-use all”命令查看已经分配地址的用户，结果如图 1-61 所示：

```
[AC]display dhcp server ip-in-use all
Pool utilization: 1.19%
 IP address        Client-identifier/      Lease expiration          Type
                   Hardware address
 192.168.2.4       80f6-2e50-7c20          Apr 16 2015 11:21:14      Auto:COMMITTED
 192.168.2.5       74e5-0bd5-68c8          Apr 16 2015 12:42:56      Auto:COMMITTED
 192.168.2.6       68a3-c4b8-6480          Apr 16 2015 12:43:46      Auto:COMMITTED

--- total 3 entry ---
```

图 1-61　查看已经分配地址的用户结果示意图

5. 实验报告

（1）完成本实验的相关配置命令截图。

（2）完成本实验的相关测试结果截图。

（3）对本实验的测试结果的分析和评注。

（4）对本实验的个人体会。

（5）对相关问题的回答。

*1.8　用户接入认证

1. 实验目的

了解局域网环境下，用户使用 Portal 方式进行准入认证过程。掌握三层交换机上使能二层 Portal 认证功能，掌握接入终端使用 Web 方式接入认证和接入用户通过 802.1x 完成接入认证。

2．实验知识点

1）Portal 简介

Portal 在英语中是入口的意思。Portal 认证通常也称为 Web 认证，一般将 Portal 认证网站称为门户网站。

未认证用户上网时，设备强制用户登录到特定站点，用户可以免费访问其中的服务。当用户需要使用互联网中的其他信息时，必须在门户网站进行认证，只有认证通过后才可以使用互联网资源。

用户可以主动访问已知的 Portal 认证网站，输入用户名和密码进行认证，这种开始 Portal 认证的方式称为主动认证。反之，如果用户试图通过 HTTP 访问其他外网，将被强制访问 Portal 认证网站，从而开始 Portal 认证过程，这种方式称为强制认证。

Portal 业务可以为运营商提供方便的管理功能，门户网站可以开展广告、社区服务、个性化的业务等，使宽带运营商、设备提供商和内容服务提供商形成一个产业生态系统。

2）Portal 的系统组成

Portal 的典型组网方式如图 1-62 所示，它由五个基本要素组成：认证客户端、接入设备、Portal 服务器、认证/计费服务器和安全策略服务器。

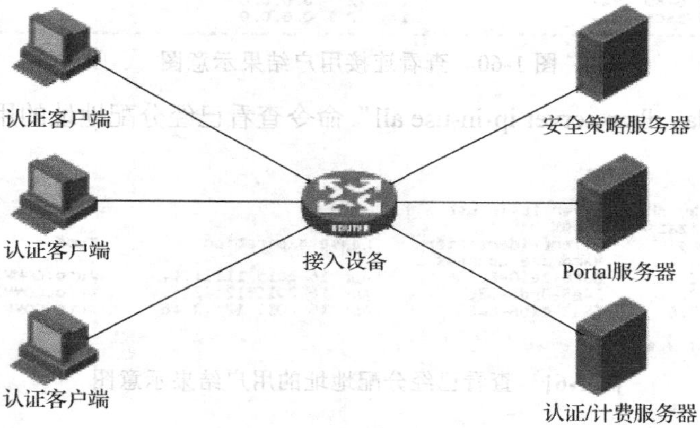

图 1-62　Protal 的典型组网方式

（1）认证客户端

认证客户端安装于用户终端的客户端系统，为运行 HTTP/HTTPS 协议的浏览器或运行 Portal 客户端软件的主机。对接入终端的安全性检测是通过 Portal 客户端和安全策略服务器之间的信息交流完成的。

（2）接入设备

接入设备是交换机、路由器等宽带接入设备的统称，主要有三方面的作用。

① 在认证之前，将用户的所有 HTTP 请求都重定向到 Portal 服务器。

② 在认证过程中，与 Portal 服务器、安全策略服务器、认证/计费服务器交互，完成身份认证/安全认证/计费的功能。

③ 在认证通过后，允许用户访问被管理员授权的互联网资源。

（3）Portal 服务器

Portal 服务器是接收 Portal 客户端认证请求的服务器端系统，提供免费门户服务和基于 Web 认证的界面，与接入设备交互认证客户端的认证信息。

（4）认证/计费服务器

认证/计费服务器与接入设备进行交互，完成对用户的认证和计费。

（5）安全策略服务器

安全策略服务器与 Portal 客户端、接入设备进行交互，完成对用户的安全认证，并对用户进行授权操作。

以上五个基本要素的交互过程为：①未认证用户访问网络时，在 Web 浏览器地址栏中输入一个互联网的地址，那么此 HTTP 请求在经过接入设备时会被重定向到 Portal 服务器的 Web 认证主页上；若需要使用 Portal 的扩展认证功能，则用户必须使用 Portal 客户端。②用户在认证主页/认证对话框中输入认证信息后提交，Portal 服务器会将用户的认证信息传递给接入设备。③然后接入设备再与认证/计费服务器通信进行认证和计费。④认证通过后，如果未对用户采用安全策略，则接入设备会打开用户与互联网的通路，允许用户访问互联网；如果对用户采用了安全策略，则客户端、接入设备与安全策略服务器交互，对用户的安全检测通过之后，安全策略服务器根据用户的安全性授权用户访问非受限资源。

3）802.1x 简介

IEEE802 LAN/WAN 委员会为解决无线局域网网络安全问题，提出了 802.1x 协议。后来，802.1x 协议作为局域网端口的一个普通接入控制机制在以太网中被广泛应用，主要解决以太网内认证和安全方面的问题。

802.1x 协议是一种基于端口的网络接入控制协议（Port Based Network Access Control Protocol）。“基于端口的网络接入控制”是指在局域网接入设备的端口这一级对所接入的用户设备进行认证和控制。连接在端口上的用户设备如果能通过认证，就可以访问局域网中的资源；如果不能通过认证，则无法访问局域网中的资源。

4）802.1x 的体系结构

802.1x 系统为典型的 Client/Server 结构，如图 1-63 所示，包括三个实体：客户端（Client）、设备端（Device）和认证服务器（Server）。

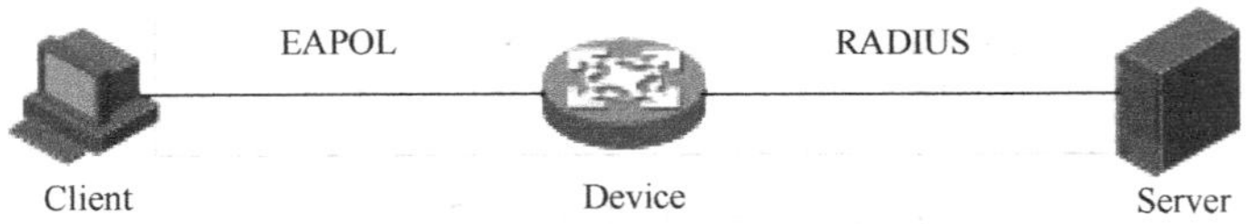

图 1-63　Client / Server 结构

客户端是位于局域网段一端的一个实体，由该链路另一端的设备端对其进行认证。客户端一般为一个用户终端设备，用户可以通过启动客户端软件发起 802.1x 认证。客户端必须支持 EAPOL（Extensible Authentication Protocol Over LAN，局域网上的可扩展认证协议）。

设备端是位于局域网段一端的另一个实体，对所连接的客户端进行认证。设备端通常为支持 802.1x 协议的网络设备，它为客户端提供接入局域网的端口，该端口可以是物理端口，也可以是逻辑端口。

认证服务器是为设备端提供认证服务的实体。认证服务器用于实现对用户进行认证、授权和计费，通常为 RADIUS（Remote Authentication Dial-In User Service，远程认证拨号用户服务）服务器。

5）802.1x 的认证方式

802.1x 认证系统使用 EAP（Extensible Authentication Protocol，可扩展认证协议）来实现客户端、设备端和认证服务器之间认证信息的交换。

在客户端与设备端之间，EAP 协议报文使用 EAPOL 封装格式，直接承载于 LAN 环境中。

在设备端与 RADIUS 服务器之间，可以使用两种方式来交换信息。一种是 EAP 协议报文由设备端进行中继，使用 EAPOR（EAP Over RADIUS）封装格式承载于 RADIUS 协议中；另一种是 EAP 协议报文由设备端进行终结，采用包含 PAP（Password Authentication Protocol，密码验证协议）或 CHAP（Challenge Handshake Authentication Protocal，质询握手验证协议）属性的报文与 RADIUS 服务器进行认证交换。

3. 实验拓扑（图 1-64）

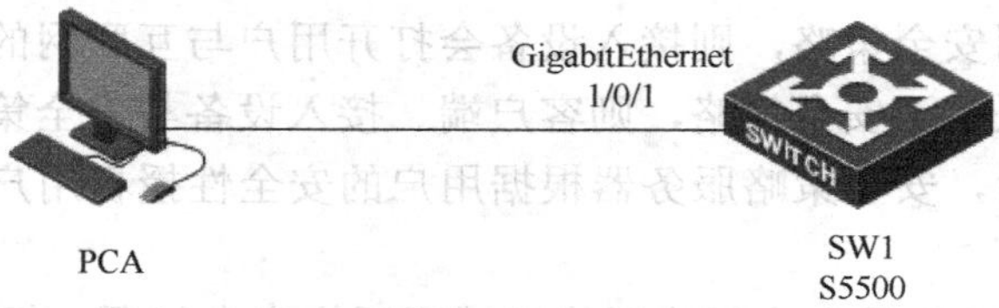

图 1-64 实验拓扑图

4. 实验设备

一台 PC、S5500-28SC-HI。其中，PC 与 SW1 的 GigabitEthernet1/0/1 口相连。

5. 实验步骤

1）Portal 认证+Web 登录实验

（1）给 PCA 配置地址 10.10.10.2 和网关 10.10.10.1，如图 1-65 所示。

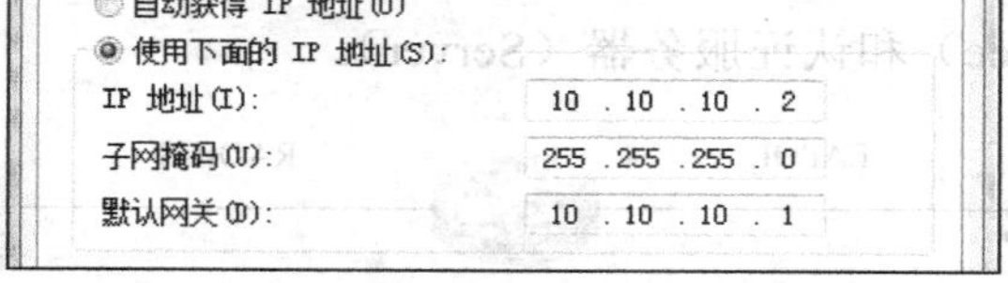

图 1-65 配置 PCA 的 IP 地址

（2）配置交换机地址，GigabitEthernet1/0/1 口地址为 10.10.10.1，LoopBack 0 口地址为 1.1.1.1，操作如下：

```
[SW1]vlan 10
[SW1-vlan10]port GigabitEthernet1/0/1
[SW1-vlan10]quit
[SW1]interface Vlan-interface 10
[SW1-Vlan-interface10]ip address 10.10.10.1 24
```

```
[SW1-Vlan-interface10]quit
[SW1]interface LoopBack 0
[SW1-LoopBack0]ip address 1.1.1.1 32
[SW1-LoopBack0]quit
```

（3）开启 Portal 服务，操作如下：

```
[SW1]portal local-server ip 1.1.1.1
[SW1]interface GigabitEthernet1/0/1
[SW1-GigabitEthernet1/0/1]portal local-server enable
[SW1-GigabitEthernet1/0/1]quit
[SW1]portal free-rule 1 source any destination ip 1.1.1.1 mask 32
[SW1]portal local-server http
```

4）设置本地用户信息，用户名为 123，密码为 123，操作如下：

```
[SW1]local-user 123
New local user added.
[SW1-luser-123]password simple 123
[SW1-luser-123]service-type portal
[SW1-luser-123]quit
```

（5）打开浏览器随便输入一个 IP 地址，如 2.2.2.2.，然后按<Enter>键，弹出“Portal Web 认证”页面，如图 1-66 所示，证明 Portal 认证成功。

在“Portal Web 认证”页面中输入用户名为 123，密码为 123，单击“登录”按钮，弹出“认证成功”窗口，如图 1-67 所示，显示认证成功。

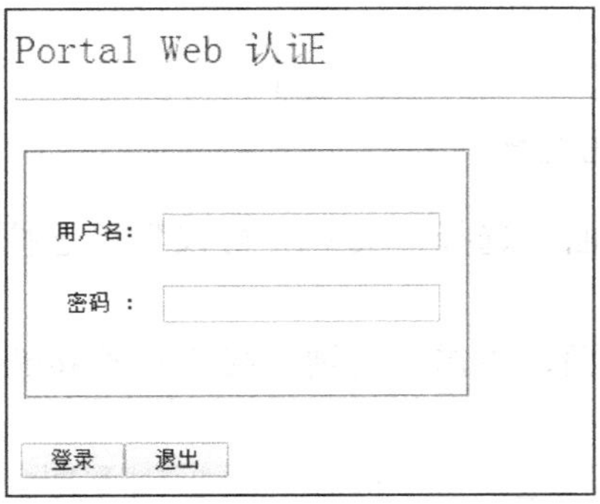

图 1-66 “Portal Web 认证”页面

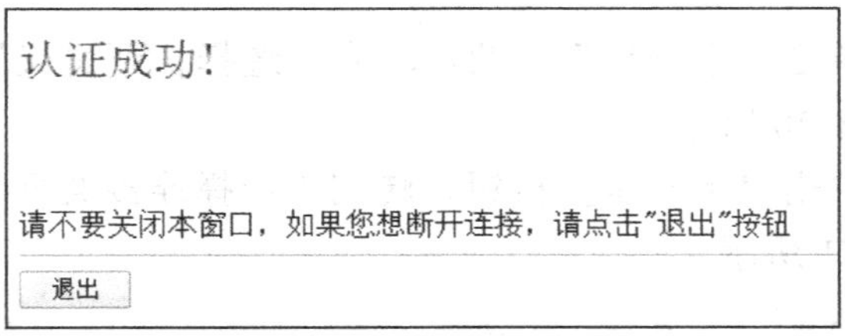

图 1-67 “认证成功”窗口

2）接入用户通过 802.1x 完成接入认证实验

（1）配置 PC 的地址为 172.16.0.2，如图 1-68 所示。

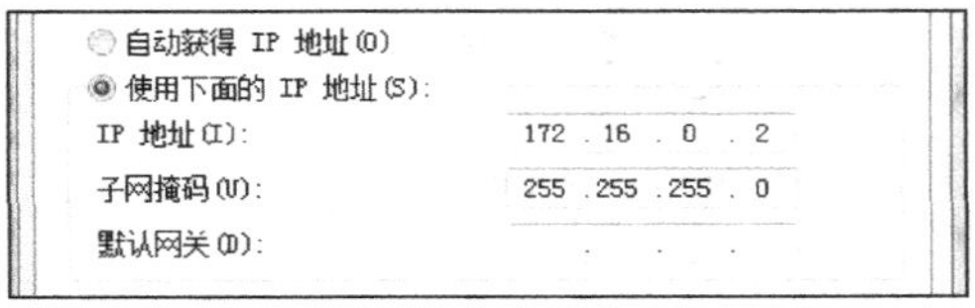

图 1-68 配置 PC 的 IP 地址

（2）将交换机 GigabitEthernet1/0/1 划到 vlan 10 下，并给交换机虚接口配置地址 172.16.0.1/24：

```
[SW1]vlan 10
[SW1-vlan10]port GigabitEthernet1/0/1
[SW1-vlan10]quit
[SW1]interface Vlan-interface 10
```

```
[SW1-Vlan-interface10]ip address 172.16.0.1 24
[SW1-Vlan-interface10]quit
```

（3）dot1x 配置，设置用户名为 admin，密码为 admin，操作如下：

```
[SW1]dot1x
802.1x is enabled globally.
[SW1]interface GigabitEthernet1/0/1
[SW1- GigabitEthernet1/0/1]dot1x
[SW1]local-user admin
New local user added.
[SW1-luser-admin]password simple admin
[SW1-luser-admin]service-type lan-access
[SW1-luser-admin]quit
```

（4）开启 iNode 智能客户端。

打开 iNode 智能客户端，单击“新建”按钮，弹出“新建连接向导”对话框，当前页面为“欢迎使用新建连接向导”，如图 1-69 所示。

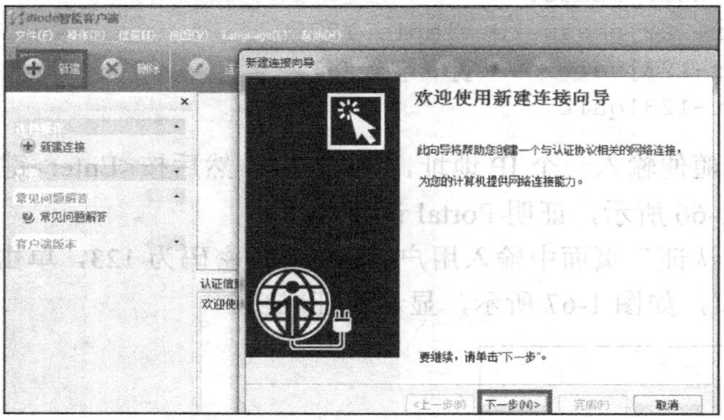

图 1-69　iNode 客户端新建连接

单击“下一步”按钮，转到“选择认证协议”页面，选择“802.1x 协议”单选按钮，如图 1-70 所示。

单击“下一步”按钮，转到“选择连接类型”页面，单击“普通连接”单选按钮，如图 1-71 所示。

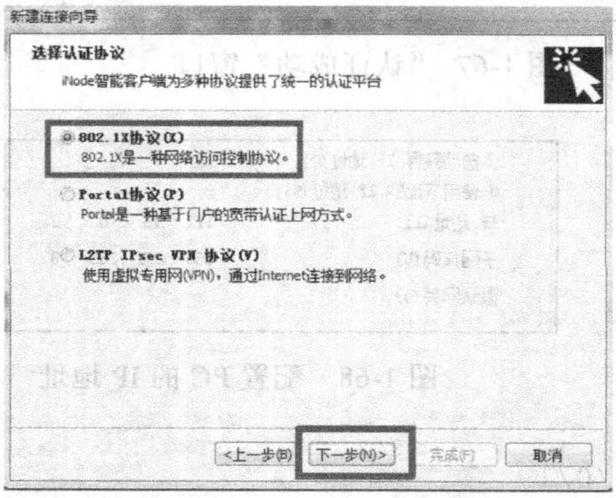

图 1-70　“选择认证协议”页面

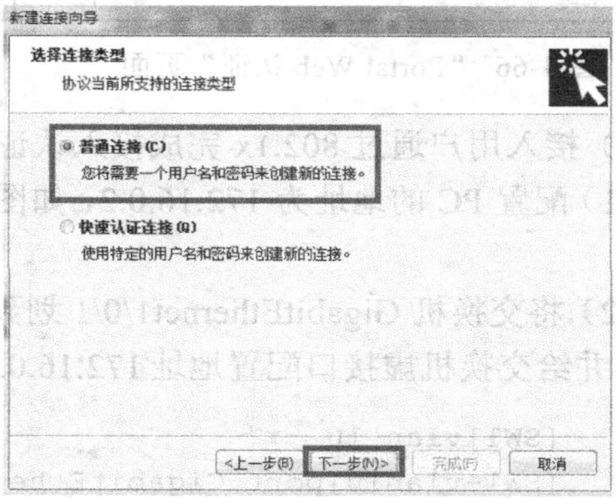

图 1-71　“选择连接类型”页面

单击“下一步”按钮，转到“账户信息”页面，输入“连接名”“用户名”和“密码”（与之前在交换机里配置的一致），如图 1-72 所示。

单击“下一步”按钮，转到“连接属性”页面，取消勾选“上传客户端版本号”选项，其余不变，如图 1-73 所示。

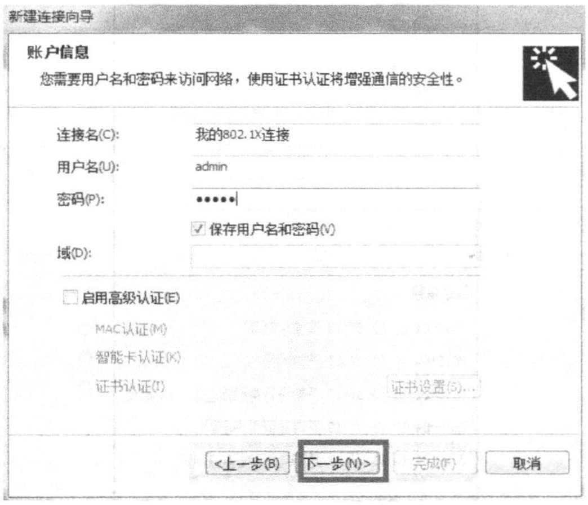

图 1-72　“账户信息”页面

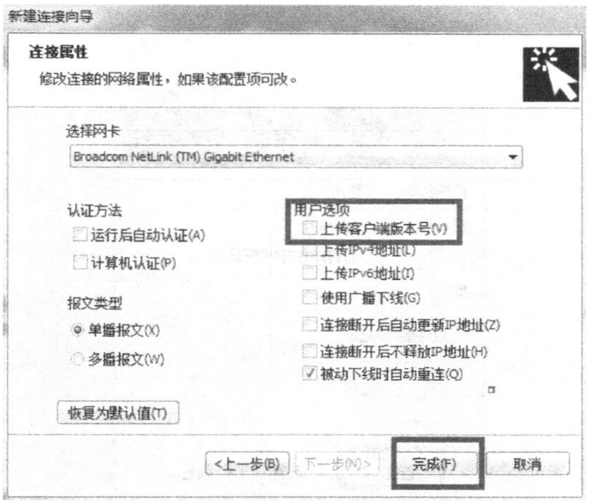

图 1-73　“连接属性”页面

单击“完成”按钮，完成新建连接向导，并创建此连接，如图 1-74 所示。

（5）连接新建立的连接

选中新建的连接，右击，在弹出的快捷菜单中选择“连接”选项，如图 1-75 所示。

图 1-74　创建连接

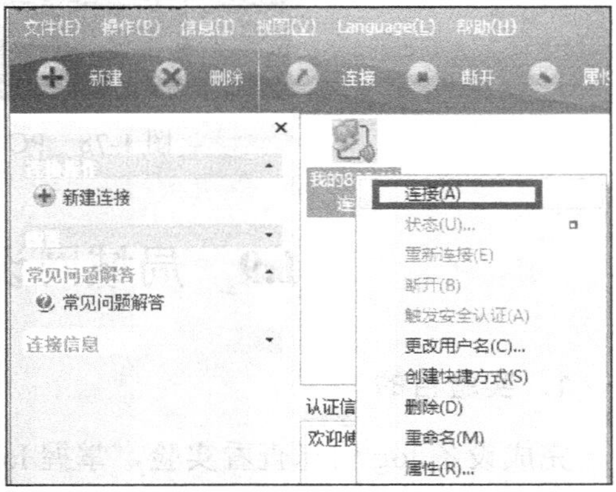

图 1-75　连接新连接

弹出“我的 802.1x 连接”对话框，如图 1-76 所示，单击“连接”按钮，认证信息会不断刷新，进行身份验证，如图 1-77 所示。

（6）验证成功后，在 PC 上运行 cmd，Ping 172.16.0.1，结果如图 1-78 所示。

发现可以 Ping 通，802.1x 认证登录成功。

6. 实验报告

（1）完成本实验的相关配置命令截图。

（2）完成本实验的相关测试结果截图。
（3）对本实验的测试结果的分析和评注。
（4）对本实验的个人体会。
（5）对相关问题的回答。

图 1-76 “我的 802.1x 连接”窗口

图 1-77 认证信息示意图

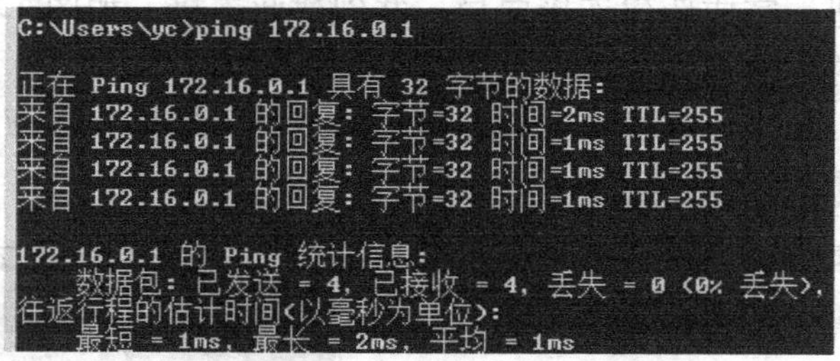

图 1-78 PC Ping 172.16.0.1 结果图

1.9 局域网设备的管理维护实验

1．实验目的

完成设备 log 信息查看实验，掌握 log 日志的处理和分析。

2．实验拓扑（图 1-79）

图 1-79 实验拓扑图

3．实验设备

一台 PC、S5120-28SC-HI。其中，PC 的串口与交换机的 Console 口通过 Console 线连接。

4. 实验步骤

log 日志实验

（1）使用“display logbuffer”命令查看缓存中的 log 日志，结果如图 1-80 所示。

```
[SW1]dis logbuffer
Logging buffer configuration and contents:enabled
Allowed max buffer size : 1024
Actual buffer size : 512
Channel number : 4 , Channel name : logbuffer
Dropped messages : 0
Overwritten messages : 0
Current messages : 33

%Apr 26 13:42:56:424 2000 SW1 IC/6/SYS_RESTART: System restarted --
H3C Comware Software.
%Apr 26 13:43:38:953 2000 SW1 IFNET/3/LINK_UPDOWN: Aux0/0/0 link status is UP.
%Apr 26 13:43:42:295 2000 SW1 CFM/4/CFM_LOG:
Command user-interface aux 0 9 fails to match in cmdmode NULL0, because Unrecognized command.
%Apr 26 13:43:47:108 2000 SW1 IFNET/3/LINK_UPDOWN: GigabitEthernet1/0/2 link status is UP.
%Apr 26 13:43:47:129 2000 SW1 IFNET/3/LINK_UPDOWN: Vlan-interface1 link status is UP.
%Apr 26 13:43:47:129 2000 SW1 IFNET/5/LINEPROTO_UPDOWN: Line protocol on the interface Vlan-interface1 is UP.
%Apr 26 13:43:47:471 2000 SW1 IFNET/3/LINK_UPDOWN: GigabitEthernet1/0/1 link status is UP.
%Apr 26 13:43:48:859 2000 SW1 LLDP/6/LLDP_CREATE_NEIGHBOR: New neighbor created on Port GigabitEthernet1/0/2 (IfInde
 GigabitEthernet1/0/2.
%Apr 26 13:43:49:855 2000 SW1 DEVM/4/DEV_FANDIRECTION_NOTPREFERRED:
 Fan 1 airflow direction is not preferred on slot 1, please check it.
%Apr 26 13:43:53:126 2000 SW1 SHELL/5/SHELL_LOGIN: Console logged in from aux0.
%Apr 26 13:43:55:706 2000 SW1 SHELL/6/SHELL_CMD: -Task=au0-IPAddr=**-User=**; Command is system-view
%Apr 26 13:44:02:678 2000 SW1 SHELL/6/SHELL_CMD: -Task=au0-IPAddr=**-User=**; Command is sysname SW1
%Apr 26 13:44:09:068 2000 SW1 IFNET/3/LINK_UPDOWN: GigabitEthernet1/0/1 link status is DOWN.
%Apr 26 13:44:11:952 2000 SW1 IFNET/3/LINK_UPDOWN: GigabitEthernet1/0/3 link status is UP.
%Apr 26 13:44:13:538 2000 SW1 IFNET/3/LINK_UPDOWN: GigabitEthernet1/0/3 link status is DOWN.
%Apr 26 13:44:17:975 2000 SW1 IFNET/3/LINK_UPDOWN: GigabitEthernet1/0/1 link status is UP.
%Apr 26 13:44:23:577 2000 SW1 SHELL/6/SHELL_CMD: -Task=au0-IPAddr=**-User=**; Command is vlan 10
%Apr 26 13:44:34:508 2000 SW1 SHELL/6/SHELL_CMD: -Task=au0-IPAddr=**-User=**; Command is port GigabitEthernet 1/0/1
%Apr 26 13:44:38:235 2000 SW1 SHELL/6/SHELL_CMD: -Task=au0-IPAddr=**-User=**; Command is quit
%Apr 26 13:44:43:357 2000 SW1 SHELL/6/SHELL_CMD: -Task=au0-IPAddr=**-User=**; Command is vlan 20
```

图 1-80　查看 log 日志结果示意图

（2）分析每个日志的内容和含义，从中可以看出整个设备的端口状态变化以及命令使用记录，例如：

```
%Apr 26 13:43:47:108 2000 SW1 IFNET/3/LINK_UPDOWN: GigabitEthernet1/0/2
link status is UP.
```

这条日志表明接口 GigabitEthernet1/0/2 开启了。

```
%Apr 26 13:43:55:706 2000 SW1 SHELL/6/SHELL_cmd: -Task=au0-IPAddr=**-User=**;
Command is system-view
%Apr 26 13:44:02:678 2000 SW1 SHELL/6/SHELL_cmd: -Task=au0-IPAddr=**-User=**;
Command is sysname SW1
```

这两条日志表示从用户视图进入到系统视图，并且将设备命名为 SW1。

```
%Apr 26 13:44:23:577 2000 SW1 SHELL/6/SHELL_cmd: -Task=au0-IPAddr=**-User=**;
Command is vlan 10
%Apr 26 13:44:34:508 2000 SW1 SHELL/6/SHELL_cmd: -Task=au0-IPAddr=**-User=**;
Command is port GigabitEthernet1/0/1
```

这两条日志表示创建了 vlan 10 并且将端口 GigabitEthernet1/0/1 划分到 vlan 10 中去，在设备上做的任何操作包括系统弹出的提示语句，日志中都会有记载。

5. 实验报告

（1）完成本实验的相关配置命令截图。

（2）完成本实验的相关测试结果截图。

（3）对本实验的测试结果的分析和评注。

（4）对本实验的个人体会。

（5）对相关问题的回答。

第2章

广域网实验

2.1 广域网基础理论

2.1.1 广域网介绍

1. 广域网定义及设备

当主机之间的距离较远时，如相隔几十或几百千米，甚至几千千米，局域网显然就无法完成主机之间的通信任务，这时就需要另一种结构的网络，即广域网。广域网 WAN（Wide Area Network）也称远程网（Long Haul Network），通常跨接很大的物理范围，所覆盖的范围从几十千米到几千千米，它能连接多个城市或国家，或横跨几个洲并能提供远距离通信，形成国际性的远程网络。

广域网覆盖的范围比局域网（LAN）和城域网（MAN）都广。广域网的通信子网主要使用分组交换技术。广域网的通信子网可以利用公用分组交换网、卫星通信网和无线分组交换网，它将分布在不同地区的局域网或计算机系统互连起来，达到资源共享的目的。如因特网（Internet）是世界范围内最大的广域网。

广域网是由许多交换机组成的，交换机之间采用点到点线路连接，几乎所有的点到点通信方式都可以用来建立广域网，包括租用线路、光纤、微波、卫星信道。而广域网交换机实际上就是一台计算机，有处理器和输入/输出设备进行数据包的收发处理。广域网与局域网的区别之一在于需要向外界的广域网服务商申请广域网服务。

广域网连接相隔较远的设备，这些设备主要包括：

- 路由器（Router）——提供诸如局域网互连、广域网接口等多种服务。
- 交换机（Switch）——连接到广域网上，进行语音、数据及视频通信。
- 调制解调器（Modem）——提供话音级服务的接口，信道服务单元是 T1/E2 服务的接口，终端适配器是综合业务数字网的接口。
- 通信服务器（Communication Server）——汇集用户拨入和拨出的连接。

广域网 WAN 一般最多只包含 OSI 参考模型的底下三层，而且大部分广域网都采用存储转发进行数据交换，也就是说，广域网是基于报文交换或分组交换技术的（传统的公用电话交换网除外）。广域网中的交换机先将发送给它的数据报完整接收下来，然后经过路径选择找出一条输出线路，最后交换机将接收到的数据包发送到该线路上去，以此类推，直到将数据包发送到目的节点。

2. 广域网特点

通常广域网的数据传输速率比局域网高，而信号的传播延迟却比局域网要大得多。广域网的典型速率是从 56Kb/s 到 155Mb/s，已有 622Mb/s、2.4Gb/s 甚至更高速率的广域网；传播延迟可从几毫秒到几百毫秒（使用卫星信道时）。广域网不同于局域网，它的范围更广，超越一个城市、一个国家甚至达到全球互连，因此具有与局域网不同的特点。

- 适应大容量与突发性通信的要求；
- 适应综合业务服务的要求；
- 开放的设备接口与规范化的协议；
- 完善的通信服务与网络管理；
- 覆盖范围广，通信距离远，可达数千千米以及全球；
- 不同于局域网的一些固定结构，广域网没有固定的拓扑结构，通常使用高速光纤作为传输介质；
- 主要提供面向通信的服务，支持用户使用计算机进行远距离的信息交换；
- 局域网通常作为广域网的终端用户与广域网相连；
- 广域网的管理和维护相对局域网较为困难；
- 广域网一般由电信部门或公司负责组建、管理和维护，并向全社会提供面向通信的有偿服务、流量统计和计费问题。

3. 广域网类型

1）根据网络使用类型不同分类

广域网根据网络使用类型的不同可以分为公共传输网络、专用传输网络和无线传输网络：

（1）公共传输网络

公共传输网络一般是由政府电信部门组建、管理和控制，网络内的传输和交换装置可以提供（或租用）给任何部门和单位使用。

公共传输网络大体可以分为两类：

- 电路交换网络，主要包括公共交换电话网（PSTN）和综合业务数字网（ISDN）。
- 分组交换网络，主要包括 X.25 分组交换网、帧中继和交换式多兆位数据服务（SMDS）。

（2）专用传输网络

专用传输网络是由一个组织或团体自己建立、使用、控制和维护的私有通信网络。一个专用网络起码要拥有自己的通信和交换设备，它可以建立自己的线路服务，也可以向公用网络或其他专用网络进行租用。

专用传输网络主要是数字数据网（DDN）。DDN 可以在两个端点之间建立一条永久的、专用的数字通道。它的特点是在租用该专用线路期间，用户独占该线路的带宽。

（3）无线传输网络

无线传输网络主要是移动无线网，典型的有 GSM 和 GPRS 技术等。

2）根据转发方式不同分类

广域网根据转发方式可分为电路交换网络和分组交换网络。

（1）电路交换网络

用电话网传输数据，用户终端从连接到切断，要占用一条线路，所以又称电路交换方式，其收费按照用户占用线路的时间而决定。在数据网普及以前，电路交换方式是最主要的数据传输手段。

（2）分组交换网络

分组交换数据网将信息分组，按规定路径由发送者将分组的信息传送给接收者，数据分组的工作可在发送终端进行，也可在交换机进行。每一组信息都含有信息目的的地址。分组交换网可对信息的不同部分采取不同的路径传输，以便最有效地使用通信网络。在接收点上，必须对各类数据组进行分类、监测以及重新组装。因特网就是采用的这种交换方式，分组交换网络又可分为**虚电路**（Virtual Circuit）方式和**数据报**（Data Gram）方式。

① 虚电路方式

对于采用虚电路方式的广域网，源节点要与目的节点进行通信之前，首先必须建立一条从源节点到目的节点的虚电路（即逻辑连接），然后通过该虚电路进行数据传送，最后当数据传输结束时，释放该虚电路。在虚电路方式中，每个交换机都维持一个虚电路表，用于记录经过该交换机的所有虚电路的情况，每条虚电路占据其中的一项。在虚电路方式中，其数据报文在其报头中除了序号、校验以及其他字段外，还必须包含一个虚电路号。

在虚电路方式中，当某台机器试图与另一台机器建立一条虚电路时，首先选择本机还未使用的虚电路号作为该虚电路的标识，同时在该机器的虚电路表中填上一项。由于每台机器（包括交换机）独立选择虚电路号，所以虚电路号仅仅具有局部意义，也就是说报文在通过虚电路传送的过程中，报文头中的虚电路号会发生变化。

一旦源节点与目的节点建立了一条虚电路，就意味着在所有交换机的虚电路表上都登记有该条虚电路的信息。当两台建立了虚电路的机器相互通信时，可以根据数据报文中的虚电路号，通过查找交换机的虚电路表而得到它的输出线路，进而将数据传送到目的端。当数据传输结束时，必须释放所占用的虚电路表空间，具体做法是由任一方发送一个撤除虚电路的报文，清除沿途交换机虚电路表中的相关项。

虚电路技术的主要特点是在数据传送以前必须在源端和目的端之间建立一条虚电路。值得注意的是，虚电路的概念不同于前面电路交换技术中电路的概念。后者对应着一条实实在在的物理线路，该线路的带宽是预先分配好的，是通信双方的物理连接。而虚电路的概念是指在通信双方建立了一条逻辑连接，该连接的物理含义是指明收发双方的数据通信应按虚电路指示的路径进行。虚电路的建立并不表明通信双方拥有一条专用通路，即不能独占信道带宽，到来的数据报文在每个交换机上仍需要缓存，并在线路上进行输出排队。

虚电路方式主要的特点：

- 在每次分组传输前，都需要在源节点和目的节点之间建立一条逻辑连接。由于连接源节点和目的节点的物理链路已经存在，因此不需要真正建立一条物理链路。
- 一次通信的所有分组都通过虚电路顺序传送，因此分组不必自带目的地址、源地址等信息。分组到达节点时不会出现丢失、重复与乱序的现象。
- 分组通过虚电路上的每个节点时，节点只需要进行差错检测，而不需要进行路由选择。
- 通信子网中每个节点可以与任何节点建立多条虚电路连接。

② 数据报方式

广域网另一种组网方式是数据报方式（datagram），数据报是报文分组存储转发的一种形式。原理是：分组传输前不需要预先在源主机与目的主机之间建立线路连接。源主机发送的每个分组都可以独立选择一条传输路径，每个分组在通信子网中可能通过不同的传输路径到达目的主机。即交换机不必登记每条打开的虚电路，它们只需要用一张表来指明到达所有可能的目的端交换机的输出线路（在虚电路方式中，同样需要这些表，读者想一想为什么？）。由于数据报方式中每个报文都要单独寻址，因此要求每个数据报包含完整的目的地址。

数据报方式的主要特点：

- 同一报文的不同分组可以经过不同的传输路径通过通信子网。
- 同一报文的不同分组到达目的节点可能出现乱序、重复与丢失现象。
- 每个分组在传输过程中都必须带有目的地址与源地址。
- 数据报方式的传输过程延迟大，适用于突发性通信，不适用于长报文、会话式通信。

虚电路方式与数据报方式之间的最大差别在于：虚电路方式为每一对节点之间的通信预先建立一条虚电路，后续的数据通信沿着建立好的虚电路进行，交换机不必为每个报文进行路由选择；而在数据报方式中，每一个交换机为每一个进入的报文进行一次路由选择，也就是说，每个报文的路由选择独立于其他报文，而且数据报方式不能保证分组报文的丢失、发送报文分组的顺序性和对时间的限制。

广域网是采用虚电路方式还是数据报方式，涉及的因素比较多。下面我们主要是从两个方面来比较这两种结构。一方面是从广域网内部来考察，另一方面是从用户的角度（即用户需要广域网提供什么服务）来考察。

在广域网内部，虚电路和数据报之间有好几个需要权衡的因素。一个因素是交换机的内存空间与线路带宽的权衡。虚电路方式允许数据报文只含位数较少的虚电路号，而并不需要完整的目的地址，从而节省交换机输入输出线路的带宽。虚电路方式的代价是在交换机中占用内存空间用于存放虚电路表，而同时交换机仍然要保存路由表。

另一个因素是虚电路建立时间和路由选择时间的比较。在虚电路方式中，虚电路的建立需要一定的时间，这个时间主要是用于各个交换机寻找输出线路和填写虚电路表，而在数据传输过程中，报文的路由选择却比较简单，仅仅查找虚电路表即可。数据报方式不需要连接建立过程，每一个报文的路由选择单独进行。

虚电路还可以进行拥塞避免，原因是虚电路方式在建立虚电路时已经对资源进行了预先分配（如缓冲区）。而数据报广域网要实现拥塞控制就比较困难，原因是数据报广域网中的交换机不存储广域网状态。

广域网内部使用虚电路方式还是数据报方式正是对应于广域网提供给用户的服务。虚电路方式提供的是面向连接的服务；而数据报方式提供的是无连接的服务。由于不同的集团支持不同的观点，20 世纪 70 年代发生的“虚电路”派和“数据报”派的激烈争论就说明了这一点。

支持虚电路方式（如 X.2 5）的人认为，网络本身必须解决差错和拥塞控制问题，提供给用户完善的传输功能。而虚电路方式在这方面做得比较好，虚电路的差错控制是通过在相邻交换机之间局部控制来实现的。也就是说，每个交换机发出一个报文后要启动控制器，如果在定时器超时之前没有收到下一个交换机的确认，则它必须重发数据。而拥塞避免是通过定期接收下一站交换机的“允许发送”信号来实现的。这种在相邻交换机之间进行差错和拥塞控制的机制通常称为“跳到跳”（hop-by-hop）控制。

而支持数据报方式（如 IP）的人认为，网络最终能实现什么功能应由用户自己来决定，试图通过在网络内部进行控制来增强网络功能的做法是多余的，也就是说，即使是最好的网络也不要完全相信它。可靠性控制最终要通过用户来实现，利用用户之间的确认机制去保证数据传输的正确性和完整性，这就是所谓的“端到端”（end-to-end）控制。

以前支持相邻交换机之间实现“局部”控制的唯一理由是，传输差错可以迅速得到纠正。网络的传输介质误码率非常低，例如，微波介质的误码率通常少于 10^{-7}，而光纤介质的误码率通常低于 10^{-9}，因传输差错而造成报文丢失的概率极小，可见“端到端”的数据重传对网络性能影响不大。既然用户总是要进行“端到端”的确认以保证数据传输的正确性，若再由网络进行“跳到跳”的确认只能是增加网络开销，尤其是增加网络的传输延迟。与偶尔的“端到端”数据重传相比，频繁的“跳到跳”数据重传将消耗更多的网络资源。实际上，采用不合适的“跳到跳”过程只会增加交换机的负担，而不会增加网络的服务质量。

由于在虚电路方式中，交换机保存了所有虚电路的信息，因而虚电路方式在一定程度上可以进行拥塞控制。但如果交换机由于故障且丢失了所有路由信息，则将导致经过该交换机的所有虚电路停止工作。与此相比，在数据报广域网中，由于交换机不存储网络路由信息，交换机的故障只会影响在该交换机排队等待传输的报文。因此从这点来说，数据报广域网比虚电路方式更强壮些。

总而言之，数据报广域网无论在性能、健壮以及实现的简单性方面都优于虚电路方式，基于数据报方式的广域网将得到更大的发展。

4. 广域网地址

IP 地址是指互联网协议地址（Internet Protocol Address，又译为网际协议地址）。IP 地址是 IP 协议提供的一种统一的地址格式，它为互联网上的每一个网络和每一台主机分配一个逻辑地址，以此来屏蔽物理地址的差异。

IP 是英文 Internet Protocol 的缩写，意思是“网络之间互连的协议”，也就是为计算机网络相互连接进行通信而设计的协议。在因特网中，它是能使连接到网上的所有计算机网络实现相互通信的一套规则，规定了计算机在因特网上进行通信时应当遵守的规则。任何厂家生产的计算机系统，只要遵守 IP 协议就可以与因特网互连互通。正是因为有了 IP 协议，因特网才得以迅速发展成为世界上最大的、开放的计算机通信网络。因此，IP 协议也可以称为“因特网协议”。

IP 地址被用来给 Internet 上的计算机一个编号。大家日常见到的情况是每台联网的 PC 上都需要有 IP 地址，才能正常通信。我们可以把个人计算机比作一台电话，那么“IP 地址”就相当于“电话号码”，而 Internet 中的路由器，就相当于电信局的“程控式交换机”。

IP 地址是一个 32 位的二进制数，通常被分割为 4 个“8 位二进制数”（也就是 4 个字节）。IP 地址通常用“点分十进制”表示成（a.b.c.d）的形式，其中，a、b、c、d 都是 0～255 之间的十进制整数。例如，点分十进 IP 地址（100.4.5.6），实际上是 32 位二进制（01100100.00000100.00000101.00000110）。

IP 地址编址方案：IP 地址编址方案将 IP 地址空间划分为 A、B、C、D、E 五类，其中 A、B、C 是基本类，D、E 类作为多播和保留使用。

IPv4（IP 协议第 4 版本）就是有 4 段数字，每一段最大不超过 255。由于互联网的蓬勃发展，IP 位址的需求量越来越大，使得 IP 位址的发放愈趋严格，各项资料显示全球 IPv4 位址可能在 2005 至 2010 年间全部发完（实际情况是在 2011 年 2 月 3 日 IPv4 位址分配完毕）。

地址空间的不足必将妨碍互联网的进一步发展。为了扩大地址空间，拟通过 IPv6（IP 协议第 6 版本）重新定义地址空间。IPv6 采用 128 位地址长度。在 IPv6 的设计过程中除了一劳永逸地解决了地址短缺问题以外，还考虑了在 IPv4 中解决不好的其他问题。

现有的互联网是在 IPv4 协议的基础上运行的。IPv6 是下一版本的互联网协议，也可以说是下一代互联网的协议，它的提出最初是因为随着互联网的迅速发展，IPv4 定义的有限地址空间将被耗尽，而地址空间的不足必将妨碍互联网的进一步发展。为了扩大地址空间，拟通过 IPv6 以重新定义地址空间。IPv4 采用 32 位地址长度，只有大约 43 亿个地址，而 IPv6 采用 128 位地址长度，几乎可以不受限制地提供地址。按保守方法估算 IPv6 实际可分配的地址，整个地球的每平方米面积上仍可分配 1000 多个地址。在 IPv6 的设计过程中除解决了地址短缺问题以外，还考虑了在 IPv4 中解决不好的其他一些问题，主要有端到端 IP 连接、服务质量（QoS）、安全性、多播、移动性、即插即用等。

与 IPv4 相比，IPv6 主要有如下一些优势。第一，明显地扩大了地址空间。IPv6 采用 128 位地址长度，几乎可以不受限制地提供 IP 地址，从而确保了端到端连接的可能性。第二，提高了网络的整体吞吐量。由于 IPv6 的数据包可以远远超过 64k 字节，应用程序可以利用最大传输单元（MTU），获得更快、更可靠的数据传输，同时在设计上改进了选路结构，采用简化的报头定长结构和更合理的分段方法，使路由器加快数据包处理速度，提高了转发效率，从而提高网络的整体吞吐量。第三，使得整个服务质量得到很大改善。报头中的业务级别和流标记通过路由器的配置可以实现优先级控制和 QoS 保障，从而极大改善了 IPv6 的服务质量。第四，安全性有了更好的保证。采用 IPSec 可以为上层协议和应用提供有效的端到端安全保证，能提高在路由器水平上的安全性。第五，支持即插即用和移动性。设备接入网络时通过自动配置可自动获取 IP 地址和必要的参数，实现即插即用，简化了网络管理，易于支持移动节点。而且 IPv6 不仅从 IPv4 中借鉴了许多概念和术语，它还定义了许多移动 IPv6 所需的新功能。第六，更好地实现了多播功能。在 IPv6 的多播功能中增加了“范围”和“标志”，限定了路由范围和可以区分永久性与临时性地址，更有利于多播功能的实现。

随着互联网的飞速发展和互联网用户对服务水平要求的不断提高，IPv6 在全球将会越来越受到重视。实际上，并不急于推广 IPv6，只需在现有的 IPv4 基础上将 32 位再扩展 8 位到 40 位，这样可用地址数就扩大了 256 倍，即可解决 IPv4 地址不够的问题。

2.1.2 广域网实例

简单介绍几种常用的广域网，包括公用电话交换网（PSTN）、综合业务数字网（ISDN）、分组交换网（X.25）、点对点专用线路、数字数据网（DDN）、帧中继（FR）、交换式多兆位数据服务（SMDS）、数字用户线（xDSL）、异步传输模式（ATM）等。

1. 公共电话交换网(PSTN)

公共电话交换网（Public Switched Telephone Network，PSTN）是以电路交换技术为基础的用于传输模拟话音的网络。全世界的电话数目早已达几亿部，并且还在不断增长。要将如此之多的电话连在一起并能很好地工作，唯一可行的办法就是采用分级交换方式。

电话网概括起来主要由三个部分组成：本地回路、干线和交换机。其中干线和交换机一般采用数字传输和交换技术，而本地回路（也称用户环路）基本上采用模拟线路。由于PSTN的本地回路是模拟的，因此当两台计算机想通过PSTN传输数据时，中间必须经双方Modem实现计算机数字信号与模拟信号的相互转换。

PSTN是一种电路交换的网络，可看作是物理层的一个延伸，在PSTN内部并没有上层协议进行差错控制。在通信双方建立连接后电话交换方式独占一条信道，当通信双方无信息时，该信道也不能被其他用户所利用。

用户可以使用普通拨号电话线或租用一条电话专线进行数据传输，使用PSTN实现计算机之间的数据通信是最廉价的，但由于PSTN线路的传输质量较差，而且带宽有限，再加上PSTN交换机没有存储功能，因此PSTN只能用于对通信质量要求不高的场合。目前通过PSTN进行数据通信的最高速率不超过56Kb/s。

2. 综合业务数字网（ISDN）

综合业务数字网（ISDN）为用户提供端—端数字通信线路，目前ISDN有两类接口标准：基本速率接口（BRI）和基群速率接口（PRI）。基本速率接口（BRI）提供2B+D数字通道，其中2个B通道（每个B通道为64Kb/s）是承载通道，用于完成两端之间数据传输，D通道（16Kb/s）是控制通道，用于在用户和ISDN交换节点之间传输呼叫控制协议报文。一次群有两种速率标准，一种和E1线路的传输速率相对应，为31个B通道，另一种和T1线路的传输速率相对应，为24个B通道，其中一个B通道用作信令传输通道，相当于BRI的D通道。ISDN用户端和ISDN交换节点之间的连接也采用普通双绞线，因此当用户要求把模拟电话线路改成综合业务数字网（ISDN）线路时，不用重新铺设用户线路。

虽然模拟拨号服务和ISDN服务都属于电路交换服务，但两者还是存在很大差别的。由于ISDN直接在端—端之间提供数字通道，不但传输速率高，达到2×64Kb/s（BRI），而且可以通过数字通道传输语音、数据和图像信息。由于传输数字信号，信号整形和再生不会引入噪声，这将使ISDN线路的传输质量远远高于普通模拟电话线路。

ISDN高速、高可靠、快速呼叫连接和模拟拨号服务相同的用户线路等特点，使得ISDN线路越来越多地被用户用来连接远程端点。

3. 分组交换网(X.25)

X.25是在20世纪70年代由国际电报电话咨询委员会CCITT制定的“在公用数据网上以分组方式工作的数据终端设备DTE和数据电路设备DCE之间的接口”。X.25于1976年3月正式成为国际标准，1980年和1984年又经过补充修订。从ISO/OSI体系结构观点看，X.25对应于OSI参考模型底下三层，分别为物理层、数据链路层和网络层。

X.25的物理层协议是X.21，用于定义主机与物理网络之间物理、电气、功能以及过程特性。实际上支持该物理层标准的公用网非常少，原因是该标准要求用户在电话线路上使用数字信号，而不能使用模拟信号。作为一个临时性措施，CCITT定义了一个类似于大家熟悉的RS-232标准的模拟接口。

X.25的数据链路层描述用户主机与分组交换机之间数据的可靠传输，包括帧格式定义、差错控制等。X.25 数据链路层一般采用高级数据链路控制 HDLC（High-level Data Link Control）协议。

X.25 的网络层描述主机与网络之间的相互作用，网络层协议处理诸如分组定义、寻址、流量控制以及拥塞控制等问题。网络层的主要功能是允许用户建立虚电路，然后在已建立的虚电路上发送最大长度为 128 个字节的数据报文，报文可靠且按顺序到达目的端。X.25 网络层采用分组级协议（Packet Level Protocol，PLP）。

X.25 是面向连接的，它支持交换虚电路（Switched Virtual Circuit，SVC）和永久虚电路（Permanent Virtual Circuit，PVC）。交换虚电路是在发送方向网络发送请求建立连接报文要求与远程机器通信时建立的。一旦虚电路建立起来，就可以在建立的连接上发送数据，而且可以保证数据正确到达接收方。X.25 同时提供流量控制机制，以防止快速的发送方淹没慢速的接收方。永久虚电路的用法与 SVC 相同，但它是由用户和长途电信公司经过商讨预先建立的，因而它时刻存在，用户不需要建立链路而可直接使用它。PVC 类似于租用的专用线路。

由于许多的用户终端并不支持 X.25 协议，为了让用户哑终端（非智能终端）能接入 X.25 网络，CCITT 制定了另外一组标准。用户终端通过一个称为分组装拆器 PAD（Packet Assembler Disassembler）的“黑盒子”接入 X.25 网络。用于描述 PAD 功能的标准协议称为 X.3；而在用户终端和 PAD 之间使用 X.28 协议；另一个协议是用于 PAD 和 X.25 网络之间的，称为 X.29。

X.25 网络是在物理链路传输质量很差的情况下开发出来的。为了保障数据传输的可靠性，它在每一段链路上都要执行差错校验和出错重传，这种复杂的差错校验机制虽然使它的传输效率受到了限制，但确实为用户数据的安全传输提供了很好的保障。

X.25 网络的突出优点是可以在一条物理电路上同时开放多条虚电路供多个用户同时使用；网络具有动态路由功能和复杂完备的误码纠错功能。X.25 分组交换网可以满足不同速率和不同型号的终端与计算机、计算机与计算机间以及局域网 LAN 之间的数据通信。X.25 网络提供的数据传输率一般为 64Kb/s。

4．点对点专用线路

N×64Kb/s 带宽的专用线路目前仍然是许多单位用于实现 WAN 连接的手段，尤其在对速度、安全和控制要求甚高的 WAN 应用环境中，更是如此。专用线路为远程端点之间提供点对点固定带宽的数字传输通路，其通信费用由专用线路的带宽和两端之间的距离决定。

对于要求持续、稳定信息流传输速率的应用环境，专用线路不失为一种好的选择，但对于突发性信息流传输，专用线路或者处于过载状态，或者带宽利用率只达到 2%～30%。而且由于专用线路只能提供点对点连接，若要实现多个端点之间互连，其费用是极其昂贵的。

在国内，用户租用专用线路的带宽一般为全部或部分 E1 线路带宽，因此用 N×64Kb/s 1≤N≤30 来表示，一旦租用完整的 E1 线路，实际带宽可达到 2Mb/s。

对于同样的 128Kb/s 带宽，ISDN 和专用线路是各有千秋。ISDN 通过呼叫控制协议，可以和多个远程端点建立连接，而专用线路只能实现固定两个端点之间连接，ISDN 是根据实际连接时间支付通信费用，而专用线路一般按月支付通信费用，但如果 ISDN 每天建立连接的时间超过某个数值时（肯定远小于 24 小时），通信费用就会超过专用线路，所以目前用户和 ISP 互连时，一般较多采用帧中继或专用线路，而不是采用 ISDN。

5. 数字数据网（DDN）

数字数据网（Digital Data Network，DDN）是一种利用数字信道提供数据通信的传输网，它主要提供点到点及点到多点的数字专线或专网。

DDN 由数字通道、DDN 节点、网管系统和用户环路组成。DDN 的传输介质主要有光纤、数字微波、卫星信道等。DDN 采用了计算机管理的数字交叉连接（Data Cross Connection，DXC）技术，为用户提供半永久性连接电路，即 DDN 提供的信道是非交换、用户独占的永久虚电路。一旦用户提出申请，网络管理员便可以通过软件命令改变用户专线的路由或专网结构，而无须经过物理线路的改造扩建工程，因此 DDN 极易根据用户的需要，在约定的时间内接通所需带宽的线路。

DDN 为用户提供的基本业务是点到点的专线。从用户角度来看，租用一条点到点的专线就是租用了一条高质量、高带宽的数字信道。用户在 DDN 上租用一条点到点数字专线与租用一条电话专线十分类似。DDN 专线与电话专线的区别在于：电话专线是固定的物理连接，而且电话专线是模拟信道，带宽窄、质量差、数据传输率低；而 DDN 专线是半固定连接，其数据传输率和路由可随时根据需要申请改变。另外，DDN 专线是数字信道，其质量高、带宽宽，并且采用热冗余技术，具有路由故障自动迂回功能。

下面介绍 DDN 与 X.25 网的区别：X.25 是一个分组交换网，X.25 网本身具有 3 层协议，用呼叫建立临时虚电路。X.25 具有协议转换、速度匹配等功能，适合于不同通信规程、不同速率的用户设备之间的相互通信。而 DDN 是一个全透明的网络，它不具备交换功能，利用 DDN 的主要方式是定期或不定期地租用专线。从用户所需承担的费用角度看，X.25 是按字节收费，而 DDN 是按固定月租收费。所以 DDN 适合于需要频繁通信的 LAN 之间或主机之间的数据通信。DDN 网提供的数据传输率一般为 2 Mb/s，最高可达 45 Mb/s 甚至更高。

6. 帧中继（FR）

帧中继（Frame Relay，FR）技术是由 X.25 分组交换技术演变而来的。FR 的引入是由于过去 20 年来通信技术的改变。20 年前，人们使用慢速、模拟和不可靠的电话线路进行通信，当时计算机的处理速度很慢且价格比较昂贵。结果是在网络内部使用很复杂的协议来处理传输差错，以避免用户计算机来处理差错恢复工作。

随着通信技术的不断发展，特别是光纤通信的广泛使用，通信线路的传输率越来越高，而误码率却越来越低。为了提高网络的传输率，帧中继技术省去了 X.25 分组交换网中的差错控制和流量控制功能，这就意味着帧中继网在传送数据时可以使用更简单的通信协议，而把某些工作留给用户端去完成，这样使得帧中继网的性能优于 X.25 网，它可以提供 1.5Mb/s 的数据传输率。

可以把帧中继看作一条虚拟专线。用户可以在两节点之间租用一条永久虚电路,并通过该虚电路发送数据帧，其长度可达 1600 字节。用户也可以在多个节点之间通过租用多条永久虚电路进行通信。

实际租用专线（DDN 专线）与虚拟租用专线的区别在于：对于实际租用专线，用户可以每天以线路的最高数据传输率不停地发送数据；而对于虚拟租用专线，用户可以在某一个时间段内按线路峰值速率发送数据，当然用户的平均数据传输速率必须低于预先约定的水平。换句话说，长途电信公司对虚拟专线的收费要少于物理专线。

帧中继技术只提供最简单的通信处理功能，如帧开始和帧结束的确定以及帧传输差错检查。当帧中继交换机接收到一个损坏帧时只是将其丢弃，帧中继技术不提供确认和流量控制机制。

帧中继网和 X.25 网都采用虚电路复用技术，以便充分利用网络带宽资源，降低用户通信费用。但是，由于帧中继网对差错帧不进行纠正，简化了协议。因此，帧中继交换机处理数据帧所需的时间大大缩短，端到端用户信息传输时延低于 X.25 网，而帧中继网的吞吐率也高于 X.25 网。帧中继网还提供一套完备的带宽管理和拥塞机制，在带宽动态分配上比 X.25 网更具优势。帧中继网可以提供从（2～45）Mb/s 速率范围的虚拟专线。

7. 交换式多兆位数据服务（SMDS）

交换式多兆位数据服务（Switched Multimegabit Data Service，SMDS）被设计用来连接多个局域网。它是由 Bellcore 在 20 世纪 80 年代开发的，到 20 世纪 90 年代早期开始在一些地区实施。

为了说明 SMDS 的用途，我们来看一个例子。假设某个公司有 4 个办公室分别位于 4 个城市，而每个办公室有一个局域网。公司决定将 4 个局域网连接起来，可以采用的一种方案是租用 6 条高速专用线路将 4 个局域网相互连接，如图 2-1(a)所示。这种方案是可行的，但造价太昂贵。

另一种方法就是使用 SMDS，如图 2-1(b)所示。我们可以将 SMDS 当作是 LAN 之间的高速主干网，即允许某个 LAN 通过 SMDS 向其他 LAN 发送报文。而在 LAN 与 SMDS 之间的短距离线路［图 2-1(b)中粗线所示］可以从电话公司租用。通常情况下，该段线路使用城域网（MAN）的 DQDB 协议，当然使用其他类型的协议也是可行的。

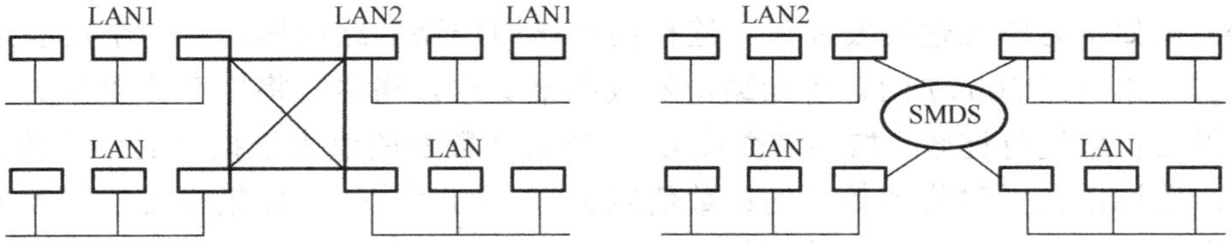

(a) 用租用线路连接4个LAN　　(b) 用SMDM连接4个LAN

图 2-1　局域网连接

如图 2-1 所示连接 4 个 LAN 的两种不同方案虽然大多数电话公司所提供的服务是针对连续通信业务的，但是 SMDS 的设计却是针对突发通信的。换句话说，有些时候某个 LAN 要将数据报文快速发往另一个 LAN，而更多时间在 LAN 之间没有数据要传送。图 2-1(a)使用租用专线的解决方案存在下列问题：一旦租用了线路，不管用户是否一直在使用这些线路，都必须为每条线路付出高昂的月租费。对于间歇性的通信，租用线路是一个代价比较高的方案，而 SMDS 在造价上比它更有竞争力。如果有 n 个 LAN，将它们全互连需要租用 $n(n-1)/2$ 条长距离的专线，而使用 SMDS 只需要租用 n 条短距离的线路将 LAN 接到 SMDS 路由器上。

既然 SMDS 的设计目标是用于 LAN 与 LAN 之间的通信，因而它的数据传输速度必须足够高。SMDS 的标准速率是 45 Mb/s，低于 45 Mb/s 的速率也是可行的。

SMDS 提供无连接的报文传输服务，SMDS 报文格式如图 2-2 所示，SMDS 报文有 3 个字段：目的地址字段、源地址字段以及一个长度可变的用户数据字段，用户数据的最大长度可达9188个字节。发送方LAN上的机器将报文通过接入线路发送到电话公司的SMDS交换机，SMDS将报文尽力投递到目的节点，但并不保证一定正确投递到。

字节数	8	8	≤9188
	目的地址	源地址	用户数据

图 2-2　SMDS 报文格式

SMDS帧格式的源地址和目的地址包括4位二进制代码以及15位十进制数电话号码。每位十进制数都被单独编码为4位二进制数。电话号码由国家代码、地区代码和用户号码组成，意味着可以向用户提供国际业务。

每当报文到达SMDS网络时，SMDS的第一个路由器负责检查报文的源地址是否对应于入境线路以防止在计费时受骗。如果地址不对，报文将被丢弃；如果地址正确，报文将继续发送到目的节点。

SMDS的一个很有用的特征是广播。用户可以定义一组SMDS的电话号码，并为整个组赋一个特殊的号码。任何发送到该特殊号码的报文都将被发送给组内的所有成员。

SMDS的另一个有用的特征是对入境和出境的报文进行地址屏蔽。对于输出地址的屏蔽，用户可以指定一组电话号码，从而限制用户只能向指定的地址（电话号码）输出报文；同样的道理，对于输入地址屏蔽，用户可以通过指定一组电话号码来限制外面用户的呼入。使用SMDS的这一特性，用户可以组建一个私人网络。

SMDS帧的有效载荷部分可以是任意的字节序列，而且该字段的最大长度为9188字节。

SMDS帧的数据字段可以携带以太网的报文、IBM令牌网的报文以及IP报文等，亦即SMDS只是将数据不加修改（透明）地从源LAN传送到目的LAN。

SMDS按如下方法处理突发通信。连接用户访问线路的路由器含有一个按固定速率递增的计数器，如每隔10μs加1。每当路由器收到报文时，路由器将检查计数器的值并与刚接收到的报文长度进行比较（按字节数比较）。如果计数器的值大于报文的字节数，则该报文将被立即发送出去同时将计数器的计数值减去报文的字节数。如果报文长度大于计数器值，则该报文将被丢弃。实际上，按照每隔10μs加1的计数频率，用户可以按照100 000B/s的平均速率发送数据，但突发数据率可能比这更高。例如，假设用户接入线路有10ms的空闲期，则计数器的值为1000，因此用户可以按45Mb/s的传输率发送1KB的数据，路由器所需的传输时间为180μs 。对于100 000B/s的租用线路，同样1KB的数据可能要用10ms。这样，只要用户的平均数据率一直保持在预先约定的数据率下，对用户各种数据通信速率的要求，SMDS都提供很小的延迟。这种机制向需要发送数据的用户提供快速响应，同时又能防止用户使用超过他们预先同意支付的带宽。

8．数字用户线（xDSL）

数字用户线包括不对称数字用户线（ADSL）、高比特率数字用户线（HDSL ）、单线数字用户线（SDSL）和超高速比特率数字用户线（VDSL），xDSL技术的最大特点是使用电信部门已经铺设的双绞线作为传输线路提供高带宽传输速率（从64bit/s到52Mb/s）。

数字用户线也适用于点对点的专用线路，用户独占线路的带宽。HDSL和SDSL提供对称带宽传输，即双向传输带宽相同，而ADSL和VDSL提供非对称带宽传输，用户向 ADSL 或 VDSL 接入设备传输的带宽远远低于 ADSL 或 SUSL 接入设备向用户传输的带宽。

数字用户线的主要用途是作为接入线路，把用户网络连接到公共交换网络，如 Internet、帧中继、X.25 等，目前人们可能更多地把 xDSL 作为家庭接入 ATM 网的接入线路。

xDSL 的标准正在制订和完善之中，目前已经投入使用的 xDSL 技术主要有 ADSL 和 HDSL。HDSL 虽然是对称传输，但需要两对或三对双绞线，而 ADSL 只需要一对双绞线就可完成双向传输，而且在访问 Internet 时，用户主要从 Internet 下载信息，用户传送给 Internet 的信息并不多，因此不对称传输带宽并没有妨碍 ADSL 作为用户网和公共交换网的接入线路。

9．异步传输模式（ATM）

ATM 是一种高速分组交换技术，采用了以信元（cell）为单位的存储转发方式，故又称为信元交换。ATM 将话音、数据和图像等数据分解成长度固定的数据块，并在各数据块前装配置地址、优先级等控制信息构成信元。

信元由信元头部和有效载荷构成：

信元头部	有效载荷
5B	48B

在 ATM 网络中，空信元以一定的速率出现，发送站只要获得空信元即可插入信息发送。因信息插入位置无周期性，故称这种传送方式为异步传输模式。

ATM 的特点：

① 面向连接（虚连接），按序递交；

② 固定大小的信元，便于高速处理（可用硬件实现），传输速率≥622Mb/s；

③ QoS 特性保证了 ATM 可以实时地传送语音和活动图像。

2.1.3　广域网路由协议

路由器提供了异构网互连的机制，实现将一个网络的数据包发送到另一个网络，路由就是指导 IP 数据包发送的路径信息。路由协议是在路由指导 IP 数据包发送过程中事先约定好的规定和标准。路由协议通过在路由器之间共享路由信息来支持可路由协议。路由协议主要运行于路由器上，路由协议是用来确定到达路径的，它包括 RIP、IGRP（Cisco 私有协议）、EIGRP（Cisco 私有协议）、OSPF、IS-IS、BGP。起到一个地图导航，负责找路的作用，它工作在网络层。路由信息在相邻路由器之间传递，确保所有路由器知道到其他路由器的路径。总之，路由协议创建了路由表，描述了网络拓扑结构；路由协议与路由器协同工作，执行路由选择和数据包转发功能。

对于相同的目的地，不同的路由协议、直连路由和静态路由可能会发现不同的路由，但这些路由并不都是最优的。为了判断最优路由，各路由协议、直连路由和静态路由都被赋予了一个优先级，具有较高优先级的路由协议发现的路由将成为当前路由。除直连路由外，各路由协议的优先级都可由用户手工进行配置。另外，每条静态路由的优先级都可以不相同。路由优先级的数值越小表明优先级越高。

在网络中路由器根据所收到的报文的目的地址选择一条合适的路径，并将报文转发到下一个路由器。路径中最后的路由器负责将报文转发给目的主机。路由就是报文在转发过程中的路径信息，用来指导报文转发。

路由表中保存了各种路由协议发现的路由，根据来源不同，通常分为以下三类。

① 直连路由：链路层协议发现的路由，也称为接口路由。

② 静态路由：网络管理员手工配置的路由。静态路由配置方便，对系统要求低，适用于拓扑结构简单并且稳定的小型网络。其缺点是每当网络拓扑结构发生变化，都需要手工重新配置，不能自动适应。

③ 动态路由：动态路由协议发现的路由。

1. 路由协议分类

路由协议有自己的路由算法，能够自动适应网络拓扑的变化，适用于具有一定规模的网络拓扑。其缺点是配置比较复杂，对系统的要求高于静态路由，并占用一定的网络资源。对路由协议的分类可采用以下不同标准。

（1）根据作用的范围分类

内部网关协议（Interior Gateway Protocol，IGP）：在一个自治系统内部运行，常见的 IGP 协议包括 RIP、OSPF 和 IS-IS。

外部网关协议（Exterior Gateway Protocol，EGP）：运行于不同自治系统之间，BGP 是目前最常用的 EGP。

（2）根据使用的算法分类

距离矢量（Distance-Vector）协议：包括 RIP 和 BGP。其中，BGP 也被称为路径矢量协议（Path-Vector）。

链路状态（Link-State）协议：包括 OSPF 和 IS-IS。

2. RIP 路由协议简介

路由信息协议（Routing Information Protocol，RIP）是一种使用最广泛的内部网关协议（IGP）。IGP 是在内部网络上使用的路由协议（在少数情形下，也可以用于连接到因特网的网络），它可以通过不断地交换信息让路由器动态地适应网络连接的变化，这些信息包括每个路由器可以到达哪些网络，这些网络有多远等。IGP 是应用层协议，并使用UDP作为传输协议（RIP 是位于网络层的）。

RIP 协议是 Xerox 公司在 20 世纪 70 年代开发的，是 IP 所使用的第一个路由协议，RIP 已经成为从 UNIX 系统到各种路由器的必备路由协议。RIP 协议有以下特点。

- RIP 是自治系统内部使用的协议即内部网关协议，使用的是距离矢量算法。
- RIP 使用 UDP 的 520 端口进行 RIP 进程之间的通信。
- RIP 主要有两个版本：RIPv1 和 RIPv2。RIPv1 协议的具体描述在 RFC1058 中，RIPv2 是对 RIPv1 协议的改进，其协议的具体描述在 RFC2453 中。
- RIP 协议以跳数作为网络度量值。
- RIP 协议采用广播或组播进行路由更新，其中 RIPv1 使用广播，而 RIPv2 使用组播（224.0.0.9）。

- RIP 协议支持主机被动模式，即 RIP 协议允许主机只接收和更新路由信息而不发送信息。
- RIP 协议支持默认路由传播。
- RIP 协议的网络直径不超过 15 跳，适合于中小型网络。16 跳时认为网络不可达。
- RIPv1 是有类路由协议，RIPv2 是无类路由协议，即 RIPv2 的报文中含有掩码信息。

RIP 所使用的路由算法是Bellman-Ford算法。这种算法最早被用于一个计算机网络是在1969 年，当时是作为ARPANET的初始路由算法。RIP 是由“网关信息协议”（Xerox Parc 的用于互联网工作的 PARC 通用数据包协议簇的一部分）发展过来的，可以说网关信息协议是 RIP 的最早的版本，后来的一个版本才被命名为“路由信息协议”，是 Xerox 网络服务协议簇的一部分。RIP 是一种基于 D-V 算法的路由协议，由于它向邻居通告的是自己的路由表，存在发生路由环路的可能性。

RIP 通过以下机制来避免路由环路的产生。

① 计数到无穷(Counting to infinity)：将度量值等于 16 的路由定义为不可达(infinity)。在路由环路发生时，某条路由的度量值将被设置为 16，该路由被认为不可达。

② 水平分割（Split Horizon）：RIP 从某个接口学到的路由，不会从该接口再发回给邻居路由器。这样不但减少了带宽消耗，还可以防止路由环路。

③ 毒性逆转（Poison Reverse）：RIP 从某个接口学到路由后，将该路由的度量值设置为 16（不可达），并从原接口发回邻居路由器。利用这种方式，可以清除对方路由表中的无用信息。

④ 触发更新（Triggered Updates）：RIP 通过触发更新来避免在多个路由器之间形成路由环路的可能，而且可以加速网络的收敛速度。一旦某条路由的度量值发生了变化，就立刻向邻居路由器发布更新报文，而不是等到更新周期。

3. OSPF 路由协议简介

开放式最短路径优先（Open Shortest Path First，OSPF）是一个内部网关协议（Interior Gateway Protocol，IGP），用于在单一自治系统（Autonomous System，AS）内决策路由，是对链路状态路由协议的一种实现，隶属内部网关协议，故运作于自治系统内部。著名的迪克斯加算法（Dijkstra）被用来计算最短路径树。OSPF 分为 OSPFv2 和 OSPFv3 两个版本，其中 OSPFv2 用在IPv4网络，OSPFv3 用在IPv6网络。OSPFv2 是由 RFC 2328 定义的，OSPFv3 是由 RFC 5340 定义的。与RIP相比，OSPF 是链路状态协议，而 RIP 是距离矢量协议。

IETF为了满足建造越来越大基于IP网络的需要，形成了一个工作组，专门用于开发开放式的链路状态路由协议，以便用在大型、异构的 IP 网络中。新的路由协议以已经取得一些成功的一系列私人的、和生产商相关的、最短路径优先（SPF）路由协议为基础，在市场上广泛使用。包括 OSPF 在内，所有的 SPF路由协议基于一个数学算法——Dijkstra 算法。这个算法能使路由选择基于链路状态，而不是距离向量。OSPF 由 IETF 在 20 世纪 80 年代末期开发，OSPF 是 SPF 类路由协议中的开放式版本。最初的 OSPF 规范体现在如今 RFC1131 中。这个第 1 版（OSPF 版本 1）很快被进行了重大改进的版本所代替，这个新版本体现在如今 RFC1247 文档中。RFC 1247OSPF 称为 OSPF 版本 2 是为了明确指出其在稳定性和功能性方面的实质性改进。这个 OSPF 版本有许多更新文档，每一个更新都是对开放标准的精心改进。接下来的一些规范出现在如今 RFC 1583、2178 和 2328 中。OSPF 版本 2 的最新版体现在如今 RFC 2328 中。最新版只会和由 RFC 2138、1583 和 1247 所规范的版本进行互操作。

链路是路由器接口的另一种说法，因此 OSPF 也称为接口状态路由协议。OSPF 通过路由器之间通告网络接口的状态来建立链路状态数据库，生成最短路径树，每个 OSPF 路由器使用这些最短路径构造路由表。

OSPF路由协议是一种典型的链路状态（Link-state）的路由协议，一般用于同一个路由域内。在这里，路由域是指一个自治系统，它是指一组通过统一的路由政策或路由协议互相交换路由信息的网络。在这个 AS 中，所有的 OSPF 路由器都维护一个相同的描述这个AS 结构的数据库，该数据库中存放的是路由域中相应链路的状态信息，OSPF 路由器正是通过这个数据库计算出其 OSPF路由表的。

作为一种链路状态的路由协议，OSPF 将链路状态组播数据（Link State Advertisement，LSA）传送给在某一区域内的所有路由器，这一点与距离矢量路由协议不同。运行距离矢量路由协议的路由器是将部分或全部的路由表传递给与其相邻的路由器。

随着网络规模日益扩大，当一个大型网络中的路由器都运行 OSPF 路由协议时，路由器数量的增多会导致 LSDB 非常庞大，占用大量的存储空间，并使得运行 SPF 算法的复杂度增加，导致 CPU 负担很重。

在网络规模增大之后，拓扑结构发生变化的概率也增大，网络会经常处于“振荡”之中，造成网络中会有大量的 OSPF 协议报文在传递，降低了网络的带宽利用率。更为严重的是，每一次变化都会导致网络中所有的路由器重新进行路由计算。

OSPF 协议通过将自治系统划分成不同的区域（Area）来解决上述问题，如图 2-3 所示。区域是从逻辑上将路由器划分为不同的组，每个组用区域号（Area ID）来标识。区域的边界是路由器，而不是链路。一个网段（链路）只能属于一个区域，或者说每个运行 OSPF 的接口必须指明属于哪一个区域。

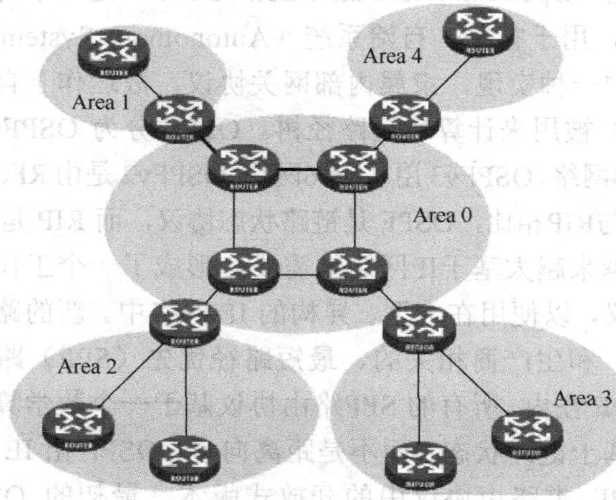

图 2-3 划分区域

划分区域后，可以在区域边界路由器上进行路由聚合，以减少通告到其他区域的 LSA 数量，还可以将网络拓扑变化带来的影响最小化。

2.2　广域网设备介绍

路由器（Router）是连接因特网中各局域网、广域网的设备，它会根据信道的情况自动选择和设定路由，以最佳路径，按前后顺序发送信号。路由器是互联网络的枢纽、“交通警察”。目前路由器已经广泛应用于各行各业，各种不同档次的产品已成为实现各种骨干网内部连接、骨干网间互连和骨干网与互联网互连互通业务的主力军。路由和交换机之间的主要区别就是交换机发生在OSI 参考模型第二层（数据链路层），而路由发生在第三层，即网络层。这一区别决定了路由和交换机在移动信息的过程中需使用不同的控制信息，所以说两者实现各自功能的方式是不同的。

路由器又称网关设备，用于连接多个逻辑上分开的网络，所谓逻辑网络是代表一个单独的网络或者一个子网。当数据从一个子网传输到另一个子网时，可通过路由器的路由功能来完成。因此，路由器具有判断网络地址和选择 IP 路径的功能，它能在多网络互连环境中，建立灵活的连接，可用完全不同的数据分组和介质访问方法连接各种子网，路由器只接收源站或其他路由器的信息，属网络层的一种互连设备。

1．关于路由器的 DTE 端和 DCE 端

DTE：“Data Terminal Equipment（数据终端设备）”的首字母缩略词，具有一定的数据处理能力和数据收发能力的设备。

DTE 提供或接收数据，连接到调制解调器上的计算机就是一种 DTE。串行 V.24 端口（25 针）通常规定 DTE 由第 2 根针脚作为 TXD（发送数据线），第 3 根针脚为 RXD（接收数据线）。其余针脚为：7 是信号地线，4 是 DTS，5 是 RTS，6 是 DTR，8 是 DCD，以及包括发送时钟、接收时钟等，都有规定具体的针脚。

DTE 提供或接收数据，连接到网络中的用户端机器，主要是计算机和终端设备。与此相对地，在网络端的连接设备称为 DCE（Data Circuit-terminating Equipment）。DTE 与进行信令处理的 DCE 相连。它是用户-网络接口的用户端设备，可作为数据源、目的地或两者兼而有之。

DTE 通过 DCE 设备（如调制解调器）连接到数据网络，且一般使用 DCE 产生的时钟信号。DTE 包括像计算机、协议转换器和多路复用器这样的设备。

DCE 是 Data Circuit-terminating Equipment（数据通信设备）的首字母缩略词，它在 DTE 和传输线路之间提供信号变换和编码功能，并负责建立、保持和释放链路的连接。

DCE 是能够通过网络发送和接收模拟或数字信号形式数据的设备。常用的 DCE 是调制解调器（Modem）。DTE一般不直接连接到网络，它通过一台 DCE 进行通信。把DTE和 DCE 的连接称为 DTE-DCE 接口。在任何一个网络中，DTE产生数字数据并把它传送给 DCE，DCE 将这些数据转化成可以在传输介质上传输的格式，并将转化后的信号发送给网络上另一个 DCE。第二个 DCE 从线路上接收信号，将信号转化成与它连接的DTE可用的格式，然后将信息转发给与它相连的DTE。

DTE 与 DCE 之间的区别是 DCE 一方提供时钟，DTE 不提供时钟，但它依靠 DCE 提供的时钟工作，比如PC 和 Modem 之间。数据传输通常是经过 DTE-DCE，再经过 DCE-DTE

的路径。其实对于标准的串行端口，通常从外观就能判断是 DTE 还是 DCE，DTE 是针头（俗称公头），DCE 是孔头（俗称母头），这样两种接口才能接在一起。

2. H3C MSR 36-10 路由器（图 2-4）简介

图 2-4　H3C MSR 36-10 路由器

（1）先进的技术支撑

采用 H3C 成熟的 Comware 网络操作系统，提供更智能的业务调度管理机制，支持业务模块化的松耦合，并能实现进程和补丁的动态加载。

卓越的高性能多核 CPU 处理器及无阻塞交换架构，极大提升多业务并发处理能力。

支持 OAA 开放式应用架构，支持云业务平台 CVK、VMware、广域网优化（WAN）、Lync 协同办公、客户第三方的业务等开放式应用。

自主创新的智能链路引擎 CUBE 技术，不仅提升了 SIC 卡的总线带宽，还可以自动灵活分配接口资源。

（2）强大的安全功能

① 业务安全。

报文过滤功能，支持状态过滤、MAC 地址过滤、IP 和端口号过滤、时间段过滤等；支持业务流量实时分析等。

② 网络安全。

多样化的 VPN 技术，包括 IPSec、L2TP、GRE、ADVPN、MPLS VPN，以及多种 VPN 技术的叠加使用。

支持路由器协议的安全防护，支持 OSPF/RIP/IS-IS/BGP 动态路由协议认证、支持 OSPFv3 /RIPng /IS-ISv6 /BGP 的 IPSec 加密、支持丰富的路由策略控制功能。

③ 终端接入安全。

一体化的终端接入绑定认证，包括 EAD 安全检查认证、802.1x 认证、终端 MAC 地址认证、基于 Web 的 Portal 认证、终端接入静态绑定、MAC 自动学习绑定。

ARP 攻击防范，支持源 MAC 地址固定、ARP 报文攻击防范、地址冲突检测和保护、ARP 端口限速、ARP Detection、ARP 源 MAC 地址一致性检查、ARP 源抑制、ARP 主动确认机制等。

④ 设备管理安全。

支持基于角色权限管理，能够基于角色进行资源分配、用户与角色的对应、权限二维分配方式。

支持控制平面流量限制，支持基于协议类型、不同队列、已知协议报文、指定协议报文等进行流量控制和过滤。

远程安全管理，支持 SNMPv3、支持 SSH、HTTPS 远程管理等。

管理行为控制审计，支持 AAA 服务器集中验证、执行命令行授权、操作记录实时上报等。

（3）精细化业务控制

通过精细化识别和精细化控制，实现对应用层业务的限速、带宽保障、过滤等功能，并通过精细化统计指导网络优化。

支持等价链路负载分担（ECMP）和非等价链路负载分担（UCMP），UCMP 支持根据链路带宽比例进行负载分担。

业务智能选路通过非对称链路负载分担、流量智能负载分担和多拓扑动态路由等技术，实现不同场景下充分利用网络链路，支持基于带宽比例的负载分担、基于用户和用户组的负载分担和基于业务和应用的负载分担。

支持基于多种方式下网络带宽的弹性共享，包括基于业务的弹性共享、基于用户和用户组的弹性共享、基于链路的弹性带宽共享和基于用户的带宽限制。

（4）智能化网管

完善的网络管理方式，支持命令行、SNMP 等方式。

支持零配置部署，可实现零配置方式下的批量设备开局，通过无线短信实现设备的零开局，并且在误配置时可自动实现设备配置的回退。

Comware 内置的 EAA 功能，对系统软硬件部件的内部事件、状态进行监控，出现问题时收集现场信息并尝试自动修复，并能将现场信息发送到指定的 E-mail 邮箱。

支持 U 盘系统自动启动、U 盘配置自动导入和 USB Console 接口。

（5）高可靠性

独立硬件处理模块监控系统，可编程器件支持在线升级和自动加载，增强产品的可靠性。

链路毫秒级快速故障侦测技术（BFD），可实现同静态路由、RIP/OSPF/BGP/IS-IS 动态路由、VRRP 和接口备份的联动。

网络业务质量智能检测技术（NQA），可实现同静态路由、VRRP 和接口备份的联动。

支持多设备的冗余备份和负载分担（VRRP/VRRPE）。

支持快速重路由、GR/NSR 等可靠性技术。

（6）网络虚拟化

为降低用户组网的复杂性，提高管理效率，率先在广域网设备上支持 IRF2（第二代智能弹性架构）技术，将物理上两台设备虚拟化成一台逻辑设备，极大地降低了用户网络的运维成本，提升链路带宽利用率以及设备的使用率。

支持跨设备以太网链路聚合技术，实现多条上行链路的负载分担和互为备份，从而提高整个网络架构的可靠性和链路资源的利用率。

（7）云间互连

支持以太网虚拟化互连（EVI）技术来完成数据中心二层互连需求。EVI 解决方案组网简单，成本低廉，只需要在站点边缘部署一个或多个支持 EVI 功能的设备，且企业网络和服务提供商网络无须做任何变动；同时，EVI 解决方案还提供了对数据进行加密 IPSec 技术的组合解决方案，来提高数据中心数据在公用网络上传输的安全性。

（8）绿色环保

完全满足 RoHS 标准。

先进的风道隔离设计，电源与系统风道隔离设计，独特的双 L 形风道设计，电源风道与系统风道两个 L 形风道提高了空间利用率。

风扇级冗余备份设计，多级风扇调速方案，系统会根据产品内部温度确定系统需要的风扇转速，最大可能地降低了风扇噪声与能耗。

智能节电管理，灵活定义 HMIM/主控板/转发板节电策略，最大限度地降低设备能耗。

2.3 广域网实验内容

2.3.1 实验总体架构图（图 2-5）

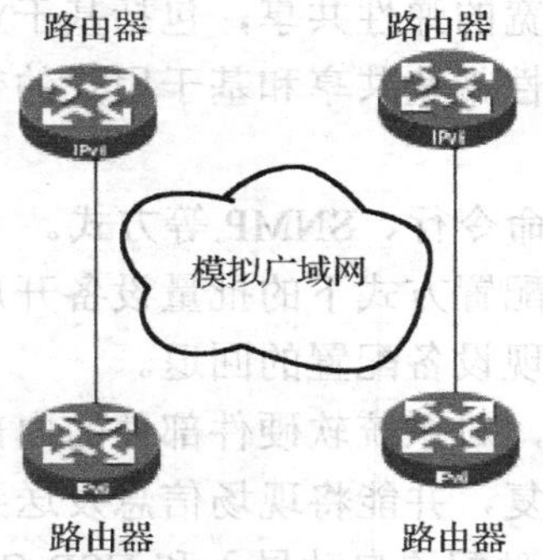

图 2-5 实验总体架构图

2.3.2 实验组图说明

这里模拟的是总部和分部广域网互连的部分，总部和分部各有两台路由器作为出口路由器，通过运营商的线路连通。

2.4 路由设备基本连接实验

1. 实验目的

掌握路由器的基本连接和基础操作方法，掌握 MSR36-10 的基本配置，基本配置中包含设备的登录方式和基本命令操作。

2. 实验拓扑（图 2-6）

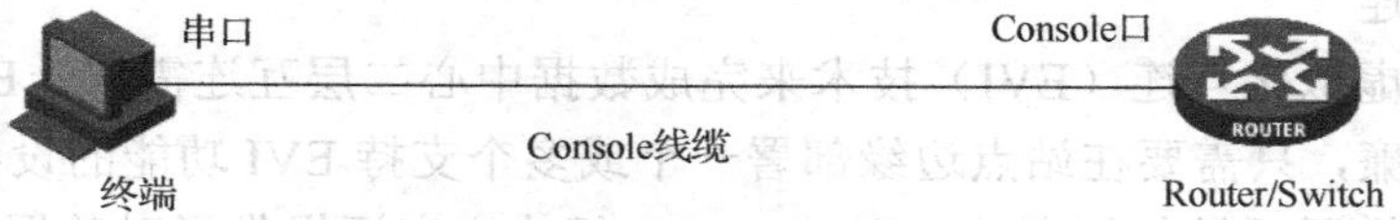

图 2-6 实验拓扑图

3. 实验设备

MSR36-10、PC。其中，PC 的串口和路由器的 Console 口用 Console 线相连。

4. 实验步骤

由于 H3C 产品系列的基本操作命令都是相同的，因此这里以 S5120-28SC-HI 为例，做基本操作实验。

1）使用 Console 口登录设备实验

（1）右击桌面计算机，在弹出的快捷菜单中选择“管理”选项，弹出“计算机管理”对话框，如图 2-7 所示，单击“设备管理器”按钮，在端口选项中查看 COM 后跟随的数值，这里为 COM3。

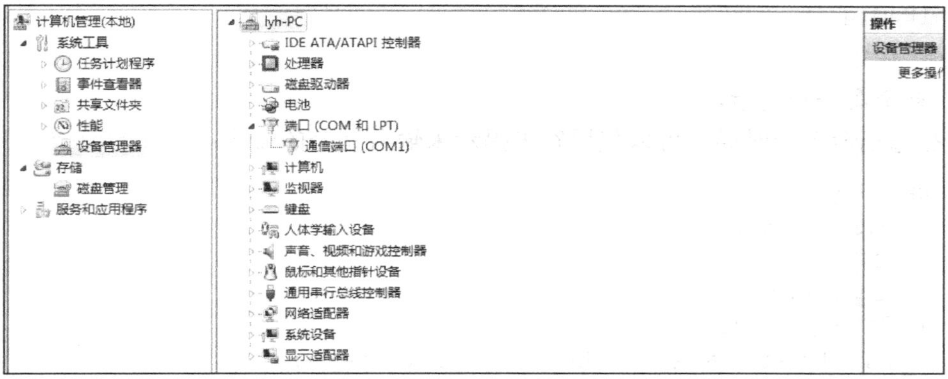

图 2-7　设备管理器对话框

（2）打开 SecureCRT 软件，如图 2-8 所示，单击快速链接按钮，弹出“Quick Connect”对话框，如图 2-9 所示，协议选择 Serial，端口选择之前查看的 COM 口数值为“COM3”，波特率选择 9600，其余默认，取消勾选“RTS/CTS”。

（3）单击“Connet”按钮就可以登录到设备了，登录界面如图 2-10 所示。

图 2-8　SecureCRT 菜单图示

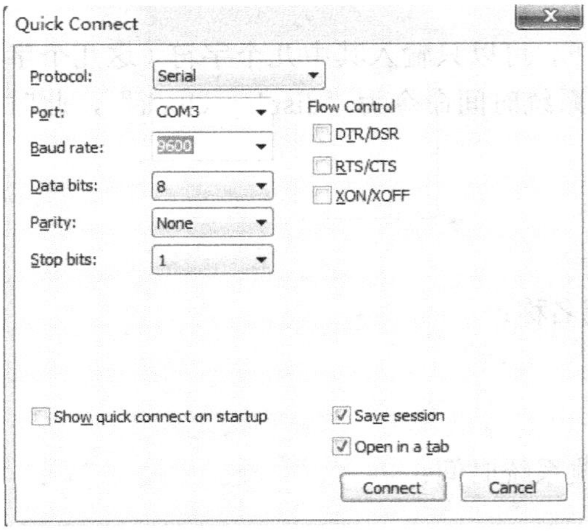

图 2-9　“Quick Connect”对话框

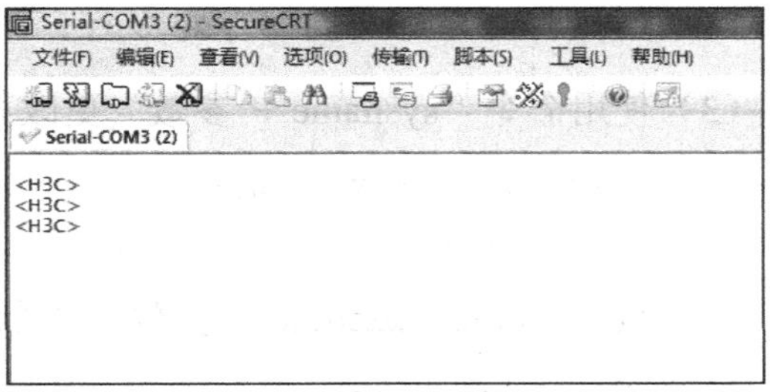

图 2-10　登录设备界面

2）基本命令行实验

（1）视图切换。

① 此时的<H3C>表示正处于用户视图，执行“system-view”命令进入系统视图：

```
<H3C>system-view
System View: return to User View with Ctrl+Z.
[H3C]
```

② 在系统视图执行“quit”命令退出到用户视图：

```
[H3C]quit
<H3C>
```

（2）补全命令和提示。

① 在忘记命令的时候，可以使用？来提示未输入完全的命令：

```
<H3C>sy?
  system-view
[H3C]sysn?
  Sysname
[H3C]sysname ?
TEXT  Host name (1 to 30 characters)
```

② 在输入较长的字符命令时往往费时，在不完全的命令后面按<Tab>键可以补全命令，并且多次键入<Tab>可以切换补全命令的选项。例如，输入“in”：

```
[H3C]in
```

由于“in”中所含字符较少，以“in”开头的命令不止一条，键入 <Tab>后，自动补全以“in”开头的第一条命令“info-center”如下所示：

```
[H3C]info-center
```

再键入<Tab>，可以切换到以“in”开头的第二条命令“interface”，以此类推：

```
[H3C]interface
```

③ 输入命令时，在不造成任何歧义的情况下，可以只输入其中几个字符（这几个字符唯一确定一条命令），命令便可以生效，如查看系统时间命令为“display clock”，此时只要输入“dis clo”即可起到相同的作用：

```
<YourName>dis clo
10:14:11 UTC Wed 04/08/2015
```

（3）使用命令“sysname + 参数”更改系统名称：

```
[H3C]sysname YourName
[YourName]
```

（4）执行“clock datetime + 参数”命令更改系统时间：

```
<YourName>clock datetime 10:10:10 04/08/2015
```

（5）执行“display clock”命令查看当前系统：

```
<YourName>display clock
10:12:24 UTC Wed 04/08/2015
```

(6) 执行“display current-configuration”命令显示系统运行配置：

```
<YourName>display current-configuration
#
version 5.20, Release 5206
#
sysname YourName
#
irf mac-address persistent timer
irf auto-update enable
undo irf link-delay
#
domain default enable system
#
undo ip http enable
#
fan prefer-direction slot 1 port-to-power
#
password-recovery enable
#
vlan 1
#
domain system
access-limit disable
state active
idle-cut disable
---- More ----
//使用<Enter>键进行翻行显示，使用<Ctrl+C>组合键结束显示，使用空格键翻页显示
interface GigabitEthernet1/0/25
shutdown
#
interface GigabitEthernet1/0/26
shutdown
#
interface M-GigabitEthernet0/0/0
#
interface Ten-GigabitEthernet1/0/27
#
interface Ten-GigabitEthernet1/0/28
#
load xml-configuration
#
load tr069-configuration
#
user-interface aux 0
user-interface vty 0 15
#
return
<YourName>
```

（7）配置的保存。

① 执行“display saved-configuration”命令显示当前系统保存的配置

```
<YourName>display saved-configuration
The config file does not exist!
```

② 执行“save”命令保存配置：

```
<YourName>save
The current configuration will be written to the device. Are you sure?
[Y/N]:
//输入 Y 保存
Please input the file name(*.cfg)[flash:/startup.cfg]
(To leave the existing filename unchanged, press the enter key):
//如果不需要更改保存的文件名字，就按<Enter>键
Validating file. Please wait....
The current configuration is saved to the active main board successfully.
Configuration is saved to device successfully.
跳出如上信息，表明保存成功
```

（8）删除和清空配置。

① 需要删除某些命令时可以使用在命令之前加 undo，例如，在 sysname 之前加 undo 就可以恢复设备名称：

```
[YourName]undo sysname
[H3C]
```

② 需要将设备恢复至出厂状态可以执行“reset saved-configuration”命令清空配置，再 reboot 重启设备：

```
[H3C]quit
<H3C>reset saved-configuration
The saved configuration file will be erased. Are you sure? [Y/N]:y
Configuration file in flash is being cleared.
Please wait ...
MainBoard:
Configuration file is cleared.
<H3C>rebo
<H3C>reboot
Start to check configuration with next startup configuration file, please
wait.........DONE!
This command will reboot the device. Current configuration will be lost,
save current configuration? [Y/N]:n
This command will reboot the device. Continue? [Y/N]:y
```

（9）Ping 命令检查连通性。

① 设备上的 Ping 命令的使用：

```
[H3C]ping 127.0.0.1
  PING 127.0.0.1: 56  data bytes, press CTRL_C to break
```

```
    Reply from 127.0.0.1: bytes=56 Sequence=1 ttl=255 time=1 ms
    Reply from 127.0.0.1: bytes=56 Sequence=2 ttl=255 time=1 ms
    Reply from 127.0.0.1: bytes=56 Sequence=3 ttl=255 time=1 ms
    Reply from 127.0.0.1: bytes=56 Sequence=4 ttl=255 time=1 ms
    Reply from 127.0.0.1: bytes=56 Sequence=5 ttl=255 time=1 ms

  --- 127.0.0.1 ping statistics ---
    5 packet(s) transmitted
    5 packet(s) received
    0.00% packet loss
round-trip min/avg/max = 1/1/1 ms
```

发送 5 个 ICMP 请求报文，收到 5 个，证明连通性良好。Ping 也可以携带参数：

```
[H3C]ping ?
  -a    Select source IP address
  -c    Specify the number of echo requests to be sent
  -f    Specify packets not to be fragmented
  -h    Specify TTL value for echo requests to be sent
  -i    Select the interface to send the packets
  -m    Specify the interval in milliseconds to send packets
  -n    Numeric output only. No attempt will be made to lookup host
        addresses for symbolic names
  -p    No more than 8 "pad" hexadecimal characters to fill out the
        sent packet. For example, -p f2 will fill the sent packet
        with 000000f2 repeatedly
  -q    Quiet output. Nothing will be displayed except for the summary
        lines.
  -r    Record route. Include the RECORD_ROUTE option in the
        ECHO_REQUEST packets and display the route
  -s    Specify the number of data bytes to be sent
  -t    Specify the time in milliseconds to wait for each reply
  -tos  Specify TOS value for echo requests to be sent
  -v    Display the received ICMP packets other than ECHO-RESPONSE
        packets.
  STRING<1-255>  IP address or hostname of a remote system
  ip    IP Protocol
  ipv6  IPv6 Protocol
```

② PC 也可以使用 Ping 命令来检查连通性，单击计算机左下角开始图标，在输入框中输入 cmd 后按<Enter>键，如图 2-11 所示。

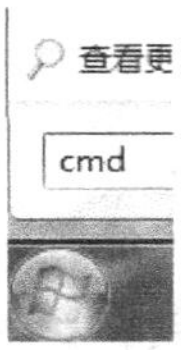

图 2-11　开始图标

弹出黑色背景的 cmd 窗口，直接使用 Ping 命令检查连通性，结果如图 2-12 所示。

这里也可以使用 tracert 命令进行连通性检查，tracert 命令能够查看报文从源到目的经过的路由节点，结果如图 2-13 所示。

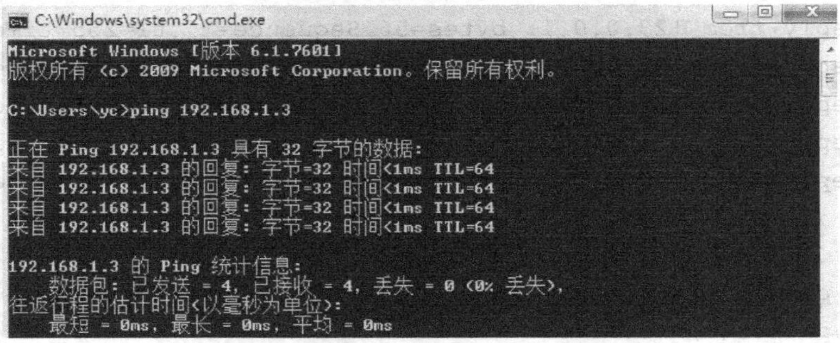

图 2-12　Ping192.168.1.3 结果示意图

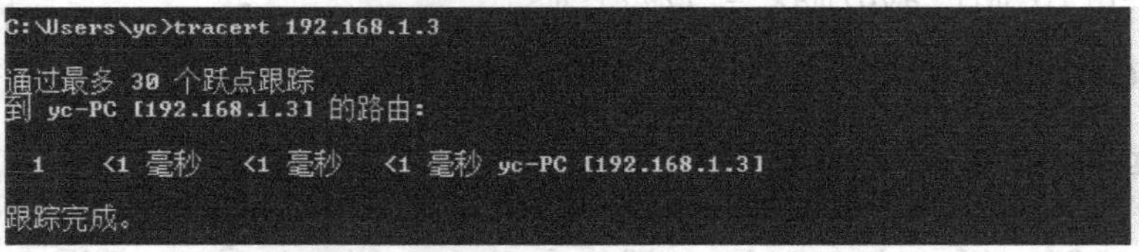

图 2-13　tracert 192.168.1.3 结果示意图

5. 实验报告

（1）完成本实验的相关配置命令截图。
（2）完成本实验的相关测试结果截图。
（3）对本实验的测试结果的分析和评注。
（4）对本实验的个人体会。
（5）对相关问题的回答。

2.5　广域网路由协议实验

1. 实验目的

学习在广域网环境下，如何实现路由器及不同网段之间的互连互通。掌握并完成静态路由实验、RIP 路由实验、OSPF 单区域互通实验、OSPF 多区域互通实验（3 类 LSA 实现多区域互通）、OSPF 特殊区域实验（stub 区域等）、IPv6 配置实验、BGP 路由实验。

2. 实验拓扑（图 2-14、图 2-15）

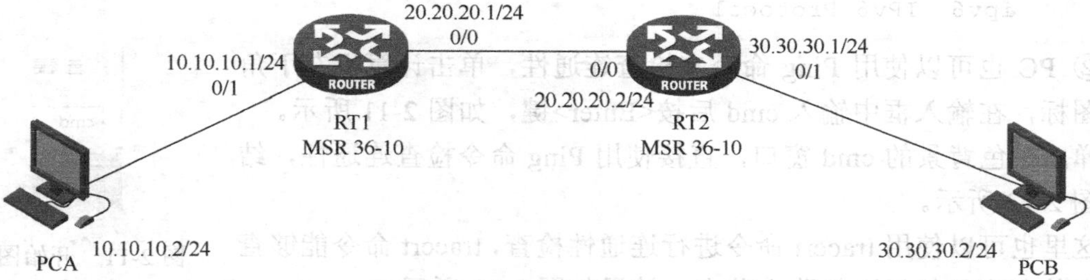

图 2-14　实验拓扑图 1

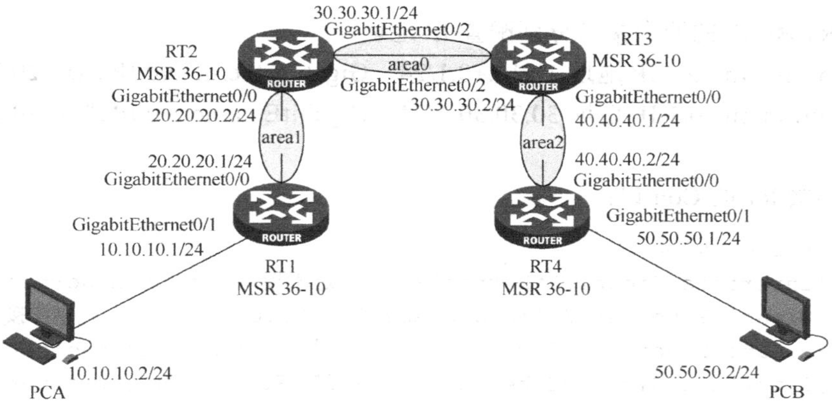

图 2-15　实验拓扑图 2

3．实验设备

实验拓扑图 1 涉及的实验设备有两台 PC、两台 MSR 36-10 路由器，其中 PCA 与 RT1 的 GigabitEthernet0/1 口相连，PCB 与 RT2 的 GigabitEthernet0/1 口相连，RT1 的 GigabitEthernet0/0 口与 RT2 的 GigabitEthernet0/0 口相连。另外，随便挑选一台 PC 连接路由器的 Con 口，进行路由器的配置。

实验拓扑图 2 涉及的实验设备有两台 PC，四台 MSR 36-10 路由器，其中 PCA 与 RT1 的 GigabitEthernet0/1 口相连，PCB 与 RT4 的 GigabitEthernet0/1 口相连，RT1 的 GigabitEthernet0/0 口与 RT2 的 GigabitEthernet0/0 口相连，RT2 的 GigabitEthernet0/2 口与 RT3 的 GigabitEthernet0/2 口相连，RT3 的 GigabitEthernet0/0 口与 RT4 的 GigabitEthernet0/0 口相连。另外，随便挑选一台 PC 连接路由器的 Con 口，进行路由器的配置。

4．实验步骤

1）静态路由实验

实验拓扑图如图 2-14 所示。

此实验的主要目的是通过网络管理员手工配置路由器的路由，实现跨网段的不同主机间的通信。

（1）给 PCA 配置 IP 地址 10.10.10.2/24 和网关 10.10.10.1，给 PCB 配置 IP 地址 30.30.30.2/24 和网关 30.30.30.1，如图 2-16 和图 2-17 所示。

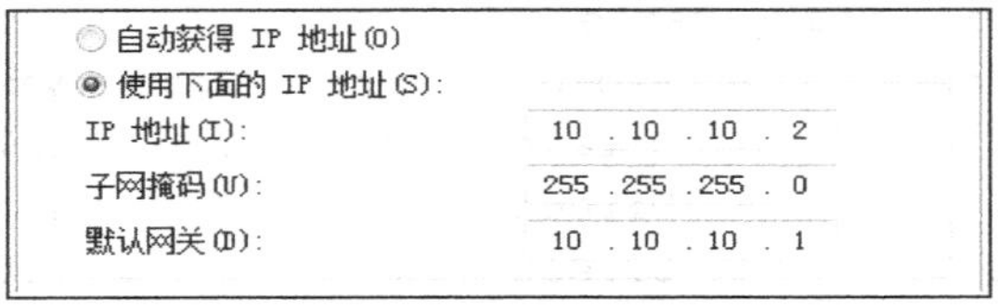

图 2-16　PCA 的 IP 地址

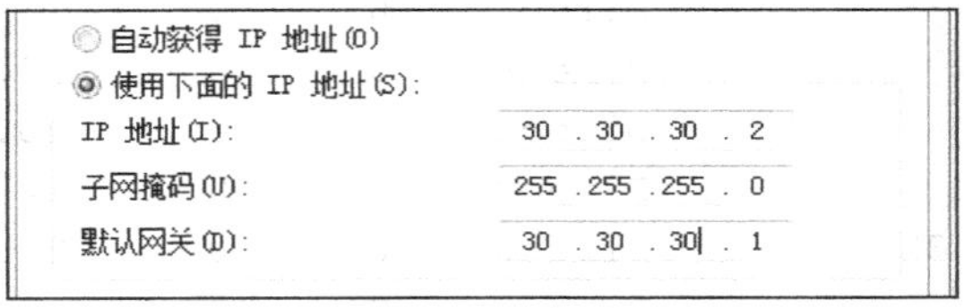

图 2-17　PCB 的 IP 地址

（2）给 R1 和 R2 的四个接口分别配置 IP 地址。

R1:GigabitEthernet0/1 IP 地址 10.10.10.1/24，GigabitEthernet0/0 IP 地址 20.20.20.1/24；

R2 GigabitEthernet0/1 IP 地址 30.30.30.1/24，GigabitEthernet0/0 IP 地址 20.20.20.2./24，操作如下。

计算机连接 R1 的 Con 口：

```
<R1>system-view
[R1]interface GigabitEthernet0/1   //进入接口 GigabitEthernet0/1 操作
[R1-GigabitEthernet0/1]ip address 10.10.10.1 24       //为接口分配 ip
[R1-GigabitEthernet0/1]quit        //退出接口 GigabitEthernet0/1 操作
[R1]interface GigabitEthernet0/0   //进入接口 GigabitEthernet0/0 操作
[R1-GigabitEthernet0/0]ip address 20.20.20.1 24       //为接口分配 ip
```

把 R1 的 Con 口网线插入 R2 的 Con 口：

```
[R2]interface GigabitEthernet0/1
[R2-GigabitEthernet0/1]ip address 30.30.30.1 24
[R2-GigabitEthernet0/1]quit
[R2]interface GigabitEthernet0/0
[R2-GigabitEthernet0/0]ip address 20.20.20.2 24
```

（3）此时在 PCA 上 Ping PCB 的地址，结果如图 2-18 所示：

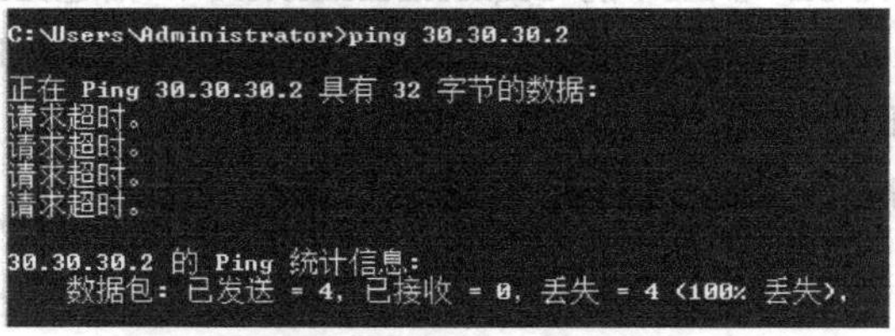

图 2-18　PCA Ping PCB 结果示意图

发现 PCA 和 PCB 无法通信，Ping 不通的原因是没有到达对方网段的路由。

（4）把 R2 的 Con 口网线插入 R1 的 Con 口，在 R1 上使用“display ip routing-table”命令查看路由表，结果如下：

```
[R1-GigabitEthernet0/0]quit
[R1]display ip routing-table
Destination/Mask        Proto    Pre  Cost  NextHop      Interface
0.0.0.0/32              Direct   0    0     127.0.0.1    InLoop0
10.10.10.0/24           Direct   0    0     10.10.10.1   GE0/1
10.10.10.0/32           Direct   0    0     10.10.10.1   GE0/1
10.10.10.1/32           Direct   0    0     127.0.0.1    InLoop0
10.10.10.255/32         Direct   0    0     10.10.10.1   GE0/1
20.20.20.0/24           Direct   0    0     20.20.20.1   GE0/0
20.20.20.0/32           Direct   0    0     20.20.20.1   GE0/0
20.20.20.1/32           Direct   0    0     127.0.0.1    InLoop0
20.20.20.255/32         Direct   0    0     20.20.20.1   GE0/0
127.0.0.0/8             Direct   0    0     127.0.0.1    InLoop0
127.0.0.0/32            Direct   0    0     127.0.0.1    InLoop0
```

```
127.0.0.1/32          Direct   0    0    127.0.0.1    InLoop0
127.255.255.255/32    Direct   0    0    127.0.0.1    InLoop0
224.0.0.0/4           Direct   0    0    0.0.0.0      NULL0
224.0.0.0/24          Direct   0    0    0.0.0.0      NULL0
255.255.255.255/32    Direct   0    0    127.0.0.1    InLoop0
```

发现没有 30.30.30.0/24 这项，即没有去往 30.30.30.0/24 网段的路由。因此 PCA 无法到达 PCB。

（5）在 R1 和 R2 上配置静态路由，执行“ip route-static [目的地址] [下一跳地址]”命令，具体操作如下：

```
[R1]ip route-static 30.30.30.0 24 20.20.20.2        //为 R1 配置静态路由地址
```

把 R1 的 Con 口网线插入 R2 的 Con 口：

```
[R2]ip route-static 10.10.10.0 24 20.20.20.1        //为 R2 配置静态路由地址
```

（6）配置完成后观察 R2 和 R1 的路由表，结果如图 2-19 和图 2-20 所示。

先看 R2，执行如图 2-19 所示命令。

```
[R2]display ip routing-table

Destinations : 17        Routes : 17

Destination/Mask    Proto   Pre Cost       NextHop         Interface
0.0.0.0/32          Direct  0   0          127.0.0.1       InLoop0
10.10.10.0/24       Static  60  0          20.20.20.1      GE0/0
20.20.20.0/24       Direct  0   0          20.20.20.2      GE0/0
20.20.20.0/32       Direct  0   0          20.20.20.2      GE0/0
20.20.20.2/32       Direct  0   0          127.0.0.1       InLoop0
20.20.20.255/32     Direct  0   0          20.20.20.2      GE0/0
30.30.30.0/24       Direct  0   0          30.30.30.1      GE0/1
30.30.30.0/32       Direct  0   0          30.30.30.1      GE0/1
30.30.30.1/32       Direct  0   0          127.0.0.1       InLoop0
30.30.30.255/32     Direct  0   0          30.30.30.1      GE0/1
127.0.0.0/8         Direct  0   0          127.0.0.1       InLoop0
127.0.0.0/32        Direct  0   0          127.0.0.1       InLoop0
127.0.0.1/32        Direct  0   0          127.0.0.1       InLoop0
127.255.255.255/32  Direct  0   0          127.0.0.1       InLoop0
224.0.0.0/4         Direct  0   0          0.0.0.0         NULL0
224.0.0.0/24        Direct  0   0          0.0.0.0         NULL0
255.255.255.255/32  Direct  0   0          127.0.0.1       InLoop0
```

图 2-19　配置完静态路由后 R2 的路由表

把 R2 的 Con 口网线插入 R1 的 Con 口，执行如图 2-20 所示命令。

```
[R1]display ip routing-table

Destinations : 17        Routes : 17

Destination/Mask    Proto   Pre Cost       NextHop         Interface
0.0.0.0/32          Direct  0   0          127.0.0.1       InLoop0
10.10.10.0/24       Direct  0   0          10.10.10.1      GE0/1
10.10.10.0/32       Direct  0   0          10.10.10.1      GE0/1
10.10.10.1/32       Direct  0   0          127.0.0.1       InLoop0
10.10.10.255/32     Direct  0   0          10.10.10.1      GE0/1
20.20.20.0/24       Direct  0   0          20.20.20.1      GE0/0
20.20.20.0/32       Direct  0   0          20.20.20.1      GE0/0
20.20.20.1/32       Direct  0   0          127.0.0.1       InLoop0
20.20.20.255/32     Direct  0   0          20.20.20.1      GE0/0
30.30.30.0/24       Static  60  0          20.20.20.2      GE0/0
127.0.0.0/8         Direct  0   0          127.0.0.1       InLoop0
127.0.0.0/32        Direct  0   0          127.0.0.1       InLoop0
127.0.0.1/32        Direct  0   0          127.0.0.1       InLoop0
127.255.255.255/32  Direct  0   0          127.0.0.1       InLoop0
224.0.0.0/4         Direct  0   0          0.0.0.0         NULL0
224.0.0.0/24        Direct  0   0          0.0.0.0         NULL0
255.255.255.255/32  Direct  0   0          127.0.0.1       InLoop0
```

图 2-20　配置完静态路由后 R1 的路由表

发现 R1 已有 30.30.30.0/24 这项，即 R1 可以到达 30.30.30.0/24 网段，同样 R2 可以到达 10.10.10.0/24 网段。

（7）在 PCA 上 Ping PCB 的地址结果，如图 2-21 所示。

发现可以 Ping 通，双机之间可以通信，即 PCA 可以通过配置静态路由实现到 PCB 的互连互通。

做完此实验，为进行下一步实验，需要还原静态路由配置，只需撤销 R1 和 R2 配置的静态路由即可，配置的路由器和主机地址无须还原。即执行以下命令即可：

```
[R1] display current-configuration                     //查看当前配置
[R1]undo ip route-static 30.30.30.0 24 20.20.20.2  //为 R1 撤销静态路由地址
```

把 R1 的 Con 口网线插入 R2 的 Con 口：

```
[R2]undo ip route-static 10.10.10.0 24 20.20.20.1 //为 R2 撤销静态路由地址
```

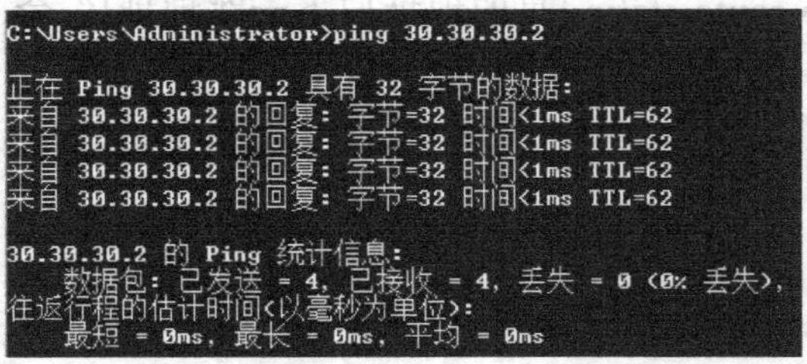

图 2-21　PCA Ping PCB 结果图

2）RIP 路由实验

实验拓扑图如图 2-14 所示。IP 地址与静态路由实验相同，这里不再详细阐述。

本实验的主要目的是通过 RIP 协议配置，由路由器自动完成路由表的配置，无须人工配置路由表，实现跨网段的不同主机间的通信。

（1）拓扑搭建好后在 PCA 上 Ping PCB 发现不能 Ping 通，原因是 PCA 的网关 R1 上没有到达 30.30.30.0/24 网段的路由，PCB 的网关 R2 上也没有到达 10.10.10.0/24 网段的路由，上一个实验中使用静态路由实现，这里使用动态路由 RIP 协议实现。

（2）在 R1、R2 上配置 RIP，具体操作如下：

```
[R1]rip
[R1-rip-1]version 2
[R1-rip-1]undo summary     //取消路由自动聚合,默认开启
[R1-rip-1]network 10.10.10.0
[R1-rip-1]network 20.20.20.0
```

把 R1 的 Con 口网线插入 R2 的 Con 口：

```
[R2]rip
[R2-rip-1]version 2
[R2-rip-1]undo summary
[R2-rip-1]network 20.20.20.0
[R2-rip-1]network 30.30.30.0
```

（3）在 R2 和 R1 上执行“display ip routing-table”命令查看路由表，结果如图 2-22 和图 2-23 所示。

```
[R2]display ip routing-table

Destinations : 17        Routes : 17

Destination/Mask    Proto   Pre  Cost      NextHop         Interface
0.0.0.0/32          Direct  0    0         127.0.0.1       InLoop0
10.10.10.0/24       RIP     100  1         20.20.20.1      GE0/0
20.20.20.0/24       Direct  0    0         20.20.20.2      GE0/0
20.20.20.0/32       Direct  0    0         20.20.20.2      GE0/0
20.20.20.2/32       Direct  0    0         127.0.0.1       InLoop0
20.20.20.255/32     Direct  0    0         20.20.20.2      GE0/0
30.30.30.0/24       Direct  0    0         30.30.30.1      GE0/1
30.30.30.0/32       Direct  0    0         30.30.30.1      GE0/1
30.30.30.1/32       Direct  0    0         127.0.0.1       InLoop0
30.30.30.255/32     Direct  0    0         30.30.30.1      GE0/1
127.0.0.0/8         Direct  0    0         127.0.0.1       InLoop0
127.0.0.0/32        Direct  0    0         127.0.0.1       InLoop0
127.0.0.1/32        Direct  0    0         127.0.0.1       InLoop0
127.255.255.255/32  Direct  0    0         127.0.0.1       InLoop0
224.0.0.0/4         Direct  0    0         0.0.0.0         NULL0
224.0.0.0/24        Direct  0    0         0.0.0.0         NULL0
255.255.255.255/32  Direct  0    0         127.0.0.1       InLoop0
```

图 2-22　配置 RIP 路由协议后 R2 的路由表

把 R2 的 Con 口网线插入 R1 的 Con 口。

```
[R1]dis ip routing-table

Destinations : 17        Routes : 17

Destination/Mask    Proto   Pre Cost       NextHop         Interface
0.0.0.0/32          Direct  0   0          127.0.0.1       InLoop0
10.10.10.0/24       Direct  0   0          10.10.10.1      GE0/1
10.10.10.0/32       Direct  0   0          10.10.10.1      GE0/1
10.10.10.1/32       Direct  0   0          127.0.0.1       InLoop0
10.10.10.255/32     Direct  0   0          10.10.10.1      GE0/1
20.20.20.0/24       Direct  0   0          20.20.20.1      GE0/0
20.20.20.0/32       Direct  0   0          20.20.20.1      GE0/0
20.20.20.1/32       Direct  0   0          127.0.0.1       InLoop0
20.20.20.255/32     Direct  0   0          20.20.20.1      GE0/0
30.30.30.0/24       RIP     100 1          20.20.20.2      GE0/0
127.0.0.0/8         Direct  0   0          127.0.0.1       InLoop0
127.0.0.0/32        Direct  0   0          127.0.0.1       InLoop0
127.0.0.1/32        Direct  0   0          127.0.0.1       InLoop0
127.255.255.255/32  Direct  0   0          127.0.0.1       InLoop0
224.0.0.0/4         Direct  0   0          0.0.0.0         NULL0
224.0.0.0/24        Direct  0   0          0.0.0.0         NULL0
255.255.255.255/32  Direct  0   0          127.0.0.1       InLoop0
```

图 2-23　配置 RIP 路由协议后 R1 的路由表

发现 R1 上新增了通过 RIP 学习到的到达 30.30.30.0/24 网段的路由，同样 R2 上新增了通过 RIP 学习到的到达 10.10.10.0/24 网段的路由。

（4）在 PCA 上 Ping PCB 的地址，结果如图 2-24 所示。

```
C:\Users\Administrator>ping 30.30.30.2

正在 Ping 30.30.30.2 具有 32 字节的数据:
来自 30.30.30.2 的回复: 字节=32 时间<1ms TTL=62
来自 30.30.30.2 的回复: 字节=32 时间<1ms TTL=62
来自 30.30.30.2 的回复: 字节=32 时间<1ms TTL=62
来自 30.30.30.2 的回复: 字节=32 时间<1ms TTL=62

30.30.30.2 的 Ping 统计信息:
    数据包: 已发送 = 4, 已接收 = 4, 丢失 = 0 (0% 丢失),
往返行程的估计时间(以毫秒为单位):
    最短 = 0ms, 最长 = 0ms, 平均 = 0ms
```

图 2-24　PCA Ping PCB 的结果示意图

表明 PCA 的网关 R1 有到达 30.30.30.0/24 网段的路由，所以可以 Ping 通。

做完此实验，为进行下一步实验，需撤销 R1 和 R2 配置的 RIP 路由，只需执行以下命令即可：

```
[R1] display current-configuration
[R1]undo rip                        //为 R1 撤销 rip 路由
```

把 R1 的 Con 口网线插入 R2 的 Con 口

```
[R2] undo rip                       //为 R2 撤销 rip 路由
```

3）OSPF 单区域互通实验

实验拓扑图如图 2-14 所示。IP 地址与静态路由实验相同，这里不再详细阐述。

此实验主要目的是通过 OSPF 协议配置，由路由器自动完成路由表的配置，无须人工配置路由表，实现跨网段的不同主机间的通信。

（1）拓扑搭建好后在 PCA 上 Ping PCB 发现不能 Ping 通，原因是 PCA 的网关 R1 上没有到达 30.30.30.0/24 网段的路由，PCB 的网关 R2 上也没有到达 10.10.10.0/24 网段的路由，本次实验使用 OSPF 实现 PCA 与 PCB 之间的通信。

（2）在 R1 和 R2 上配置 OSPF，具体操作如下：

```
[R1]ospf
[R1-ospf-1]area 0
[R1-ospf-1-area-0.0.0.0]network 10.10.10.0 0.0.0.255
[R1-ospf-1-area-0.0.0.0]network 20.20.20.0 0.0.0.255
```

把 R1 的 Con 口网线插入 R2 的 Con 口：

```
[R2]ospf
[R2-ospf-1]area 0
[R2-ospf-1-area-0.0.0.0]network 20.20.20.0 0.0.0.255
[R2-ospf-1-area-0.0.0.0]network 30.30.30.0 0.0.0.255
```

配置完成后，R1 与 R2 的 OSPF 邻居建立成功，会显示类似如下信息：

```
    %Apr 7 16:19:58:121 2015 R2 OSPF/5/OSPF_NBR_CHG: OSPF 1 Neighbor
20.20.20.1(GigabitEthernet0/0) changed from LOADING to FULL.
```

（3）在 R2 和 R1 上查看路由表，如图 2-25 和图 2-26 所示：

```
[R2-ospf-1-area-0.0.0.0]quit
[R2-ospf-1]quit
[R2]display ip routing-table
```

```
[R2]display ip routing-table

Destinations : 17        Routes : 17

Destination/Mask    Proto   Pre Cost        NextHop         Interface
0.0.0.0/32          Direct  0   0           127.0.0.1       InLoop0
10.10.10.0/24       O_INTRA 10  2           20.20.20.1      GE0/0
20.20.20.0/24       Direct  0   0           20.20.20.2      GE0/0
20.20.20.0/32       Direct  0   0           20.20.20.2      GE0/0
20.20.20.2/32       Direct  0   0           127.0.0.1       InLoop0
20.20.20.255/32     Direct  0   0           20.20.20.2      GE0/0
30.30.30.0/24       Direct  0   0           30.30.30.1      GE0/1
30.30.30.0/32       Direct  0   0           30.30.30.1      GE0/1
30.30.30.1/32       Direct  0   0           127.0.0.1       InLoop0
30.30.30.255/32     Direct  0   0           30.30.30.1      GE0/1
127.0.0.0/8         Direct  0   0           127.0.0.1       InLoop0
127.0.0.0/32        Direct  0   0           127.0.0.1       InLoop0
127.0.0.1/32        Direct  0   0           127.0.0.1       InLoop0
127.255.255.255/32  Direct  0   0           127.0.0.1       InLoop0
224.0.0.0/4         Direct  0   0           0.0.0.0         NULL0
224.0.0.0/24        Direct  0   0           0.0.0.0         NULL0
255.255.255.255/32  Direct  0   0           127.0.0.1       InLoop0
```

图 2-25 配置 OSPF 后 R2 的路由表

把 R2 的 Con 口网线插入 R1 的 Con 口：

```
[R1-ospf-1-area-0.0.0.0]quit
[R1-ospf-1]quit
[R1]display ip routing-table
```

```
[R1]display ip routing-table

Destinations : 17        Routes : 17

Destination/Mask    Proto   Pre Cost        NextHop         Interface
0.0.0.0/32          Direct  0   0           127.0.0.1       InLoop0
10.10.10.0/24       Direct  0   0           10.10.10.1      GE0/1
10.10.10.0/32       Direct  0   0           10.10.10.1      GE0/1
10.10.10.1/32       Direct  0   0           127.0.0.1       InLoop0
10.10.10.255/32     Direct  0   0           10.10.10.1      GE0/1
20.20.20.0/24       Direct  0   0           20.20.20.1      GE0/0
20.20.20.0/32       Direct  0   0           20.20.20.1      GE0/0
20.20.20.1/32       Direct  0   0           127.0.0.1       InLoop0
20.20.20.255/32     Direct  0   0           20.20.20.1      GE0/0
30.30.30.0/24       O_INTRA 10  2           20.20.20.2      GE0/0
127.0.0.0/8         Direct  0   0           127.0.0.1       InLoop0
127.0.0.0/32        Direct  0   0           127.0.0.1       InLoop0
127.0.0.1/32        Direct  0   0           127.0.0.1       InLoop0
127.255.255.255/32  Direct  0   0           127.0.0.1       InLoop0
224.0.0.0/4         Direct  0   0           0.0.0.0         NULL0
224.0.0.0/24        Direct  0   0           0.0.0.0         NULL0
255.255.255.255/32  Direct  0   0           127.0.0.1       InLoop0
```

图 2-26 配置 OSPF 后 R1 的路由表

在 R1 上发现了从 OSPF 学习到了去往 30.30.30.0/24 网段的路由，在 R2 上发现了从 OSPF 学习到了去往 10.10.10.0/24 网段的路由。

（4）在 PCA 上 Ping PCB 的地址，结果如图 2-27 所示：

```
C:\Users\Administrator>ping 30.30.30.2

正在 Ping 30.30.30.2 具有 32 字节的数据:
来自 30.30.30.2 的回复: 字节=32 时间<1ms TTL=62
来自 30.30.30.2 的回复: 字节=32 时间<1ms TTL=62
来自 30.30.30.2 的回复: 字节=32 时间<1ms TTL=62
来自 30.30.30.2 的回复: 字节=32 时间<1ms TTL=62

30.30.30.2 的 Ping 统计信息:
    数据包: 已发送 = 4，已接收 = 4，丢失 = 0 (0% 丢失)，
往返行程的估计时间(以毫秒为单位):
    最短 = 0ms，最长 = 0ms，平均 = 0ms
```

图 2-27　PCA Ping PCB 的实验结果示意图

发现可以 Ping 通，原因是通过配置 OSPF 生成了去往目的地的路由条目。

做完此实验，为进行下一步实验，需要还原所有设备的所有配置，因此需关掉 R1 和 R2 电源再重启，完成设备的还原。

4）OSPF 多区域互通实验

拓扑结构图如图 2-15 所示。

此实验的主要目的是通过 OSPF 协议配置，实现更多路由器更复杂网络环境下的路由互通，只需配置好 OSPF 协议后，由路由器自动完成路由表的配置，无须人工配置路由表，实现跨网段的不同主机间的通信。

（1）搭建好网络之后给 PC 分配 IP 地址：PCA 的 IP 地址为 10.10.10.2/24，网关为 10.10.10.1；PCB 的 IP 地址为 50.50.50.2/24，网关为 50.50.50.1。

给路由器各接口配置地址，操作如下：

```
[R1]interface GigabitEthernet0/1
[R1-GigabitEthernet0/1]ip address 10.10.10.1 24
[R1-GigabitEthernet0/1]quit
[R1]interface GigabitEthernet0/0
[R1-GigabitEthernet0/0]ip address 20.20.20.1 24
[R2]interface GigabitEthernet0/0
[R2-GigabitEthernet0/0]ip address 20.20.20.2 24
[R2-GigabitEthernet0/0]quit
[R2]interface GigabitEthernet0/2
[R2-GigabitEthernet0/2]ip address 30.30.30.1 24
[R3]interface GigabitEthernet0/0
[R3-GigabitEthernet0/0]ip address 40.40.40.1 24
[R3-GigabitEthernet0/0]quit
[R3]interface GigabitEthernet0/2
[R3-GigabitEthernet0/2]ip address 30.30.30.2 24
[R4]interface GigabitEthernet0/0
[R4-GigabitEthernet0/0]ip address 40.40.40.2 24
[R4-GigabitEthernet0/0]quit
[R4]interface GigabitEthernet0/1
[R4-GigabitEthernet0/1]ip address 50.50.50.1 24
```

（2）在各路由器上配置 OSPF，具体操作如下：

```
[R1-GigabitEthernet0/0]quit
[R1]ospf 1
[R1-ospf-1]area 1
[R1-ospf-1-area-0.0.0.1]network 10.10.10.0 0.0.0.255
[R1-ospf-1-area-0.0.0.1]network 20.20.20.0 0.0.0.255
[R2-GigabitEthernet0/2]quit
[R2]ospf 1
[R2-ospf-1]area 1
[R2-ospf-1-area-0.0.0.1]network 20.20.20.0 0.0.0.255
[R2-ospf-1-area-0.0.0.1]quit
[R2-ospf-1]area 0
[R2-ospf-1-area-0.0.0.0]network 30.30.30.0 0.0.0.255
[R3-GigabitEthernet0/0]quit
[R3]ospf 1
[R3-ospf-1]area 0
[R3-ospf-1-area-0.0.0.0]network 30.30.30.0 0.0.0.255
[R3-ospf-1-area-0.0.0.0]quit
[R3-ospf-1]area 2
[R3-ospf-1-area-0.0.0.2]network 40.40.40.0 0.0.0.255
[R4-GigabitEthernet0/1]quit
[R4]ospf 1
[R4-ospf-1]area 2
[R4-ospf-1-area-0.0.0.2]network 40.40.40.0 0.0.0.255
[R4-ospf-1-area-0.0.0.2]network 50.50.50.0 0.0.0.255
```

（3）执行“display ospf peer”命令验证邻居建立是否成功，显示结果如下：

```
[R1-ospf-1-area-0.0.0.1]quit
[R1-ospf-1]quit
[R1]display ospf peer

          OSPF Process 1 with Router ID 10.10.10.1
                Neighbor Brief Information

Area: 0.0.0.1
Router ID      Address        Pri  Dead-Time  State          Interface
20.20.20.2     20.20.20.2     1    33         Full/BDR       GE0/0
```

‘State’表项为 Full 状态，表明 R1 与 R2 成功建立了邻居关系：

```
[R2-ospf-1-area-0.0.0.0]quit
[R2-ospf-1]quit
[R2]display ospf peer

          OSPF Process 1 with Router ID 20.20.20.2
                Neighbor Brief Information
```

```
Area: 0.0.0.0
Router ID     Address        Pri  Dead-Time   State          Interface
30.30.30.2    30.30.30.2     1     30         Full/BDR        GE0/2
Area: 0.0.0.1
Router ID        Address        Pri  Dead-Time    State     Interface
10.10.10.1    20.20.20.1        1       32        Full/DR     GE0/0
```

表明 R2 与 R1 和 R3 都成功建立了邻居关系；

```
[R3-ospf-1-area-0.0.0.2]quit
[R3-ospf-1]quit
[R3]display ospf peer

          OSPF Process 1 with Router ID 30.30.30.2
                 Neighbor Brief Information

Area: 0.0.0.0
Router ID      Address        Pri  Dead-Time    State         Interface
20.20.20.2    30.30.30.1      1      32        Full/DR        GE0/2
Area: 0.0.0.2
Router ID      Address        Pri   Dead-Time    State         Interface
40.40.40.2    40.40.40.2      1      35         Full/BDR       GE0/0
```

表明 R3 与 R2 和 R4 都成功建立了邻居关系；

```
[R4-ospf-1-area-0.0.0.2]quit
[R4-ospf-1]quit
[R4]display ospf peer

          OSPF Process 1 with Router ID 40.40.40.2
                 Neighbor Brief Information

Area: 0.0.0.2
Router ID        Address      Pri  Dead-Time   State         Interface
30.30.30.2     40.40.40.1     1     33         Full/DR        GE0/0
```

表明 R4 与 R3 成功建立了邻居关系。

（4）在各路由器上查看路由表，结果如图 2-28～图 2-31 所示。

```
[R1]display ip routing-table

Destinations : 19        Routes : 19

Destination/Mask    Proto    Pre Cost         NextHop         Interface
0.0.0.0/32          Direct   0   0            127.0.0.1       InLoop0
10.10.10.0/24       Direct   0   0            10.10.10.1      GE0/1
10.10.10.0/32       Direct   0   0            10.10.10.1      GE0/1
10.10.10.1/32       Direct   0   0            127.0.0.1       InLoop0
10.10.10.255/32     Direct   0   0            10.10.10.1      GE0/1
20.20.20.0/24       Direct   0   0            20.20.20.1      GE0/0
20.20.20.0/32       Direct   0   0            20.20.20.1      GE0/0
20.20.20.1/32       Direct   0   0            127.0.0.1       InLoop0
20.20.20.255/32     Direct   0   0            20.20.20.1      GE0/0
30.30.30.0/24       O_INTER 10   2            20.20.20.2      GE0/0
40.40.40.0/24       O_INTER 10   3            20.20.20.2      GE0/0
50.50.50.0/24       O_INTER 10   4            20.20.20.2      GE0/0
127.0.0.0/8         Direct   0   0            127.0.0.1       InLoop0
127.0.0.0/32        Direct   0   0            127.0.0.1       InLoop0
127.0.0.1/32        Direct   0   0            127.0.0.1       InLoop0
127.255.255.255/32 Direct    0   0            127.0.0.1       InLoop0
224.0.0.0/4         Direct   0   0            0.0.0.0         NULL0
224.0.0.0/24        Direct   0   0            0.0.0.0         NULL0
255.255.255.255/32 Direct    0   0            127.0.0.1       InLoop0
```

图 2-28　运行 OSPF 后 R1 的路由表

在图 2-28 中发现 R1 通过 OSPF 学习到了到达 30.30.30.0、40.40.40.0、50.50.50.0 网段的路由。

```
[R2]display ip routing-table

Destinations : 19        Routes : 19

Destination/Mask    Proto   Pre  Cost        NextHop         Interface
0.0.0.0/32          Direct  0    0           127.0.0.1       InLoop0
10.10.10.0/24       O_INTRA 10   2           20.20.20.1      GE0/0
20.20.20.0/24       Direct  0    0           20.20.20.2      GE0/0
20.20.20.0/32       Direct  0    0           20.20.20.2      GE0/0
20.20.20.2/32       Direct  0    0           127.0.0.1       InLoop0
20.20.20.255/32     Direct  0    0           20.20.20.2      GE0/0
30.30.30.0/24       Direct  0    0           30.30.30.1      GE0/2
30.30.30.0/32       Direct  0    0           30.30.30.1      GE0/2
30.30.30.1/32       Direct  0    0           127.0.0.1       InLoop0
30.30.30.255/32     Direct  0    0           30.30.30.1      GE0/2
40.40.40.0/24       O_INTER 10   2           30.30.30.2      GE0/2
50.50.50.0/24       O_INTER 10   3           30.30.30.2      GE0/2
127.0.0.0/8         Direct  0    0           127.0.0.1       InLoop0
127.0.0.0/32        Direct  0    0           127.0.0.1       InLoop0
127.0.0.1/32        Direct  0    0           127.0.0.1       InLoop0
127.255.255.255/32  Direct  0    0           127.0.0.1       InLoop0
224.0.0.0/4         Direct  0    0           0.0.0.0         NULL0
224.0.0.0/24        Direct  0    0           0.0.0.0         NULL0
255.255.255.255/32  Direct  0    0           127.0.0.1       InLoop0
```

图 2-29　运行 OSPF 后 R2 的路由表

在图 2-29 中发现 R2 通过 OSPF 学习到了到达 10.10.10.0、40.40.40.0、50.50.50.0 网段的路由。

```
[R3]display ip routing-table

Destinations : 19        Routes : 19

Destination/Mask    Proto   Pre  Cost        NextHop         Interface
0.0.0.0/32          Direct  0    0           127.0.0.1       InLoop0
10.10.10.0/24       O_INTER 10   3           30.30.30.1      GE0/2
20.20.20.0/24       O_INTER 10   2           30.30.30.1      GE0/2
30.30.30.0/24       Direct  0    0           30.30.30.2      GE0/2
30.30.30.0/32       Direct  0    0           30.30.30.2      GE0/2
30.30.30.2/32       Direct  0    0           127.0.0.1       InLoop0
30.30.30.255/32     Direct  0    0           30.30.30.2      GE0/2
40.40.40.0/24       Direct  0    0           40.40.40.1      GE0/0
40.40.40.0/32       Direct  0    0           40.40.40.1      GE0/0
40.40.40.1/32       Direct  0    0           127.0.0.1       InLoop0
40.40.40.255/32     Direct  0    0           40.40.40.1      GE0/0
50.50.50.0/24       O_INTRA 10   2           40.40.40.2      GE0/0
127.0.0.0/8         Direct  0    0           127.0.0.1       InLoop0
127.0.0.0/32        Direct  0    0           127.0.0.1       InLoop0
127.0.0.1/32        Direct  0    0           127.0.0.1       InLoop0
127.255.255.255/32  Direct  0    0           127.0.0.1       InLoop0
224.0.0.0/4         Direct  0    0           0.0.0.0         NULL0
224.0.0.0/24        Direct  0    0           0.0.0.0         NULL0
255.255.255.255/32  Direct  0    0           127.0.0.1       InLoop0
```

图 2-30　运行 OSPF 后 R3 的路由表

在图 2-30 中发现 R3 通过 OSPF 学习到了到达 10.10.10.0、20.20.20.0、50.50.50.0 网段的路由；

```
[R4]display ip routing-table

Destinations : 19        Routes : 19

Destination/Mask    Proto   Pre  Cost        NextHop         Interface
0.0.0.0/32          Direct  0    0           127.0.0.1       InLoop0
10.10.10.0/24       O_INTER 10   4           40.40.40.1      GE0/0
20.20.20.0/24       O_INTER 10   3           40.40.40.1      GE0/0
30.30.30.0/24       O_INTER 10   2           40.40.40.1      GE0/0
40.40.40.0/24       Direct  0    0           40.40.40.2      GE0/0
40.40.40.0/32       Direct  0    0           40.40.40.2      GE0/0
40.40.40.2/32       Direct  0    0           127.0.0.1       InLoop0
40.40.40.255/32     Direct  0    0           40.40.40.2      GE0/0
50.50.50.0/24       Direct  0    0           50.50.50.1      GE0/1
50.50.50.0/32       Direct  0    0           50.50.50.1      GE0/1
50.50.50.1/32       Direct  0    0           127.0.0.1       InLoop0
50.50.50.255/32     Direct  0    0           50.50.50.1      GE0/1
127.0.0.0/8         Direct  0    0           127.0.0.1       InLoop0
127.0.0.0/32        Direct  0    0           127.0.0.1       InLoop0
127.0.0.1/32        Direct  0    0           127.0.0.1       InLoop0
127.255.255.255/32  Direct  0    0           127.0.0.1       InLoop0
224.0.0.0/4         Direct  0    0           0.0.0.0         NULL0
224.0.0.0/24        Direct  0    0           0.0.0.0         NULL0
255.255.255.255/32  Direct  0    0           127.0.0.1       InLoop0
```

图 2-31　运行 OSPF 后 R4 的路由表

在图 2-31 中发现 R4 通过 OSPF 学习到了到达 10.10.10.0、20.20.20.0、30.30.30.0 网段的路由。

（5）在 PCA 上 Ping PCB 的地址，结果如图 2-32 所示。

发现可以 Ping 通，因为两台主机各自的网关路由器都有到达对方网段的路由。

```
C:\Users\yc>ping 50.50.50.2

正在 Ping 50.50.50.2 具有 32 字节的数据:
来自 50.50.50.2 的回复: 字节=32 时间<1ms TTL=60
来自 50.50.50.2 的回复: 字节=32 时间<1ms TTL=60
来自 50.50.50.2 的回复: 字节=32 时间<1ms TTL=60
来自 50.50.50.2 的回复: 字节=32 时间<1ms TTL=60

50.50.50.2 的 Ping 统计信息:
    数据包: 已发送 = 4，已接收 = 4，丢失 = 0 (0% 丢失)，
往返行程的估计时间(以毫秒为单位):
    最短 = 0ms，最长 = 0ms，平均 = 0ms
```

图 2-32　PCA Ping PCB 结果示意图

5）OSPF 特殊区域实验

实验拓扑结构如图 2-15 所示。

此实验的主要目的是设置路由器的缺省路由（默认路由），当路由器没有在路由表找到匹配的项时将按默认路由端口进行转发（因为因特网目的地址太多，不可能全部写在路由表里）。此实验中，将 R3 和 R4 设置默认路由。

（1）在做完上一个 OSPF 多区域实验之后，将 area 2 配置成 Totally Stub 区域，具体操作如下：

```
[R3]ospf
[R3-ospf-1]area 2
[R3-ospf-1-area-0.0.0.2]stub no-summary
[R4]ospf
[R4-ospf-1]area 2
[R4-ospf-1-area-0.0.0.2]stub no-summary
```

（2）在 R4 上查看路由表，结果如图 2-33 所示：

```
[R4-ospf-1-area-0.0.0.2]quit
[R4-ospf-1]quit
```

```
[R4]display ip routing-table

Destinations : 17        Routes : 17

Destination/Mask    Proto    Pre Cost       NextHop         Interface
0.0.0.0/0           O_INTER  10  2          40.40.40.1      GE0/0
0.0.0.0/32          Direct   0   0          127.0.0.1       InLoop0
40.40.40.0/24       Direct   0   0          40.40.40.2      GE0/0
40.40.40.0/32       Direct   0   0          40.40.40.2      GE0/0
40.40.40.2/32       Direct   0   0          127.0.0.1       InLoop0
40.40.40.255/32     Direct   0   0          40.40.40.2      GE0/0
50.50.50.0/24       Direct   0   0          50.50.50.1      GE0/1
50.50.50.0/32       Direct   0   0          50.50.50.1      GE0/1
50.50.50.1/32       Direct   0   0          127.0.0.1       InLoop0
50.50.50.255/32     Direct   0   0          50.50.50.1      GE0/1
127.0.0.0/8         Direct   0   0          127.0.0.1       InLoop0
127.0.0.0/32        Direct   0   0          127.0.0.1       InLoop0
127.0.0.1/32        Direct   0   0          127.0.0.1       InLoop0
127.255.255.255/32  Direct   0   0          127.0.0.1       InLoop0
224.0.0.0/4         Direct   0   0          0.0.0.0         NULL0
224.0.0.0/24        Direct   0   0          0.0.0.0         NULL0
255.255.255.255/32  Direct   0   0          127.0.0.1       InLoop0
```

图 2-33　配置 OSPF 末节后 R4 的路由表项

发现 RT4 上没有了外部路由和域间路由，取而代之的是一条默认路由。

（3）在 PCA 上 Ping PCB 的地址，结果如图 2-34 所示。

实验结果表明，Totally Stub 区域让默认路由引入也可以使两台 PC 相互 Ping 通。

6）OSPF 虚链接实验

实验拓扑图如图 2-35 所示。

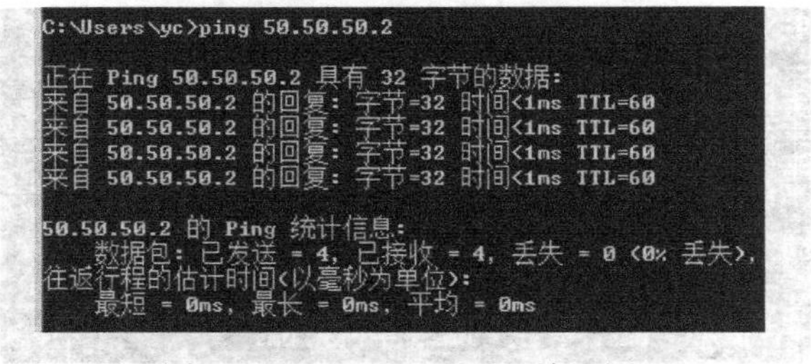

```
C:\Users\yc>ping 50.50.50.2

正在 Ping 50.50.50.2 具有 32 字节的数据:
来自 50.50.50.2 的回复: 字节=32 时间<1ms TTL=60
来自 50.50.50.2 的回复: 字节=32 时间<1ms TTL=60
来自 50.50.50.2 的回复: 字节=32 时间<1ms TTL=60
来自 50.50.50.2 的回复: 字节=32 时间<1ms TTL=60

50.50.50.2 的 Ping 统计信息:
    数据包: 已发送 = 4, 已接收 = 4, 丢失 = 0 (0% 丢失),
往返行程的估计时间(以毫秒为单位):
    最短 = 0ms, 最长 = 0ms, 平均 = 0ms
```

图 2-34　PCA Ping PCB 结果图

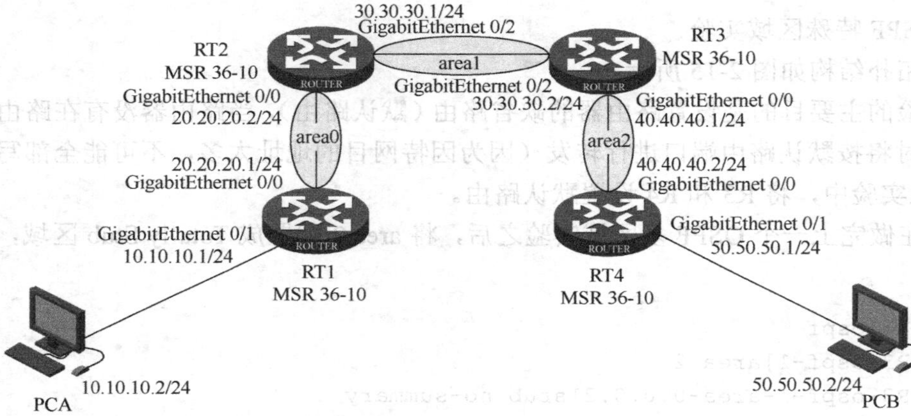

图 2-35　OSPF 虚链接图

注： IP 地址与 OSPF 多区域互通实验图（图 2-15）相同，但 area 设置不同。

主要目的： OSPF 规定 area0 为骨干区，其他为非主干区，非主干区的互通需经由主干区，本实验假设在一个错误的环境下（area0 在边缘时），其他路由器因 OSPF 规定都要经由 area0，这样就出现了选路问题，area2 就无法到达 area0（因为物理上经由 area1 才可以到达，OSPF 又要求 area2 必须先经由 area0）。为解决此问题，要通过虚链接实现。实际效果相当于把 area1 变成了 area0。

（1）配置 OSPF 协议，具体配置如下：

```
[R1]ospf 1
[R1-ospf-1]area 0
[R1-ospf-1-area-0.0.0.0]network 10.10.10.0 0.0.0.255
[R1-ospf-1-area-0.0.0.0]network 20.20.20.0 0.0.0.255
[R2]ospf 1
[R2-ospf-1]area 0
[R2-ospf-1-area-0.0.0.0]network 20.20.20.0 0.0.0.255
[R2-ospf-1-area-0.0.0.0]quit
[R2-ospf-1]area 1
```

```
[R2-ospf-1-area-0.0.0.1]network 30.30.30.0 0.0.0.255
[R3]ospf 1
[R3-ospf-1]area 1
[R3-ospf-1-area-0.0.0.1]network 30.30.30.0 0.0.0.255
[R3-ospf-1-area-0.0.0.1]quit
[R3-ospf-1]area 2
[R3-ospf-1-area-0.0.0.2]network 40.40.40.0 0.0.0.255
[R4]ospf 1
[R4-ospf-1]area 2
[R4-ospf-1-area-0.0.0.2]network 40.40.40.0 0.0.0.255
[R4-ospf-1-area-0.0.0.2]network 50.50.50.0 0.0.0.255
```

（2）配置完成之后在 PCA 上 Ping PCB 的地址，结果如图 2-36 所示：

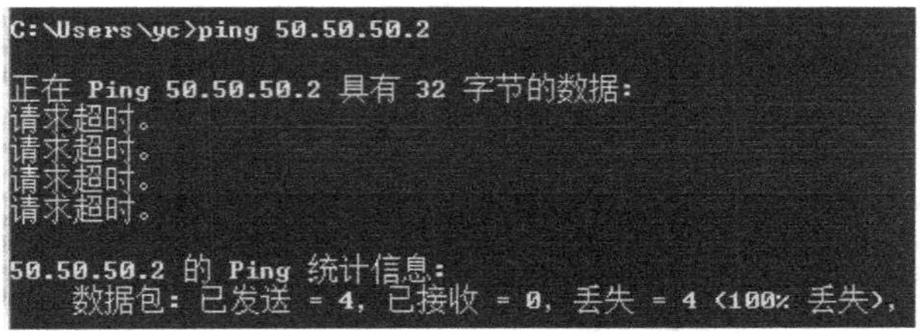

图 2-36　配置 OSPF 协议后 PCA Ping PCB 结果图

不能 Ping 通是因为非骨干区域 area2 没有与骨干区域物理连接，此时需要使用虚链接将 area0 和 area2 连接起来。

（3）在 R2、R3 之间配置虚链路，具体配置如下：

```
[R2-ospf-1-area-0.0.0.1]vlink-peer 30.30.30.2
[R3-ospf-1-area-0.0.0.2]quit
[R3-ospf-1]area 1
[R3-ospf-1-area-0.0.0.1]vlink-peer 20.20.20.2
```

（4）配置完成后再在 PCA 上 Ping PCB 的地址，结果如图 2-37 所示：

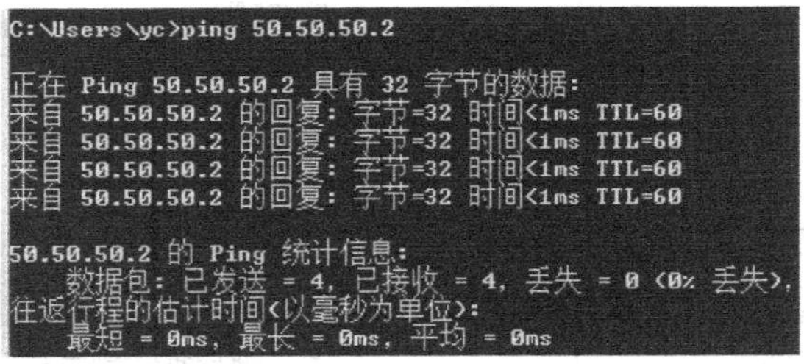

图 2-37　配置虚链路后 PCA Ping PCB 结果图

发现可以 Ping 通，原因是虚链接建立成功使得 area2 和 area0 实现了逻辑上的连接。

7）IPv6 实验

准备工作及目的：实验设备为一台 PC 和一台路由器 R1，PC 连接 R1 的 Con 口 GigabitEthernet0/1。主要目的是设置 R1 支持 IPv6 协议，使 PC 获得 IPv6 地址，最后可以使 PC 和 R1 通过 IPv6 互通（Ping 通）。

（1）手工指定 R1 接口 GigabitEthernet0/1 的全球单播地址并允许它发布 R1 消息：

```
[R1]interface GigabitEthernet0/1
[R1-GigabitEthernet0/1]ipv6 address 2001::1/64
        //ipv6 的完整写法：2001:0000:0000:0000:0000:0000:0000:0001
[R1-GigabitEthernet0/1]undo ipv6 nd ra halt //关闭 nd 协议
[R1-GigabitEthernet0/1]quit
```

（2）将 PCA 的 IPv6 地址改为自动获取。

打开“控制面板/所有控制面板项/网络和共享中心”，在“网络和共享中心”对话框的左边菜单栏中选择“更改适配器设置”选项，如图 2-38 所示，弹出“网络连接”对话框。

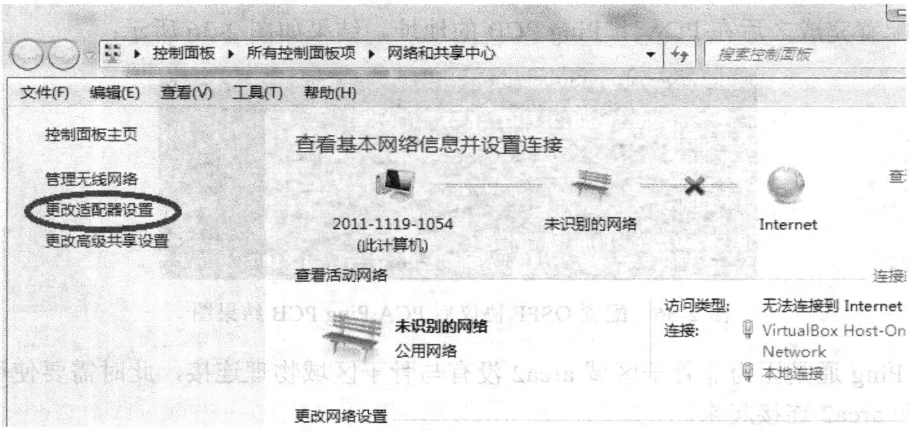

图 2-38 “网络和共享中心”对话框

在“网络连接”对话框中选择“本地连接”选项，右击，在弹出的快捷菜单中选择“属性”选项，如图 2-39 所示，弹出“本地连接属性”对话框。

在“本地连接属性”对话框中选择“Internet 协议版本 6（TCP/IPv6）”选项，如图 2-40 所示，打开“Internet 协议版本 6（TCP/IPv6）属性”对话框。

图 2-39 选择本地连接的属性菜单

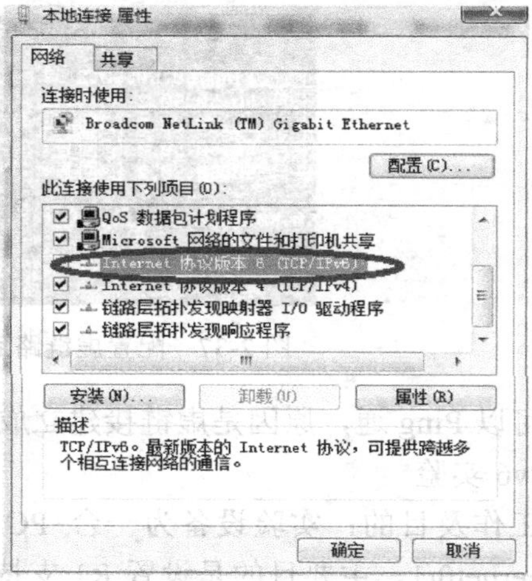

图 2-40 “Internet 协议版本 6（TCP/IPv6）属性”对话框

在“Internet 协议版本 6（TCP/IPv6）属性”对话框中选择“自动获得 IPv6 地址”单选框，如图 2-41 所示。

（3）在 PC 的 cmd 中执行 ipconfig /all 命令查看是否获得 IPv6 地址，结果显示如图 2-42 所示。发现 PC 已经获取了 IPv6 地址。

（4）执行 Ping 命令，测试 PC 与网关 R1 的连通性，测试结果如图 2-43 所示。

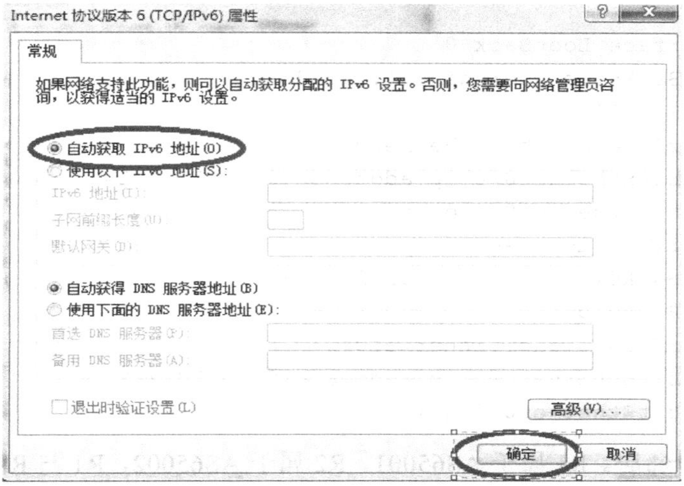

图 2-41　“Internet 协议版本 6（TCP/IPv6）属性”对话框中选择“自动获取 IPv6 地址”单选项

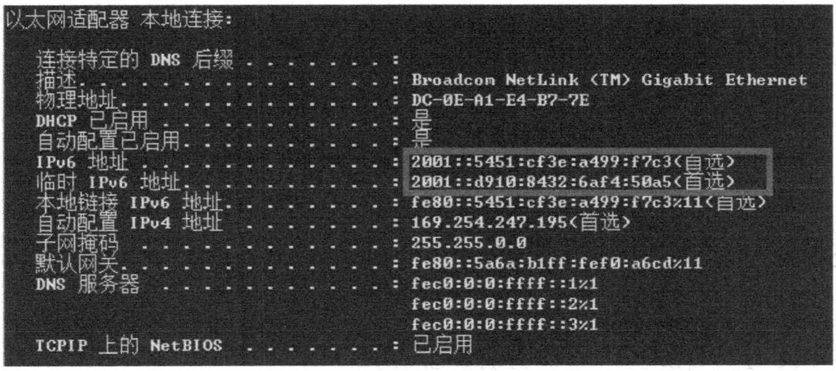

图 2-42　在 PC 上查看是否获得 IPv6 地址

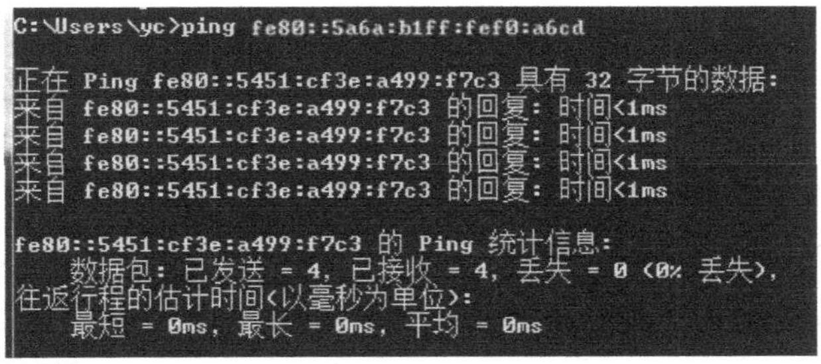

图 2-43　测试 PC 与网关之间的连通性结果图

发现可以 Ping 通，证明 PC 成功获取 IPv6 地址。

8）BGP 路由实验

实验拓扑图如图 2-14 所示。

（1）给 R1、R2 配置地址：R1 LoopBack0 地址为 1.1.1.1/32；GigabitEthernet0/0 地址为 10.10.10.1/24；R2 LoopBack0 地址为 2.2.2.2/32；GigabitEthernet0/0 地址为 10.10.10.2/24，配置如下：

```
[R1]interface LoopBack 0
[R1-LoopBack0]ip address 1.1.1.1 32
[R1-LoopBack0]quit
[R1]interface GigabitEthernet0/0
[R1-GigabitEthernet0/0]ip address 10.10.10.1 24
[R1-GigabitEthernet0/0]quit
[R2]interface LoopBack 0
[R2-LoopBack0]ip address 2.2.2.2 32
[R2-LoopBack0]quit
[R2]interface GigabitEthernet0/0
[R2-GigabitEthernet0/0]ip address 10.10.10.2 24
[R2-GigabitEthernet0/0]quit
```

（2）建立 BGP 邻居。R1 属于 AS65001，R2 属于 AS65002，R1 与 R2 建立 EBGP 邻居关系，具体配置如下：

```
[R1]bgp 65001
[R1-bgp]peer 10.10.10.2 as-number 65002
[R1-bgp]address-family ipv4 unicast
[R1-bgp-ipv4]peer 10.10.10.2 enable
[R1-bgp-ipv4]network 192.168.1.0 24
[R1-bgp-ipv4]quit
[R1-bgp]quit
[R2]bgp 65002
[R2-bgp]router-id 2.2.2.2
[R2-bgp]peer 10.10.10.1 as-number 65001
[R2-bgp]address-family ipv4 unicast
[R2-bgp-ipv4]peer 10.10.10.1 enable
[R2-bgp-ipv4]network 192.168.2.0 24
[R2-bgp-ipv4]quit
[R2-bgp]quit
```

（3）在 R1 上执行“display BGP peer ipv4”命令查看 BGP 邻居建立情况，结果如图 2-44 所示。

```
[R1]display bgp peer ipv4

 BGP local router ID: 10.10.10.1
 Local AS number: 65001
 Total number of peers: 1                  Peers in established state: 1

  * - Dynamically created peer
  Peer                    AS  MsgRcvd  MsgSent OutQ PrefRcv Up/Down  State

  10.10.10.2            65002        5        5    0       1 00:01:12 Established
[R1]
```

图 2-44　查看 R1 BGP 邻居

状态为 Established，表明邻居关系建立成功。

（4）在 R1 和 R2 上执行“display bgp routing-table ipv4”命令查看 BGP 路由表，结果如图 2-45 和图 2-46 所示。

在 R1 上看到有到达 192.168.2.0 网段的路由，在 R2 上看到有到达 192.168.1.0 网段的路由。

```
[R1]dis bgp routing-table ipv4

 Total number of routes: 2

 BGP local router ID is 10.10.10.1
 Status codes: * - valid, > - best, d - dampened, h - history,
               s - suppressed, S - stale, i - internal, e - external
               Origin: i - IGP, e - EGP, ? - incomplete

     Network            NextHop        MED        LocPrf     PrefVal Path/Ogn

 *>  192.168.1.0        192.168.1.1    0                     32768   i
 *>e 192.168.2.0        10.10.10.2     0                     0       65002i
```

图 2-45　R1 的 BGP 路由表

```
[R2]dis bgp routing-table ipv4

 Total number of routes: 2

 BGP local router ID is 10.10.10.2
 Status codes: * - valid, > - best, d - dampened, h - history,
               s - suppressed, S - stale, i - internal, e - external
               Origin: i - IGP, e - EGP, ? - incomplete

     Network            NextHop        MED        LocPrf     PrefVal Path/Ogn

 *>e 192.168.1.0        10.10.10.1     0                     0       65001i
 *>  192.168.2.0        192.168.2.1    0                     32768   i
[R2]
```

图 2-46　R2 的 BGP 路由表

（5）在 PCA 上 Ping PCB 的地址，实验结果如图 2-47 所示。

```
C:\Users\yc>ping 192.168.2.2

正在 Ping 192.168.2.2 具有 32 字节的数据:
来自 192.168.2.2 的回复: 字节=32 时间<1ms TTL=62
来自 192.168.2.2 的回复: 字节=32 时间<1ms TTL=62
来自 192.168.2.2 的回复: 字节=32 时间<1ms TTL=62
来自 192.168.2.2 的回复: 字节=32 时间<1ms TTL=62

192.168.2.2 的 Ping 统计信息:
    数据包: 已发送 = 4，已接收 = 4，丢失 = 0 (0% 丢失)，
往返行程的估计时间(以毫秒为单位):
    最短 = 0ms，最长 = 0ms，平均 = 0ms
```

图 2-47　PCA Ping PCB 结果示意图

发现可以 Ping 通。

5. 实验报告

（1）完成本实验的相关配置命令截图。

（2）完成本实验的相关测试结果截图。

（3）对本实验的测试结果的分析和评注。

（4）对本实验的个人体会。

（5）对相关问题的回答。

2.6 路由策略实验

1. 实验目的

掌握如何通过控制路由的工具来实现路由控制。

2. 实验拓扑（图 2-48、图 2-49）

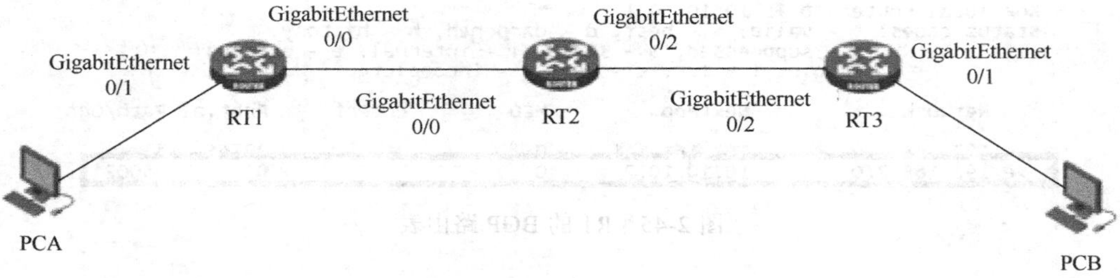

图 2-48 实验拓扑图 1

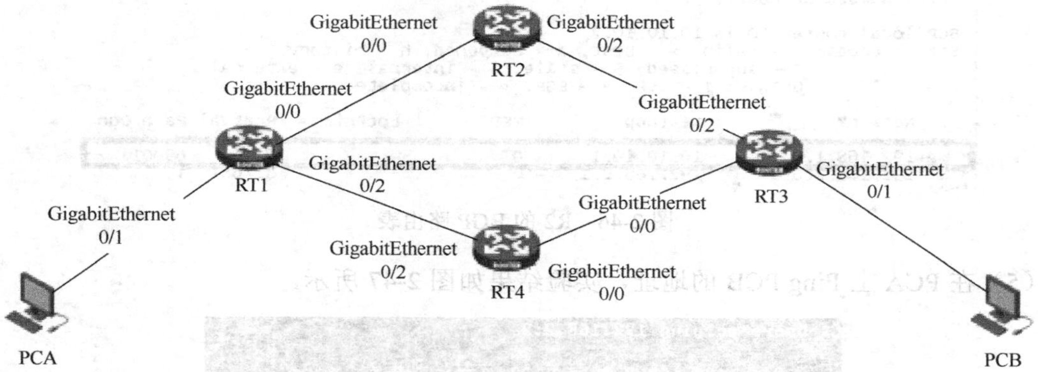

图 2-49 实验拓扑图 2

3. 实验设备

在实验拓扑图 1 中，涉及的实验设备有两台 PC 和三台 MSR 36-10 路由器，其中，PCA 与 RT1 的 GigabitEthernet0/1 口相连，PCB 与 RT3 的 GigabitEthernet0/1 口相连，RT1 的 GigabitEthernet0/0 口与 RT2 的 GigabitEthernet0/0 口相连，RT2 的 GigabitEthernet0/2 口与 RT3 的 GigabitEthernet0/2 口相连。

在实验拓扑图 2 中，涉及的实验设备有两台 PC 和三台 MSR 36-10 路由器，其中，PCA 与 RT1 的 GigabitEthernet0/1 口相连，PCB 与 RT3 的 GigabitEthernet0/1 口相连，RT1 的 GigabitEthernet0/0 口与 RT2 的 GigabitEthernet0/0 口相连，RT2 的 GigabitEthernet0/2 口与 RT3 的 GigabitEthernet0/2 口相连。

4. 实验步骤

1）Filter-policy 实验

实验拓扑图如图 2-48 所示。

（1）给 PCA 和 PCB 配置 IP 地址，如图 2-50 和图 2-51 所示，PCA 地址为 10.10.10.2/24，PCB 地址为 40.40.40.2/24。

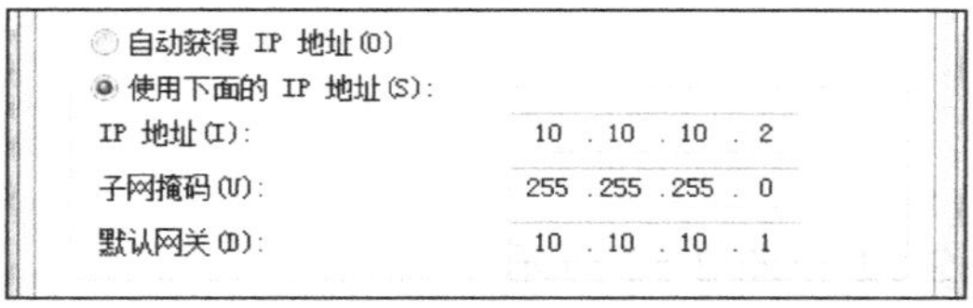

图 2-50　为 PCA 配置 IP 地址

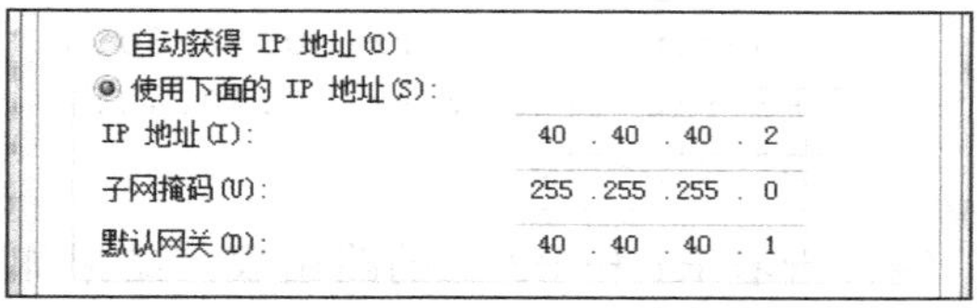

图 2-51　为 PCB 配置 IP 地址

（2）给 R1、R2 和 R3 的各接口配置地址，R1 的 GigabitEthernet0/1 口地址为 10.10.10.1/24、GigabitEthernet0/0 口地址为 20.20.20.1/24；R2 的 GigabitEthernet0/0 口地址为 20.20.20.2/24、GigabitEthernet0/2 口地址为 30.30.30.1/24；R3 的 GigabitEthernet0/2 口地址为 30.30.30.2/24、GigabitEthernet0/1 口地址为 40.40.40.1/24，配置如下：

```
[R1]interface GigabitEthernet0/1
[R1-GigabitEthernet0/1]ip address 10.10.10.1 24
[R1-GigabitEthernet0/1]quit
[R1]interface GigabitEthernet0/0
[R1-GigabitEthernet0/0]ip address 20.20.20.1 24
[R1-GigabitEthernet0/0]quit
[R2]interface GigabitEthernet0/0
[R2-GigabitEthernet0/0]ip address 20.20.20.2 24
[R2-GigabitEthernet0/0]quit
[R2]interface GigabitEthernet0/2
[R2-GigabitEthernet0/2]ip address 30.30.30.1 24
[R2-GigabitEthernet0/2]quit
[R3]interface GigabitEthernet0/2
[R3-GigabitEthernet0/2]ip address 30.30.30.2 24
[R3-GigabitEthernet0/2]quit
[R3]interface GigabitEthernet0/1
[R3-GigabitEthernet0/1]ip address 40.40.40.1 24
[R3-GigabitEthernet0/1]quit
```

（3）配置 RIP，操作如下：

```
[R1]rip
[R1-rip-1]version 2
[R1-rip-1]undo summary
[R1-rip-1]network 10.10.10.0
[R1-rip-1]network 20.20.20.0
[R1-rip-1]quit
[R2]rip
[R2-rip-1]version 2
[R2-rip-1]undo summary
[R2-rip-1]network 20.20.20.0
[R2-rip-1]network 30.30.30.0
[R2-rip-1]quit
```

```
[R3]rip
[R3-rip-1]version 2
[R3-rip-1]undo summary
[R3-rip-1]network 30.30.30.0
[R3-rip-1]network 40.40.40.0
[R3-rip-1]quit
```

（4）查看 R1 和 R3 上的路由表，结果如图 2-52 和图 2-53 所示。

从路由表中可以看出：R1 上有到达 PCB 所在网段的路由，R3 上有到达 PCA 所在网段的路由。

（5）在 PCA 上 Ping PCB 的地址，结果如图 2-54 所示。

```
[R1]dis ip routing-table

Destinations : 18        Routes : 18

Destination/Mask    Proto   Pre Cost        NextHop         Interface
0.0.0.0/32          Direct  0   0           127.0.0.1       InLoop0
10.10.10.0/24       Direct  0   0           10.10.10.1      GE0/1
10.10.10.0/32       Direct  0   0           10.10.10.1      GE0/1
10.10.10.1/32       Direct  0   0           127.0.0.1       InLoop0
10.10.10.255/32     Direct  0   0           10.10.10.1      GE0/1
20.20.20.0/24       Direct  0   0           20.20.20.1      GE0/0
20.20.20.0/32       Direct  0   0           20.20.20.1      GE0/0
20.20.20.1/32       Direct  0   0           127.0.0.1       InLoop0
20.20.20.255/32     Direct  0   0           20.20.20.1      GE0/0
30.30.30.0/24       RIP     100 1           20.20.20.2      GE0/0
40.40.40.0/24       RIP     100 2           20.20.20.2      GE0/0
127.0.0.0/8         Direct  0   0           127.0.0.1       InLoop0
127.0.0.0/32        Direct  0   0           127.0.0.1       InLoop0
127.0.0.1/32        Direct  0   0           127.0.0.1       InLoop0
127.255.255.255/32  Direct  0   0           127.0.0.1       InLoop0
224.0.0.0/4         Direct  0   0           0.0.0.0         NULL0
224.0.0.0/24        Direct  0   0           0.0.0.0         NULL0
255.255.255.255/32  Direct  0   0           127.0.0.1       InLoop0
```

图 2-52　配置 Filter-policy 之前 R1 的路由表

```
[R3]dis ip routing-table

Destinations : 18        Routes : 18

Destination/Mask    Proto   Pre Cost        NextHop         Interface
0.0.0.0/32          Direct  0   0           127.0.0.1       InLoop0
10.10.10.0/24       RIP     100 2           30.30.30.1      GE0/2
20.20.20.0/24       RIP     100 1           30.30.30.1      GE0/2
30.30.30.0/24       Direct  0   0           30.30.30.2      GE0/2
30.30.30.0/32       Direct  0   0           30.30.30.2      GE0/2
30.30.30.2/32       Direct  0   0           127.0.0.1       InLoop0
30.30.30.255/32     Direct  0   0           30.30.30.2      GE0/2
40.40.40.0/24       Direct  0   0           40.40.40.1      GE0/1
40.40.40.0/32       Direct  0   0           40.40.40.1      GE0/1
40.40.40.1/32       Direct  0   0           127.0.0.1       InLoop0
40.40.40.255/32     Direct  0   0           40.40.40.1      GE0/1
127.0.0.0/8         Direct  0   0           127.0.0.1       InLoop0
127.0.0.0/32        Direct  0   0           127.0.0.1       InLoop0
127.0.0.1/32        Direct  0   0           127.0.0.1       InLoop0
127.255.255.255/32  Direct  0   0           127.0.0.1       InLoop0
224.0.0.0/4         Direct  0   0           0.0.0.0         NULL0
224.0.0.0/24        Direct  0   0           0.0.0.0         NULL0
255.255.255.255/32  Direct  0   0           127.0.0.1       InLoop0
```

图 2-53　配置 Filter-policy 之前 R3 的路由表

```
C:\Users\yc>ping 40.40.40.2

正在 Ping 40.40.40.2 具有 32 字节的数据:
来自 40.40.40.2 的回复: 字节=32 时间<1ms TTL=61
来自 40.40.40.2 的回复: 字节=32 时间<1ms TTL=61
来自 40.40.40.2 的回复: 字节=32 时间<1ms TTL=61
来自 40.40.40.2 的回复: 字节=32 时间<1ms TTL=61

40.40.40.2 的 Ping 统计信息:
    数据包: 已发送 = 4, 已接收 = 4, 丢失 = 0 (0% 丢失),
往返行程的估计时间(以毫秒为单位):
    最短 = 0ms, 最长 = 0ms, 平均 = 0ms
```

图 2-54　PCA Ping PCB 结果图

图 2-54 表明 PCA 和 PCB 可以连通。

（6）配置路由过滤，在 R2 上过滤掉 10.10.10.0 的路由，具体操作如下：

```
[R2]ip prefix-list abc index 10 deny 10.10.10.0 24
[R2]ip prefix-list abc index 20 permit 0.0.0.0 0 less-equal 32
[R2]rip
[R2-rip-1]filter-policy prefix-list abc import
```

（7）在 R1 和 R3 上查看路由表，结果如图 2-55 和图 2-56 所示。

```
[R1]dis ip routing-table

Destinations : 18        Routes : 18

Destination/Mask    Proto   Pre Cost         NextHop         Interface
0.0.0.0/32          Direct  0   0            127.0.0.1       InLoop0
10.10.10.0/24       Direct  0   0            10.10.10.1      GE0/1
10.10.10.0/32       Direct  0   0            10.10.10.1      GE0/1
10.10.10.1/32       Direct  0   0            127.0.0.1       InLoop0
10.10.10.255/32     Direct  0   0            10.10.10.1      GE0/1
20.20.20.0/24       Direct  0   0            20.20.20.1      GE0/0
20.20.20.0/32       Direct  0   0            20.20.20.1      GE0/0
20.20.20.1/32       Direct  0   0            127.0.0.1       InLoop0
20.20.20.255/32     Direct  0   0            20.20.20.1      GE0/0
30.30.30.0/24       RIP     100 1            20.20.20.2      GE0/0
40.40.40.0/24       RIP     100 2            20.20.20.2      GE0/0
127.0.0.0/8         Direct  0   0            127.0.0.1       InLoop0
127.0.0.0/32        Direct  0   0            127.0.0.1       InLoop0
127.0.0.1/32        Direct  0   0            127.0.0.1       InLoop0
127.255.255.255/32  Direct  0   0            127.0.0.1       InLoop0
224.0.0.0/4         Direct  0   0            0.0.0.0         NULL0
224.0.0.0/24        Direct  0   0            0.0.0.0         NULL0
255.255.255.255/32  Direct  0   0            127.0.0.1       InLoop0
```

图 2-55　配置 Filter-policy 后 R1 的路由表

```
[R3]display ip routing-table

Destinations : 17        Routes : 17

Destination/Mask    Proto   Pre Cost         NextHop         Interface
0.0.0.0/32          Direct  0   0            127.0.0.1       InLoop0
20.20.20.0/24       RIP     100 1            30.30.30.1      GE0/2
30.30.30.0/24       Direct  0   0            30.30.30.2      GE0/2
30.30.30.0/32       Direct  0   0            30.30.30.2      GE0/2
30.30.30.2/32       Direct  0   0            127.0.0.1       InLoop0
30.30.30.255/32     Direct  0   0            30.30.30.2      GE0/2
40.40.40.0/24       Direct  0   0            40.40.40.1      GE0/1
40.40.40.0/32       Direct  0   0            40.40.40.1      GE0/1
40.40.40.1/32       Direct  0   0            127.0.0.1       InLoop0
40.40.40.255/32     Direct  0   0            40.40.40.1      GE0/1
127.0.0.0/8         Direct  0   0            127.0.0.1       InLoop0
127.0.0.0/32        Direct  0   0            127.0.0.1       InLoop0
127.0.0.1/32        Direct  0   0            127.0.0.1       InLoop0
127.255.255.255/32  Direct  0   0            127.0.0.1       InLoop0
224.0.0.0/4         Direct  0   0            0.0.0.0         NULL0
224.0.0.0/24        Direct  0   0            0.0.0.0         NULL0
255.255.255.255/32  Direct  0   0            127.0.0.1       InLoop0
```

图 2-56　配置 Filter-policy 后 R3 的路由表

可以发现 R1 上虽然存在到达 40.40.40.0 网段的路由，但 R3 上已经没有了到达 10.10.10.0 网段的路由。

（8）在 PCA 上 Ping PCB，结果如图 2-57 所示，不能 Ping 通，因为单方向路由被过滤了。

```
C:\Users\yc>ping 40.40.40.2

正在 Ping 40.40.40.2 具有 32 字节的数据:
请求超时。
请求超时。
请求超时。
请求超时。

40.40.40.2 的 Ping 统计信息:
    数据包: 已发送 = 4，已接收 = 0，丢失 = 4 (100% 丢失)，
```

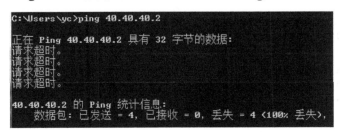

图 2-57　配置路由过滤后 PCA Ping PCB 结果图

2）Route-policy 实验

实验拓扑图如图 2-48 所示。

（1）在上面实验完成后，重启设备，然后给 PCA 和 PCB 配置 IP 地址，如图 2-58 和图 2-59 所示，PCA 地址为 10.10.10.2/24，PCB 地址为 40.40.40.2/24。

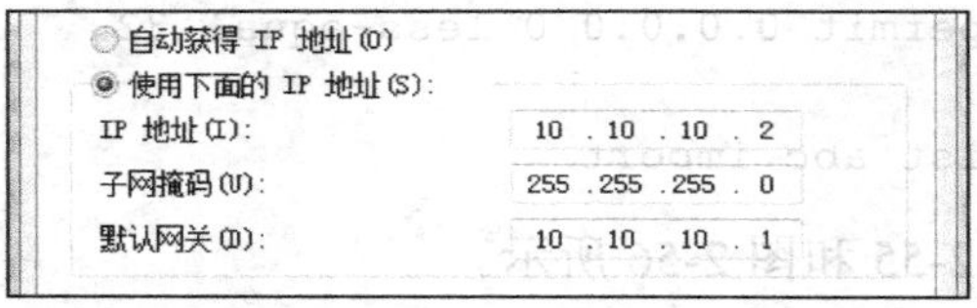

图 2-58 PCA 配置 IP 地址

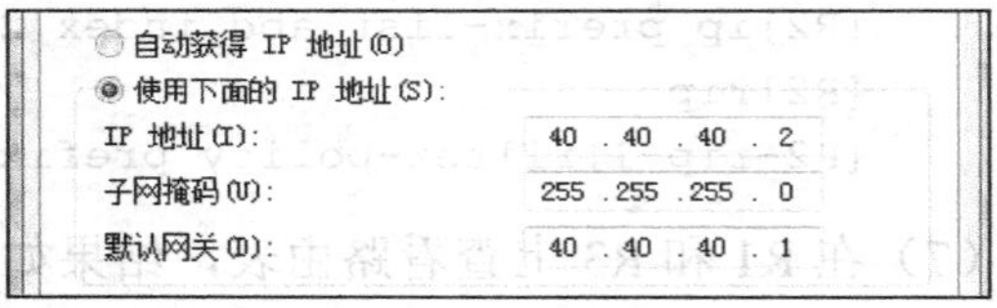

图 2-59 PCB 配置 IP 地址

（2）给 R1、R2 和 R3 的各接口配置地址，其中，R1 的 GigabitEthernet0/1 口地址为 10.10.10.1/24、GigabitEthernet0/0 口地址为 20.20.20.1/24；R2 的 GigabitEthernet0/0 口地址为 20.20.20.2/24、GigabitEthernet0/2 口地址为 30.30.30.1/24；R3 的 GigabitEthernet0/2 口地址为 30.30.30.2/24、GigabitEthernet0/0 口地址为 40.40.40.1/24。配置如下：

```
[R1]interface GigabitEthernet0/1
[R1-GigabitEthernet0/1]ip address 10.10.10.1 24
[R1-GigabitEthernet0/1]quit
[R1]interface GigabitEthernet0/0
[R1-GigabitEthernet0/0]ip address 20.20.20.1 24
[R1-GigabitEthernet0/0]quit
[R2]interface GigabitEthernet0/0
[R2-GigabitEthernet0/0]ip address 20.20.20.2 24
[R2-GigabitEthernet0/0]quit
[R2]interface GigabitEthernet0/2
[R2-GigabitEthernet0/2]ip address 30.30.30.1 24
[R2-GigabitEthernet0/2]quit
[R3]interface GigabitEthernet0/2
[R3-GigabitEthernet0/2]ip address 30.30.30.2 24
[R3-GigabitEthernet0/2]quit
[R3]interface GigabitEthernet0/1
[R3-GigabitEthernet0/0]ip address 40.40.40.1 24
[R3-GigabitEthernet0/0]quit
```

（3）配置 IGP 路由协议。

① R1 与 R2 之间配置 RIP，配置如下：

```
[R1]rip
[R1-rip-1]version 2
[R1-rip-1]undo summary
[R1-rip-1]network 10.10.10.0
[R1-rip-1]network 20.20.20.0
[R1-rip-1]quit
[R2]rip
[R2-rip-1]version 2
[R2-rip-1]undo summary
[R2-rip-1]network 20.20.20.0
[R2-rip-1]quit
```

② R2 与 R3 之间配置 OSPF，配置如下：

```
[R2]ospf 1
[R2-ospf-1]area 0
[R2-ospf-1-area-0.0.0.0]network 30.30.30.0 0.0.0.255
[R2-ospf-1-area-0.0.0.0]quit
[R2-ospf-1]quit
[R3]ospf 1
[R3-ospf-1]area 0
[R3-ospf-1-area-0.0.0.0]network 30.30.30.0 0.0.0.255
[R3-ospf-1-area-0.0.0.0]network 40.40.40.0 0.0.0.255
[R3-ospf-1-area-0.0.0.0]quit
[R3-ospf-1]quit
```

（4）在 R1 和 R3 上查看路由表，结果如图 2-60 和图 2-61 所示。

```
[R1]display ip routing-table

Destinations : 16       Routes : 16

Destination/Mask    Proto   Pre Cost       NextHop         Interface
0.0.0.0/32          Direct  0   0          127.0.0.1       InLoop0
10.10.10.0/24       Direct  0   0          10.10.10.1      GE0/1
10.10.10.0/32       Direct  0   0          10.10.10.1      GE0/1
10.10.10.1/32       Direct  0   0          127.0.0.1       InLoop0
10.10.10.255/32     Direct  0   0          10.10.10.1      GE0/1
20.20.20.0/24       Direct  0   0          20.20.20.1      GE0/0
20.20.20.0/32       Direct  0   0          20.20.20.1      GE0/0
20.20.20.1/32       Direct  0   0          127.0.0.1       InLoop0
20.20.20.255/32     Direct  0   0          20.20.20.1      GE0/0
127.0.0.0/8         Direct  0   0          127.0.0.1       InLoop0
127.0.0.0/32        Direct  0   0          127.0.0.1       InLoop0
127.0.0.1/32        Direct  0   0          127.0.0.1       InLoop0
127.255.255.255/32  Direct  0   0          127.0.0.1       InLoop0
224.0.0.0/4         Direct  0   0          0.0.0.0         NULL0
224.0.0.0/24        Direct  0   0          0.0.0.0         NULL0
255.255.255.255/32  Direct  0   0          127.0.0.1       InLoop0
```

图 2-60　上述配置后 R1 的路由表

```
[R3]display ip routing-table

Destinations : 16       Routes : 16

Destination/Mask    Proto   Pre Cost       NextHop         Interface
0.0.0.0/32          Direct  0   0          127.0.0.1       InLoop0
30.30.30.0/24       Direct  0   0          30.30.30.2      GE0/2
30.30.30.0/32       Direct  0   0          30.30.30.2      GE0/2
30.30.30.2/32       Direct  0   0          127.0.0.1       InLoop0
30.30.30.255/32     Direct  0   0          30.30.30.2      GE0/2
40.40.40.0/24       Direct  0   0          40.40.40.1      GE0/1
40.40.40.0/32       Direct  0   0          40.40.40.1      GE0/1
40.40.40.1/32       Direct  0   0          127.0.0.1       InLoop0
40.40.40.255/32     Direct  0   0          40.40.40.1      GE0/1
127.0.0.0/8         Direct  0   0          127.0.0.1       InLoop0
127.0.0.0/32        Direct  0   0          127.0.0.1       InLoop0
127.0.0.1/32        Direct  0   0          127.0.0.1       InLoop0
127.255.255.255/32  Direct  0   0          127.0.0.1       InLoop0
224.0.0.0/4         Direct  0   0          0.0.0.0         NULL0
224.0.0.0/24        Direct  0   0          0.0.0.0         NULL0
255.255.255.255/32  Direct  0   0          127.0.0.1       InLoop0
```

图 2-61　上述配置后 R3 的路由表

可以发现在 R1 上看不到 OSPF 的路由，在 R3 上看不到 RIP 的路由。

（5）在 PCA 上 Ping PCB 的地址，结果如图 2-62 所示。

```
C:\Users\yc>ping 40.40.40.2

正在 Ping 40.40.40.2 具有 32 字节的数据:
请求超时。
请求超时。
请求超时。
请求超时。

40.40.40.2 的 Ping 统计信息:
    数据包: 已发送 = 4, 已接收 = 0, 丢失 = 4 (100% 丢失),
```

图 2-62　PCA Ping PCB 结果图

Ping 不通是因为两边使用了不同的路由协议，没有相互引入。

（6）R2 上 RIP 和 OSPF 相互引入，具体操作如下：

```
[R2]rip
[R2-rip-1]import-route ospf
[R2-rip-1]quit
[R2]ospf 1
[R2-ospf-1]import-route rip
[R2-ospf-1]quit
```

（7）再次查看 R1 和 R3 的路由表，结果如图 2-63 和图 2-64 所示。

```
[R1]display ip routing-table

Destinations : 17        Routes : 17

Destination/Mask    Proto  Pre Cost         NextHop         Interface
0.0.0.0/32          Direct 0   0            127.0.0.1       InLoop0
10.10.10.0/24       Direct 0   0            10.10.10.1      GE0/1
10.10.10.0/32       Direct 0   0            10.10.10.1      GE0/1
10.10.10.1/32       Direct 0   0            127.0.0.1       InLoop0
10.10.10.255/32     Direct 0   0            10.10.10.1      GE0/1
20.20.20.0/24       Direct 0   0            20.20.20.1      GE0/0
20.20.20.0/32       Direct 0   0            20.20.20.1      GE0/0
20.20.20.1/32       Direct 0   0            127.0.0.1       InLoop0
20.20.20.255/32     Direct 0   0            20.20.20.1      GE0/0
40.40.40.0/24       RIP    100 1            20.20.20.2      GE0/0
127.0.0.0/8         Direct 0   0            127.0.0.1       InLoop0
127.0.0.0/32        Direct 0   0            127.0.0.1       InLoop0
127.0.0.1/32        Direct 0   0            127.0.0.1       InLoop0
127.255.255.255/32  Direct 0   0            127.0.0.1       InLoop0
224.0.0.0/4         Direct 0   0            0.0.0.0         NULL0
224.0.0.0/24        Direct 0   0            0.0.0.0         NULL0
255.255.255.255/32  Direct 0   0            127.0.0.1       InLoop0
```

图 2-63　RIP 和 OSPF 相互引入后 R1 的路由表

```
[R3]display ip routing-table

Destinations : 17        Routes : 17

Destination/Mask    Proto  Pre Cost         NextHop         Interface
0.0.0.0/32          Direct 0   0            127.0.0.1       InLoop0
10.10.10.0/24       O_ASE2 150 1            30.30.30.1      GE0/2
30.30.30.0/24       Direct 0   0            30.30.30.2      GE0/2
30.30.30.0/32       Direct 0   0            30.30.30.2      GE0/2
30.30.30.2/32       Direct 0   0            127.0.0.1       InLoop0
30.30.30.255/32     Direct 0   0            30.30.30.2      GE0/2
40.40.40.0/24       Direct 0   0            40.40.40.1      GE0/1
40.40.40.0/32       Direct 0   0            40.40.40.1      GE0/1
40.40.40.1/32       Direct 0   0            127.0.0.1       InLoop0
40.40.40.255/32     Direct 0   0            40.40.40.1      GE0/1
127.0.0.0/8         Direct 0   0            127.0.0.1       InLoop0
127.0.0.0/32        Direct 0   0            127.0.0.1       InLoop0
127.0.0.1/32        Direct 0   0            127.0.0.1       InLoop0
127.255.255.255/32  Direct 0   0            127.0.0.1       InLoop0
224.0.0.0/4         Direct 0   0            0.0.0.0         NULL0
224.0.0.0/24        Direct 0   0            0.0.0.0         NULL0
255.255.255.255/32  Direct 0   0            127.0.0.1       InLoop0
```

图 2-64　RIP 和 OSPF 相互引入后 R3 的路由表

此时在 R1 上看到了引入的 OSPF 路由，在 R3 上看到了引入的 RIP 路由。

（8）在 PCA 上 Ping PCB 的地址，结果如图 2-65 所示。

```
C:\Users\yc>ping 40.40.40.2

正在 Ping 40.40.40.2 具有 32 字节的数据:
来自 40.40.40.2 的回复: 字节=32 时间=1ms TTL=61
来自 40.40.40.2 的回复: 字节=32 时间<1ms TTL=61
来自 40.40.40.2 的回复: 字节=32 时间<1ms TTL=61
来自 40.40.40.2 的回复: 字节=32 时间<1ms TTL=61

40.40.40.2 的 Ping 统计信息:
    数据包: 已发送 = 4, 已接收 = 4, 丢失 = 0 (0% 丢失),
往返行程的估计时间(以毫秒为单位):
    最短 = 0ms, 最长 = 1ms, 平均 = 0ms
```

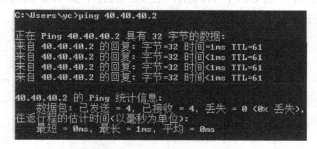

图 2-65　PCA Ping PCB 结果图

由图 2-65 发现可以 Ping 通。

（9）在 R3 上可以看到引入的 RIP 路由开销值是 1，如图 2-66 所示。

```
[R3]display ip routing-table

Destinations : 17        Routes : 17

Destination/Mask    Proto   Pre Cost      NextHop         Interface
0.0.0.0/32          Direct  0   0         127.0.0.1       InLoop0
10.10.10.0/24       O_ASE2  150 1         30.30.30.1      GE0/2
30.30.30.0/24       Direct  0   0         30.30.30.2      GE0/2
30.30.30.0/32       Direct  0   0         30.30.30.2      GE0/2
30.30.30.2/32       Direct  0   0         127.0.0.1       InLoop0
30.30.30.255/32     Direct  0   0         30.30.30.2      GE0/2
40.40.40.0/24       Direct  0   0         40.40.40.1      GE0/1
40.40.40.0/32       Direct  0   0         40.40.40.1      GE0/1
40.40.40.1/32       Direct  0   0         127.0.0.1       InLoop0
40.40.40.255/32     Direct  0   0         40.40.40.1      GE0/1
127.0.0.0/8         Direct  0   0         127.0.0.1       InLoop0
127.0.0.0/32        Direct  0   0         127.0.0.1       InLoop0
127.0.0.1/32        Direct  0   0         127.0.0.1       InLoop0
127.255.255.255/32  Direct  0   0         127.0.0.1       InLoop0
224.0.0.0/4         Direct  0   0         0.0.0.0         NULL0
224.0.0.0/24        Direct  0   0         0.0.0.0         NULL0
255.255.255.255/32  Direct  0   0         127.0.0.1       InLoop0
```

图 2-66　配置 Route-policy 前 R3 的路由表

可以通过 Route-policy 在引入的时候改掉此路由的开销值，具体配置如下；

```
[R2]ip prefix-list abc permit 10.10.10.0 24
[R2]route-policy abc permit node 10
[R2-route-policy-abc-10]if-match ip address prefix-list abc
[R2-route-policy-abc-10]apply cost 4444
[R2-route-policy-abc-10]quit
```

（10）在 R3 上查看路由表，结果如图 2-67 所示，引入后的路由开销值被改成了 4444。

```
[R3]dis ip routing-table

Destinations : 17        Routes : 17

Destination/Mask    Proto   Pre Cost      NextHop         Interface
0.0.0.0/32          Direct  0   0         127.0.0.1       InLoop0
10.10.10.0/24       O_ASE2  150 4444      30.30.30.1      GE0/2
30.30.30.0/24       Direct  0   0         30.30.30.2      GE0/2
30.30.30.0/32       Direct  0   0         30.30.30.2      GE0/2
30.30.30.2/32       Direct  0   0         127.0.0.1       InLoop0
30.30.30.255/32     Direct  0   0         30.30.30.2      GE0/2
40.40.40.0/24       Direct  0   0         40.40.40.1      GE0/1
40.40.40.0/32       Direct  0   0         40.40.40.1      GE0/1
40.40.40.1/32       Direct  0   0         127.0.0.1       InLoop0
40.40.40.255/32     Direct  0   0         40.40.40.1      GE0/1
127.0.0.0/8         Direct  0   0         127.0.0.1       InLoop0
127.0.0.0/32        Direct  0   0         127.0.0.1       InLoop0
127.0.0.1/32        Direct  0   0         127.0.0.1       InLoop0
127.255.255.255/32  Direct  0   0         127.0.0.1       InLoop0
224.0.0.0/4         Direct  0   0         0.0.0.0         NULL0
224.0.0.0/24        Direct  0   0         0.0.0.0         NULL0
255.255.255.255/32  Direct  0   0         127.0.0.1       InLoop0
```

图 2-67　配置 Route-policy 后 R3 的路由表

3）策略路由 PBR 实验

实验拓扑图如图 2-49 所示。

（1）给 PCA 和 PCB 配置 IP 地址，如图 2-68 和图 2-69 所示，PCA 的地址为 50.50.50.2/24，PCB 的地址为 60.60.60.60.2/24。

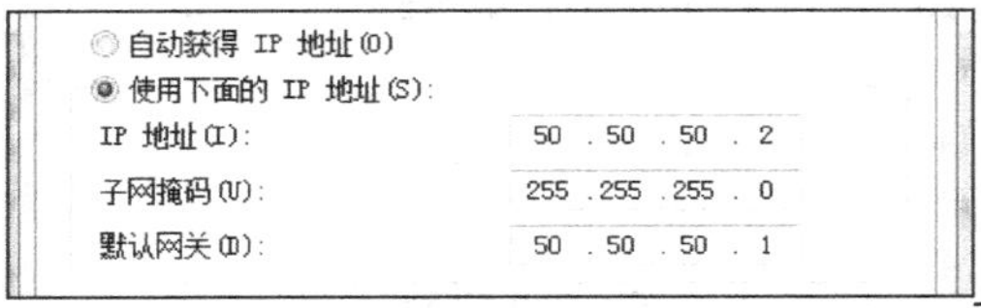

图 2-68　PCA 配置地址

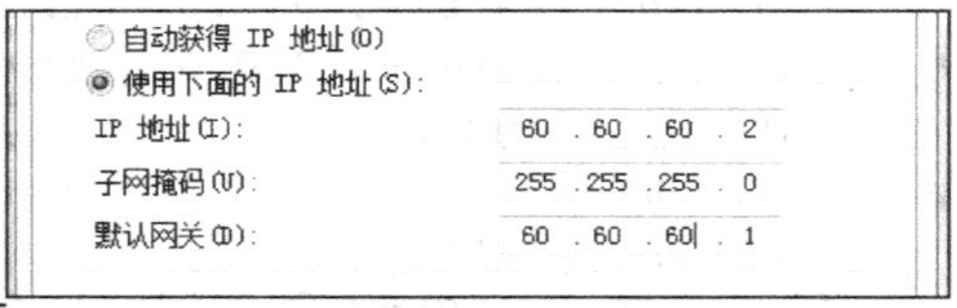

图 2-69　PCB 配置地址

（2）给 R1、R2、R3 和 R4 各接口配置地址，R1 的 GigabitEthernet0/1 口地址为 50.50.50.1/24、GigabitEthernet0/0 口地址为 10.10.10.1/24、GigabitEthernet0/2 口地址为 40.40.40.2/24；R2 的 GigabitEthernet0/0 口地址为 10.10.10.2/24、GigabitEthernet0/2 口地址为 20.20.20.1/24；R3 的 GigabitEthernet0/1 口地址为 60.60.60.1/24、GigabitEthernet0/2 口地址为 20.20.20.2/24、GigabitEthernet0/0 口地址为 30.30.30.1/24；R4 的 GigabitEthernet0/0 口地址为 30.30.30.2/24、GigabitEthernet0/2 口地址为 40.40.40.1/24。配置如下：

```
[R1]interface GigabitEthernet0/1
[R1-GigabitEthernet0/1]ip address 50.50.50.1 24
[R1-GigabitEthernet0/1]quit
[R1]interface GigabitEthernet0/0
[R1-GigabitEthernet0/0]ip address 10.10.10.1 24
[R1-GigabitEthernet0/0]quit
[R1]interface GigabitEthernet0/2
[R1-GigabitEthernet0/2]ip address 40.40.40.2 24
[R1-GigabitEthernet0/2]quit
[R2]interface GigabitEthernet0/0
[R2-GigabitEthernet0/0]ip address 10.10.10.2 24
[R2-GigabitEthernet0/0]quit
[R2]interface GigabitEthernet0/2
[R2-GigabitEthernet0/2]ip address 20.20.20.1 24
[R2-GigabitEthernet0/2]quit
[R3]interface GigabitEthernet0/1
[R3-GigabitEthernet0/1]ip address 60.60.60.1 24
[R3-GigabitEthernet0/1]quit
[R3]interface GigabitEthernet0/2
[R3-GigabitEthernet0/2]ip address 20.20.20.2 24
[R3-GigabitEthernet0/2]quit
[R3]interface GigabitEthernet0/0
[R3-GigabitEthernet0/0]ip address 30.30.30.1 24
[R3-GigabitEthernet0/0]quit
[R4]interface GigabitEthernet0/0
[R4-GigabitEthernet0/0]ip address 30.30.30.2 24
[R4-GigabitEthernet0/0]quit
[R4]interface GigabitEthernet0/2
[R4-GigabitEthernet0/2]ip address 40.40.40.1 24
[R4-GigabitEthernet0/2]quit
```

（3）R1～R4 配置 OSPF 单域，具体操作如下：

```
[R1]ospf 1
[R1-ospf-1]area 0
[R1-ospf-1-area-0.0.0.0]network 50.50.50.0 0.0.0.255
[R1-ospf-1-area-0.0.0.0]network 10.10.10.0 0.0.0.255
[R1-ospf-1-area-0.0.0.0]network 40.40.40.0 0.0.0.255
[R1-ospf-1-area-0.0.0.0]quit
[R1-ospf-1]quit
[R2]ospf 1
[R2-ospf-1]area 0
[R2-ospf-1-area-0.0.0.0]network 10.10.10.0 0.0.0.255
[R2-ospf-1-area-0.0.0.0]network 20.20.20.0 0.0.0.255
```

```
[R2-ospf-1-area-0.0.0.0]quit
[R2-ospf-1]quit
[R3]ospf 1
[R3-ospf-1]area 0
[R3-ospf-1-area-0.0.0.0]network 60.60.60.0 0.0.0.255
[R3-ospf-1-area-0.0.0.0]network 20.20.20.0 0.0.0.255
[R3-ospf-1-area-0.0.0.0]network 30.30.30.0 0.0.0.255
[R3-ospf-1-area-0.0.0.0]quit
[R3-ospf-1]quit
[R4]ospf 1
[R4-ospf-1]area 0
[R4-ospf-1-area-0.0.0.0]network 30.30.30.0 0.0.0.255
[R4-ospf-1-area-0.0.0.0]network 40.40.40.0 0.0.0.255
[R4-ospf-1-area-0.0.0.0]quit
[R4-ospf-1]quit
```

（4）R1 上，通过修改 GigabitEthernet0/2 口的 cost 值，消除等价路由，具体操作如下：

```
[R1]interface GigabitEthernet0/2
[R1-GigabitEthernet0/2]ospf cost 3000
[R1-GigabitEthernet0/2]quit
```

（5）在 PCA 上 Ping PCB 的地址，结果如图 2-70 所示，可以 Ping 通。

```
C:\Users\yc>ping 60.60.60.2

正在 Ping 60.60.60.2 具有 32 字节的数据:
来自 60.60.60.2 的回复: 字节=32 时间=1ms TTL=61
来自 60.60.60.2 的回复: 字节=32 时间<1ms TTL=61
来自 60.60.60.2 的回复: 字节=32 时间<1ms TTL=61
来自 60.60.60.2 的回复: 字节=32 时间<1ms TTL=61

60.60.60.2 的 Ping 统计信息:
    数据包: 已发送 = 4, 已接收 = 4, 丢失 = 0 (0% 丢失),
往返行程的估计时间(以毫秒为单位):
    最短 = 0ms, 最长 = 1ms, 平均 = 0ms
```

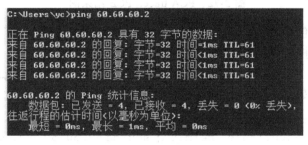

图 2-70　PCA Ping PCB 结果图

（6）在 R1 上查看路由表，结果如图 2-71 所示，可以看出有去往 PCB 所在网段的地址，下一跳是 R2。

```
[R1]dis ip routing-table

Destinations : 23       Routes : 23

Destination/Mask    Proto   Pre Cost        NextHop         Interface
0.0.0.0/32          Direct  0   0           127.0.0.1       InLoop0
10.10.10.0/24       Direct  0   0           10.10.10.1      GE0/0
10.10.10.0/32       Direct  0   0           10.10.10.1      GE0/0
10.10.10.1/32       Direct  0   0           127.0.0.1       InLoop0
10.10.10.255/32     Direct  0   0           10.10.10.1      GE0/0
20.20.20.0/24       O_INTRA 10  2           10.10.10.2      GE0/0
30.30.30.0/24       O_INTRA 10  3           10.10.10.2      GE0/0
40.40.40.0/24       Direct  0   0           40.40.40.2      GE0/2
40.40.40.0/32       Direct  0   0           40.40.40.2      GE0/2
40.40.40.2/32       Direct  0   0           127.0.0.1       InLoop0
40.40.40.255/32     Direct  0   0           40.40.40.2      GE0/2
50.50.50.0/24       Direct  0   0           50.50.50.1      GE0/1
50.50.50.0/32       Direct  0   0           50.50.50.1      GE0/1
50.50.50.1/32       Direct  0   0           127.0.0.1       InLoop0
50.50.50.255/32     Direct  0   0           50.50.50.1      GE0/1
60.60.60.0/24       O_INTRA 10  3           10.10.10.2      GE0/0
127.0.0.0/8         Direct  0   0           127.0.0.1       InLoop0
127.0.0.0/32        Direct  0   0           127.0.0.1       InLoop0
127.0.0.1/32        Direct  0   0           127.0.0.1       InLoop0
127.255.255.255/32  Direct  0   0           127.0.0.1       InLoop0
224.0.0.0/4         Direct  0   0           0.0.0.0         NULL0
224.0.0.0/24        Direct  0   0           0.0.0.0         NULL0
255.255.255.255/32  Direct  0   0           127.0.0.1       InLoop0
```

图 2-71　查看 R1 路由表

（7）在每个路由器上都开启 tracert 功能，以便查看由 PCA 去往 PCB 的包的转发路径，具体操作如下：

```
[R1]ip ttl-expires enable
[R1]ip unreachables enable
[R2]ip ttl-expires enable
[R2]ip unreachables enable
[R3]ip ttl-expires enable
[R3]ip unreachables enable
[R4]ip ttl-expires enable
[R4]ip unreachables enable
```

在 PCA 上 tracert PCB 的地址，结果如图 2-72 所示。

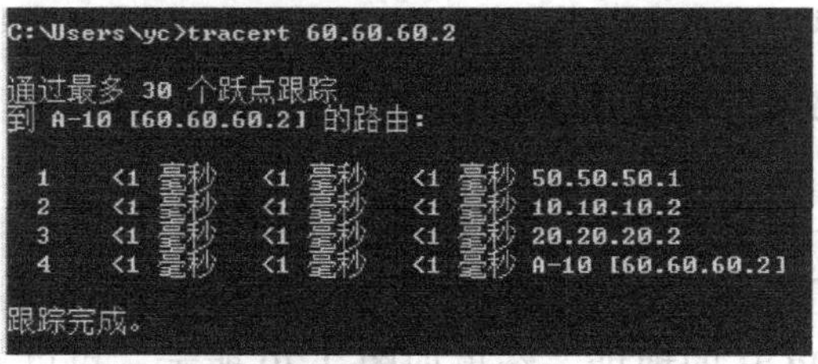

图 2-72　PCA tracert PCB 结果图

从图中可以看出包传递的路径是：PCA—R1—R2—R3—PCB。

（8）策略路由操控转发路径

① 在 R1 上配置 PBR，操控 PCA 到 PCB 的包经过 R1 从接口 GigabitEthernet0/2 出去，往 R4 转发，而不是转发给 R2。具体配置如下：

```
[R1]acl number 3001
[R1-acl-adv-3001]rule 0 permit ip source 50.50.50.0 0.0.0.255 destination 60.60.60.0 0.0.0.255
[R1-acl-adv-3001]quit
[R1]policy-based-route abc permit node 10
[R1-pbr-abc-10]if-match acl 3001
[R1-pbr-abc-10]apply output-interface GigabitEthernet0/2
[R1-pbr-abc-10]quit
[R1]interface GigabitEthernet0/1
[R1-GigabitEthernet0/1]ip policy-based-route abc
[R1-GigabitEthernet0/1]quit
```

② 查看 R1 的路由表，结果如图 2-73 所示，可以看出到达 PCB 的下一跳没有改变，仍然是 R2。

③ 在 PCA 上 tracert PCB 的地址，结果如图 2-74 所示。

从图中可以看出从 PCA 去往 PCB，路径变成了 PCA—R1—R4—R3—PCB，说明 PBR 对数据转发的改变不依据路由表。

5. 实验报告

（1）完成本实验的相关配置命令截图。

（2）完成本实验的相关测试结果截图。

（3）对本实验的测试结果的分析和评注。

（4）对本实验的个人体会。

（5）对相关问题的回答。

```
[R1]dis ip routing-table

Destinations : 23        Routes : 23

Destination/Mask    Proto   Pre Cost         NextHop         Interface
0.0.0.0/32          Direct  0   0            127.0.0.1       InLoop0
10.10.10.0/24       Direct  0   0            10.10.10.1      GE0/0
10.10.10.0/32       Direct  0   0            10.10.10.1      GE0/0
10.10.10.1/32       Direct  0   0            127.0.0.1       InLoop0
10.10.10.255/32     Direct  0   0            10.10.10.1      GE0/0
20.20.20.0/24       O_INTRA 10  2            10.10.10.2      GE0/0
30.30.30.0/24       O_INTRA 10  3            10.10.10.2      GE0/0
40.40.40.0/24       Direct  0   0            40.40.40.2      GE0/2
40.40.40.0/32       Direct  0   0            40.40.40.2      GE0/2
40.40.40.2/32       Direct  0   0            127.0.0.1       InLoop0
40.40.40.255/32     Direct  0   0            40.40.40.2      GE0/2
50.50.50.0/24       Direct  0   0            50.50.50.1      GE0/1
50.50.50.0/32       Direct  0   0            50.50.50.1      GE0/1
50.50.50.1/32       Direct  0   0            127.0.0.1       InLoop0
50.50.50.255/32     Direct  0   0            50.50.50.1      GE0/1
60.60.60.0/24       O_INTRA 10  3            10.10.10.2      GE0/0
127.0.0.0/8         Direct  0   0            127.0.0.1       InLoop0
127.0.0.0/32        Direct  0   0            127.0.0.1       InLoop0
127.0.0.1/32        Direct  0   0            127.0.0.1       InLoop0
127.255.255.255/32  Direct  0   0            127.0.0.1       InLoop0
224.0.0.0/4         Direct  0   0            0.0.0.0         NULL0
224.0.0.0/24        Direct  0   0            0.0.0.0         NULL0
255.255.255.255/32  Direct  0   0            127.0.0.1       InLoop0
```

图 2-73　做完 PBR 后 R1 的路由表

```
C:\Users\yc>tracert 60.60.60.2

通过最多 30 个跃点跟踪
到 A-10 [60.60.60.2] 的路由:

  1    <1 毫秒   <1 毫秒   <1 毫秒 50.50.50.1
  2    <1 毫秒   <1 毫秒    *      40.40.40.1
  3     *         *       <1 毫秒 30.30.30.1
  4    <1 毫秒   <1 毫秒   <1 毫秒 A-10 [60.60.60.2]

跟踪完成。
```

图 2-74　做完 PBR 后 PCA tracert PCB 的结果图

第3章

网络安全实验

3.1 网络安全基础理论

3.1.1 概述

1. 网络安全的含义

网络安全是指网络系统的硬件、软件及其系统中的数据受到保护，不因偶然的或者恶意的原因而遭受到破坏、更改、泄露，系统连续可靠正常地运行，网络服务不中断。

网络安全的内容涉及了系统安全和信息安全两个方面，其中，系统安全指网络设备硬件、操作系统和应用软件的安全；信息安全则指各类信息的存储、传输的安全，具体可归纳为保密性、完整性和不可否认性。

基于保护的内容而言，一般网络安全可以划分为四个方面。

- 网络实体安全：计算机相关的物理环境、设备及设施的安全标准，硬件、附属设备以及网络传输线路的安全配置与安全等。
- 软件安全：保护系统中的软件、应用不被非法的入侵、复制、篡改等。
- 数据安全：保证数据不被非法地存取，保证数据的完整性、一致性和机密性等。避免攻击者利用系统的安全漏洞进行窃听、冒充、诈骗等有损于合法用户的行为。其本质是保护用户的利益和隐私。
- 安全管理：对系统运行中的突发事件进行应急处理，开展安全审计和风险评估等。

网络安全在特征上将包含五个基本要素：机密性、完整性、可用性、可控性和可审查性。

通常，安全与性能和功能是一对矛盾的关系。如果某个系统不向外界提供任何服务（断开），外界是不可能构成安全威胁的。但是，企业接入国际互联网络，提供网上商店和电子商务等服务，等于将一个内部封闭的网络建成了一个开放的网络环境，各种安全包括系统级的安全问题也随之产生。

构建网络安全系统，一方面由于要进行认证、加密、监听、分析、记录等工作，由此会影响网络效率，并且降低客户应用的灵活性；另一方面也增加了管理费用。

但是，来自网络的安全威胁是实际存在的，特别是在网络上运行关键业务时，网络安全是首先要解决的问题。

2．影响网络安全的因素

影响网络安全的主要因素可以归纳为系统自身的脆弱性和安全威胁两个方面，具体说明如下。

（1）网络系统的自身脆弱性

所谓的系统脆弱性是指系统硬件资源、通信、软件以及信息资源因可预见或不可预见的甚至恶意的原因，导致的系统破坏、更改、泄露和功能缺失，进一步引起网络的异常状态、崩溃、瘫痪等。

- 硬件系统脆弱性：表现在物理安全方面。各类计算机或网络设备，除无法抵御自然灾害等不可抗力外，温度、湿度、静电、磁场等均可以造成信息的泄露和失效。
- 软件系统脆弱性：来源于软件的设计和软件工程中的问题，设计中的疏忽可能留下安全漏洞，设计中定义的过长的代码、数据等也可能造成安全问题，此外不安全标准模块化设计的软件，也会导致软件的脆弱性，引起软件安全等级的降低；软件工程实现中的逻辑错误将导致垃圾软件的产生。
- 网络通信协议：现今的网络协议多基于 TCP/IP 结构，但是，最初的 TCP/IP 协议的设计是在安全可信的环境下进行的，因此该协议缺少对网络安全需求的考虑，主要表现在缺乏用户身份鉴别机制、缺少路由协议鉴别认证机制、缺少机密性、协议自身脆弱性和服务脆弱性等方面。

（2）安全威胁

计算机网络安全的基本目标是实现信息的机密性、完整性、可用性和资源的合法使用。相关的网络威胁则是针对上述四个基本目标的。

- 信息泄露

信息泄露是指敏感数据在有意无意中被泄露、丢失或透漏其他未授权实体，主要包括：通过对主体数据信息传递过程中，对网络进行攻击、非法复制等手段，以及对信息流向和参数的分析。

- 完整性破坏

完整性破坏是指以非法手段窃取信息的管理权，通过未授权的创建、修改、删除和重放等操作使数据的完整性受到破坏。

- 拒绝服务

拒绝服务是指网络系统的服务能力下降或者丧失，主要可能的原因有两个：其一，受到攻击；其二，由于系统组件在物理上或逻辑上遭到破坏。

- 未授权的访问

未授权实体非法访问系统资源，或授权实体越权访问系统资源。

自然灾害、意外事故；计算机犯罪；人为行为，如使用不当、安全意识差等；黑客行为（黑客的入侵或侵扰，如非法访问、拒绝服务计算机病毒、非法连接等）；内部泄密；外部泄密；信息丢失；电子谍报，比如信息流量分析、信息窃取等；网络协议中的缺陷，如 TCP/IP 协议的安全问题等均会威胁到网络的安全。

网络安全威胁的方法主要包括假冒、旁路控制、破坏系统完整性、破坏系统可用性、重放、陷门、木马与抵赖。

- 假冒：某个未授权实体假装成另一个不同的可能授权实体，主要包含假冒管理者发布命令或阅读密件，假冒主机欺骗合法主机及用户，假冒网络控制程序套取或修改使用权限和密码，接管合法用户欺骗系统，占有系统资源等。
- 旁路控制：除了给用户提供正常的服务之外，还将信息传输给其他用户，即旁路，通过旁路的控制极易出现泄密和信息安全问题。
- 破坏系统完整性：攻击者通过篡改、删除、插入等手段实现对系统数据完整性的破坏。
- 破坏系统可用性：攻击者通过使合法用户不能正常访问数据、使有严格时间要求的服务不能及时响应、摧毁系统等手段实现对用户的破坏。
- 重放：攻击者对截获的某次合法数据进行复制，其后出于非法的目的而重新发送。
- 陷门：在某个系统或某个文件中设置机关，使得当提供特定的输入条件时，允许违反安全策略而产生非授权的影响。
- 木马：通过客户端和服务器的模式，实现对宿主机资源的占用和控制。
- 抵赖：通信中某一方否认发送过某个信息、否认接收到某个信息等行为。

目前在我国，影响网络安全性的因素主要有以下几个方面。

（1）网络结构因素

网络基本拓扑结构有 3 种：星状、总线网和环状。一个单位在建立自己的内部网之前，各部门可能已建造了自己的局域网，所采用的拓扑结构也可能完全不同。在建造内部网时，为了实现异构网络间信息的通信，往往要牺牲一些安全机制的设置和实现，从而提出更高的网络开放性要求。

（2）网络协议因素

在建造内部网时，用户为了节省开支，必然会保护原有的网络基础设施。另外，网络公司为生存的需要，对网络协议的兼容性要求越来越高，使众多厂商的协议能互连、兼容和相互通信。这在给用户和厂商带来利益的同时，也带来了安全隐患。如在一种协议下传送的有害程序能很快传遍整个网络。

（3）地域因素

由于内部网Intranet既可以是LAN也可能是WAN(内部网指的是它不是一个公用网络，而是一个专用网络)，网络往往跨越城际，甚至国际。由于地理位置复杂，通信线路质量难以保证，这会造成信息在传输过程中的损坏和丢失，也给一些“黑客”造成可乘之机。

（4）用户因素

企业建造自己的内部网是为了加快信息交流，更好地适应市场需求。建立之后，用户的范围必将从企业员工扩大到客户和想了解企业情况的人。用户的增加，也给网络的安全性带来了威胁，因为这里可能就有商业间谍或黑客。

（5）主机因素

建立内部网时，使原来的各局域网、单机互连，增加了主机的种类，如工作站、服务器，甚至小型机、大中型机。由于它们所使用的操作系统和网络操作系统不尽相同，某个操作系统出现漏洞（如某些系统有一个或几个没有口令的账户），就可能造成整个网络的大隐患。

（6）单位安全政策

实验证明，80%的安全问题是由网络内部引起的，因此，单位对自己内部网的安全性要有高度的重视，必须制定出一套安全管理的规章制度。

（7）人员因素

人员因素是安全问题的薄弱环节。要对用户进行必要的安全教育，选择有较高职业道德修养的人员做网络管理员，制订出具体措施，提高安全意识。

（8）其他

其他因素如自然灾害等，也是影响网络安全的因素。

3．网络安全基本模型

图 3-1 给出了网络安全的基本模型，通信双方想要传递某个消息，需要建立一个逻辑上的信息通道，首先在网络中定义从发送方到接收方的路由，其后在该路由上执行共同的网络协议。

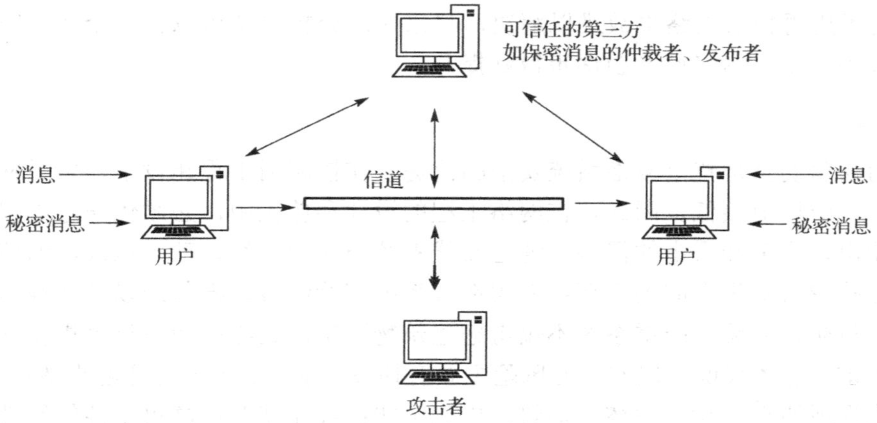

图 3-1　网络安全基本模型

若需要保护数据的机密性、完整性、不可否认性等，则需要考虑信道的安全性，主要需要考虑以下两个方面的内容。

（1）信息的安全传输。

（2）发送双方共享的某些秘密信息。

此外需要一个可信的第三方，负责通信双方分发密钥产生争论时的仲裁等。

4．全方位的安全体系

- 访问控制：通过对特定网段、服务建立的访问控制体系，将绝大多数攻击阻止在到达攻击目标之前。
- 检查安全漏洞：通过对安全漏洞的周期检查，即使攻击可到达攻击目标，也可使绝大多数攻击无效。
- 攻击监控：通过对特定网段、服务建立的攻击监控体系，可实时检测出绝大多数攻击，并采取相应的行动（如断开网络连接、记录攻击过程、跟踪攻击源等）。
- 加密通信：主动的加密通信，可使攻击者不能了解、修改敏感信息。
- 认证：良好的认证体系可防止攻击者假冒合法用户。
- 备份和恢复：良好的备份和恢复机制，可在攻击造成损失时，尽快地恢复数据和系统服务。

- 多层防御：攻击者在突破第一道防线后，延缓或阻断其到达攻击目标。
- 隐藏内部信息：使攻击者不能了解系统内的基本情况。
- 设立安全监控中心：为信息系统提供安全体系管理、监控、保护及紧急情况服务。

3.1.2 解决方案与安全分析

分析网络对安全性有极高的要求，网络中的关键应用和关键数据越来越多，如何保障关键业务数据的安全性成为网络运维中非常关键的工作。

网络分析系统是一个让网络管理者，能够在各种网络安全问题中，对症下药的网络管理方案，它对网络中所有传输的数据进行检测、分析、诊断，帮助用户排除网络事故，规避安全风险，提高网络性能，增大网络可用性价值。

管理者不用再担心网络事故难以解决，科来网络分析系统可以帮助企业把网络故障和安全风险降到最低，网络性能会逐步得到提升。

1．物理安全

网络的物理安全是整个网络系统安全的前提。在校园网工程建设中，由于网络系统属于弱电工程，耐压值很低。因此，在网络工程的设计和施工中，必须优先考虑保护人和网络设备不受电、火灾和雷击的侵害；考虑布线系统与照明电线、动力电线、通信线路、暖气管道及冷热空气管道之间的距离；考虑布线系统和绝缘线、裸体线以及接地与焊接的安全；必须建设防雷系统，防雷系统不仅考虑建筑物防雷，还必须考虑计算机及其他弱电耐压设备的防雷。总体来说物理安全的风险主要有地震、水灾、火灾等环境事故；电源故障；人为操作失误或错误；设备被盗、被毁；电磁干扰；线路截获；高可用性的硬件；双机多冗余的设计；机房环境及报警系统、安全意识等，因此要注意这些安全隐患，同时还要尽量避免网络的物理安全风险。

2．网络结构

网络拓扑结构设计也直接影响到网络系统的安全性。假如在外部和内部网络进行通信时，内部网络的机器安全就会受到威胁，同时也影响在同一网络上的许多其他系统。通过网络传播，还会影响到连上 Internet/Intranet 的其他的网络；影响所及，还可能涉及法律、金融等安全敏感领域。因此，在设计时有必要将公开服务器（Web、DNS、E-mail 等）和外网及内部其他业务网络进行必要的隔离，避免网络结构信息外泄；同时还要对外网的服务请求加以过滤，只允许正常通信的数据包到达相应主机，其他的请求服务在到达主机之前就应该遭到拒绝。

3．系统的安全

所谓系统的安全是指整个网络操作系统和网络硬件平台是否可靠且值得信任。恐怕没有绝对安全的操作系统可以选择，无论是 Microsoft 的 Windows NT 或者其他任何商用 UNIX 操作系统，其开发厂商必然有其 Back-Door。因此，我们可以得出如下结论：没有完全安全的操作系统。不同的用户应从不同的方面对其网络作详尽的分析，选择安全性尽可能高的操作系统。因此不但要选用尽可能可靠的操作系统和硬件平台，并对操作系统进行安全配置，而且，必须加强登录过程的认证（特别是在到达服务器主机之前的认证），确保用户的合法性；其次应该严格限制登录者的操作权限，将其完成的操作限制在最小的范围内。

4．应用系统

应用系统的安全跟具体的应用有关，它涉及面广。应用系统的安全是动态的、不断变化的。应用的安全性也涉及信息的安全性，它包括很多方面。

（1）应用系统的安全是动态的、不断变化的。

应用系统的安全涉及方面很多，以 Internet 上应用最为广泛的E-mail系统来说，其解决方案有 Sendmail、Netscape Messaging Server、SoftwareCom Post.Office、Lotus Notes、Exchange Server、SUN CIMS 等二十多种。其安全手段涉及 LDAP、DES、RSA 等各种方式。应用系统是不断发展且应用类型是不断增加的。在应用系统的安全性上，主要考虑尽可能建立安全的系统平台，而且通过专业的安全工具不断发现漏洞，修补漏洞，提高系统的安全性。

（2）应用的安全性涉及信息、数据的安全性。

信息的安全性涉及机密信息泄露、未经授权的访问、 破坏信息完整性、假冒、破坏系统的可用性等。在某些网络系统中，涉及很多机密信息，如果一些重要信息遭到窃取或破坏，它的经济、社会影响和政治影响将是很严重的。因此，对用户使用计算机必须进行身份认证，对于重要信息的通信必须授权，传输必须加密。采用多层次的访问控制与权限控制手段，实现对数据的安全保护；采用加密技术，保证网上传输的信息（包括管理员口令与账户、上传信息等）的机密性与完整性。

5．管理风险

管理是网络安全最重要的部分。责权不明，安全管理制度不健全及缺乏可操作性等都可能引起管理安全的风险。当网络出现攻击行为或网络受到其他一些安全威胁时（如内部人员的违规操作等），无法进行实时的检测、监控、报告与预警。同时，当事故发生后，也无法提供黑客攻击行为的追踪线索及破案依据，即缺乏对网络的可控性与可审查性。这就要求用户必须对站点的访问活动进行多层次的记录，及时发现非法入侵行为。

建立全新网络安全机制，必须深刻理解网络并能提供直接的解决方案，因此，最可行的做法是制定健全的管理制度和严格管理相结合。保障网络的安全运行，使其成为一个具有良好的安全性、可扩充性和易管理性的信息网络便成为了首要任务。一旦上述的安全隐患成为事实，所造成的对整个网络的损失都是难以估计的。因此，网络的安全建设是校园网建设过程中重要的一环。

3.1.3　技术原理

网络安全性问题关系到未来网络应用的深入发展，它涉及安全策略、移动代码、指令保护、密码学、操作系统、软件工程和网络安全管理等内容。本节将介绍网络安全相关实验中涉及的技术原理和知识点。

1．局域网安全

1）ARP

在局域网中，网络中实际传输的是“帧”，帧中包含目标主机的 MAC 地址。在以太网中，一个主机要与另一个主机进行直接通信，必须要知道目标主机的 MAC 地址。地址解析协议（Address Resolution Protocol，ARP），是根据 IP 地址获取物理地址的一个 TCP/IP 协议，如图 3-2 所示。

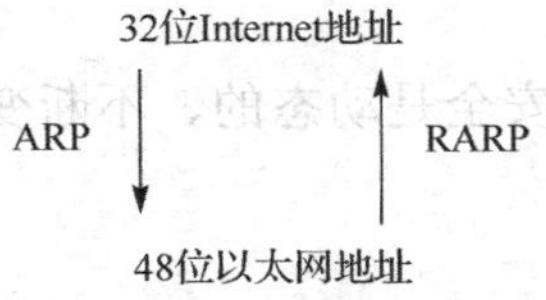

图 3-2 地址解析

主机发送信息时将包含目标 IP 地址的 ARP 请求广播到网络上的所有主机，并接收返回消息，以此确定目标的物理地址；收到返回消息后将该 IP 地址和物理地址存入本机 ARP 缓存中并保留一定时间，下次请求时直接查询 ARP 缓存以节约资源。

正常情况下，每台主机都会在自己的 ARP 缓冲区中建立一个 ARP 列表，以表示 IP 地址和 MAC 地址的对应关系。当源主机需要将一个数据包发送到目的主机时，会首先检查自己 ARP 列表中是否存在该 IP 地址对应的 MAC 地址，如果存在就直接将数据包发送到这个 MAC 地址；如果不存在就向本地网段发起一个 ARP 请求的广播包，查询此目的主机对应的 MAC 地址。此 ARP 请求数据包里包括源主机的 IP 地址、硬件地址，以及目的主机的 IP 地址。网络中所有的主机收到这个 ARP 请求后，会检查数据包中的目的 IP 是否和自己的 IP 地址一致。如果不相同就忽略此数据包；如果相同，该主机首先将发送端的 MAC 地址和 IP 地址添加到自己的 ARP 列表中，如果 ARP 表中已经存在该 IP 的信息，则将其覆盖，然后给源主机发送一个 ARP 响应数据包，告诉对方自己是它需要查找的 MAC 地址；源主机收到这个 ARP 响应数据包后，将得到的目的主机的 IP 地址和 MAC 地址添加到自己的 ARP 列表中，并利用此信息开始数据的传输。

地址解析协议是建立在网络中各个主机互相信任的基础上的，网络上的主机可以自主发送 ARP 应答消息，其他主机收到应答报文时不会检测该报文的真实性就会将其记入本机 ARP 缓存；由此攻击者就可以向某一主机发送伪 ARP 应答报文，使其发送的信息无法到达预期的主机或到达错误的主机，这就构成了一个 ARP 欺骗。ARP 命令可用于查询本机 ARP 缓存中 IP 地址和 MAC 地址的对应关系，添加或删除静态对应关系等。相关协议有 RARP、代理 ARP。NDP 用于在 IPv6 中代替地址解析协议。

2）交换机端口安全

交换机端口安全功能是指对交换机的端口进行安全属性配置，从而控制用户的安全接入，交换机端口安全一般分为两类：限制交换机端口最大连接数和针对交换机端口进行 MAC 地址、IP 地址的绑定。其中限制交换机端口最大连接数可以控制交换机端口下连接主机的数量，并防止用户进行恶意的 ARP 欺骗；交换机端口的地址绑定，可以针对 IP 地址、MAC 地址、IP+MAC 地址进行灵活地绑定，实现对用户进行严格地控制，保证用户的安全接入和防止常见的内网攻击行为。

配置了交换机的端口安全功能后，当出现实际应用超出配置的要求时，将产生一个安全违例，对应的处理方式有 Protect、Restrict 和 Shutdown 三种方式。

3）DHCP Snooping

DHCP Snooping 技术是 DHCP 安全特性，通过建立和维护 DHCP Snooping 绑定表过滤不可信任的 DHCP 信息，这些信息是指来自不信任区域的 DHCP 信息。DHCP Snooping 绑定表包含不信任区域的用户 MAC 地址、IP 地址、租用期、VLAN-ID 接口等信息。

DHCP Snooping 的功能包含以下两个方面。

（1）保证 DHCP 客户端从合法的 DHCP 服务器处获取 IP 地址

为了使 DHCP 客户端能通过合法的 DHCP 服务器获取 IP 地址，DHCP Snooping 安全机制允许将端口分为“信任端口”（Trusted Port）和“不信任端口”（Untrusted Port）两大类。信任端口正常转发接收到的 DHCP 报文；而不信任端口接收到 DHCP 服务器响应的 DHCP-ACK 和 DHCP-OFFER 报文后，丢弃该报文,然后把连接合法 DHCP 服务器和其他 DHCP Snooping 设备的端口设置为信任端口，其他所有端口（包括连接 DHCP 客户端的端口）均设置为不信任端口，如图 3-3 所示。

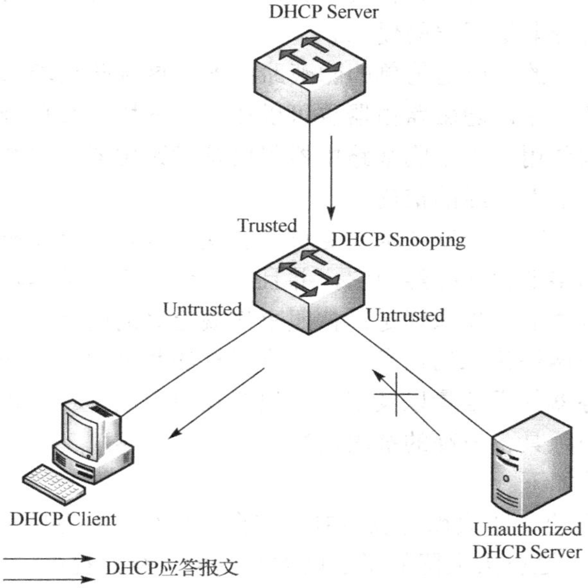

图 3-3　接收报文

这样做的目的是可以保证 DHCP 客户端只能从合法的 DHCP 服务器获取 IP 地址，私自架设的伪 DHCP 服务器因为所发出的 DHCP 服务器应答报文无法被转发，最终不能为 DHCP 客户端提供 IP 地址分配。

目前，可以配置为 DHCP Snooping 信任端口的接口类型包括：二层以太网端口、二层聚合端口，不能是三层端口。如果二层以太网端口加入聚合组，则在该端口上进行的 DHCP Snooping 相关配置不会生效，直到该端口退出聚合组。为了使 DHCP 客户端能从合法的 DHCP 服务器获取 IP 地址，必须将与合法的 DHCP 服务器相连的端口设置为信任端口，且设置的信任端口和与 DHCP 客户端相连的端口必须在同一个 VLAN 内。

（2）记录 DHCP 客户端 IP 地址与 MAC 地址的对应关系

启用 DHCP Snooping 功能后，通过监听非信任端口收到的 DHCP-REQUEST 和信任端口收到的 DHCP-ACK 广播报文可以记录 DHCP Snooping 表项，其中包括客户端的 MAC 地址、获取到的 IP 地址、与 DHCP 客户端连接的端口及该端口所属的 VLAN 等信息。利用这些信息可以帮助实现以下其他安全功能。

- ARP 快速应答：根据 DHCP Snooping 表项来判断是否进行 ARP 快速应答，从而减少 ARP 广播报文。

- ARP Detection（ARP 检测）：根据 DHCP Snooping 表项来判断发送 ARP 报文的用户是否合法，从而防止非法用户的 ARP 攻击。
- IP Source Guard：通过动态获取 DHCP Snooping 表项对端口转发的报文进行过滤，防止非法报文通过该端口。

2．防火墙

一般专用的内部网与公用的互联网的隔离主要使用防火墙技术。防火墙是一种形象的说法，其实它是一种计算机硬件和软件的组合，使互联网与内部网之间建立起一个安全网关，从而保护内部网免受非法用户的侵入。

能够完成防火墙工作的可以是简单的隐蔽路由器，这种防火墙如果是一台普通的路由器则仅能起到一种隔离作用。隐蔽路由器也可以在互联网协议端口级上阻止网间或主机间通信，起到一定的过滤作用。由于隐蔽路由器仅仅是对路由器的参数做些修改，因而也有用户不把它归入“防火墙”一级的措施。

防火墙实质上是一种隔离控制技术，逻辑上它既可以是一个分析器，也可以是一个限制器，它要求所有的网络数据必须经由它，并且所有穿过它的数据流都必须有安全策略和计划的确认和授权。具体的工作原理是：按照事先规定好的配置和规则，监测并过滤所有通向外部网络或从外部网络传入的信息，只允许授权的数据通过，防火墙还应该能够记录有关连接的信息、服务器的通信量以及试图入侵的任何企图事件，以方便管理员的检测和跟踪，防火墙本身也必须具备较高的抗攻击性。

防火墙的功能说明如下。

- 控制不安全的服务：防火墙可以控制不安全的服务，因为只有授权的协议和服务才能通过防火墙，这就大大降低了子网的暴露度，从而提高了网络的安全度。
- 站点访问控制：防火墙提供了对站点的访问控制，例如，从外界可以访问某些主机，而另一些主机则不能被访问。
- 集中安全保护：如果一个子网的素有软件或者大部分需要改动的软件以及附件的安全软件能机制地放在防火墙系统中，而不是分散到每个主机中，那么防火墙的保护就相对集中，降低了成本。
- 强化私有权：对一些站点，私有性十分重要，使用防火墙，可以防止通过 finger 以及 DNS 服务器等造成的信息泄露。
- 网络连接的日志记录和使用统计：防火墙能够将对系统所有的访问做出日志记录，同时能够进行正常的网络使用情况统计，通过分析统计结果，可以使网络资源得到更好地利用。
- 其他安全控制：各个组织机构可以依据本单位的特殊要求来配置防火墙，实现其他安全控制的需求。

防火墙的策略分为：一切未被允许的都禁止和一切未被禁止的都允许。根据实现技术，可以将防火墙划分为包过滤和代理型两类。

（1）包过滤防火墙

其中静态包过滤防火墙工作在 OSI 的网络层或者 TCP/IP 的 IP 层，依据事先约定的过滤逻辑，即静态的规则检查并过滤数据包。

状态包过滤防火墙采用一个在网关上执行网络安全策略的软件引擎，在网络通信的各个层之间进行实时监测分析。

（2）代理防火墙

应用级网关防火墙也称为应用代理防火墙，工作于应用层，用于控制应用层与外界网络之间的数据流通。

电路级网关防火墙工作于 OSI 模型的会话层或 TCP/IP 协议的 TCP 层。接收用户连接请求后建立回路，在会话中实现对数据流的控制。

在工程实验中，防火墙有两类，一类称为标准防火墙；另一类称为双家网关。标准防火墙系统包括一个 UNIX 工作站，该工作站的两端各有一个路由器进行缓冲。其中一个路由器的接口是外部世界，即公用网；而另一个则连接内部网。标准防火墙使用专门的软件，并要求较高的管理水平，而且在信息传输上有一定的延迟。而双家网关则是对标准防火墙的扩充。双家网关又称堡垒主机或应用层网关，它是一个单个的系统，但却能同时完成标准防火墙的所有功能。其优点是能运行更复杂的应用，同时防止在互联网和内部系统之间建立的任何直接的连接，可以确保数据包不能直接从外部网络到达内部网络，反之亦然。

随着防火墙技术的进步，在双家网关的基础上又演化出两种防火墙配置，一种是隐蔽主机网关，另一种是隐蔽智能网关（隐蔽子网）。隐蔽主机网关当前也许是一种常见的防火墙配置。顾名思义，这种配置一方面将路由器进行隐藏，另一方面在互联网和内部网之间安装堡垒主机。堡垒主机装在内部网上，通过路由器的配置，使该堡垒主机成为内部网与互联网进行通信的唯一系统。目前技术最为复杂而且安全级别最高的防火墙当属隐蔽智能网关。隐蔽智能网关是将网关隐藏在公共系统之后，它是互联网用户唯一能见到的系统。所有互联网功能则是经过这个隐藏在公共系统之后的保护软件来进行的。一般来说，这种防火墙是最不容易被破坏的。

3. 数据加密及 IP 安全

（1）数据加密

与防火墙配合使用的安全技术还有数据加密技术。数据加密技术是为提高信息系统及数据的安全性和保密性，防止秘密数据被外部破坏所采用的主要技术手段之一。随着信息技术的发展，网络安全与信息保密日益引起人们的关注。各国除了从法律上、管理上加强数据的安全保护外，从技术上分别在软件和硬件两方面采取措施，推动着数据加密技术和物理防范技术的不断发展。按作用不同，数据加密技术主要分为数据传输、数据存储、数据完整性的鉴别以及密钥管理技术4 种。

与数据加密技术紧密相关的另一项技术则是智能卡技术。所谓智能卡就是密钥的一种媒体，一般就像信用卡一样，由授权用户所持有并由该用户赋予它一个口令或密码字。该密码字与内部网络服务器上注册的密码一致。当口令与身份特征共同使用时，智能卡的保密性能还是相当有效的。

这些网络安全和数据保护的防范措施都有一定的限度，并不是越安全就越可靠。因而，看一个内部网是否安全时不仅要考虑其手段，而且更重要的是对该网络所采取的各种措施，其中不仅是物理防范，而且还有人员素质等其他“软”因素，进行综合评估，从而得出是否安全的结论。

安全服务：

- 对等实体认证服务
- 访问控制服务
- 数据保密服务
- 数据完整性服务
- 数据源点认证服务
- 禁止否认服务

安全机制：

- 加密机制
- 数字签名机制
- 访问控制机制
- 数据完整性机制
- 认证机制
- 信息流填充机制
- 路由控制机制
- 公证机制

（2）IP 安全

IP 通信可能会遭受如下攻击：窃听、篡改、IP 欺骗、重放。

IPSec 协议可以为 IP 网络通信提供透明的安全服务，保护 TCP/IP 通信免遭窃听和篡改，保证数据的完整性和机密性，有效抵御网络攻击，同时保持易用性。

IPSec 功能：

- 作为一个隧道协议实现了 VPN 通信：第三层隧道协议，可以在 IP 层上创建一个安全的隧道，使两个异地的私有网络连接起来，或者使公网上的计算机可以访问远程的企业私有网络。
- 保证数据来源可靠：在 IPSec 通信之前双方要先用 IKE 认证对方身份并协商密钥，只有 IKE 协商成功之后才能通信。由于第三方不可能知道验证和加密的算法以及相关密钥，因此无法冒充发送方，即使冒充，也会被接收方检测出来。
- 保证数据完整性：IPSec 通过验证算法保证数据从发送方到接收方的传送过程中的任何数据篡改和丢失都可以被检测到。
- 保证数据机密性：IPSec 通过加密算法使只有真正的接收方才能获取真正的发送内容，而他人无法获知数据的真正内容。

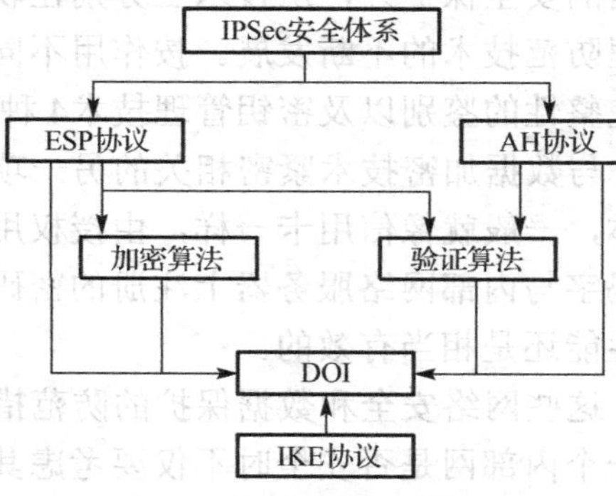

图 3-4 IPSec 体系结构

IPSec 体系结构如图 3-4 所示。

AH 为 IP 数据包提供如下 3 种服务：

- 数据完整性验证：通过哈希函数（如 MD5）产生的校验来保证。
- 数据源身份认证：通过在计算验证码时加入一个共享密钥来实现。
- 防重放攻击：AH 报头中的序列号可以防止重放攻击。

ESP 除了为 IP 数据包提供 AH 已有的 3 种服务外，还提供另外两种服务。

- 数据包加密：对一个 IP 包进行加密，可以是对整个 IP 包，也可以只加密 IP 包的载荷部分，一般用于客户端计算机。
- 数据流加密：一般用于支持 IPSec 的路由器，源端路由器并不关心 IP 包的内容，对整个 IP 包进行加密后传输，目的端路由器将该包解密后将原始包继续转发。

加密是 ESP 的基本功能，而数据源身份认证、数据完整性验证以及防重放攻击都是可选的。

IPSec 运行模型：

- 传输模式（Transport Mode）：传输模式要保护的是 IP 包的载荷，通常情况下，只用于两台主机之间的安全通信。
- 隧道模式（Tunnel Mode）：隧道模式保护的是整个 IP 包。通常情况下，只要 IPSec 双方有一方是安全网关或路由器，就必须使用隧道模式。

4．安全网关 UTM（Unified Threat Management）

（1）概念

安全网关（Unified Threat Management）简称 UTM，2004 年 9 月，IDC 首度提出“统一威胁管理”的概念，即将防病毒、入侵检测和防火墙安全设备划归为统一威胁管理 UTM（Unified Threat Management）新类别。IDC 将防病毒、防火墙和入侵检测等概念融合到被称为统一威胁管理的新类别中，该概念引起了业界的广泛重视，并推动了以整合式安全设备为代表的市场细分的诞生。

由 IDC 提出的 UTM 是指由硬件、软件和网络技术组成的具有专门用途的设备，它主要提供一项或多项安全功能，将多种安全特性集成于一个硬设备里，构成一个标准的统一管理平台。从这个定义上来看，IDC 既提出了 UTM 产品的具体形态，又涵盖了更加深远的逻辑范畴。从定义的前半部分来看，众多安全厂商提出的多功能安全网关、综合安全网关、一体化安全设备等产品都可被划归到 UTM 产品的范畴；而从后半部分来看，UTM 的概念还体现出在信息产业经过多年发展之后，对安全体系的整体认识和深刻理解。

目前，UTM 常定义为由硬件、软件和网络技术组成的具有专门用途的设备，它主要提供一项或多项安全功能，同时将多种安全特性集成于一个硬件设备里，形成标准的统一威胁管理平台。UTM 设备应该具备的基本功能包括网络防火墙、网络入侵检测/防御和网关防病毒功能。

虽然 UTM 集成了多种功能，但却不一定要同时开启。根据不同用户的不同需求以及不同的网络规模，UTM 产品分为不同的级别。也就是说，如果用户需要同时开启多项功能，则需要配置性能比较高、功能比较丰富的产品。

（2）基本特点

① 建一个更高、更强、更可靠的墙，除了传统的访问控制之外，防火墙还应该对防垃圾邮件、拒绝服务、黑客攻击等这样的一些外部的威胁起到综合检测网络全协议层防御的作用。真正的安全不能只停留在底层，还需要构成治理的效果，能实现七层协议保护，而不仅仅局限于二到四层。

② 要有高检测技术来降低误报。作为一个串联接入的网关设备，一旦误报过高，对用

户来说是一个灾难性的后果，IPS 就是一个典型例子。采用高技术门槛的分类检测技术可以大幅度降低误报率，因此，针对不同的攻击，应采取不同的检测技术有效整合可以显著降低误报率。

③ 要有高可靠、高性能的硬件平台支撑。对于UTM时代的防火墙，在保障网络安全的同时，也不能成为网络应用的瓶颈，防火墙/UTM 必须以高性能、高可靠性的专用芯片及专用硬件平台为支撑，以避免 UTM 设备在复杂的环境下其可靠性和性能不佳带来的对用户核心业务正常运行的威胁。

（3）企业在上网过程中存在的安全隐患

① 计算机受病毒的困扰。

互联网上充斥着大量病毒，没有严格的防护系统很容易感染，感染病毒后有可能损坏计算机软硬件，或造成企业重要机密泄露。

② 频频遭遇网络攻击。

公司没有建立完善的防网络攻击系统，办公系统一旦遭到攻击，轻者影响网络速度，重者致系统瘫痪，重要文件丢失。

③ 垃圾邮件困扰。

办公邮箱大量充斥垃圾邮件，占用邮件存储空间，有可能耽误重要文件接收，造成损失。

④ 防护系统脆弱。

公司虽已有网络安全防护系统，但一般不支持双机热备功能，一旦防护系统本身出现掉电或损坏，网络系统将顿时变得不堪一击。

⑤ 办公场所分散，沟通不安全。

公司在多地拥有办公场所，分公司、办事处或出差工作人员查找公司的内部资料、办公 OA、ERP 系统、CRM 系统等资源时触及安全问题，信息不加密容易被竞争对手破解。

3.2 安全设备基本介绍

1. 物理安全

针对重要信息可能通过电磁辐射或线路干扰等泄露的问题，需要对存放绝密信息的机房进行必要的设计，如构建屏蔽室；采用辐射干扰机，防止电磁辐射泄露机密信息；对存有重要数据库且有实时性服务要求的服务器必须采用 UPS 不间断稳压电源，且数据库服务器采用双机热备份、数据迁移等方式保证数据库服务器实时对外部用户提供服务并且能快速恢复。

2. 系统安全

对于操作系统的安全防范可以采取如下策略：尽量采用安全性较高的网络操作系统并进行必要的安全配置；关闭一些不常用却存在安全隐患的应用；对一些关键文件（如 UNIX 下：/.rhost、etc/host、passwd、shadow、group 等）使用权限进行严格限制；加强口令字的使用；及时给系统打补丁；系统内部的相互调用不对外公开。

在应用系统安全上，主要考虑身份鉴别和审计跟踪记录。这必须加强登录过程的身份认证，通过设置复杂些的口令，确保用户使用的合法性；其次应该严格限制登录者的操作权限，将其完成的操作限制在最小的范围内。充分利用操作系统和应用系统本身的日志功能，对用户所访问的信息做记录，为事后审查提供依据。采用的入侵检测系统可以对进出网络的所有访问进行很好地监测、响应并作记录。

3．防火墙

众所周知，Internet 上信息传输的基本单位是数据包，所有的 Internet 通信都是通过数据包交换来完成的，而每个数据包都包含一个目标 IP 地址、端口号，以及源 IP 地址和端口号，其中 IP 地址与 Internet 上一台计算机对应，而端口号则和机器上的某种服务或会话相关联。

防火墙就是用一段“代码墙”把计算机和 Internet 分隔开，它时刻检查出入防火墙的所有数据包，决定拦截或是放行这个数据包。通俗地讲，防火墙就像是设在局域网与外界之间的哨卡，所有出入网络的信息都要途经防火墙，接受防火墙的“盘查”，防火墙只会给“榜上有名”的数据“放行”。

防火墙最基本的功能就是隔离网络，通过将网络划分成不同的区域，相对于不同的区域，制定出不同的访问控制策略，进而可以控制对于不同信任程度区域之间的数据传送。在内部局域网和外部网络之间形成一道虚拟的保护网，在网络与网络之间建设一个网关，从而保护局域网免于被外界未授权的访问入侵，造成资料损失。它可以是一种硬件、固件或者软件，例如，专用防火墙设备就是硬件形式的防火墙，包过滤路由器是嵌有防火墙固件的路由器，而代理服务器等软件就是软件形式的防火墙。这也对应了防火墙的两种实现机制，一种是拦阻传输流通行机制，另一种是允许传输流通过机制，即网络层防火墙和应用层防火墙。网络层防火墙是在两个网络进行通信时执行的一种访问控制的限制，被它所允许的数据流才能进入，而被它拒绝的数据流则不能进入。这样的话可以最大限度地阻止黑客来侵入，以达到网络安全的目的。网络层防火墙，可以通过对传输的 IP 数据包包头信息进行分析与过滤，所以也称为包过滤防火墙。应用层防火墙一般是运行代理服务器的主机，所以它不允许传输流在网络之间直接传输，经过对传输流的审计来进行记录。

（1）使用防火墙的优越性

防火墙作为屏障，可以时刻抗击来自各种线路的攻击，阻止非法用户侵入内部网，限定局域网访问 Web 站点和 Internet 服务权限；时刻监视网络安全，受到攻击时产生报警；对通过的信息记录在册，使用户对黑客的攻击能“有案可查”；防火墙一般有路由器功能，采用的 NAT（网络地址转换）技术可使整个局域网对外只占用一个 IP 地址，节约了 IP 地址资源；防火墙具有出色的审计功能。假使有足够的磁盘空间，那么能够存录所有经过的网络流。

（2）防火墙的种类

防火墙从诞生到现在，已经历了 4 个发展阶段：基于路由器的防火墙，用户化的防火墙工具套，建立在通用操作系统上的防火墙，具有安全操作系统的防火墙。目前常见的防火墙属于具有安全操作系统的防火墙，如 NETEYE、NETSCREEN、TALENTIT 等。

如果从结构上来分，防火墙有两种：代理主机结构和路由器加过滤器结构，后一种结构为内部网络过滤器（Filter）→路由器（Router）→Internet。

如果从原理上来分，防火墙则可以分成 4 种类型：特殊设计的硬件防火墙、数据包过滤型防火墙、电路级网关防火墙和应用级网关型防火墙。安全性能高的防火墙系统都是组合运用多种类型防火墙，构筑多道防火墙“防御工事”。

特殊设计的硬件防火墙是基于硬件，性能最强，是防火墙中的“极品”，一般采用专门芯片。它采用的技术称为“状态检查”，与包过滤类似，首先在网络层拦截数据包，然后检查数据包，把该数据包与良性数据包已知状态进行比较，放过合格的数据包。数据包过滤型即前面所说的网络层防火墙。电路级网关用来监控受信任的客户或服务器与不受信任的主机间的 TCP 握手信息，这样来决定该会话是否合法，电路级网关是在 OSI 模型中会话层上来过滤数据包，这样比包过滤防火墙要高两层。另外，电路级网关还提供一个重要的安全功能：网络地址转移（NAT）将所有公司内部的 IP 地址映射到一个“安全”的 IP 地址，这个地址是由防火墙使用的。电路级网关的主要特点是可以为多种不同的协议提供服务，并且适合使用在多种多样的网络电信环境中。应用级网关可以工作在 OSI 七层模型的任一层上，能够检查进出的数据包，通过网关复制传递数据，防止在受信任服务器和客户机与不受信任的主机间直接建立联系。应用网关型防火墙是指在网关上执行一些特定的应用程序和服务器程序，以实现协议过滤和转发功能，能针对特别的网络应用协议制定数据过滤逻辑，是基于软件的防火墙，当内部网络的某客户机向外部网络发出 FTP 远程连接请求时，应用网关在网络和外部网络建立一道逻辑屏障，如果应用网关检查客户机的这个连接符合指定的要求时，客户机的真实请求就可以由应用网关实现协议转换建立一条内部主机和远程主机的逻辑连接。

4．加密

VPN 业务的类型有以下三种。

（1）拨号 VPN 业务（VPDN）

VPDN 是基于拨号接入（PSTN、ISDN）的虚拟专用拨号网业务，可用于跨地域集团企业内部网、专业信息服务提供商专用网、金融大众业务网、银行存取业务网等业务。

VPDN 采用专用的网络安全和通信协议，可以使企业在公共网络上建立相对安全的虚拟专网。VPN 用户可以经过公共网络，通过虚拟的安全通道和用户内部的用户网络进行连接，而公共网络上的用户则无法穿过虚拟通道访问用户网络内部的资源。

适用范围：地点分散、在各地有分支机构、移动人员特别多的用户，例如，企业用户、远程教育用户以及 163 固话拨号用户。

（2）专线 VPN 业务

专线 VPN 业务是指为客户提供各种速率的固定 IP 链路（主要提供传输速率为 2Mb/s 及以上速率），直接连接城域网，为用户分配固定 IP 地址，实现方便快捷的高速互联网上网服务。

专线 VPN 业务以光纤接入方式为主，按照客户需求可提供更高速率的专线接入，主要有 10Mb/s、10Mb/s～100Mb/s 及 100Mb/s 以上。

业务特点：

- 宽带上网不用电话线而使用专门的网线（RJ45 接口），有充分的带宽保证；
- 上网带宽的扩充升级非常方便；
- 采用与电话线完全独立的网线来传输数据；
- 超高速上网，比传统 Modem 拨号上网快数十倍；
- 上下行速率对称，无论上传和下载均可保证高速宽带；

- 可顺利进行在线电影收看、视频会议和宽带电话等多媒体业务；
- 可以多机共享，一线上网。

（3）MPLS 的 VPN 业务

MPLS-VPN 专线业务是基于宽带 IP 网络，采用 MPLS（多协议标记交换）技术，在公共 IP 网络上构建企业 IP 专网，实现数据、语音、图像多业务宽带连接，并结合差别服务、流量工程等相关技术，为用户提供高质量的服务。

适用客户：有全国组网需求的集团用户、跨国型企业、驻华外资企业机构和办事处等，尤其适用于商务活动频繁、数据通信量大、对网络依靠程度较高、分支机构多的企事业单位，如贸易行业、制造业、政府分支机构、金融保险、新闻机构等。

业务特点：

- 高可靠性：构建于 CNCnet 之上，拥有很高的带宽和传输速率，从设备、线路和路由都有冗余保护措施，网络可靠性达到 99.99%。
- 高安全性：由于 CNCnet 的 MPLS 实现对用户透明，用户还可以采用其他已有的手段，如设置防火墙、采用数据安全加密等手段，进一步提高安全性。
- 强大的扩展性：网络中可以容纳的 VPN 数目很大，同一 VPN 中的用户很容易扩充。
- 多业务的融合：提供了数据、语音和视频相融合的能力。
- 灵活的控制策略：可以制定特殊的控制策略，满足不同用户的特殊要求，实现增值服务。
- 强大的管理功能：采用集中管理的方式，业务配置与调度统一平台。
- 低廉的费用：为用户在享受优质服务的同时，在多方面节省费用。
- 优质服务：MPLS-VPN 采用多种技术来保证用户的服务质量（QoS）和服务级别（CoS）。此外，还利用 MPLS 实施流量工程来对全网流量进行优化。
- 服务级别协定（SLA）：提供 MPLS-VPN 服务时，根据与用户协商与服务质量相关的网络参数，签订关于服务质量的合同。

受理方式：MPLS-VPN 专线业务由于涉及建设成本、接入方案等环节，因此一般不在营业前台受理，若有此类业务的申请需求，请与当地业务管理部门直接沟通，洽谈租用事项。

移动互联网络VPN 业务应能为用户提供拨号 VPN、专线 VPN 服务，并应考虑 MPLS-VPN 业务的支持与实现。

VPN 业务一般由以下几部分组成：①业务承载网络；②业务管理中心；③接入系统；④用户系统。

一般认为实现电信级的加密传输功能用支持 VPN 的路由设备实现是现阶段最可行的办法。

5. 安全评估系统

网络系统存在安全漏洞（如安全配置不严密等）、操作系统安全漏洞等是黑客等入侵者攻击屡屡得手的重要因素。并且，随着网络的升级或新增应用服务，网络也许会出现新的安全漏洞。因此必须配备网络安全扫描系统和系统安全扫描系统检测网络中存在的安全漏洞，并且要经常使用，对扫描结果进行分析审计，及时采取相应的措施填补系统漏洞，对网络设备等存在的不安全配置重新进行安全配置。

6. 入侵检测系统

在许多人看来，有了防火墙，网络就安全了，就可以高枕无忧了。其实，这是一种错误的认识，防火墙是实现网络安全最基本、最经济、最有效的措施之一。防火墙可以对所有的访问进行严格控制（允许、禁止、报警）。但它是静态的，而网络安全是动态的、整体的，黑客有无数的攻击方法，防火墙不是万能的，不可能完全防止这些有意或无意的攻击。必须配备入侵检测系统，对透过防火墙的攻击进行检测并做相应反应（记录、报警、阻断）。入侵检测系统和防火墙配合使用，这样可以实现多重防护，构成一个整体的、完善的网络安全保护系统。

7. 防病毒系统

针对防病毒危害性极大并且传播极为迅速的问题，必须配备从服务器到单机的整套防病毒软件，防止病毒入侵主机并扩散到全网，实现全网的病毒安全防护。并且由于新病毒的出现比较快，所以要求防病毒系统的病毒代码库的更新周期必须比较短。

8. 数据备份系统

安全不是绝对的，没有哪种产品可以做到百分之百的安全，但用户许多数据需要绝对的保护。最安全的、最保险的方法是对重要数据信息进行安全备份，通过网络备份与灾难恢复系统进行定时自动备份数据信息到本地或远程的磁带上，并把磁带与机房隔离保存于安全位置。如果遇到系统严重受损时，可以利用灾难恢复系统进行快速恢复。

9. 安全管理体制

安全体系的建立和维护需要有良好的管理制度和很高的安全意识来保障。可以通过安全常识培训来提高安全意识，行为的约束只能通过严格的管理体制，并利用法律手段来实现。因此必须在电信部门系统内根据自身的应用与安全需求，制定安全管理制度并严格执行，并通过安全知识及法律常识的培训，加强整体员工的自身安全意识及防范外部入侵的安全技术。

10. 电路层网关

电路层网关是一种仅依赖于 TCP 连接、简单进行中继的硬件设备，并不对通过的信息进行任何审查、过滤或协议管理，其主要作用是隐藏内部要保护网络的 IP 地址等信息，一般被安装在代理服务器与内部网主机之间，使代理服务器增强为混合网关。它对进入网络的信息进行应用层安全检查或代理服务，而让内部网透明访问 Internet，如果用户要求内部不能泄密就不能安装电路层网关。

11. 包过滤型防火墙（固件防火墙）

包过滤型防火墙是嵌有防火墙固件的路由器，可以对数据包进行过滤。它在 OSI 的 3、4 层按事先制定好的过滤条件对数据包中的信息（源地址、目的地址、所用端口等）进行检查，让合格的数据通过，过滤分为与服务相关与无关两种方式。

包过滤型防火墙可以实现网络层安全，对用户和应用透明。通过它的信息都无须先进行用户名、口令的登录，由于它对流量的影响较小，在使用时你不会感到它的存在。它配置简单方便、价格低廉，一般用于局域网的第一道防线。

12. 实验设备 H3C SecPath UTM 200-S 简介

图 3-5　设备 H3C SecPath UTM 200-S

H3C SecPath U200-S 是 H3C 公司面向中小型企业/分支机构设计的新一代 UTM 设备，采用高性能的多核、多线程安全平台，保障全部安全功能开启时不降低性能，产品具有极高的性价比。在提供传统防火墙、VPN 功能基础上，同时提供病毒防护、漏洞攻击防护、P2P/IM 应用层流量控制和用户行为审计等安全功能。

H3C 公司的 SecPath U200-S 不仅能够全面有效地保证用户网络的安全，还支持 SNMP 和 TR-069 网管方式，最大化减少设备运营成本和维护复杂性。

H3C SecPath UTM（United Threat Management，统一威胁管理）采用高性能的多核、多线程安全平台，保障全部安全功能开启时不降低性能，产品具有极高的性价比。

SecPath U200 系列是 H3C SecPath 防火墙家族的成员之一，在提供传统防火墙、VPN 功能的基础上，同时提供病毒防护、URL 过滤、漏洞攻击防护、垃圾邮件防护、P2P/IM 应用层流量控制和用户行为审计等安全功能。

H3C 公司的 SecPath UTM 产品不仅能够全面有效地保证用户网络的安全，还支持 SNMP 和 TR-069 网管方式，最大化减少设备运营成本和维护复杂性。

该设备具有如下功能。

（1）市场领先的安全防护功能

① 完善的防火墙功能。提供安全区域划分、静态/动态黑名单功能、MAC 和 IP 绑定、访问控制列表（ACL）和攻击防范等基本功能，还提供基于状态的检测过滤、虚拟防火墙、VLAN 透传等功能。能够防御 ARP 欺骗、TCP 报文标志位不合法、Large ICMP 报文、CC、SYN flood、地址扫描和端口扫描等多种恶意攻击。

② 丰富的 VPN 特性。支持 L2TP VPN、GRE VPN、IPSec VPN 等远程安全接入方式，同时设备集成硬件加密引擎实现高性能的 VPN 处理。

③ 实时的病毒防护。采用 Kaspersky 公司的流引擎查毒技术，从而迅速、准确查杀网络流量中的病毒等恶意代码。

④ 实时的垃圾邮件防护。可以拦截垃圾邮件，净化邮件系统，解决垃圾邮件对正常工作的干扰问题。

⑤ 先进的 URL 过滤。实现基于用户的 URL 访问控制，防止因浏览恶意或未授权的网站（如网络钓鱼攻击网站）而带来的安全威胁。

⑥ 全面的流量管理。能精确检测 BitTorrent、Thunder（迅雷）、QQ 等 P2P/IM 应用，提供告警、限速、干扰或阻断等多种方式，保障网络核心业务正常应用。

⑦ 细致的行为审计。可对各种 P2P/IM、网络游戏、邮件和数据传输等行为提供细致的监控和记录，实现细粒度的网络行为审计管理。

⑧ NAT 应用。提供多对一、多对多、静态网段、双向转换、Easy IP 和 DNS 映射等 NAT 应用方式；支持多种应用协议正确穿越 NAT，提供 DNS、FTP、H.323、NBT 等 NAT ALG 功能。

（2）电信级设备高可靠性

① 采用 H3C 公司拥有自主知识产权的软、硬件平台。产品应用从电信运营商到中小

企业用户，经历了多年的市场考验。

② 支持双机状态热备功能，支持 Active/Active 和 Active/Passive 两种工作模式，实现负载分担和业务备份。

③ 36 年的平均无故障时间（MTBF）。

（3）智能图形化的管理

① 简单易用的 Web UI 管理。

② 支持基于 SNMP 和 TR-069 协议的管理。

③ 通过 H3C UTM 管理软件实现统一管理。

④ 通过 H3C SecCenter 安全管理中心实现统一管理。

3.3 局域网内网络设备安全

1. 实验目的

掌握设备接入层面、管理层面以及 ARP 层面的安全防护方法，完成网络接入层面的安全防护：交换机端口安全实验（端口隔离、端口 MAC 地址学习、IP+MAC+端口绑定）和 ARP 安全防护（DHCP Snooping 实验）。

2. 实验拓扑（图 3-6～图 3-8）

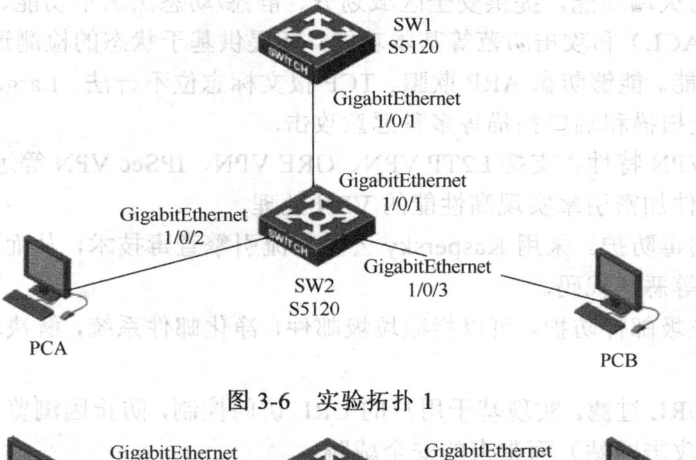

图 3-6 实验拓扑 1

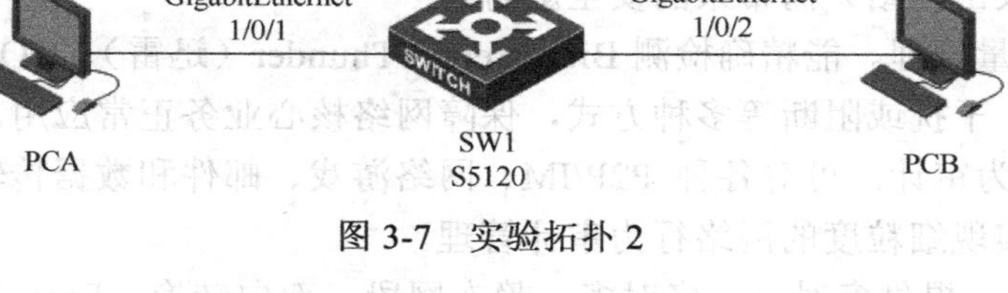

图 3-7 实验拓扑 2

3. 实验设备

在实验拓扑图 1 中，涉及的实验设备有两台 PC、两台 S5120-28SC-H 交换机，其中 PCA 连接 SW1 的 GigabitEthernet1/0/2 口，PCB 连接 SW1 的 GigabitEthernet1/0/3 口，SW1 的 GigabitEthernet1/0/1 口与 SW2 的 GigabitEthernet1/0/1 口相连。

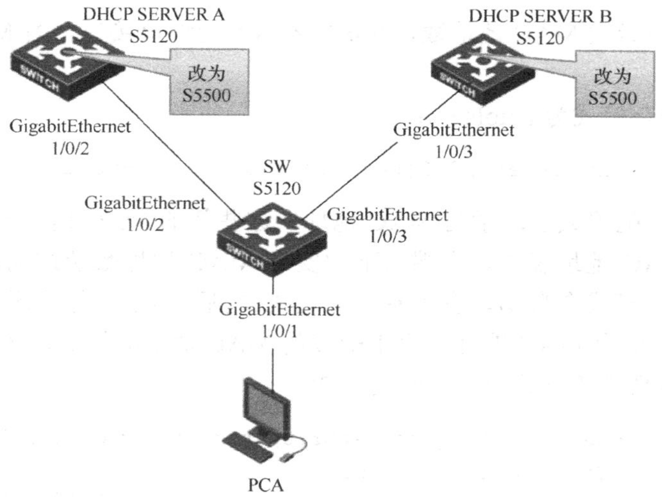

图 3-8　实验拓扑 3

在实验拓扑图 2 中，涉及的实验设备有两台 PC、一台 S5120-28SC-H 交换机，其中 PCA 连接 SW1 的 GigabitEthernet1/0/1 口，PCB 连接 SW1 的 GigabitEthernet1/0/2 口。

在实验拓扑图 3 中，涉及的实验设备有一台 PC、一台 S5120-28SC-H 交换机、两台 S5500 交换机。其中 PCA 接 SW 的 GigabitEthernet1/0/1 口，SW 的 GigabitEthernet1/0/2 口连接 DHCP SERVER A 的 GigabitEthernet1/0/2 口，SW 的 GigabitEthernet1/0/3 口连接 DHCP SERVER B 的 GigabitEthernet1/0/3 口。

4. 实验步骤

1）端口安全实验

实验拓扑图如图 3-6 所示，先将实验所需的设备准备好，但不要连线，如果有请断开连线。

（1）设置端口安全

① 执行“port-security enable”命令开启端口安全功能：

```
[SW1]port-security enable           //启动端口安全功能
Please wait................................ Done.
```

② 设置老化时间为 30 分钟：

```
[SW1] port-security timer autolearn aging 30
```

动态安全 MAC 地址的老化时间，取值范围为 0～129600，单位为分钟，取值为 0 表示不会老化。

③ 打开入侵检测 Trap 开关：

```
[SW1] port-security trap intrusion
```

port-security trap 命令用来打开指定告警信息的发送开关，intrusion：发现非法报文告警。

④ 设置端口允许的最大地址数为 3：

```
[SW1]interface GigabitEthernet1/0/1
[SW1-GigabitEthernet1/0/1]port-security max-mac-count 3
```

接口可以学习的最大 MAC 地址数，为 0 即表示不允许该接口学习 MAC 地址，取值范围为 0～4096。

⑤ 设置端口安全模式为 autolearn：

```
[SW1-GigabitEthernet1/0/1]port-security port-mode autolearn
```

端口可通过手工配置或自动学习 MAC 地址。这些新的 MAC 地址被称为安全 MAC，并被添加到安全 MAC 地址表中，当端口下的安全 MAC 地址数超过端口安全允许的最大 MAC 地址数后，端口模式会自动转变为 secure 模式。之后，该端口停止添加新的安全 MAC，只有源 MAC 地址为安全 MAC 地址，手工配置的 MAC 地址的报文，才能通过该端口。

⑥ 触发入侵检测后暂时关闭端口时间为 30：

```
[SW1-GigabitEthernet1/0/1]port-security intrusion-mode disableport-temporarily
[SW1-GigabitEthernet1/0/1]quit
[SW1]port-security timer disableport 30 //配置系统暂时关闭端口连接的时间
```

（2）执行“display port-security interface GigabitEthernet1/0/1”命令，查看端口安全配置情况，结果如图 3-9 所示。

```
[SW1]display port-security interface GigabitEthernet 1/0/1
 Equipment port-security is enabled
 Intrusion trap is enabled
 AutoLearn aging time is 30 minutes
 Disableport Timeout: 30s
 OUI value:

 GigabitEthernet1/0/1 is link-down
   Port mode is autoLearn
   NeedToKnow mode is disabled
   Intrusion Protection mode is DisablePortTemporarily
   Max MAC address number is 3
   Stored MAC address number is 0
   Authorization is permitted
   Security MAC address learning mode is sticky
   Security MAC address aging type is absolute
```

图 3-9　查看端口安全配置情况

从图中可以看出端口模式是 autoLearn。

（3）进入接口，执行“display this”命令查看接口配置，如图 3-10 所示。

```
[SW1]interface GigabitEthernet 1/0/1
[SW1-GigabitEthernet1/0/1]display this
#
interface GigabitEthernet1/0/1
 port link-mode bridge
 port-security max-mac-count 3
 port-security port-mode autolearn
 port-security intrusion-mode disableport-temporarily
#
return
```

图 3-10　SW1 GigabitEthernet1/0/1 接口下的配置

（4）发现还未开始学习到 MAC 地址，此时将 SW1 和 SW2 的 GigabitEthernet1/0/1 端口连接，将 PCA 与 SW2 的 GigabitEthernet1/0/2 端口连接，再进接口查看配置，如图 3-11 所示。

```
interface GigabitEthernet1/0/1
 port link-mode bridge
 port-security max-mac-count 3
 port-security port-mode autolearn
 port-security intrusion-mode disableport-temporarily
 port-security mac-address security sticky dc0e-a1e4-b77e vlan 1
 port-security mac-address security sticky 586a-b1cd-c3bc vlan 1
 port-security mac-address security sticky 586a-b1cd-c3c1 vlan 1
#
```

图 3-11　连接交换机接口后再次查看接口下配置

发现学习到了 3 个 MAC 地址，此时再查看端口模式，如图 3-12 所示：

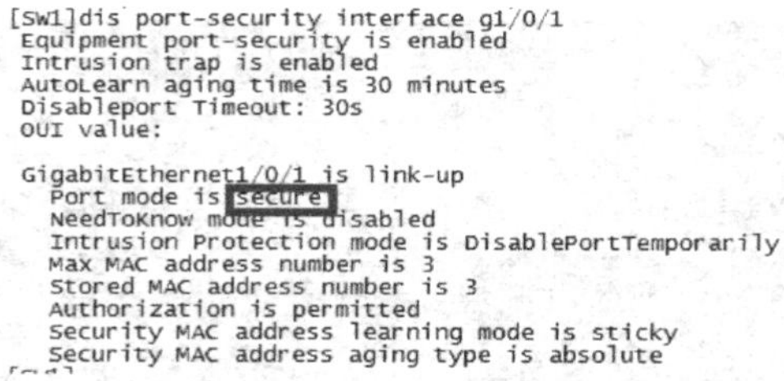

```
[Sw1]dis port-security interface g1/0/1
 Equipment port-security is enabled
 Intrusion trap is enabled
 AutoLearn aging time is 30 minutes
 Disableport Timeout: 30s
 OUI value:

 GigabitEthernet1/0/1 is link-up
   Port mode is secure
   NeedToKnow mode is disabled
   Intrusion Protection mode is DisablePortTemporarily
   Max MAC address number is 3
   Stored MAC address number is 3
   Authorization is permitted
   Security MAC address learning mode is sticky
   Security MAC address aging type is absolute
```

图 3-12　连接交换机接口后再次查看端口模式

从图中可以看出端口模式变成了 secure。

（5）此时如果将 PCB 与 SW2 的 GigabitEthernet1/0/3 端口连接，即 MAC 地址学习上限，触发入侵保护可以看到如图 3-13 所示信息。

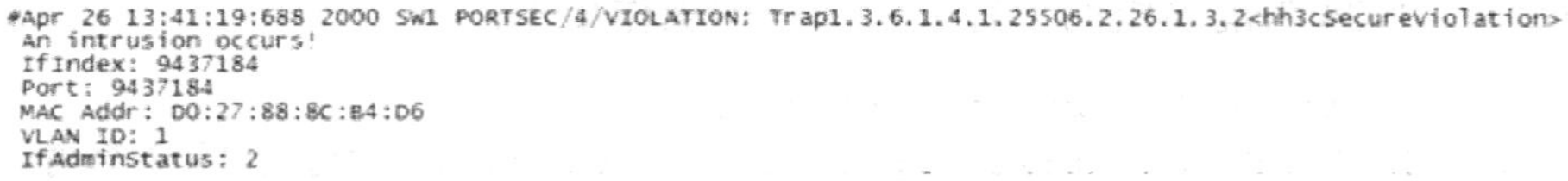

```
#Apr 26 13:41:19:688 2000 Sw1 PORTSEC/4/VIOLATION: Trap1.3.6.1.4.1.25506.2.26.1.3.2<hh3cSecureViolation>
 An intrusion occurs!
 IfIndex: 9437184
 Port: 9437184
 MAC Addr: D0:27:88:8C:B4:D6
 VLAN ID: 1
 IfAdminStatus: 2
```

图 3-13　MAC 地址学习上限触发入侵保护系统信息

执行“display interface GigabitEthernet1/0/1”命令查看 GigabitEthernet1/0/1 详细信息，发现端口安全将此端口关闭，如图 3-14 所示。

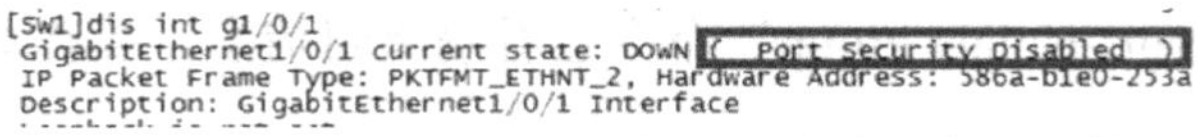

```
[Sw1]dis int g1/0/1
 GigabitEthernet1/0/1 current state: DOWN ( Port Security Disabled )
 IP Packet Frame Type: PKTFMT_ETHNT_2, Hardware Address: 586a-b1e0-253a
 Description: GigabitEthernet1/0/1 Interface
```

图 3-14　端口安全将端口关闭示意图

30 秒后再次查看，发现端口已自动开启，如图 3-15 所示。

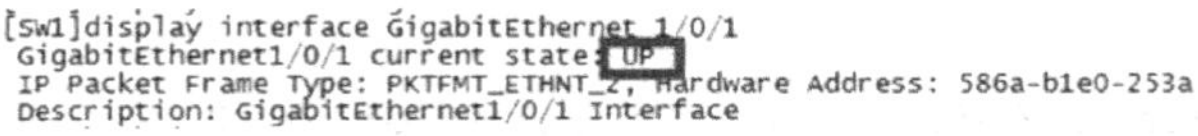

```
[Sw1]display interface GigabitEthernet 1/0/1
 GigabitEthernet1/0/1 current state: UP
 IP Packet Frame Type: PKTFMT_ETHNT_2, Hardware Address: 586a-b1e0-253a
 Description: GigabitEthernet1/0/1 Interface
```

图 3-15　端口自动开启示意图

如果需要让端口状态从 secure 回到 autoLearn 能重新学习 MAC 地址，手动删除几条安全 MAC 即可。

“port-security mac-address security”命令用来添加安全 MAC 地址。“undo port-security mac-address security”命令用来删除匹配的安全 MAC 地址。

2）端口隔离实验

实验拓扑图如图 3-7 所示。

（1）给 PCA 和 PCB 配置 IP 地址，如图 3-16 和图 3-17 所示，PCA 的 IP 地址为 172.16.0.1/24，PCB 的 IP 地址为 172.16.0.2/24。

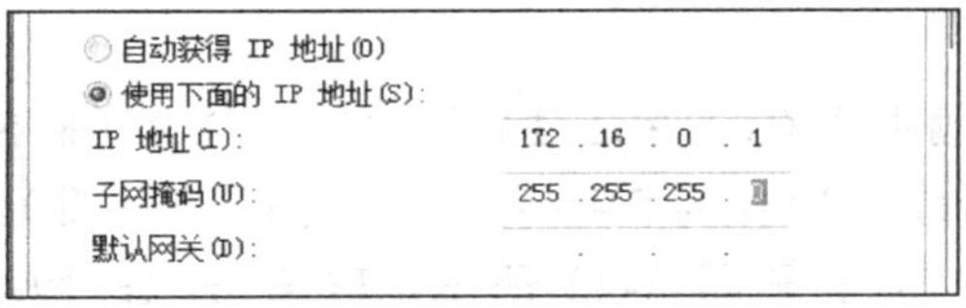

图 3-16　PCA 的 IP 地址信息

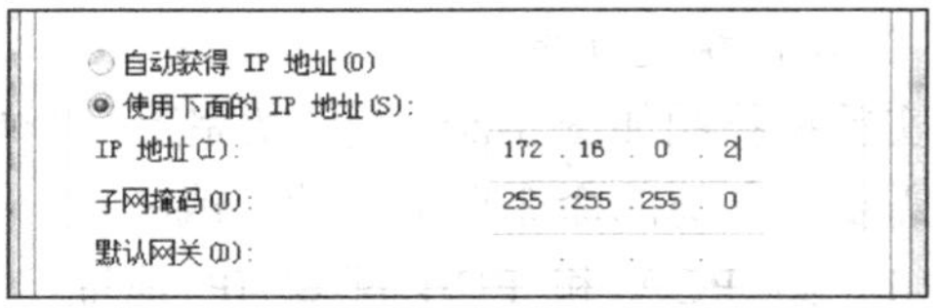

图 3-17　PCB 的 IP 地址信息

（2）在 PCA 上 Ping PCB 的地址，结果图如图 3-18 所示，可以 Ping 通。

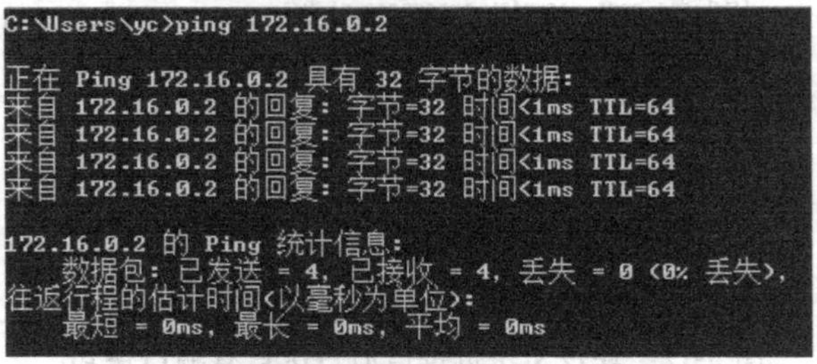
```
C:\Users\yc>ping 172.16.0.2

正在 Ping 172.16.0.2 具有 32 字节的数据:
来自 172.16.0.2 的回复: 字节=32 时间<1ms TTL=64
来自 172.16.0.2 的回复: 字节=32 时间<1ms TTL=64
来自 172.16.0.2 的回复: 字节=32 时间<1ms TTL=64
来自 172.16.0.2 的回复: 字节=32 时间<1ms TTL=64

172.16.0.2 的 Ping 统计信息:
    数据包: 已发送 = 4, 已接收 = 4, 丢失 = 0 (0% 丢失),
往返行程的估计时间(以毫秒为单位):
    最短 = 0ms, 最长 = 0ms, 平均 = 0ms
```

图 3-18　PCA Ping PCB 结果图

（3）在交换机上启用端口隔离

① 设置 GigabitEthernet1/0/1 和 GigabitEthernet1/0/2 为隔离组的普通端口，GigabitEthernet1/0/24 为隔离组的上行端口，具体操作如下：

```
[SW1]interface GigabitEthernet1/0/2
[SW1-GigabitEthernet1/0/1]port-isolate enable //将端口加入到隔离组中
[SW1-GigabitEthernet1/0/1]quit
[SW1]interface GigabitEthernet1/0/2
[SW1-GigabitEthernet1/0/2]port-isolate enable
[SW1-GigabitEthernet1/0/2]quit
```

② 执行“display port-isolate group”命令查看隔离组信息，操作如下：

```
[SW1]display port-isolate group
Port-isolate group information:
Uplink port support: NO
Group ID: 1
Group members:
GigabitEthernet1/0/1     GigabitEthernet1/0/2
```

从 display 命令中可以看出 GigabitEthernet1/0/1 和 GigabitEthernet1/0/2 已经加入了隔离组，此时再在 PCA 上 ping PCB 的地址，如图 3-19 所示，发现可以 Ping 通，端口隔离成功。

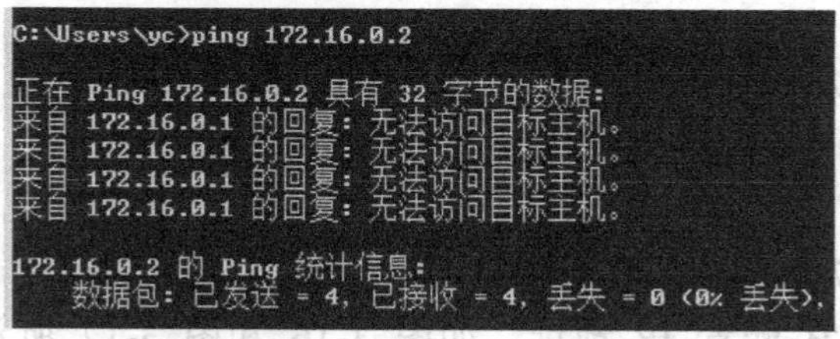
```
C:\Users\yc>ping 172.16.0.2

正在 Ping 172.16.0.2 具有 32 字节的数据:
来自 172.16.0.1 的回复: 无法访问目标主机。
来自 172.16.0.1 的回复: 无法访问目标主机。
来自 172.16.0.1 的回复: 无法访问目标主机。
来自 172.16.0.1 的回复: 无法访问目标主机。

172.16.0.2 的 Ping 统计信息:
    数据包: 已发送 = 4, 已接收 = 4, 丢失 = 0 (0% 丢失),
```

图 3-19　端口隔离配置下 PCA Ping PCB 结果图

3）端口绑定实验

实验拓扑图如图 3-20 所示(做完上一个端口隔离实验，如果还使用原来的那台交换机 SW1 做，需要将之前的命令全部清掉；或者换一台新的 5120 作为 SW2 做，实验拓扑图不变)。

（1）给 PCA 和 PCB 配置 IP 地址，如图 3-21 和图 3-22 所示，PCA 的 IP 地址为 172.16.0.1/24，PCB 的 IP 地址为 172.16.0.2。

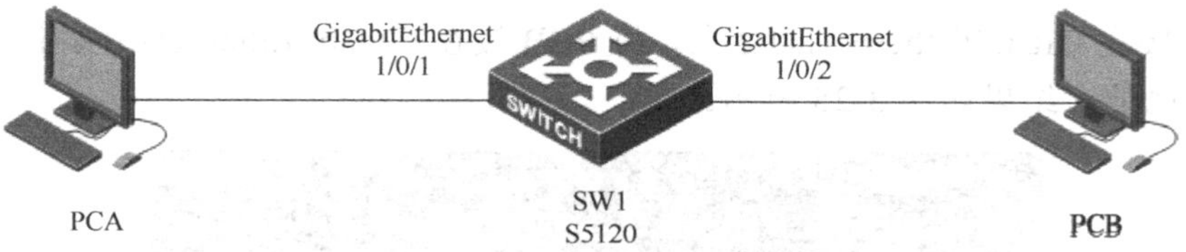

图 3-20 实验拓扑图

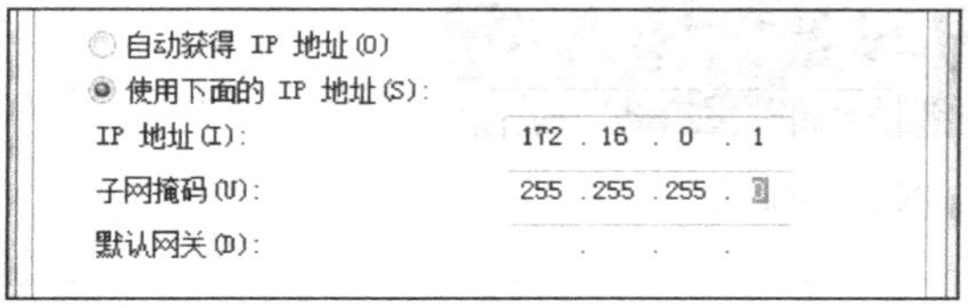

图 3-21 PCA 的 IP 地址信息

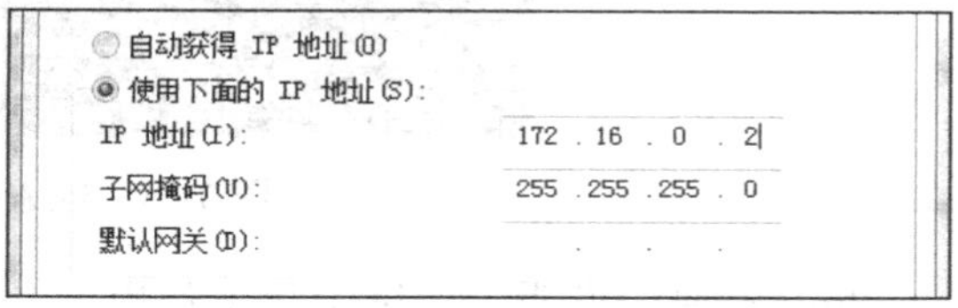

图 3-22 PCB 的 IP 地址信息

（2）在 PCA 上 Ping PCB 的地址，结果如图 3-23 所示，可以 Ping 通。

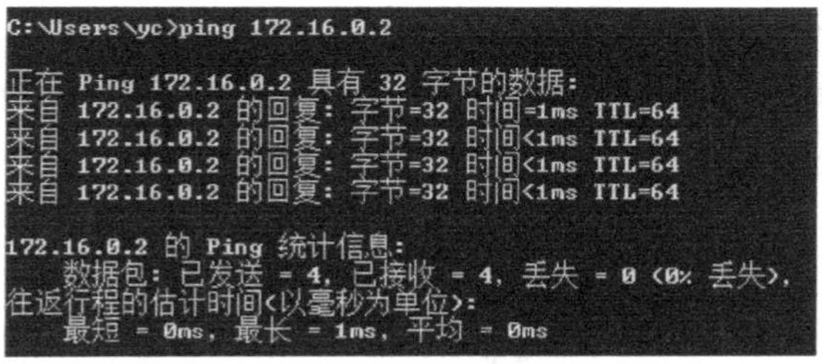

```
C:\Users\yc>ping 172.16.0.2

正在 Ping 172.16.0.2 具有 32 字节的数据:
来自 172.16.0.2 的回复: 字节=32 时间=1ms TTL=64
来自 172.16.0.2 的回复: 字节=32 时间<1ms TTL=64
来自 172.16.0.2 的回复: 字节=32 时间<1ms TTL=64
来自 172.16.0.2 的回复: 字节=32 时间<1ms TTL=64

172.16.0.2 的 Ping 统计信息:
    数据包: 已发送 = 4，已接收 = 4，丢失 = 0 (0% 丢失)，
往返行程的估计时间(以毫秒为单位):
    最短 = 0ms，最长 = 1ms，平均 = 0ms
```

图 3-23 PCA Ping PCB 结果图

（3）执行“display mac-address”命令，在 SW2 上查看连接端口的 MAC 地址，如图 3-24 所示。

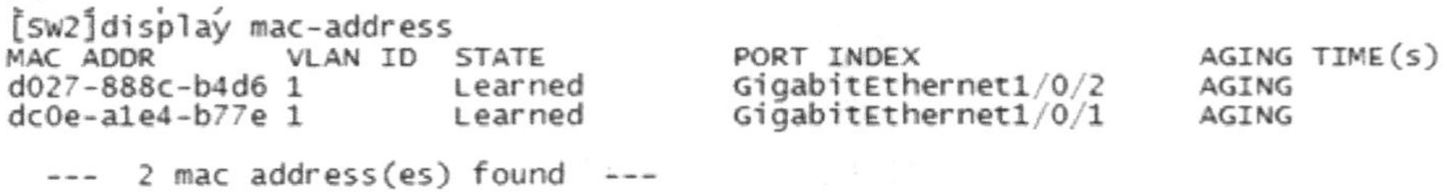

```
[SW2]display mac-address
MAC ADDR        VLAN ID  STATE          PORT INDEX               AGING TIME(s)
d027-888c-b4d6  1        Learned        GigabitEthernet1/0/2     AGING
dc0e-a1e4-b77e  1        Learned        GigabitEthernet1/0/1     AGING

  ---  2 mac address(es) found  ---
```

图 3-24 SW2 连接端口的 MAC 地址信息

（4）在 SW2 上配置端口绑定，具体操作如下：

```
[SW2]interface GigabitEthernet1/0/1
[SW2-GigabitEthernet1/0/1]ip verify source ip-address mac-address
//配置 IPv4 动态绑定功能，绑定源 IP 地址和 MAC 地址
[SW2-GigabitEthernet1/0/1]ip source binding ip-address 172.16.0.1 mac-address dc0e-a1e4-b77e
//配置端口的 IPv4 静态绑定表项，指定静态绑定表项的 IPv4 地址，指定静态绑定表项的 MAC 地址
[SW2-GigabitEthernet1/0/1]quit
[SW2]interface GigabitEthernet1/0/2
[SW2-GigabitEthernet1/0/2]ip verify source ip-address mac-address
[SW2-GigabitEthernet1/0/2]ip source binding ip-address 172.16.0.2 mac-address d027-888c-b4d6
[SW2-GigabitEthernet1/0/2]quit
```

将 PCA 接在 GigabitEthernet1/0/2 上，将 PCB 接在 GigabitEthernet1/0/1 上，在 PCA 上 Ping PCB 的地址，结果如图 3-25 所示。

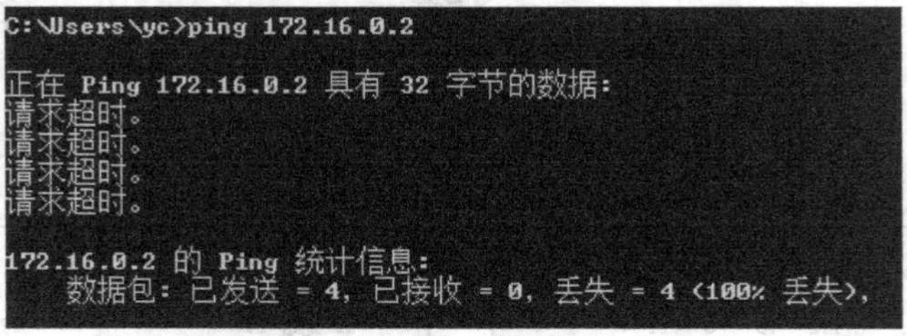

图 3-25　PCA Ping PCB 结果图

Ping 不通，说明端口绑定起了作用。

4）DHCP Snooping 实验

实验拓扑图如图 3-26 所示。

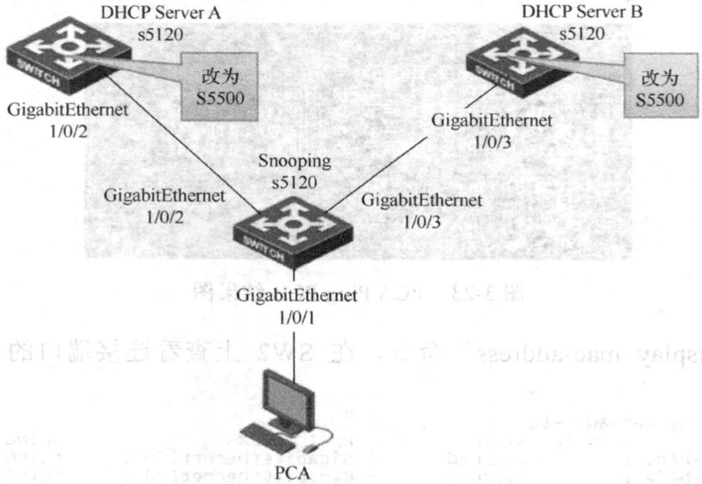

图 3-26　实验拓扑图

设备只有位于 DHCP 客户端与 DHCP 服务器之间，或 DHCP 客户端与 DHCP 中继之间时，DHCP Snooping 功能配置后才能正常工作；设备位于 DHCP 服务器与 DHCP 中继之间时，DHCP Snooping 功能配置后不能正常工作。

（1）将 PC 的地址改为自动获取，如图 3-27 所示。

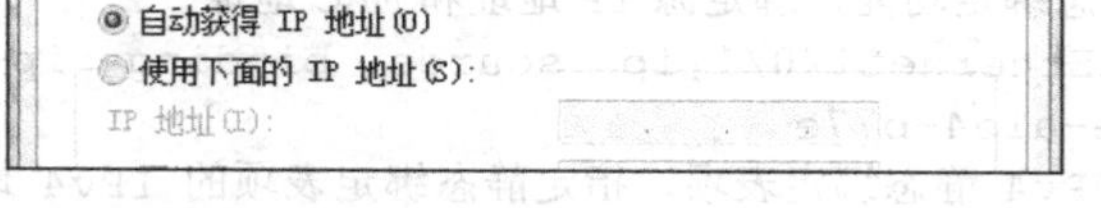

图 3-27　将 PC 的地址改为自动获取方式

给 DSA 和 DSB 相应接口配置 IP 地址，DSA 的 GigabitEthernet1/0/2 口地址为 172.16.0.1/24，DSB 的 GigabitEthernet1/0/3 口地址为 172.16.1.1/24。配置如下：

```
[DSA]interface GigabitEthernet1/0/2
[DSA-GigabitEthernet1/0/2]port link-mode route
```

```
[DSA-GigabitEthernet1/0/2]ip address 172.16.0.1 24
[DSA-GigabitEthernet1/0/2]quit
[DSB]interface GigabitEthernet1/0/3
[DSB-GigabitEthernet1/0/3]port link-mode route
[DSB-GigabitEthernet1/0/3]ip address 172.16.1.1 24
[DSB-GigabitEthernet1/0/3]quit
```

（2）在 SNOOPING 上开启 DHCP Snooping 服务：

```
[SNOOPING]dhcp-snooping        //使能 DHCP Snooping 功能
DHCP Snooping is enabled.
```

（3）将 SNOOPING 上与 DHA 相连的口设置为信任端口：

```
[SNOOPING-GigabitEthernet1/0/2]dhcp-snooping trust #来配置端口为信任端口
[SNOOPING-GigabitEthernet1/0/2]quit
```

（4）在 DSA 和 DSB 上开启 DHCP 服务：

```
[DSA]dhcp enable
[DSA]dhcp server ip-pool pool1
[DSA-dhcp-pool-pool1]network 172.16.0.0 mask 255.255.255.0
[DSA-dhcp-pool-pool1]gateway-list 172.16.0.1
[DSA-dhcp-pool-pool1]quit
[DSB]dhcp enable
[DSB]dhcp server ip-pool pool2
[DSB-dhcp-pool-pool2]network 172.16.1.0 mask 255.255.255.0
[DSB-dhcp-pool-pool2]gateway-list 172.16.1.1
[DSB-dhcp-pool-pool2]quit
```

5）在 PC 的 cmd 中执行 ipconfig 命令查看地址分配情况，如图 3-28 所示。

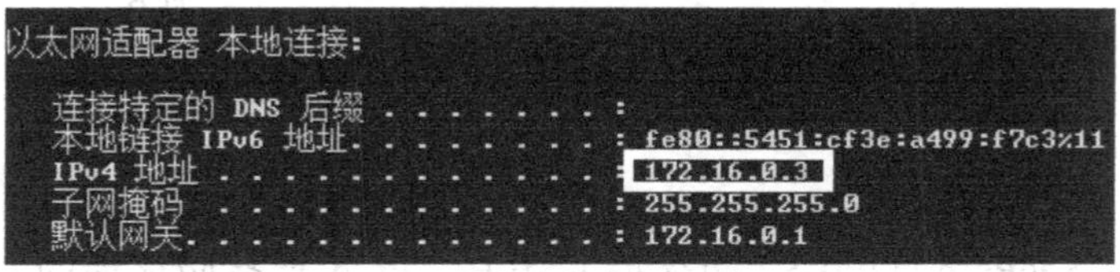

图 3-28　查看地址分配情况

可以看到在两个 DHCP SERVER 同时向 PC 分配地址的时候，只有与信任端口连接的 DSA 成功分配了地址，此时将 DSA 与 SNOOPING 连接的端口断开后再次观察，结果如图 3-29 所示。[如果看不到图示结果，打开“网络和共享中心/更改适配器设置/本地连接（右击）”，在弹出的快捷菜单中选择“禁用”后“再开启”选择，进行刷新后可以看到实验结果]

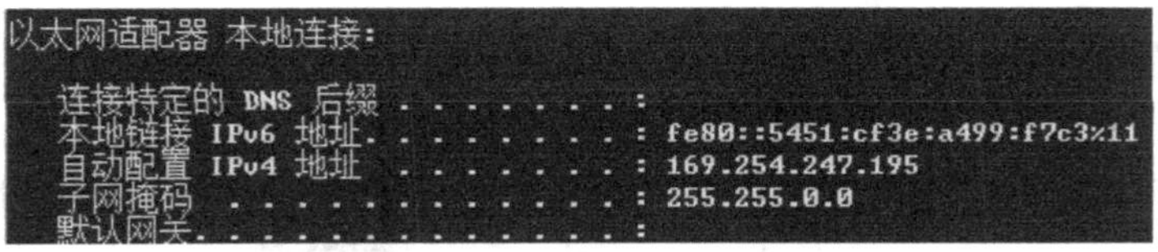

图 3-29　观察是否成功分配地址

发现即使 DSA 与 PC 断开连接，且将 PC 地址改为手动配置确定后再改为自动获取 DSB 也不会分配地址给 PC，因为 DSB 没有与信任端口连接 。

5. 实验报告

（1）完成本实验的相关配置命令截图。

（2）完成本实验的相关测试结果截图。

（3）对本实验的测试结果的分析和评注。

（4）对本实验的个人体会。

（5）对相关问题的回答。

3.4 防火墙基本操作实验

1. 实验目的

掌握防火墙的基本登录和操作方法，完成防火墙 Web 登录操作实验、防火墙命令行登录操作实验和防火墙网络连接实验。

2. 实验拓扑（图 3-30）

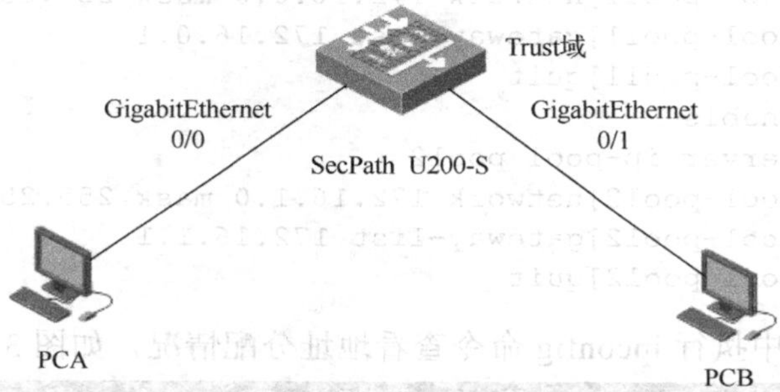

图 3-30 实验拓扑图

3. 实验设备

两台 PC，一台 SecPath U200-S（防火墙）。其中，PCA 连接防火墙的 GigabitEthernet0/0 口，PCB 连接防火墙的 GigabitEthernet0/1 口。

4. 实验步骤

1）Web 登录操作实验

（1）给 PCA 配置 IP 地址，如图 3-31 所示，PCA 的地址为 192.168.0.4/24，网关为 192.168.0.1。

（2）在 IE 浏览器中输入地址 http://192.168.0.1 可以进入到 Web 界面，如图 3-32 所示，用户名和密码都输入 admin，输入验证码即可进入。

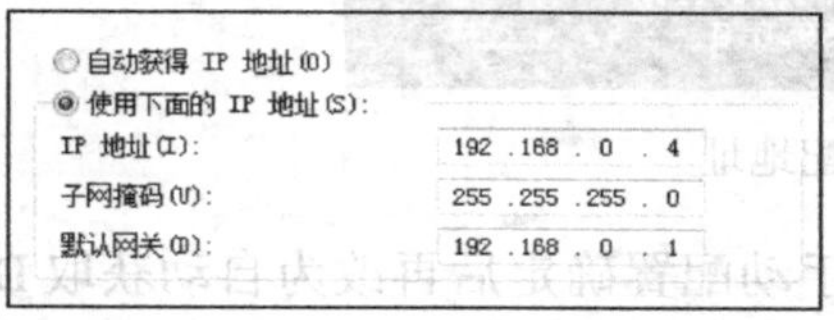

图 3-31 PCA 配置 IP 地址

图 3-32 登录 Web 页面

在左侧导航栏中单击“设备管理”→“接口管理”菜单，如图 3-33 所示。

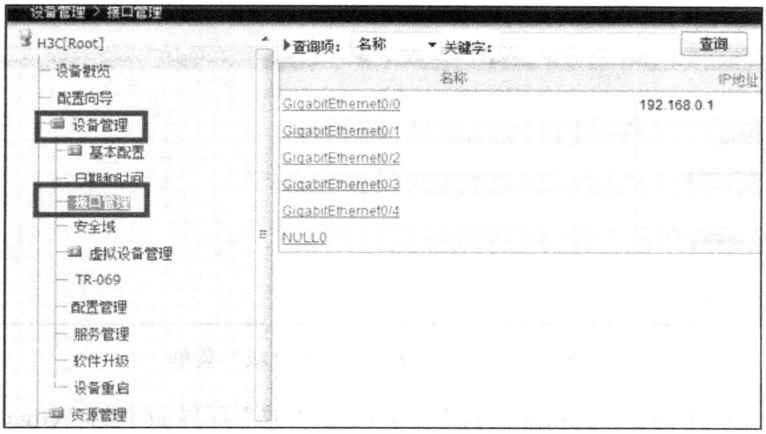

图 3-33　“设备管理”→“接口管理”菜单

单击 GigabitEthernet0/1 口一栏中的按钮，如图 3-34 所示。

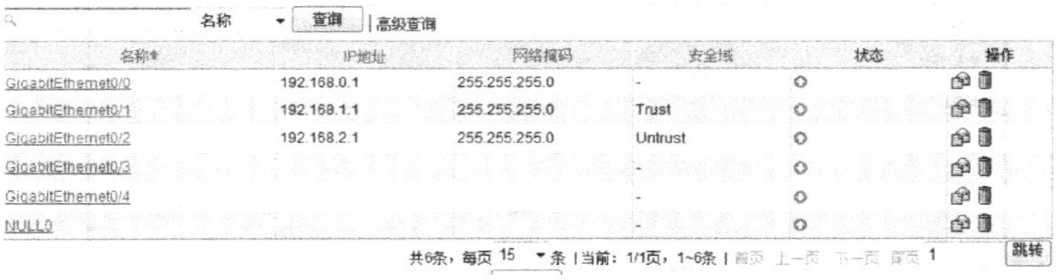

图 3-34　接口管理界面

然后便可以进入接口界面，如图 3-35 所示，对接口进行配置。

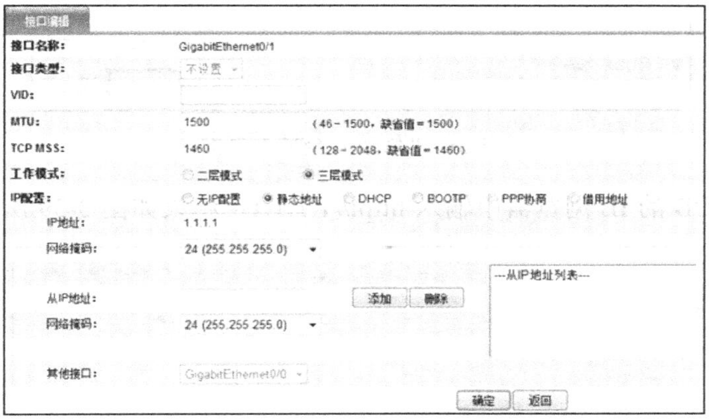

图 3-35　接口界面

（3）给 PCB 配置 IP 地址，如图 3-36 所示，PCB 的地址为 1.1.1.2/24。

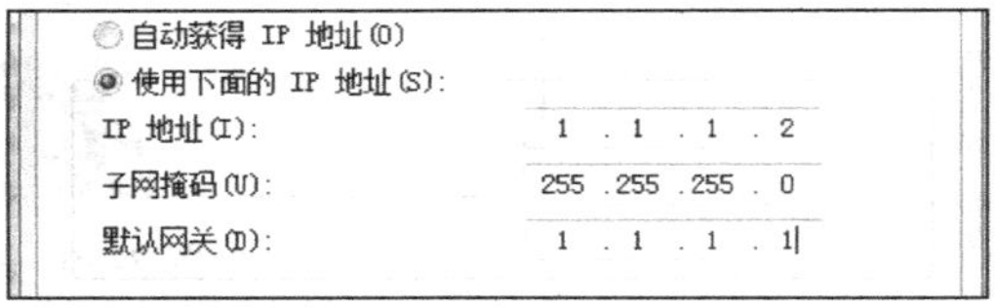

图 3-36　PCB 的 IP 地址信息

（4）在 PCB 中，打开 IE 浏览器输入 http://1.1.1.1，按<Enter>键，页面打开失败，不能登录防火墙，原因是 PCB 所连接的端口不在 Trust 域中。

（5）在 PCA 上单击“确定”按钮后单击左侧的“设备管理”→“安全域”菜单，如图 3-37 所示。

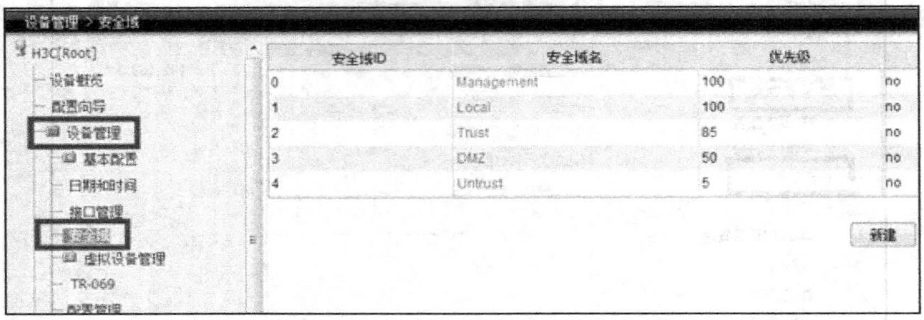

图 3-37 “设备管理”→“安全域”菜单

单击 Trust 一栏中的 按钮后，勾选“修改安全域”页界面中的“GigabitEthernet0/1”选项如图 3-38 所示，单击“确定”按钮。

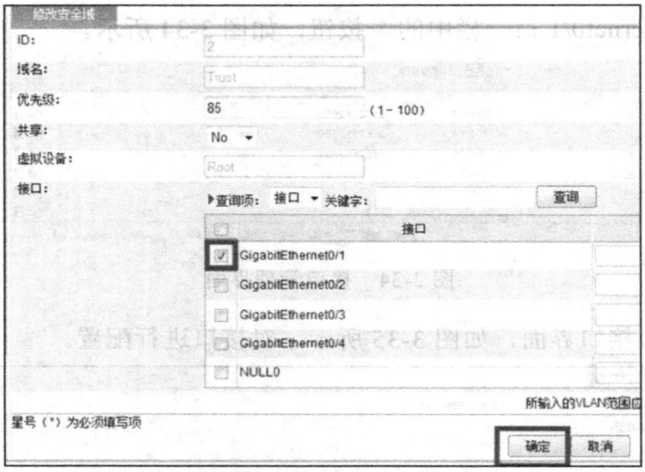

图 3-38 “修改安全域”页面

（6）再次在 PCB 的 IE 浏览器中输入 http://1.1.1.1，结果如图 3-39 所示。

图 3-39 PCB 可以登录 1.1.1.1

可以进入 Web 界面，输入用户名、密码和验证码后，成功登录，显示如图 3-40 所示页面。

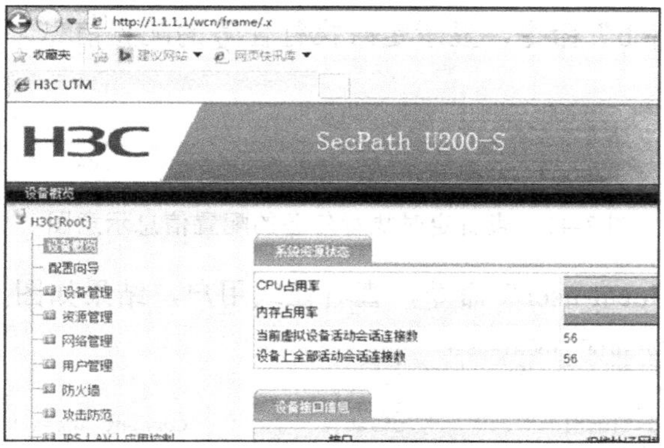

图 3-40　登录成功窗口

2）基本命令行登录操作实验

（1）Console 线连接好后，执行 system-view 命令可以进入到防火墙设备的系统视图，执行 sysname 命令给设备命名：

```
<H3C>system-view
System View: return to User View with Ctrl+Z.
[H3C]sysname  U200
[U200]
```

（2）配置时间和日期：

```
[U200]quit
<U200>clock datetime 15:55 2015/4/10
```

（3）查看时间和日期：

```
<U200>display clock
15:56:16 UTC Fri 04/10/2015
```

（4）创建定时执行任务 pc1：

```
[U200]job pc1
```

job 命令用来创建新的定时执行任务并进入 job 视图，如果定时执行任务已经创建，则直接进入 job 视图。

配置运行指定命令的视图为 GigabitEthernet0/1 以太网端口视图：

```
[U200-job-pc1]view GigabitEthernet0/1
```

配置定时执行任务，使 SecPath 在星期一到星期五的上午八点开启以太网端口：

```
[U200-job-pc1]time 1 repeating at 8:00 week-day Mon Tue Wed Thu Fri command
undo shutdown
```

配置定时执行任务，使 SecPath 在星期一到星期五的下午十八点关闭以太网端口：

```
[U200-job-pc1]time 2 repeating at 18:00 week-day Mon Tue Wed Thu Fri command
shutdown
[U200-job-pc1]quit
```

（5）执行“display job”命令，显示定时执行任务的配置信息，结果如图 3-41 所示。

```
[U200]display job
Job name: pc1
  Specified view: GigabitEthernet0/1
  Time 1: Execute command undo shutdown at 08:00 Mondays Tuesdays Wednesdays Thursdays Fridays
  Time 2: Execute command shutdown at 18:00 Mondays Tuesdays Wednesdays Thursdays Fridays
[U200]
```

图 3-41　查看定时执行任务的配置信息示意图

（6）执行“display local-user”命令，查看在线用户，结果如图 3-42 所示。

```
[U200]display local-user
The contents of local user admin:
 State:                    Active
 ServiceType:              telnet
 Access-limit:             Disable          Current AccessNum: 0
 User-group:               system
 Bind attributes:
 Authorization attributes:
  User Privilege:           3
Total 1 local user(s) matched.
```

图 3-42　查看在线用户结果示意图

（7）执行：“reboot”命令，保存配置，结果如图 3-43 所示。

```
<U200>reboot
 Start to check configuration with next startup configuration file, please wait.........DONE!
 This command will reboot the device. Current configuration may be lost in next startup if you continue. Continue? [Y/N]:y
#Apr 10 16:29:22:020 2015 U200 DEV/1/REBOOT:
 Reboot device by command.

%Apr 10 16:29:22:021 2015 U200 DEV/4/SYSTEM REBOOT:
_System is rebooting now.
```

图 3-43　保存配置示意图

5．实验报告

（1）完成本实验的相关配置命令截图。

（2）完成本实验的相关测试结果截图。

（3）对本实验的测试结果的分析和评注。

（4）对本实验的个人体会。

（5）对相关问题的回答。

3.5　广域网安全网关安全

1．实验目的

掌握防火墙的域间策略、攻击防范以及数据加密的措施。

2．实验拓扑（图 3-44～图 3-47）

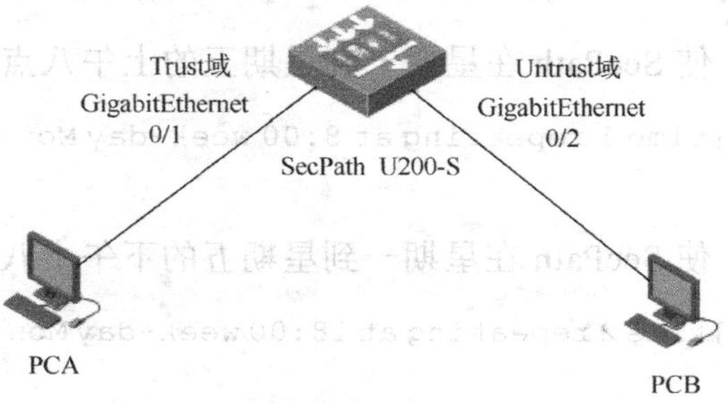

图 3-44　实验拓扑 1

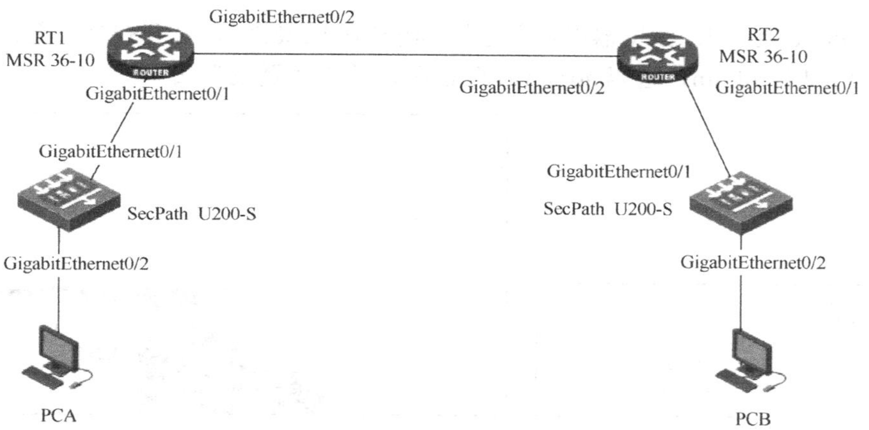

图 3-45 实验拓扑 2

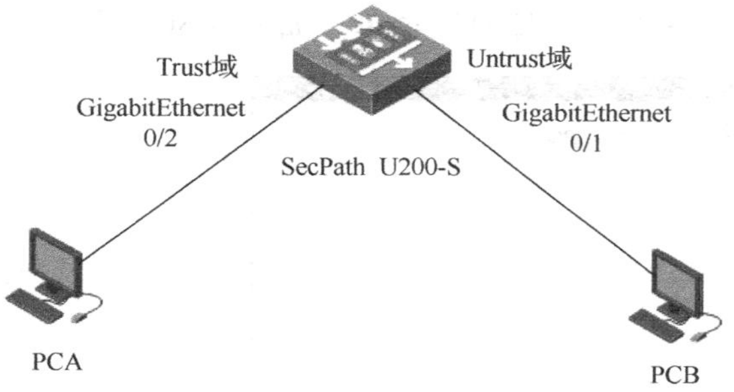

图 3-46 实验拓扑 3

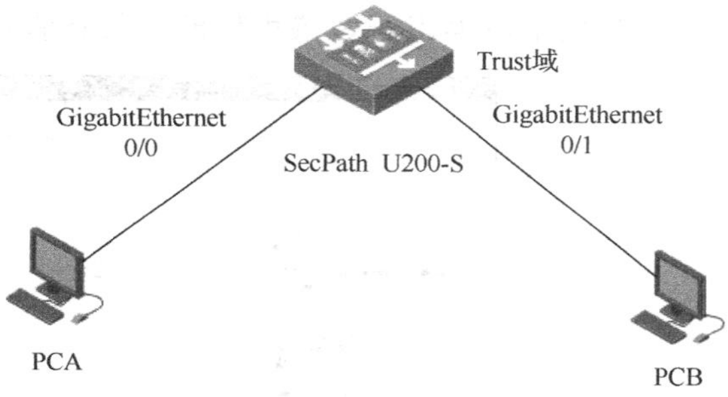

图 3-47 实验拓扑 4

3. 实验设备

实验拓扑图 1 中涉及的实验设备有两台 PC、一台 SecPath U200-S（防火墙），其中，PCA 连接防火墙的 GigabitEthernet0/1 口，PCB 连接防火墙的 GigabitEthernet0/2 口。

实验拓扑图 2 中涉及的实验设备有两台 PC、两台 SecPath U200-S 防火墙、两台 MSR36-10 路由器。其中 PCA 连接防火墙 A 的 GigabitEthernet0/2 口，防火墙 A 的 GigabitEthernet0/1 连接 RT1 的 GigabitEthernet0/1 口，RT1 的 GigabitEthernet0/2 口连接 RT2 的 GigabitEthernet0/2 口，RT2 的 GigabitEthernet0/1 口连接防火墙 B 的 GigabitEthernet0/1 口，防火墙 B 的 GigabitEthernet0/2 口连接 PCB。

实验拓扑图 3 中涉及的实验设备有两台 PC、一台 SecPath U200-S 防火墙。其中 PCA 连接防火墙的 GigabitEthernet0/2 口，PCB 连接防火墙的 GigabitEthernet0/1 口。

实验拓扑图 4 中涉及实验设备有两台 PC、一台 SecPath U200-S 防火墙。其中 PCA 连接防火墙的 GigabitEthernet0/0 口，PCB 连接防火墙的 GigabitEthernet0/1 口。

4. 实验步骤

1）防火墙域间策略实验

实验拓扑图如图 3-44 所示（连好后注意后面换线步骤）。

（1）将 PCA 连接到防火墙的 GigabitEthernet0/0 口，并给 PCA 配置 IP 地址，如图 3-48 所示，PCA 的 IP 地址为 192.168.0.4/24。

（2）在 PCA 上的 IE 浏览器中输入地址 http://192.168.0.1，打开登录页面，如图 3-49 所示，输入用户名 admin，密码 admin 和验证码，单击“登录”按钮。

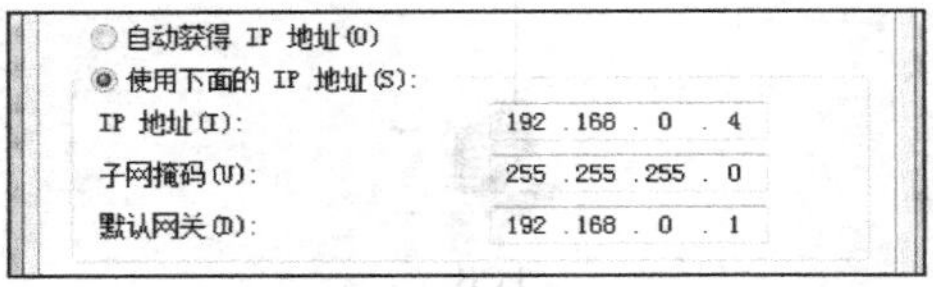

图 3-48　PCA 的 IP 地址

图 3-49　登录页面

（3）登录后单击左边菜单栏的“设备管理”→“接口管理”菜单，如图 3-50 所示。

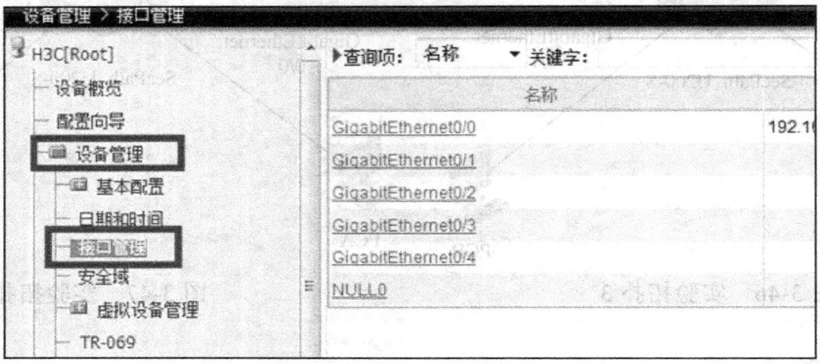

图 3-50　“设备管理”→“接口管理”菜单

单击 GigabitEthernet0/1 一栏中的 按钮，按照如图 3-51 所示编辑接口 GigabitEthernet0/1。

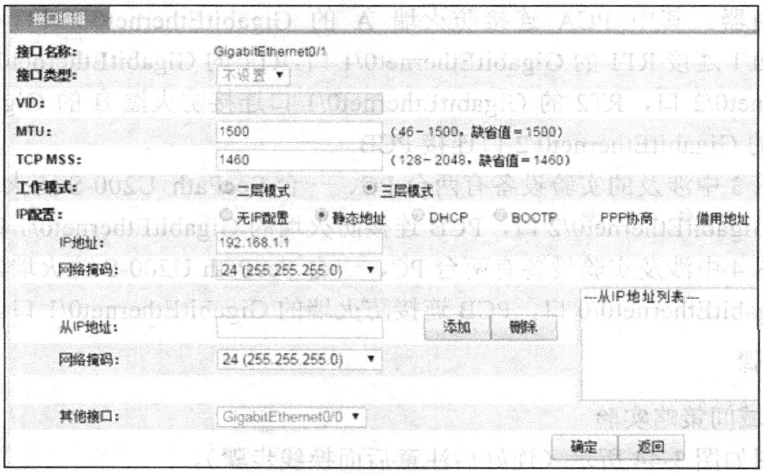

图 3-51　编辑接口 GigabitEthernet0/1

单击“确定”按钮后自动跳转到接口管理界面。

单击 GigabitEthernet0/2 一栏中的按钮，按照如图 3-52 所示编辑接口 GigabitEthernet0/2。

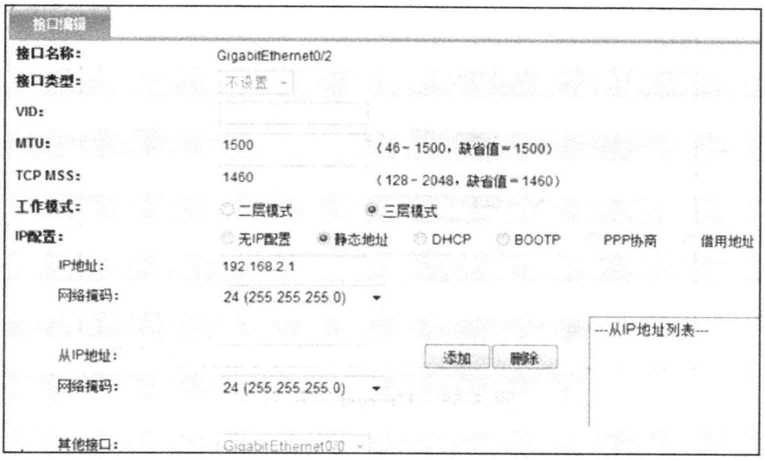

图 3-52 编辑接口 GigabitEthernet0/2

单击“确定”按钮后会自动跳转到接口管理界面，此时 GigabitEthernet0/2 口一栏多了 IP 地址和网络掩码，说明地址配置成功。

（4）防火墙区域的划分。

选择左边菜单栏的“安全域”选项，如图 3-53 所示，再单击右边 Trust 一栏中的按钮进入界面，勾选“GigabitEthernet0/1”，其余进行默认设置，参照如图 3-54 所示进行设置。

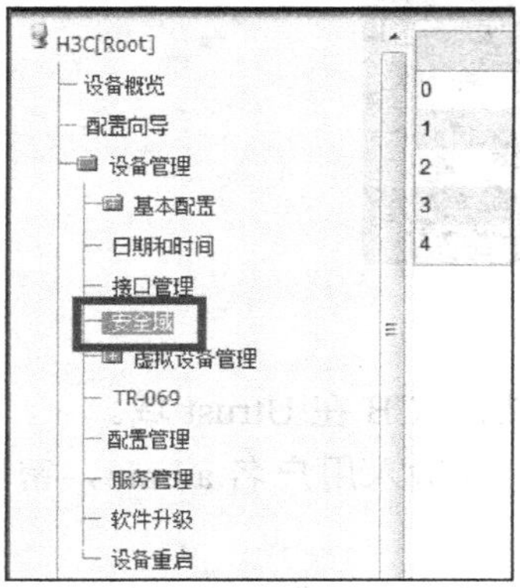

图 3-53 “安全域”菜单

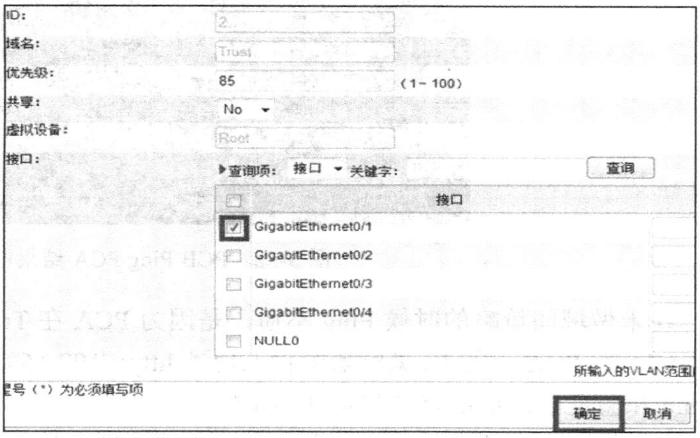

图 3-54 安全域 Trust 域配置

单击“确定”按钮后，再单击“返回”按钮，单击 Untrust 一栏中的按钮，勾选“GigabitEthernet0/2”，其余默认，按如图 3-55 所示进行设置。

单击“确定”按钮后再单击“返回”按钮。

（5）将 PCA 的 IP 地址改为 192.168.1.2/24，如图 3-56 所示；并将 PCB 的 IP 地址写为 192.168.2.2/24，如图 3-57 所示。

（6）把 PCA 接在防火墙的 GigabitEthernet0/1 上，把 PCB 接在防火墙的 GigabitEthernet0/2 上。

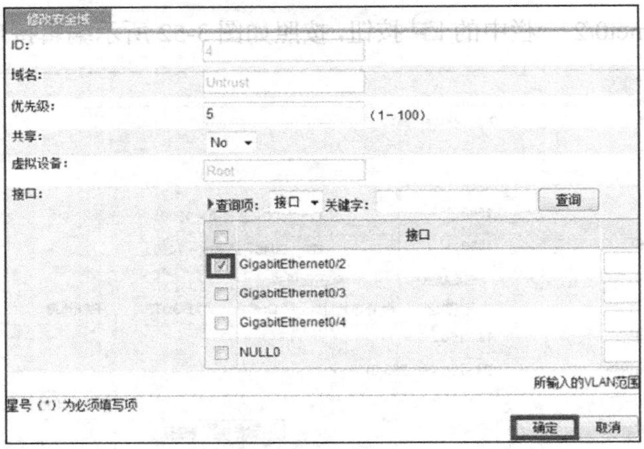

图 3-55 Untrust 域配置

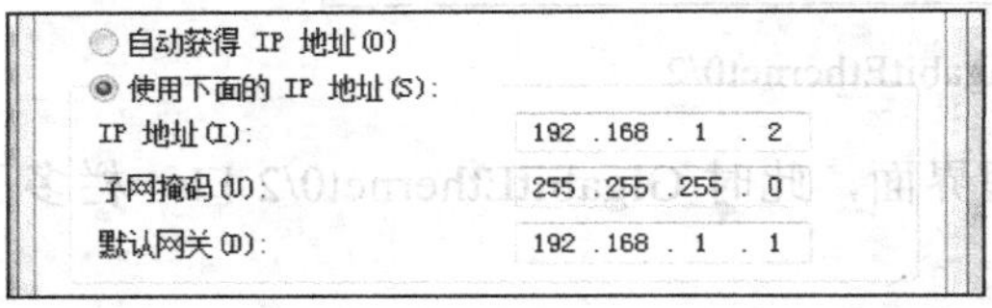

图 3-56 PCA 的 IP 地址

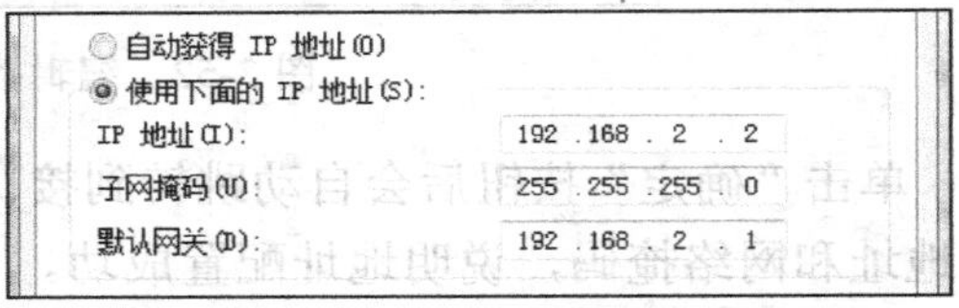

图 3-57 PCB 的 IP 地址

此时在 PCB 上 Ping PCA，结果如图 3-58 所示。

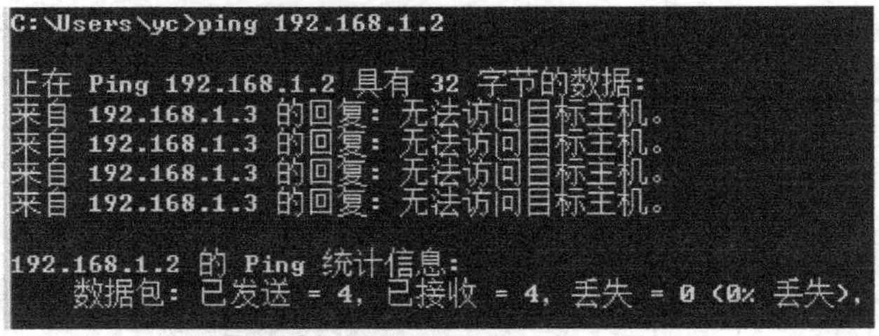

图 3-58 PCB Ping PCA 结果图

在未做域间策略的时候 Ping 不通，是因为 PCA 在 Trust 域，PCB 在 Utrust 域。

（7）在 PCA 上的 IE 浏览器中输入地址 http://192.168.1.1，并输入用户名 admin，密码 admin 和验证码，单击登录配置域间策略。

① 单击“防火墙”→“安全策略”→“域间策略”菜单，单击“新建”按钮，如图 3-59 所示。

图 3-59 新建域间策略

② 按如图 3-60 所示填写域间策略。

③ 单击“确定”按钮，执行左边菜单栏“防火墙”→“安全策略”→“域间策略”命令，如图 3-61 所示，出现条目说明创建成功。

（8）PCB Ping PCA 的，结果如图 3-62 所示，可以 Ping 通，说明域间策略起了作用。

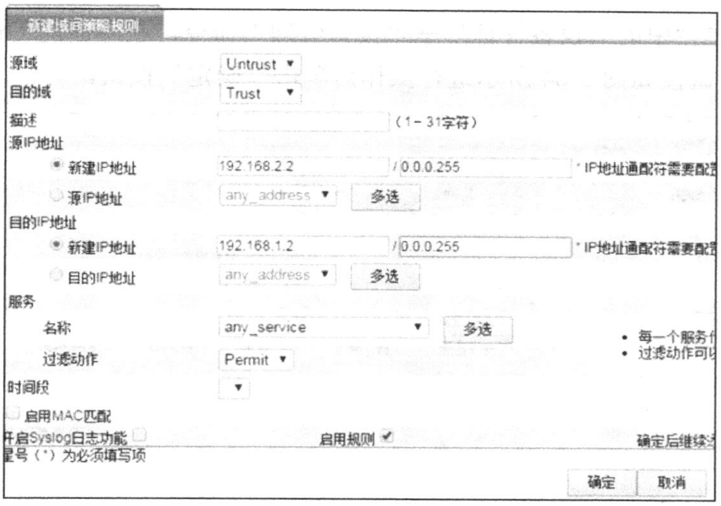

图 3-60　填写域间策略

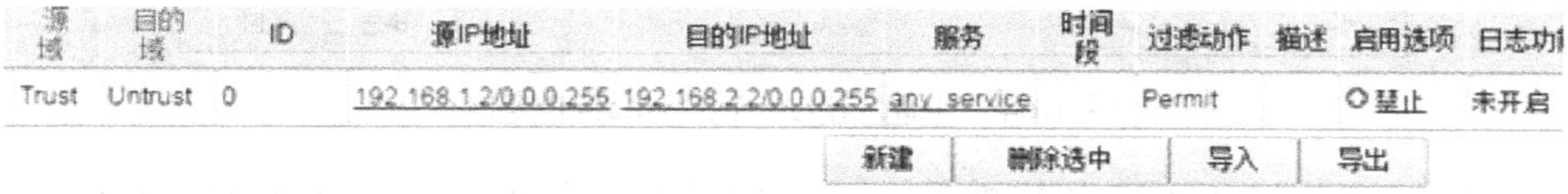

图 3-61　域间策略创建成功示意图

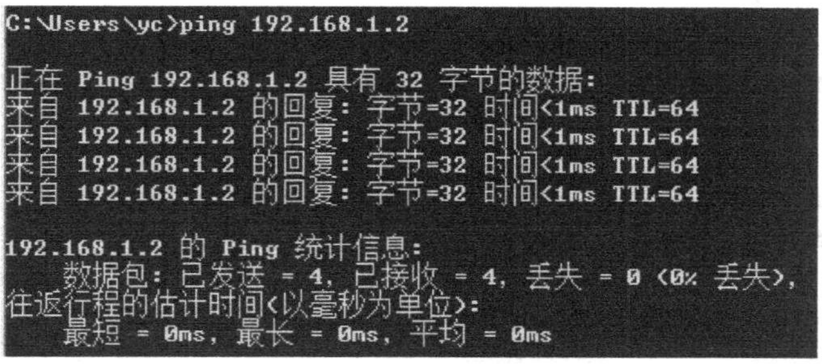

图 3-62　PCB Ping PCA 结果图

2）攻击防范实验

实验拓扑图如图 3-44 所示。

（1）将 PCA 连接在 UTM 的 GigabitEthernet0/0 端口，给 PC 配置 IP 地址 192.168.0.4/24，如图 3-63 所示。

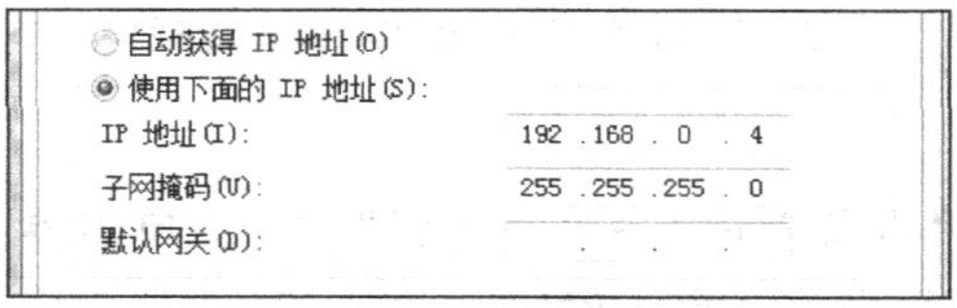

图 3-63　PCA 的 IP 地址

（2）在 PCA 的 IE 浏览器中输入 http：//192.168.0.1 后按<Enter>键，输入用户名 admin，密码 admin 和验证码后登录。

执行左侧菜单栏中的“设备管理”→“接口管理”命令，在界面的 GigabitEthernet0/1 一栏中单击按钮按如图 3-64 所示进行操作后单击“确定”按钮。

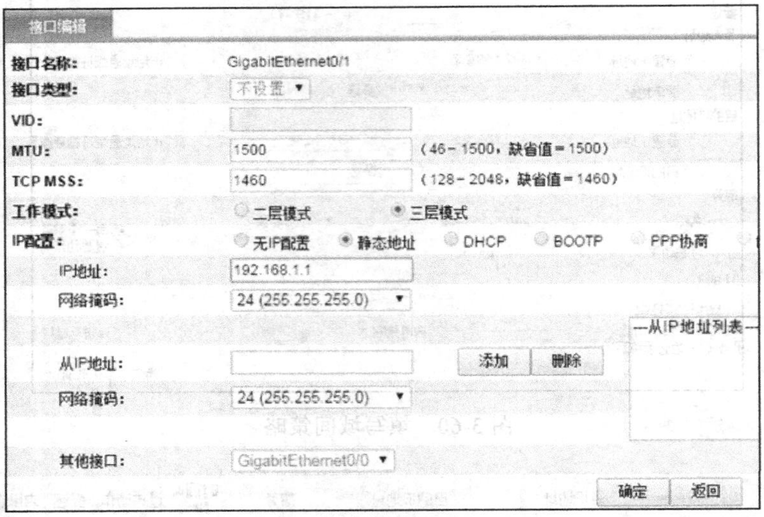

图 3-64　编辑 GigabitEthernet0/1 接口

再单击左侧菜单栏的“设备管理”→“接口管理”菜单，在界面的 GigabitEthernet0/2 一栏中单击按钮，按如图 3-65 所示进行操作后单击“确定”按钮。

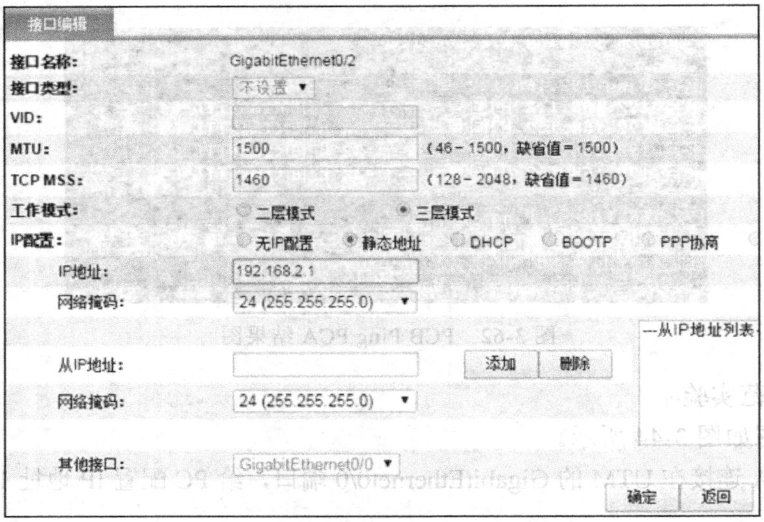

图 3-65　编辑 GigabitEthernet0/2 接口

（3）防火墙区域划分

单击左侧菜单栏中的“设备管理”→“安全域”菜单，单击界面中 Trust 一栏中的按钮后，按如图 3-66 所示进行操作，单击确定。

再单击左侧菜单栏中的“设备管理”→“安全域”菜单，单击界面中 Untrust 一栏中的按钮后，按如图 3-67 所示进行操作，单击“确定”按钮。

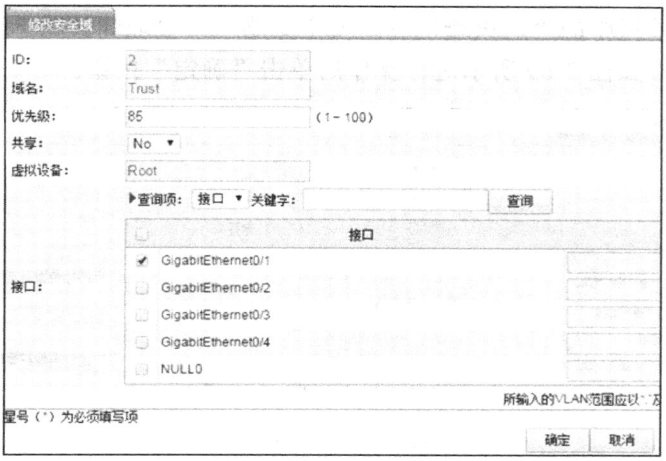

图 3-66　修改 Trust 域

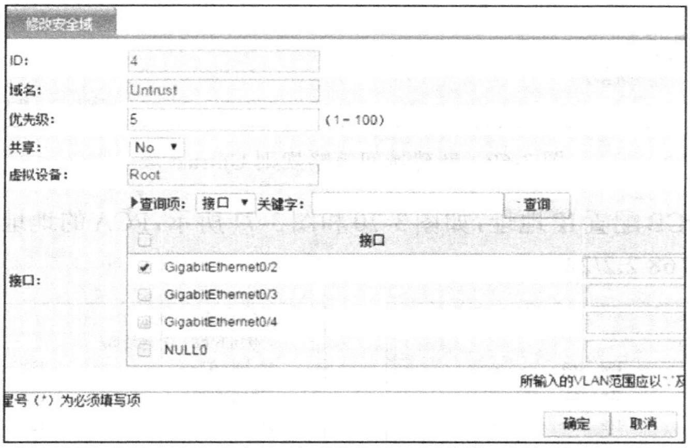

图 3-67　修改 Untrust 域

（4）新建防火墙域间路由策略

单击左侧菜单栏中的“防火墙”→“安全策略”→“域间策略”菜单，单击界面中的“新建”按钮进行如下操作后单击“确定”按钮，如图 3-68 所示。

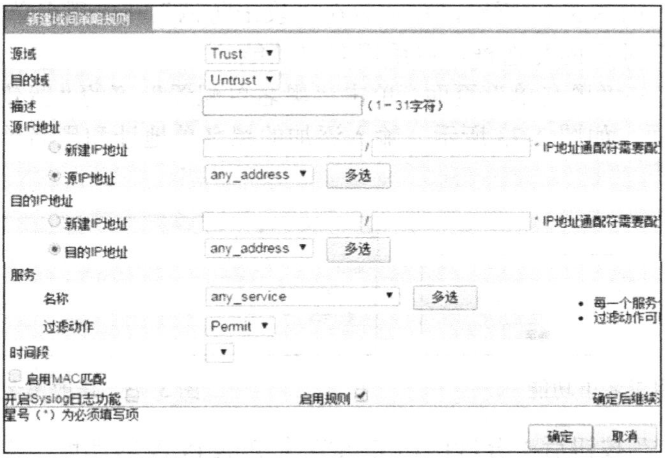

图 3-68　新建域间策略规则 Trust 域

再单击左侧菜单栏中的“防火墙”→“安全策略”→“域间策略”菜单，单击界面中的“新建”按钮，按如图 3-69 所示进行操作后单击“确定”按钮。

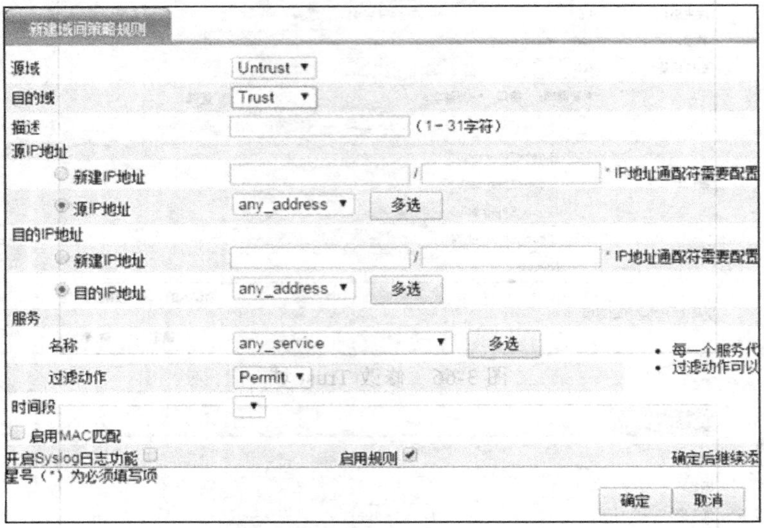

图 3-69　新建域间策略规则 Untrust 域

（5）给 PCA 和 PCB 配置 IP 地址，如图 3-70 和图 3-71 所示，PCA 的地址为 192.168.1.2/24，PCB 的地址为 192.168.2.2/24。

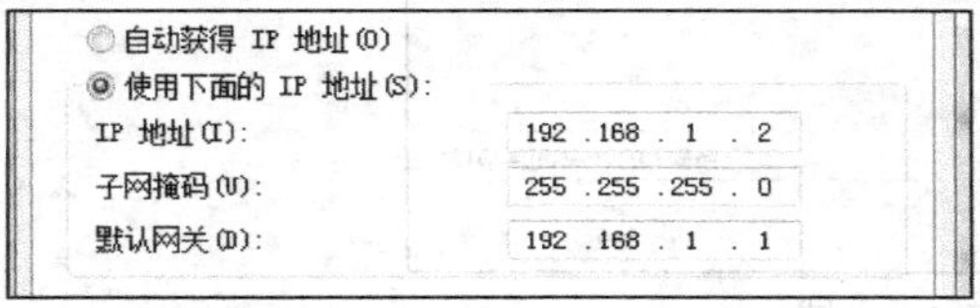

图 3-70　PCA 的 IP 地址

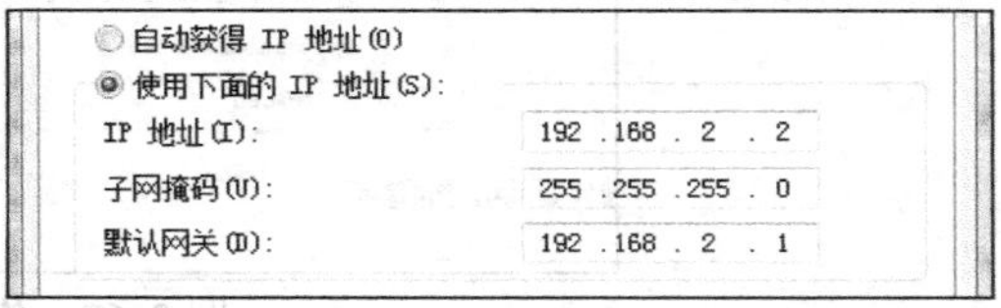

图 3-71　PCB 的 IP 地址

（6）启用静态黑名单功能

将 PCA 从 GigabitEthernet0/0 上换接到 GigabitEthernet0/1 上，使用 IE 浏览器登录到 http：//192.168.1.1，如图 3-72 所示，登录后在“攻击防范”→“黑名单”页面，勾选“启用黑名单过滤功能”前面的复选框，启用黑名单功能。

在“攻击防范”→“黑名单”页面，单击“黑名单配置”下的“新建”按钮，弹出“修改黑名单表项”页面，如图 3-73 所示，输入添加的黑名单地址和黑名单生效的保留时间，单击“确定”按钮。

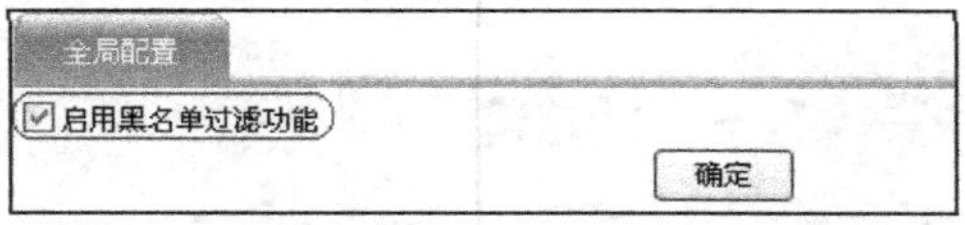

图 3-72　启用黑名单功能

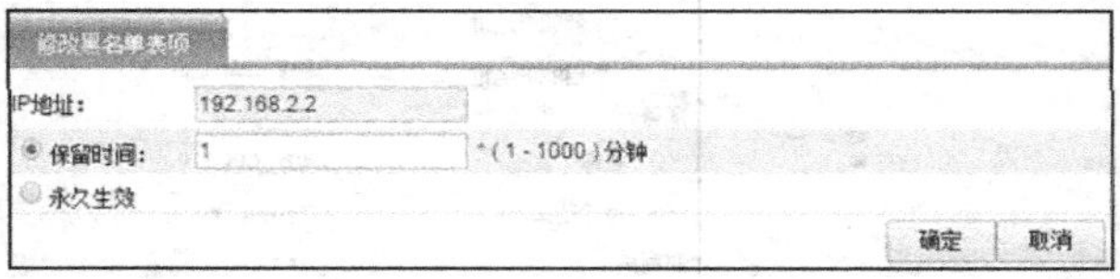

图 3-73　修改黑名单表项

（7）单击“确定”按钮后 1 分钟内，在 PCB 上 Ping PCA 的地址，结果如图 3-74 所示，发现 Ping 不通，因为还在黑名单老化时间内。

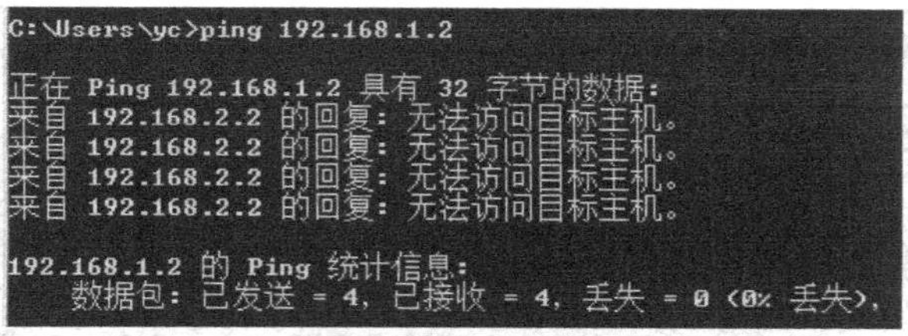

C:\Users\yc>ping 192.168.1.2
正在 Ping 192.168.1.2 具有 32 字节的数据:
来自 192.168.2.2 的回复: 无法访问目标主机。
来自 192.168.2.2 的回复: 无法访问目标主机。
来自 192.168.2.2 的回复: 无法访问目标主机。
来自 192.168.2.2 的回复: 无法访问目标主机。
192.168.1.2 的 Ping 统计信息:
数据包: 已发送 = 4, 已接收 = 4, 丢失 = 0 (0% 丢失),

图 3-74　PCA Ping PCB 结果图

1 分钟后再次在 PCB 上 Ping PCA 的地址，结果如图 3-75 所示。

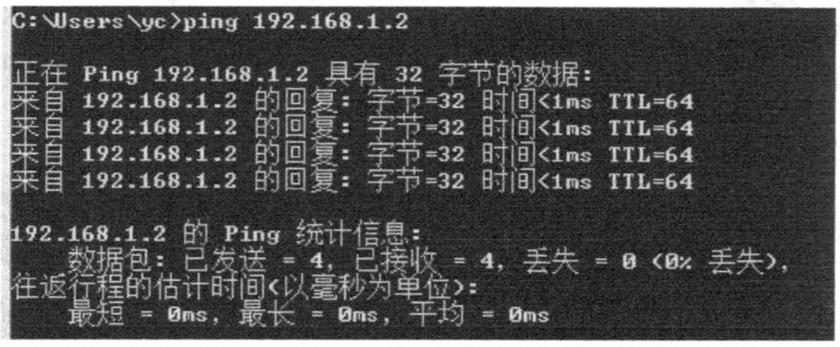

图 3-75　过了黑名单老化时间，PCA 能 Ping 通 PCB

发现可以 Ping 通了，此时已经在黑名单的老化时间之外。

（8）启用动态黑名单功能

在“攻击防范”→“黑名单”页面，勾选“启用黑名单过滤功能”前面的复选框，启用黑名单功能，如图 3-76 所示。

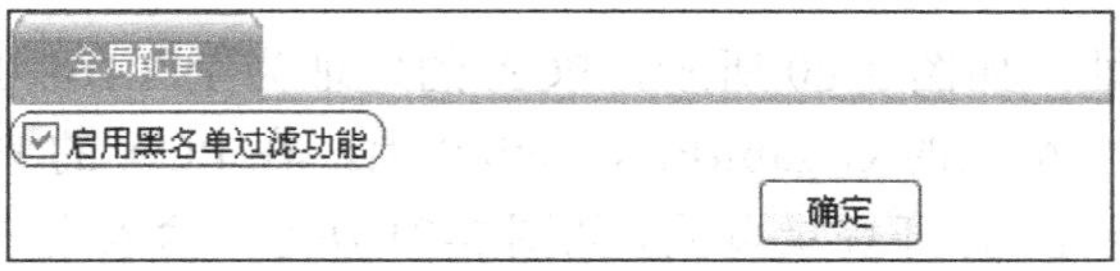

图 3-76　启用黑名单过滤功能

在 PCA 上 Ping PCB 的地址，结果如图 3-77 所示，发现是可以 Ping 通的。

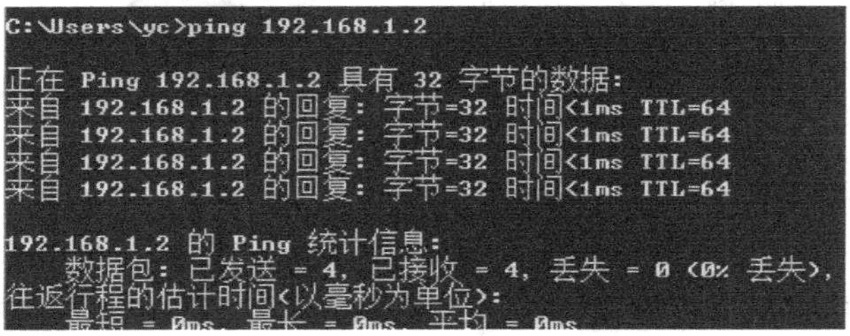

图 3-77　PCA Ping PCB 结果图

在 PCB 上使用 IE 浏览器输入 http://192.168.2.1，在登录界面故意多次输错密码，直到登录界面不再弹出。这时候在 PCB 上 Ping PCA 的地址，结果如图 3-78 所示，不能 Ping 通，此时 PCB 已经进入了黑名单。

3）IPSEC 实验

实验拓扑图如图 3-79 所示。

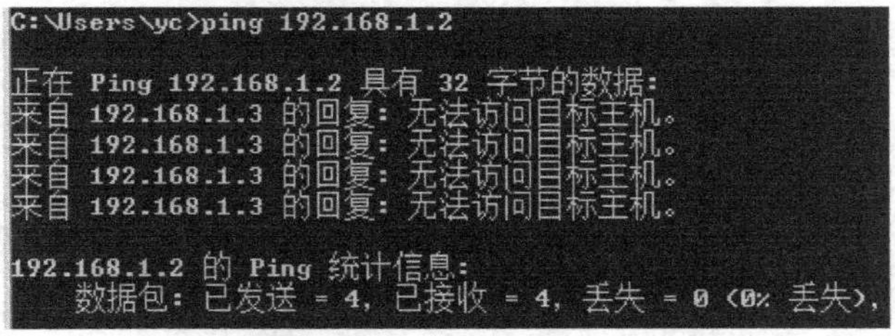

图 3-78 PCA Ping PCB 结果图

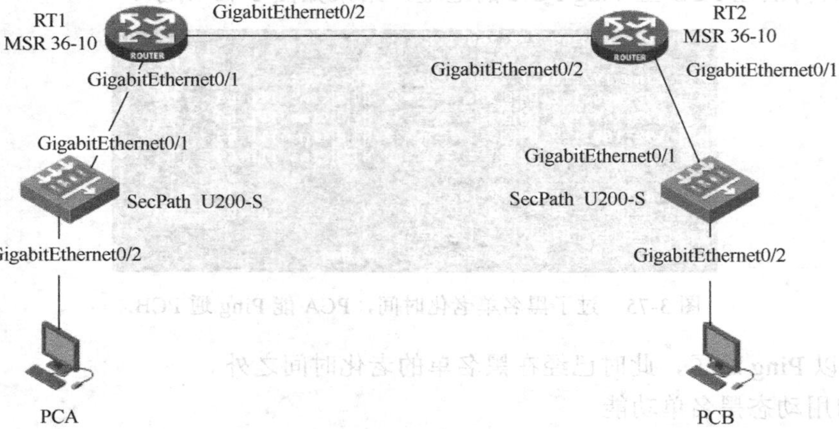

图 3-79 实验拓扑图

（1）登录

给 PCA 配置 IP 地址，如图 3-80 所示，PCA 的地址为 192.168.0.4/24。

将 PCA 连接到 UTMA 上的 GigabitEthernet0/0 上，在 PCA 的 IE 浏览器中输入 http://192.168.0.1，按<Enter>键，打开登录页面，如图 3-81 所示，输入用户名 admin，密码 admin 以及验证码后登录。

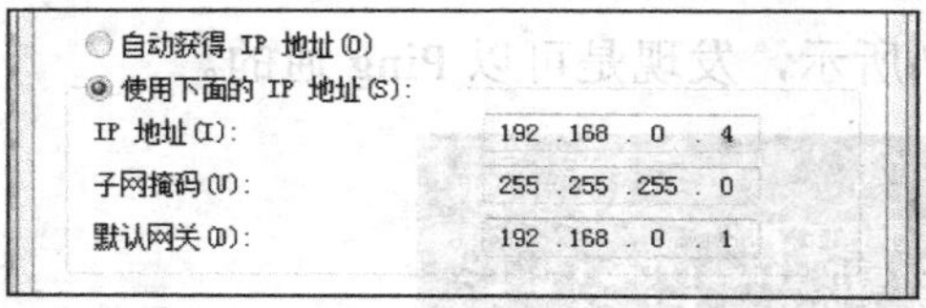

图 3-80 PCA 配置 IP 地址

图 3-81 登录页面

（2）接口配置。

单击左侧菜单栏中的“设备管理”→“接口管理”菜单，再单击界面中 GigabitEthernet0/1 一栏中的按钮，按如图 3-82 所示填写后单击“确定”按钮界面自动返回。

再单击返回后界面中 GigabitEthernet0/2 一栏中的按钮，按如图 3-83 所示填写后单击“确定”按钮。

（3）防火墙区域划分。

单击菜单栏中的“设备管理”→“安全域”菜单，再单击界面中 Trust 一栏中的按钮，进入界面后按如图 3-84 所示进行操作后单击“确定”按钮。

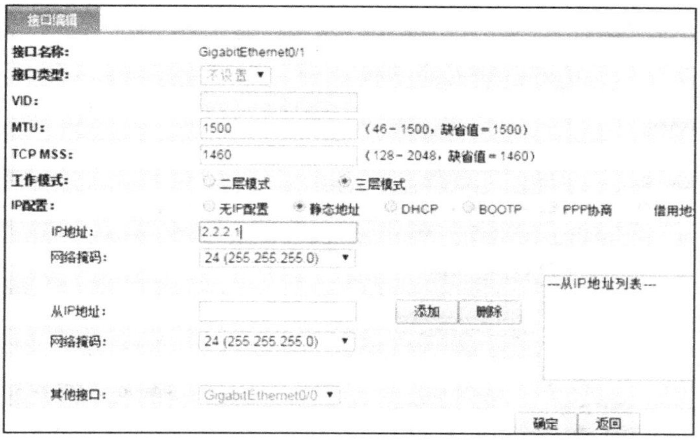

图 3-82　编辑接口 GigabitEthernet0/1

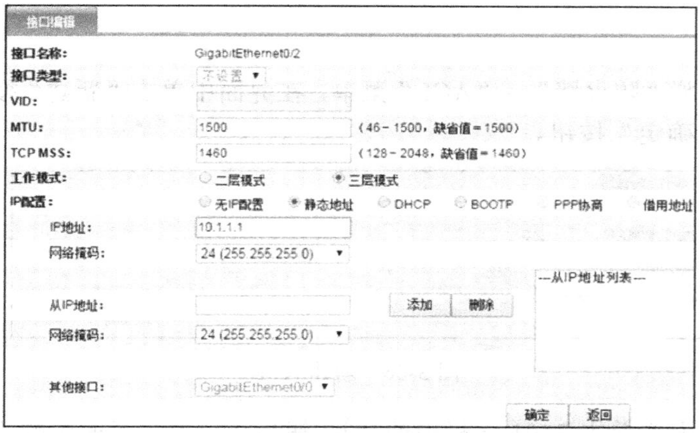

图 3-83　编辑接口 GigabitEthernet0/2

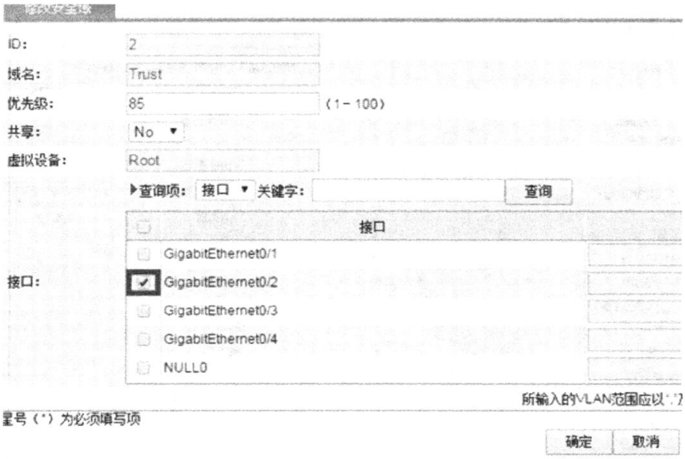

图 3-84　修改 Trust 域配置

再单击左侧“设备管理”→“安全域”菜单，单击界面中 Untrust 一栏中的按钮，按如图 3-85 所示进行如下操作后单击“确定”按钮。

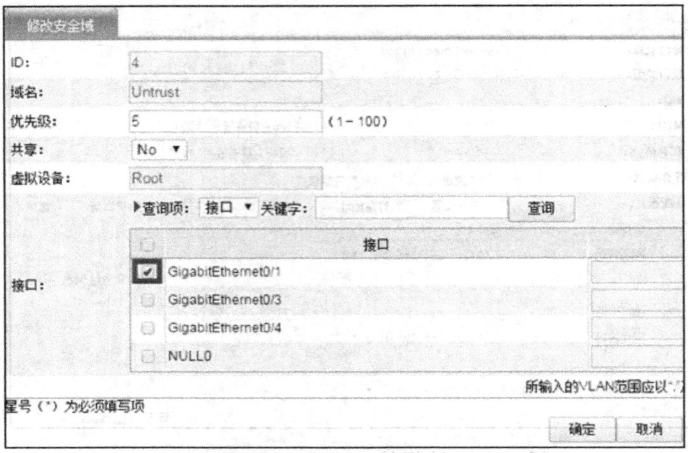

图 3-85　修改 Untrust 域配置

（4）开始配置 ACL。

单击左侧菜单栏“防火墙”→“ACL”菜单，在界面中单击“新建”按钮，按如图 3-86 所示填写后单击“确定”按钮。

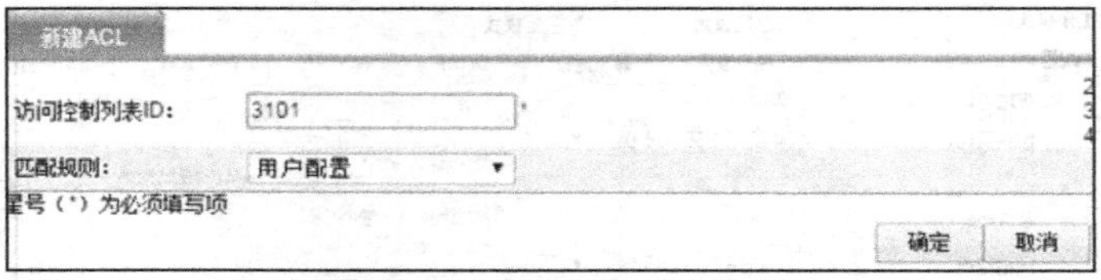

图 3-86　新建 ACL

确定后在新界面中单击 3101 一栏中的按钮后，再单击界面中的“新建”按钮，在新界面中按如图 3-87 所示填写后，单击“确定”按钮。

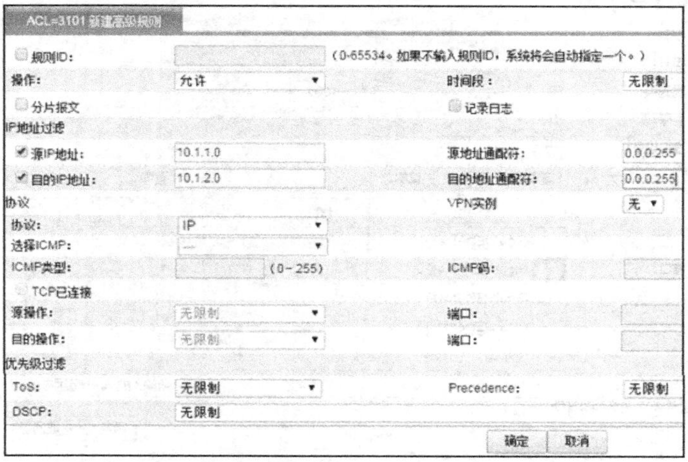

图 3-87　新建高级规划 1

在弹出的新界面中单击“新建”按钮，在新界面中按如图 3-88 所示进行操作后单击“确定”按钮。

（5）配置到 HostB 的静态路由。在左侧菜单栏单击“网络管理”→“路由管理”→“静态路由”菜单，再单击“新建”按钮，按如图 3-89 所示进行操作后单击“确定”按钮。

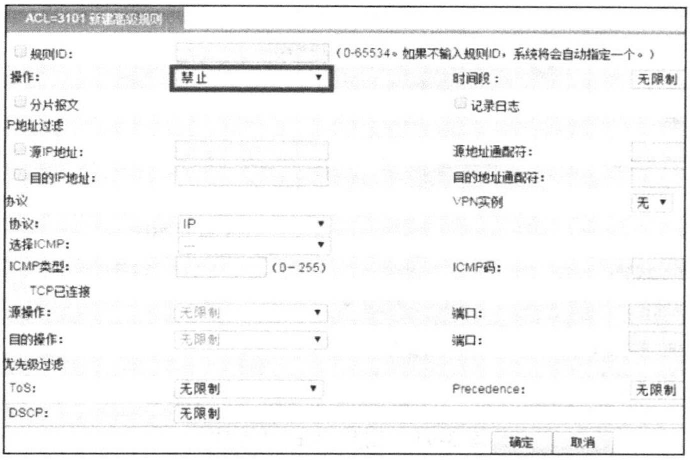

图 3-88　新建高级规划 2

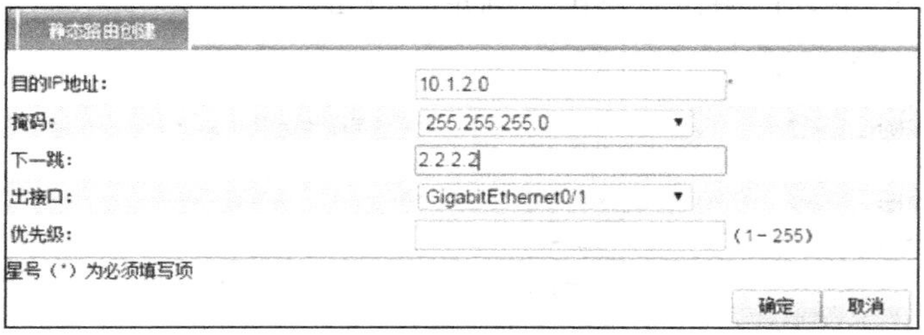

图 3-89　创建静态路由

（6）配置 IPSec 安全提议。单击左侧菜单栏中的“VPN”→“IPSec”→“安全提议”菜单，在界面中单击“新建”→“定制方式”按钮，按如图 3-90 所示进行操作后单击“确定”按钮。

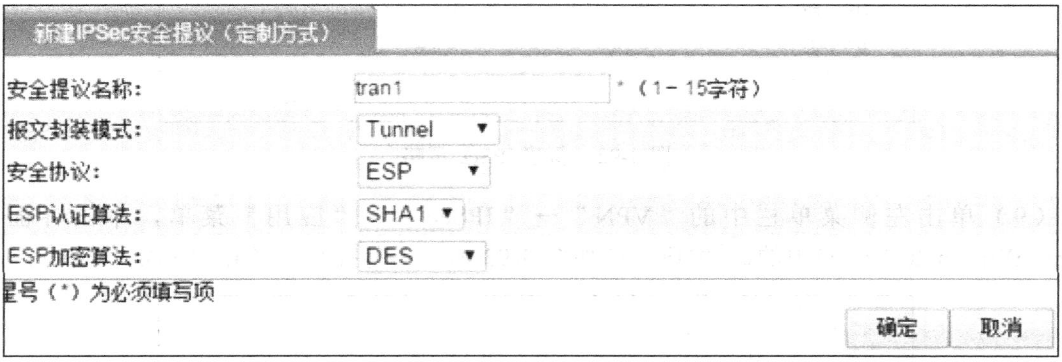

图 3-90　新建 IPSec 安全提议

（7）配置 IKE 对等体。单击左侧菜单栏中的“VPN”→“IKE”→“对等体”菜单，在界面中单击“新建”按钮，按如图 3-91 所示进行操作后单击“确定”按钮。

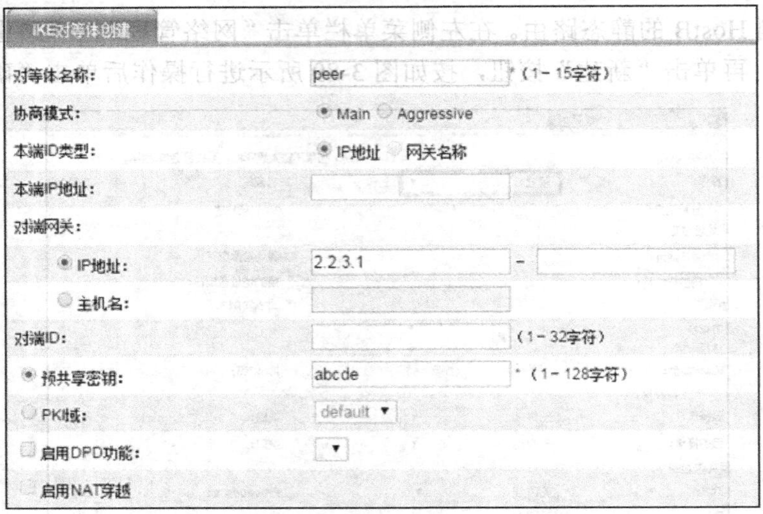

图 3-91　创建 IKE 对等体

（8）单击左侧菜单栏中的“VPN”→“IPSec”→“策略”菜单，在界面中单击“新建”按钮，按如图 3-92 所示进行操作后单击“确定”按钮。

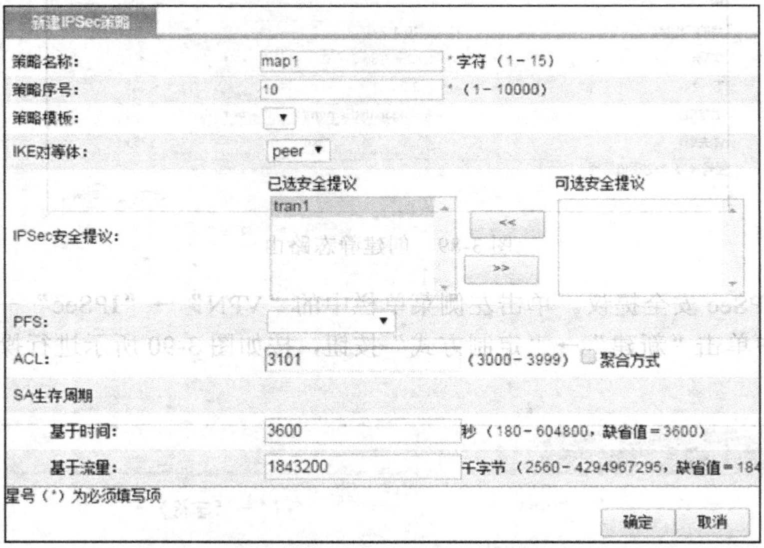

图 3-92　新建 IPSec 策略

（9）单击左侧菜单栏中的“VPN”→“IPSec”→“应用”菜单，单击界面中 GigabitEthernet0/1 一栏中的按钮，按如图 3-93 所示进行操作后单击“确定”按钮。

图 3-93　应用 IPSec 策略

（10）域间策略。

单击“防火墙”→“安全策略”→“域间策略”菜单，在界面中进行配置后单击“确定”按钮，如图 3-94 所示。

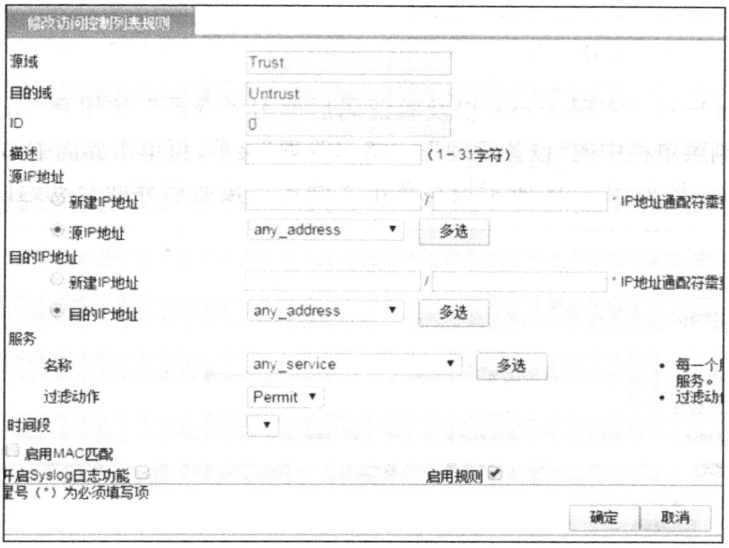

图 3-94　修改访问控制列表规则—Trust 域

再单击“防火墙”→“安全策略”→“域间策略”菜单，在界面中进行如图 3-95 所示配置后单击“确定”按钮。

图 3-95　修改访问控制列表规则—Untrust 域

（11）给 PCB 配置 IP 地址 192.168.0.4，如图 3-96 所示。

将 PCB 连接到 UTMB 上的 GigabitEthernet0/0 上，在 PCB 的 IE 浏览器中输入 http://192.168.0.1 后按<Enter>键，进入登录页面，如图 3-97 所示。

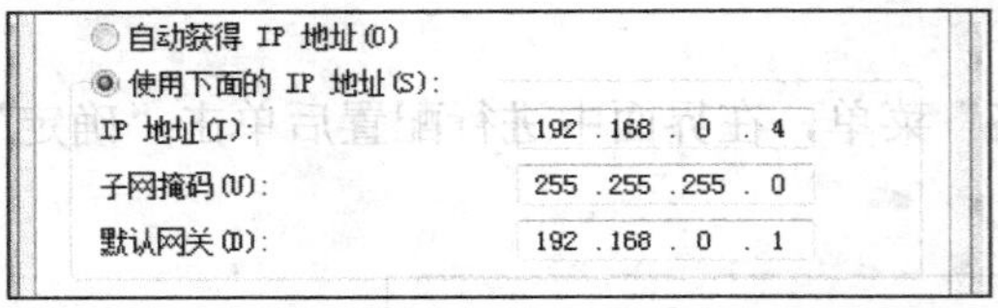

图 3-96 PCB 配置 IP 地址

图 3-97 登录页面

输入用户名 admin，密码 admin 以及验证码后单击“登录”按钮登录。

（12）单击左侧菜单栏中的“设备管理”→“接口管理”菜单，再单击界面中 GigabitEthernet0/1 一栏中的按钮，按如图 3-98 所示填写单击“确定”按钮后界面自动返回。

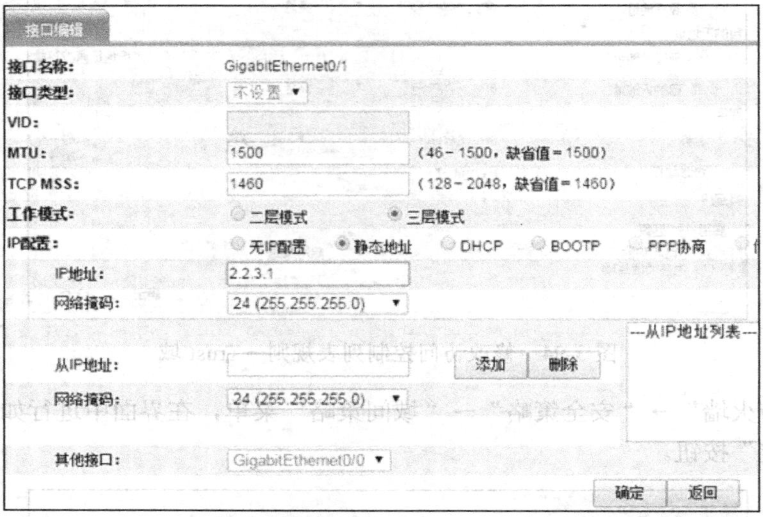

图 3-98 编辑接口 GigabitEthernet0/1

再单击返回后界面中 GigabitEthernet0/2 一栏中的按钮，按如图 3-99 所示填写后单击“确定”按钮。

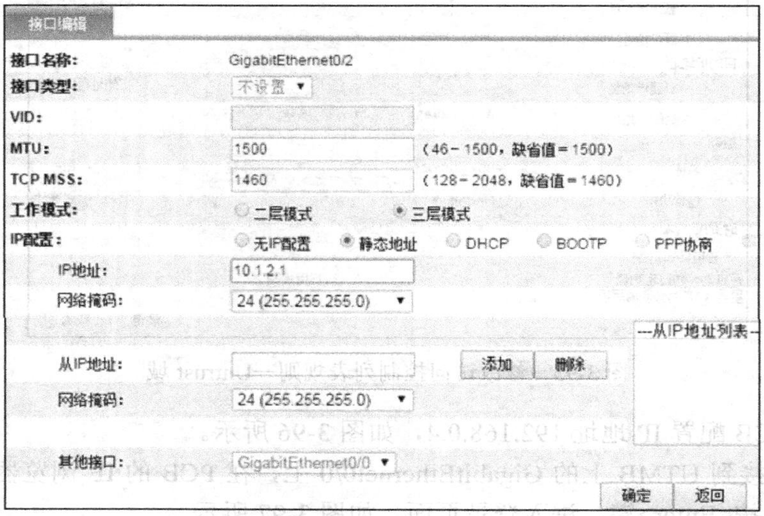

图 3-99 编辑接口 GigabitEthernet0/2

（13）单击“设备管理”→“安全域”菜单，再单击界面中 Trust 一栏中的按钮，进入界面后按如图 3-100 所示进行操作后单击“确定”按钮。

图 3-100　修改 Trust 域配置

再单击“设备管理”→“安全域”菜单，单击界面中 Untrust 一栏中的按钮，按如图 3-101 所示进行操作后单击“确定”按钮。

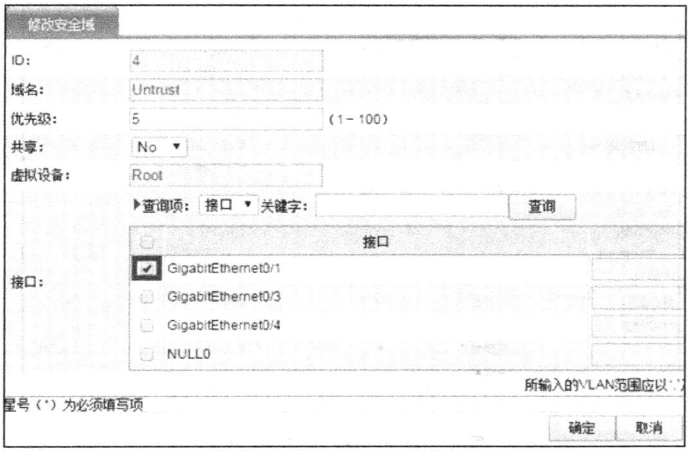

图 3-101　修改 Untrust 域配置

（14）开始配置 ACL，单击左侧菜单栏中的“防火墙”→“ACL”菜单，在界面中单击“新建”按钮，按如图 3-102 所示进行填写后单击“确定”按钮。

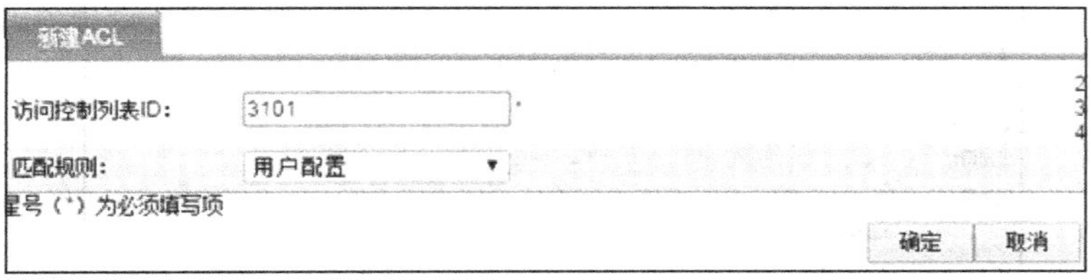

图 3-102　新建 ACL

确定后在新界面中单击 3101 一栏中的按钮后，再单击界面中的“新建”按钮，在新界面中按如图 3-103 所示进行填写后单击“确定”按钮。

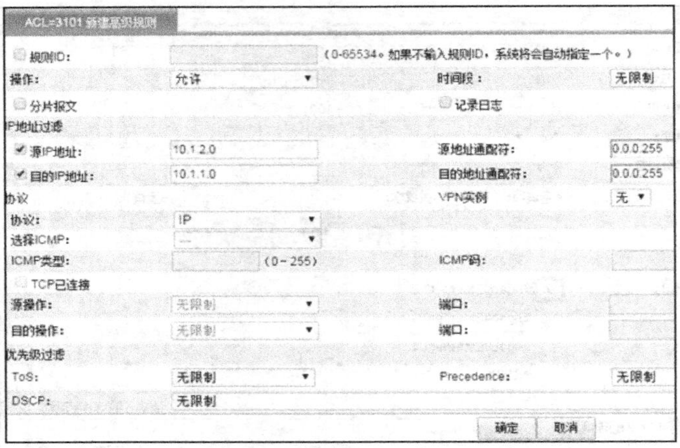

图 3-103　新建 ACL 高级规则

在弹出的新界面中单击“新建”按钮，在新界面中按如图 3-104 所示进行操作后单击“确定”按钮。

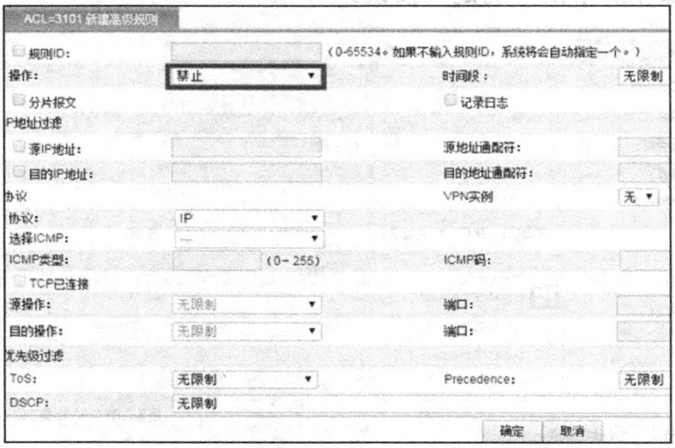

图 3-104　新建高级规则 2

（15）在左侧菜单栏中单击“网络管理”→“路由管理”→“静态路由”菜单，再单击“新建”按钮，按如图 3-105 所示进行操作后单击“确定”按钮。

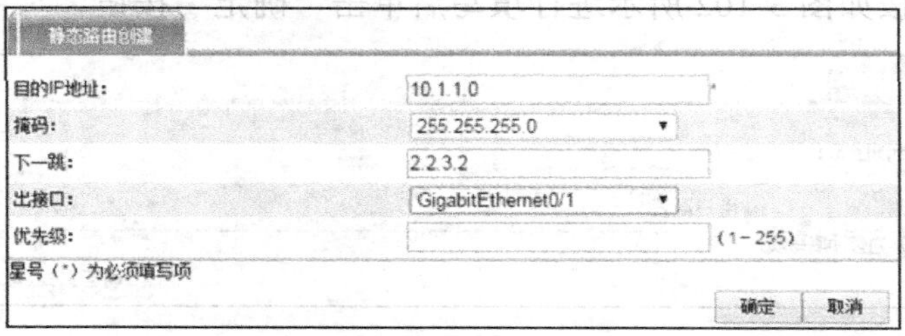

图 3-105　创建静态路由

（16）单击左侧菜单栏中的“VPN”→“IPSec”→“安全提议”菜单，在界面中单击“新建”→“定制方式”选项，按如图 3-106 所示进行操作后单击“确定”按钮。

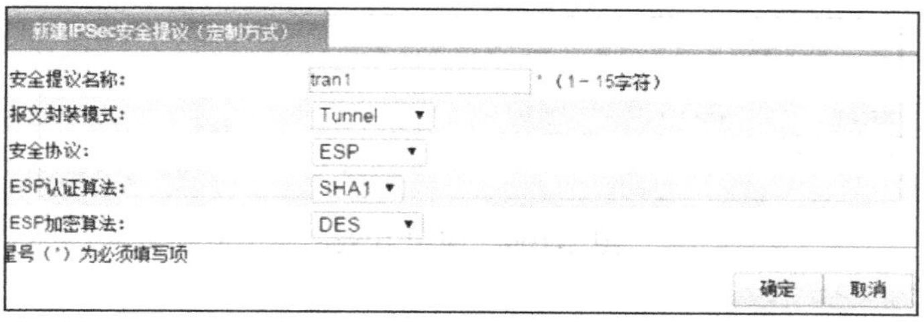

图 3-106　新建 IPSec 安全提议

（17）单击左侧菜单栏中的“VPN”→“IKE”→“对等体”菜单，在界面中单击“新建”按钮，按如图 3-107 所示进行操作后单击“确定”按钮。

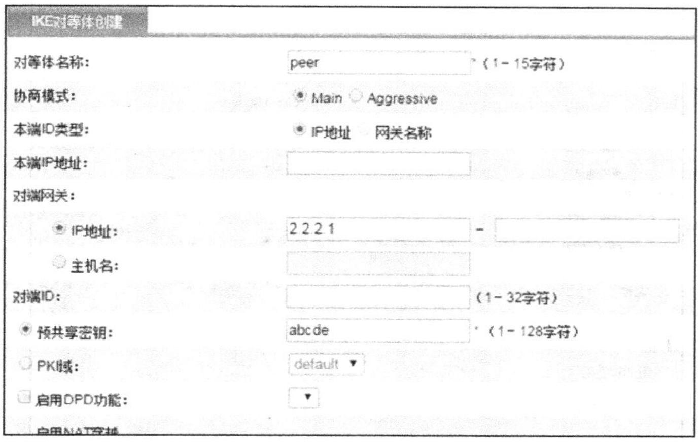

图 3-107　创建 IKE 对等体

（18）单击左侧菜单栏中的“VPN”→“IPSec”→“策略”菜单，在界面中单击“新建”按钮，按如图 3-108 所示进行操作后单击“确定”按钮。

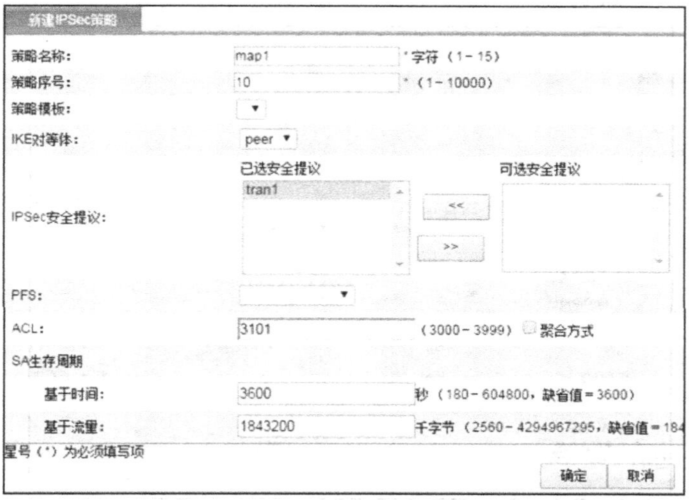

图 3-108　新建 IPSec 策略

（19）单击左侧菜单栏中的“VPN”→“IPSec”→“应用”菜单，单击界面中 GigabitEthernet0/1 一栏中的按钮，按如图 3-109 所示进行操作后单击“确定”按钮。

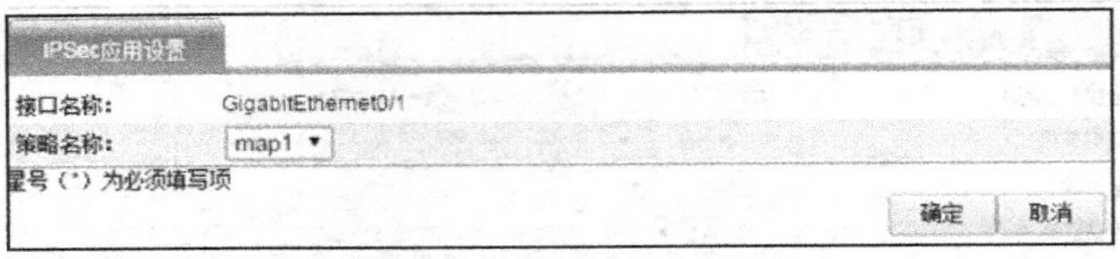

图 3-109　应用 IPSec

（20）域间策略。

单击“防火墙”→“安全策略”→“域间策略”菜单，在界面中按如图 3-110 所示进行配置后单击“确定”按钮。

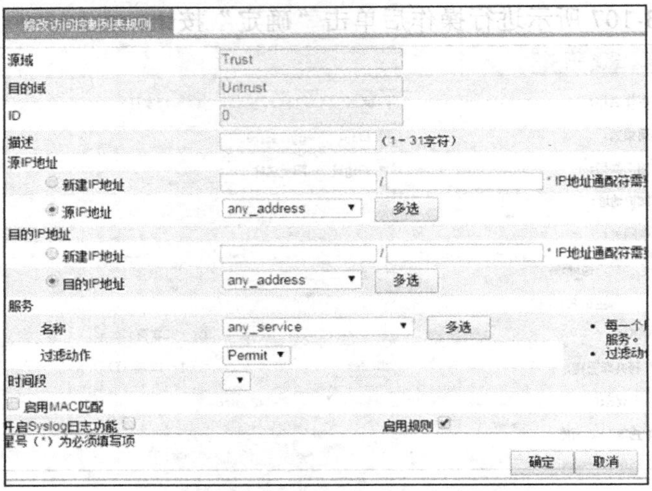

图 3-110　修改访问控制列表规则—Trust

再单击“防火墙”→“安全策略”→“域间策略”菜单，在界面中按如图 3-111 所示进行配置后单击“确定”按钮。

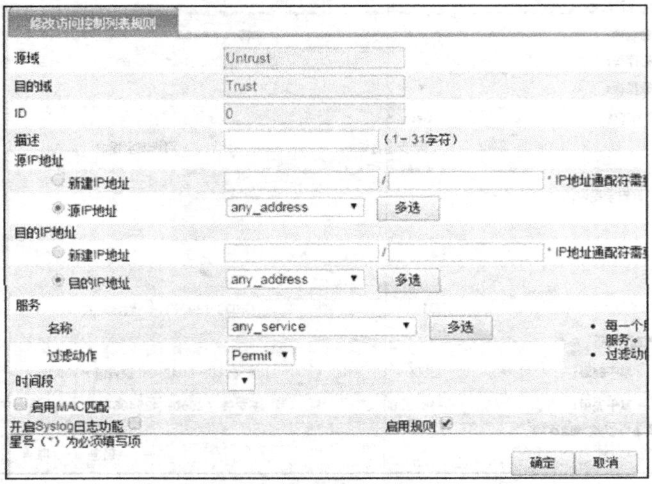

图 3-111　修改访问控制列表规则—Untrust

（21）给 PCA 和 PCB 重新配置 IP 地址，如图 3-112 和图 3-113 所示，PCA 的 IP 地址为 10.1.1.2/24，PCB 的 IP 地址为 10.1.2.2/24。

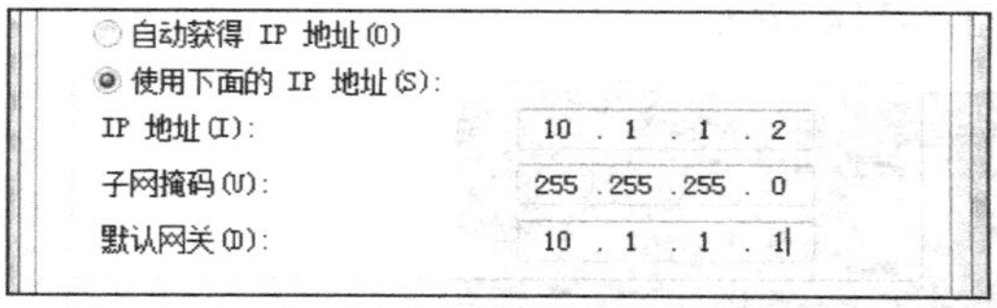

图 3-112　给 PCA 配置 IP 地址

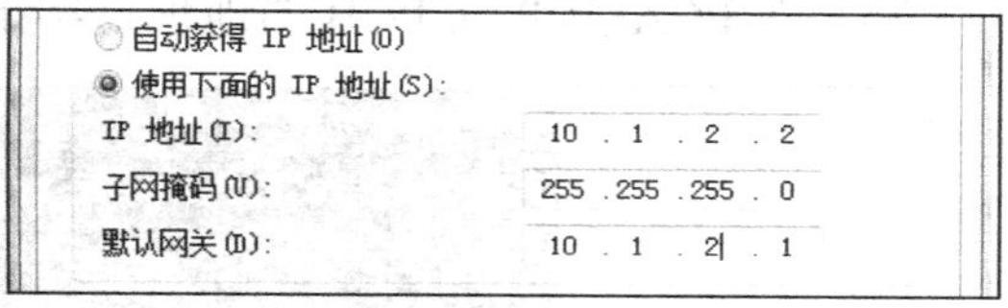

图 3-113　给 PCB 配置 IP 地址

（22）将 PCA 连接在 UTMA 上的 GigabitEthernet0/2 上，将 PCB 连接在 UTMB 上的 GigabitEthernet0/2 上。

给 R1 和 R4 配置地址，配置如下：

```
[R1]interface GigabitEthernet0/1
[R1-GigabitEthernet0/1]ip address 2.2.2.2 24
[R1-GigabitEthernet0/1]quit
[R1]interface GigabitEthernet0/2
[R1-GigabitEthernet0/2]ip address 3.3.3.1 24
[R1-GigabitEthernet0/2]quit
[R4]interface GigabitEthernet0/1
[R4-GigabitEthernet0/1]ip address 2.2.3.2 24
[R4-GigabitEthernet0/1]quit
[R4]interface GigabitEthernet0/2
[R4-GigabitEthernet0/2]ip address 3.3.3.2 24
[R4-GigabitEthernet0/2]quit
```

（23）配置 RIP，配置如下：

```
[UTMA]rip
[UTMA-rip-1]version 2
[UTMA-rip-1]undo summary
[UTMA-rip-1]network 2.2.2.0
[UTMA-rip-1]quit
[R1]rip 1
[R1-rip-1]version 2
[R1-rip-1]undo summary
[R1-rip-1]network 2.2.2.0
[R1-rip-1]network 3.3.3.0
[R1-rip-1]quit
[R4]rip
[R4-rip-1]version 2
[R4-rip-1]undo summary
[R4-rip-1]network 3.3.3.0
[R4-rip-1]network 2.2.3.0
[R4-rip-1]quit
[UTMB]rip
[UTMB-rip-1]version 2
[UTMB-rip-1]undo summary
```

```
[UTMB-rip-1]network 2.2.3.0
[UTMB-rip-1]quit
```

（24）在 PCA 上 Ping PCB 的地址，结果如图 3-114 所示。

```
C:\Users\yc>ping 10.1.2.2

正在 Ping 10.1.2.2 具有 32 字节的数据:
请求超时。
来自 10.1.2.2 的回复: 字节=32 时间=1ms TTL=62
来自 10.1.2.2 的回复: 字节=32 时间=1ms TTL=62
来自 10.1.2.2 的回复: 字节=32 时间=1ms TTL=62

10.1.2.2 的 Ping 统计信息:
    数据包: 已发送 = 4, 已接收 = 3, 丢失 = 1 (25% 丢失),
往返行程的估计时间(以毫秒为单位):
    最短 = 1ms, 最长 = 1ms, 平均 = 1ms
```

图 3-114　PCA Ping PCB 结果图

发现可以 Ping 通，证明 IPSec 隧道加密成功。

4）SSL VPN 实验

实验拓扑图如图 3-115 所示。

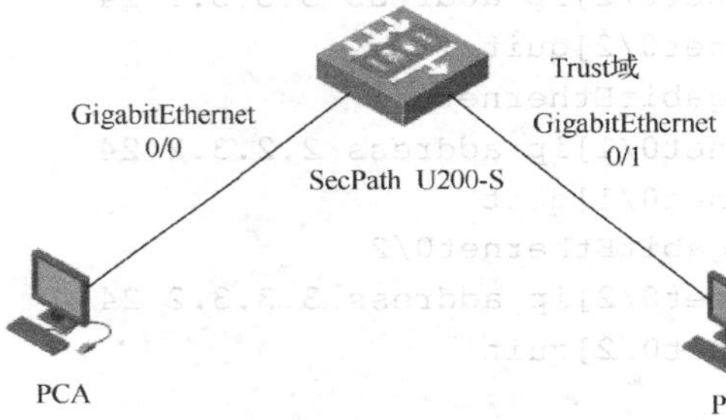

图 3-115　实验拓扑图

（1）登录并查看证书。

① 给 PCA 配置 IP 地址，如图 3-116 所示。

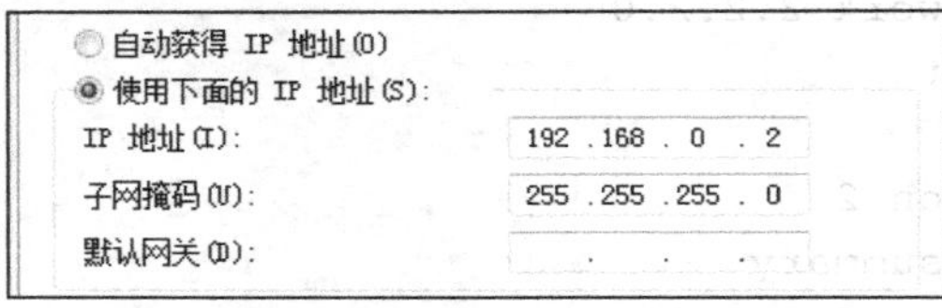

图 3-116　给 PCA 配置 IP 地址

② 在 IE 浏览器中输入 https://192.168.0.1，在登录界面中输入用户名 admin，密码 admin 和验证码后登录。

③ 单击左侧菜单栏中的“VPN”→“PKI”→“证书”菜单，在界面中看到的证书情况如图 3-117 所示。

PKI域名称	发布者	主题	证书类型	操作
default	CN=cademo	CN=cademo	CA	[删除证书][查看证书]
default	CN=cademo	emailAddress=localdemo@cademo.com,CN=localdemo,OU=localdemo,O=localdemo,L=localdemo,ST=localdemo,C=CN	Local	[删除证书][查看证书]

创建密钥　销毁密钥　获取证书　申请证书

图 3-117　查看 UTM 提供的证书

UTM 已经为我们准备好两个证书，一个是 CA 证书，一个是 Local 证书。

（2）使用 CRT 登录到 UTM 上，开启 SSL 服务策略和 HTTPS 服务，具体操作如下：

```
[H3C]ssl server-policy 1 //创建 SSL 服务器端策略，并进入 SSL 服务器端策略视图
[H3C-ssl-server-policy-1]pki-domain default（必须是 default）
//配置 SSL 服务器端策略或 SSL 客户端策略所使用的 PKI 域
[H3C-ssl-server-policy-1]quit
[H3C]ip https ssl-server-policy 1
//配置 HTTPS 服务与 SSL 服务器端策略关联，SSL 服务器端策略名为 1～16 个字符的字符串
[H3C]ip https enable //使能 HTTPS 服务。使能 HTTPS 服务，会触发 SSL 的握手协商
过程。在 SSL 握手协商过程中，如果设备的本地证书已经存在，则 SSL 协商可以成功，HTTPS 服
务可以正常启动；如果设备的本地证书不存在，则 SSL 协商过程会触发证书申请流程。由于证书申
请需要较长的时间，会导致 SSL 协商不成功，从而无法正常启动 HTTPS 服务。因此，在这种情况
下，需要多次执行 ip https enable 命令，这样 HTTPS 服务才能正常启动
%Apr 17 10:38:33:487 2015 H3C HTTPD/4/Log:Start HTTPS server.
```

（3）在 IE 浏览器中输入 https：//192.168.0.1，结果如图 3-118 所示（必须是 IE 浏览器，且必须输入 https，而不是 http）。

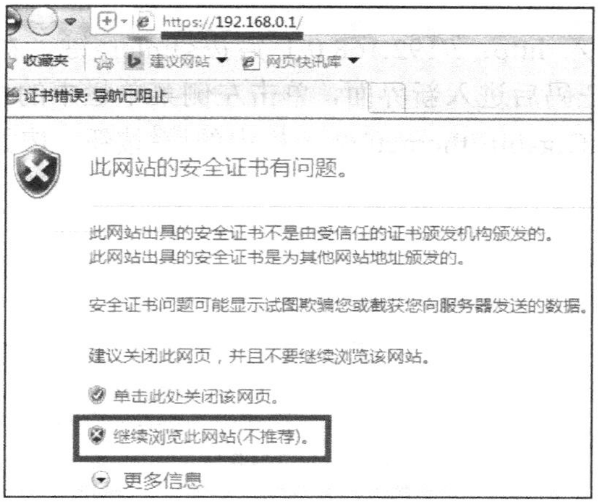

图 3-118　登录 192.168.0.1

单击“继续浏览此网站（不推荐）”后进入到登录界面，如图 3-119 所示，输入用户名 admin，密码 admin 和验证码后单击“登录”按钮弹出登录成功页面，如图 3-120 所示，表明 SSL 登录成功。

图 3-119　登录页面

*5）IPS 入侵防御系统实验（仅专业班做）

实验拓扑图如图 3-46 所示。

（1）将 PCA 接在 UTM 的 GigabitEthernet0/0 上，给 PCA 配置 IP 地址 192.168.0.4，如图 3-121 所示。

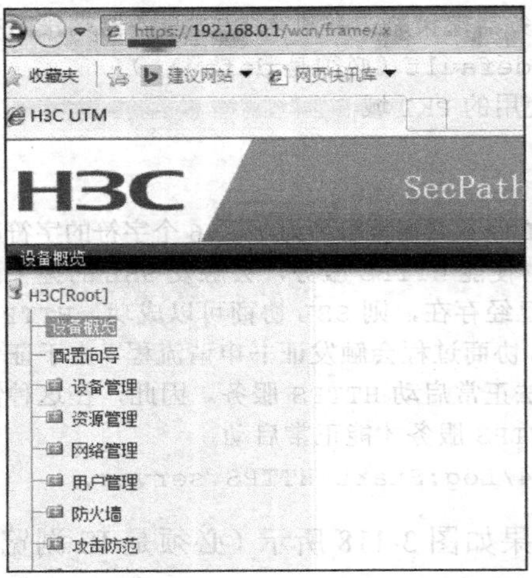

图 3-120　登录成功页面

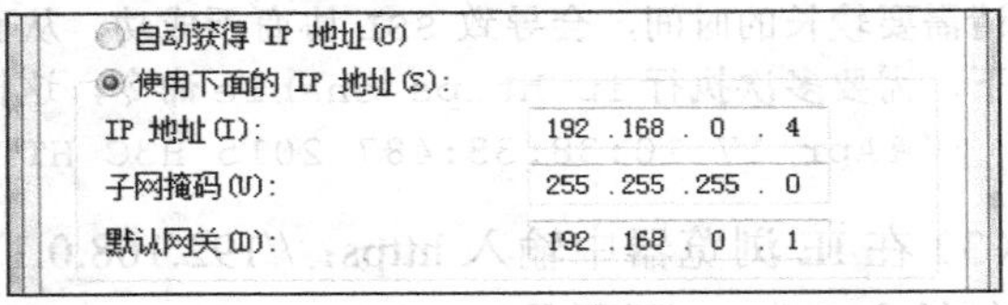

图 3-121　PCA 配置 IP 地址

打开 IE 浏览器，输入 http://192.168.0.1 后按<Enter>键，在登录界面中输入用户名 admin，密码 admin 和验证码后进入新界面，单击左侧菜单栏中的“设备管理”→“接口管理”菜单，再单击界面中 GigabitEthernet0/2 一栏中的按钮，按如图 3-122 所示操作后单击“确定”按钮。

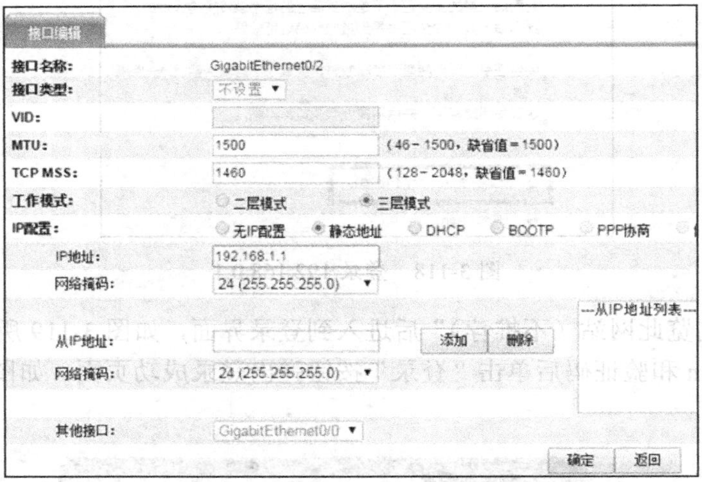

图 3-122　编辑接口 GigabitEthernet0/1

（2）确定后再单击界面中 GigabitEthernet0/1 一栏中的按钮，按如图 3-123 所示操作后单击“确定”按钮。

（3）单击左侧菜单栏中的“设备管理”→“安全域”菜单，单击界面 Trust 一栏中的按钮，按如图 3-124 所示进行操作后单击“确定”按钮。

再单击左侧菜单栏中的“设备管理”→“安全域”菜单，单击界面 Untrust 一栏中的按钮，按如图 3-125 所示进行操作后单击“确定”按钮。

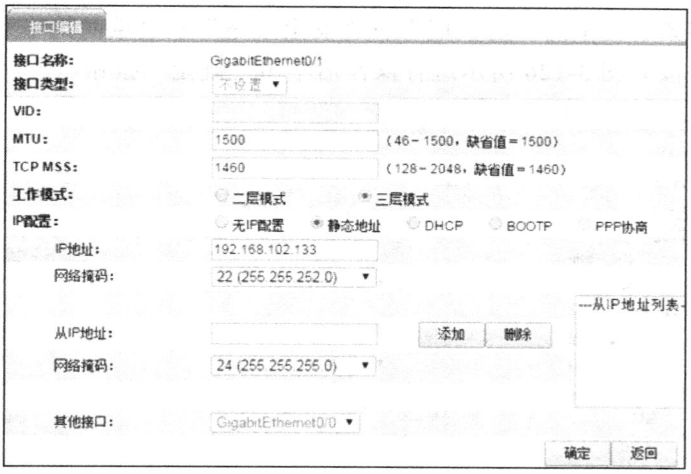

图 3-123　编辑接口 GigabitEthernet0/2

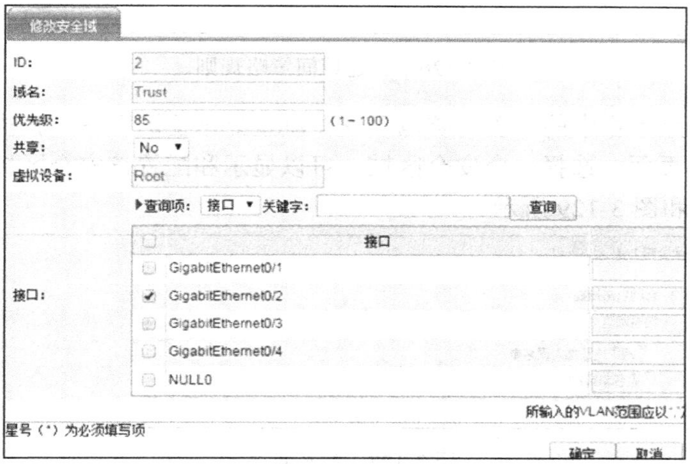

图 3-124　修改 Trust 域

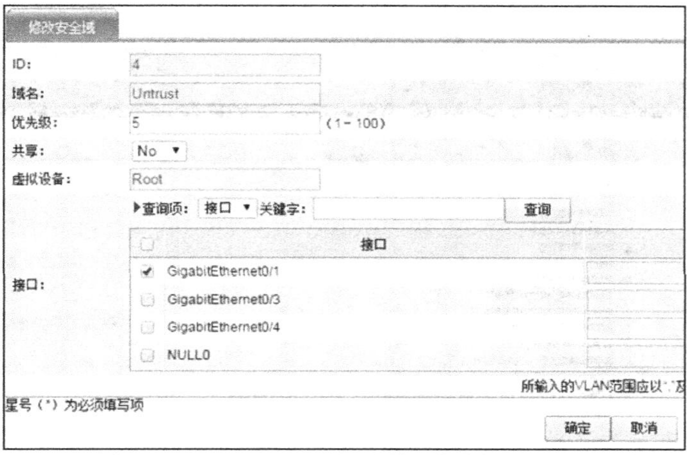

图 3-125　修改 Untrust 域

（4）单击左侧菜单栏中的“防火墙”→“安全策略”→“域间策略”菜单，在界面中单击“新建”按钮按如图 3-126 所示进行操作后单击“确定”按钮。

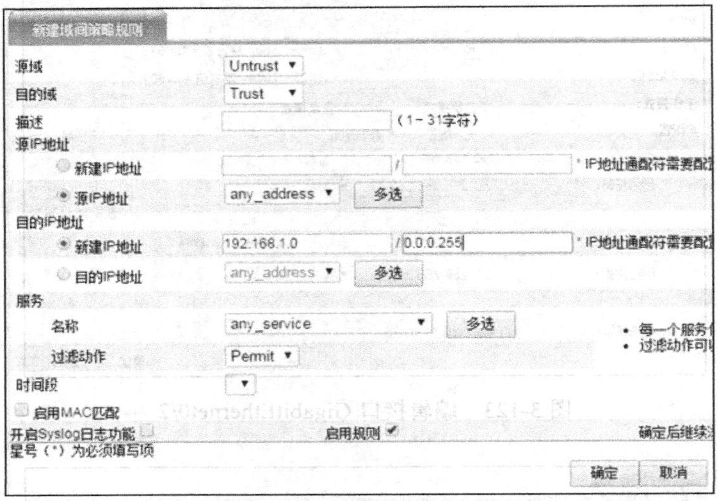

图 3-126　新建域间策略规则

（5）单击左侧菜单栏中的“攻击防范”→“流量异常检测”→“扫描攻击”菜单，进入如图 3-127 所示页面。选择一个安全区域，可以显示和配置该安全区域的扫描攻击检测功能，如图 3-128 和图 3-129 所示。

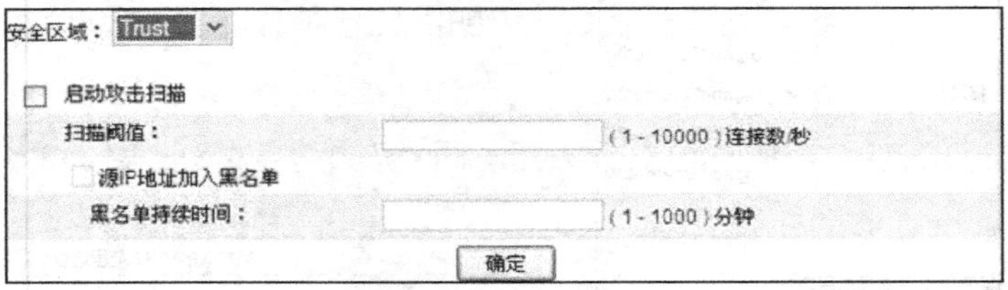

图 3-127　扫描攻击

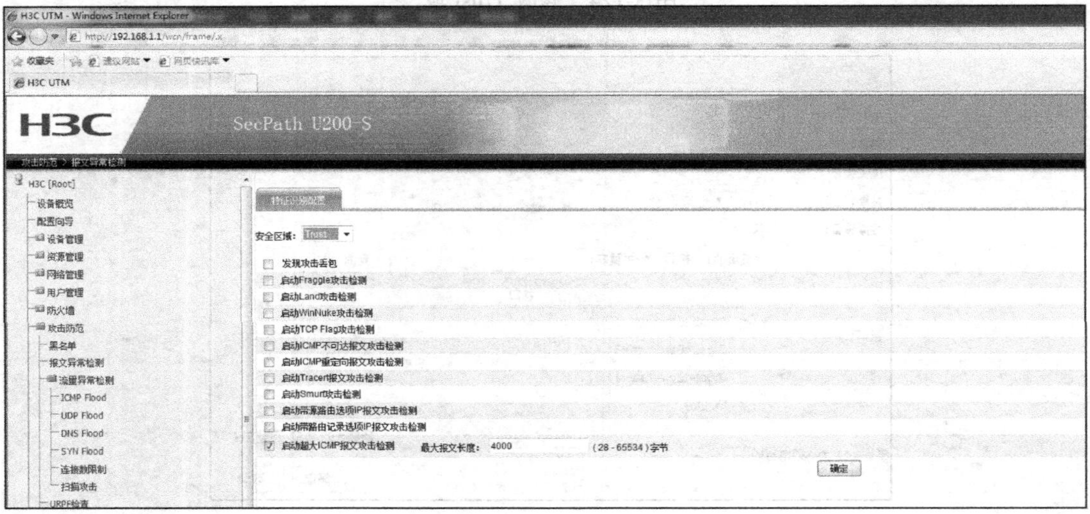

图 3-128　报文异常检测 1

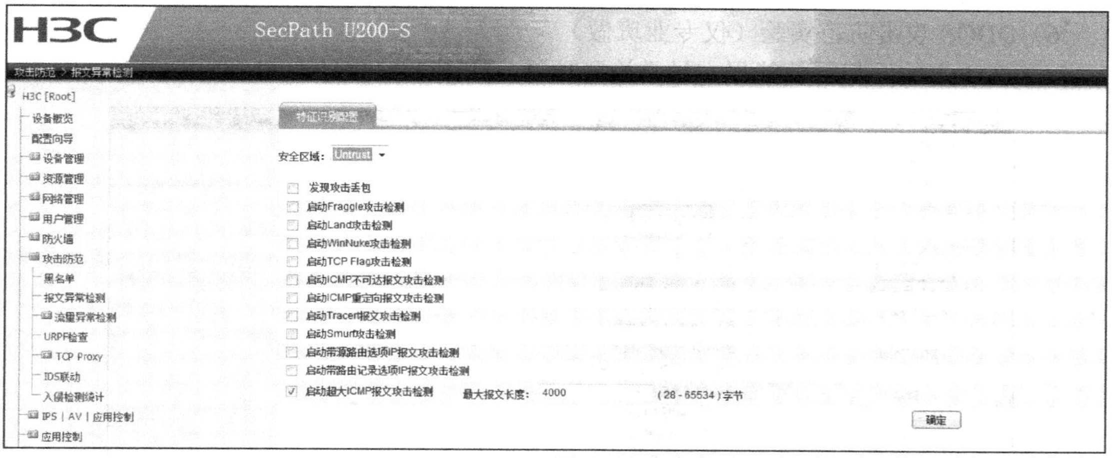

图 3-129 报文异常检测 2

（6）将 PCA 连接在 UTM 的 GigabitEthernet0/2 口上，给 PCA 重新配置 IP 地址，如图 3-130 所示，PCA 的 IP 地址为 192.168.1.3。

将 PCB 接到 UTM 的 GigabitEthernet0/1 上，给 PCB 配置 IP 地址，如图 3-131 所示，PCA 的 IP 地址为 192.168.100.51。

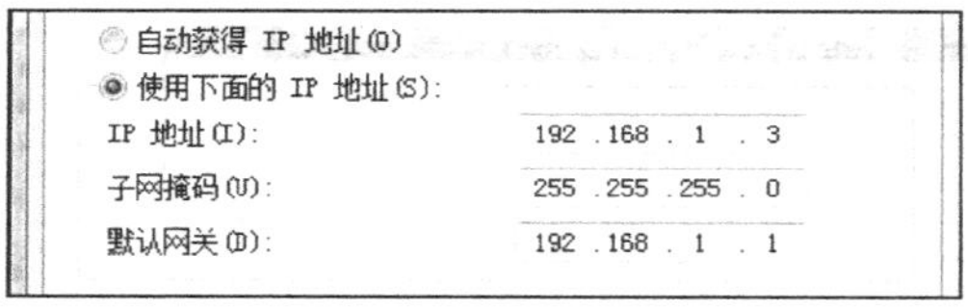

图 3-130 PCA 配置 IP 地址

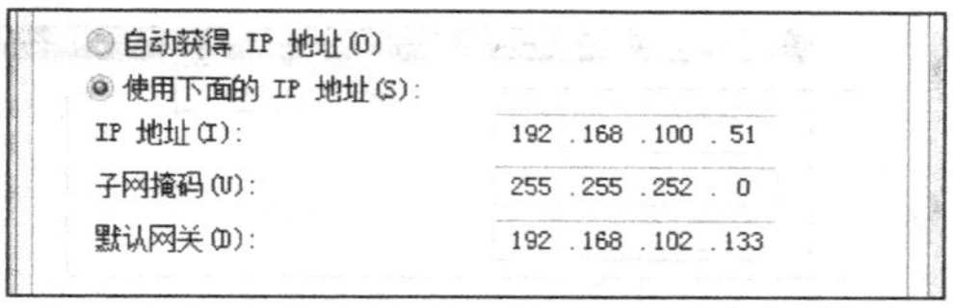

图 3-131 PCB 配置 IP 地址

（7）用 PCB Ping PCA：Ping 192.168.1.3 -l 20000，在 PCA 上单击 IE 浏览器中左侧菜单栏中的“日志管理”→“日志报表”→“攻击防范日志”菜单，如图 3-132 所示。

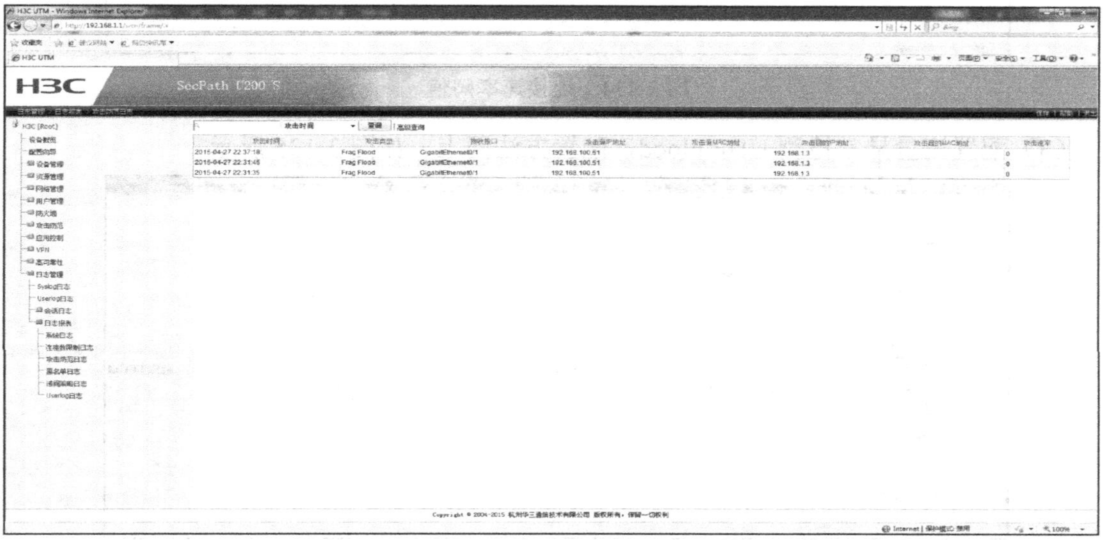

图 3-132 攻击防范日志

*6）DDOS 攻击防范实验（仅专业班做）

（1）在攻击的发起域使能报文异常检测功能，如图 3-133 所示。

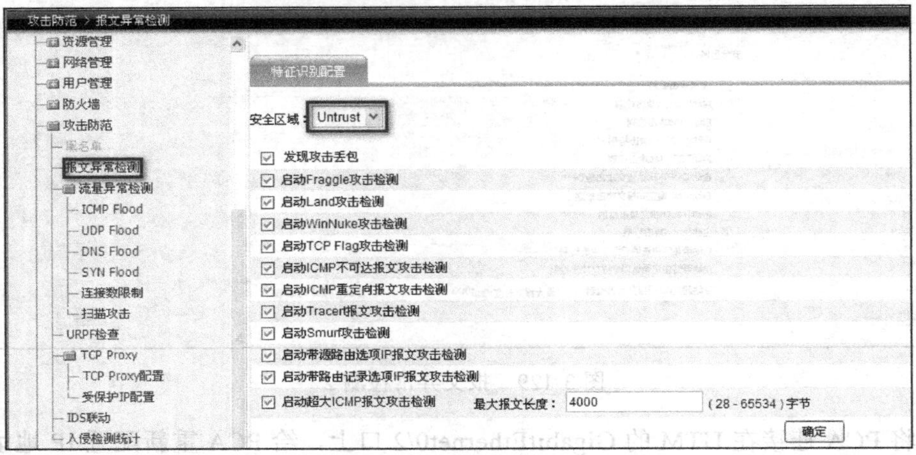

图 3-133　报文异常检测

（2）配置流量异常检测 ICMP Flood，注意此处配置检测攻击的安全域为 Trust，即受保护客户端所在的安全域，阈值设置为 10，如图 3-134 所示。

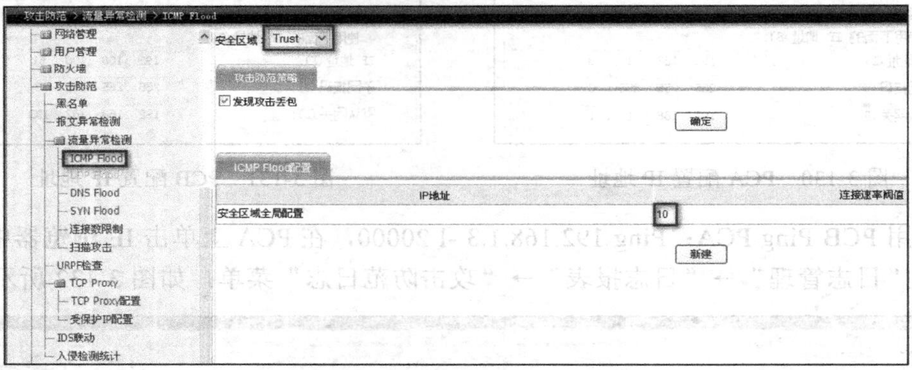

图 3-134　连接速率阈值

（3）配置流量异常检测 UDP Flood，配置方法同上，如图 3-135 所示。

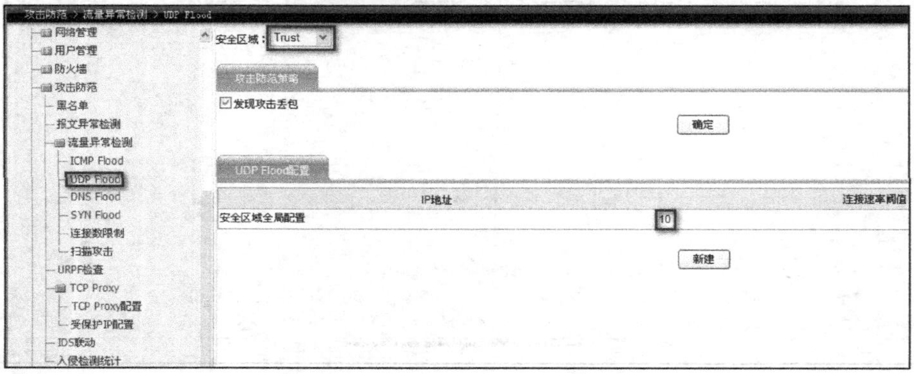

图 3-135　UDP Flood

（4）配置流量异常检测 SYN Flood，配置方法同上，如图 3-136 所示。

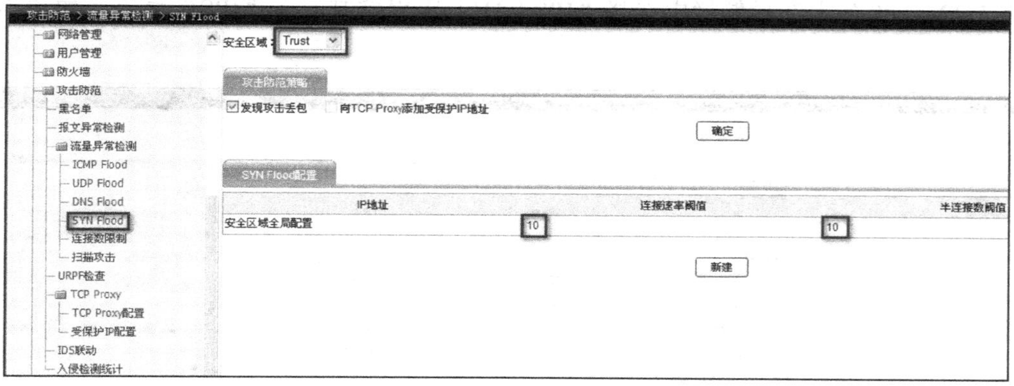

图 3-136　SYN Flood

（5）在 PCB Ping PCA：Ping 192.168.1.3 -l 20000。

（6）查看结果（实验结果不全为 0 就行）。

查看测试结果在左侧菜单栏单击“攻击防范”→“入侵检测统计”菜单。结果如图 3-137 和图 3-138 所示。

安全区域：Untrust

攻击类型	攻击次数	丢包个数
Fraggle	3246	3246
ICMP Redirect	3178	3178
ICMP Unreachable	3178	3178
Land	3178	3178
Large ICMP	6356	6356
Route Record	3178	3178
Scan	17	14972
Source Route	3178	3178
Smurf	2717	2717
TCP Flag	3178	3178
Tracert	0	0
WinNuke	3178	3178
SYN Flood	0	0
ICMP Flood	0	0
UDP Flood	0	0
DNS Flood	0	0
基于源IP的连接数超出阈值	4	0
基于目的IP的连接数超出阈值	0	0

图 3-137　测试结果 1

安全区域：Trust

攻击类型	攻击次数	丢包个数
Fraggle	0	0
ICMP Redirect	0	0
ICMP Unreachable	0	0
Land	0	0
Large ICMP	0	0
Route Record	0	0
Scan	0	0
Source Route	0	0
Smurf	0	0
TCP Flag	0	0
Tracert	0	0
WinNuke	0	0
SYN Flood	22	2312
ICMP Flood	8	1243
UDP Flood	25	9472
DNS Flood	0	0
基于源IP的连接数超出阈值	0	0
基于目的IP的连接数超出阈值	6	0

图 3-138　测试结果 2

*7）SQL 注入攻击防范实验（仅专业班做）

在 UTM 1 设备上在导航栏中选择“IPS | AV | 应用控制”→“IPS”菜单，如图 3-139 所示。

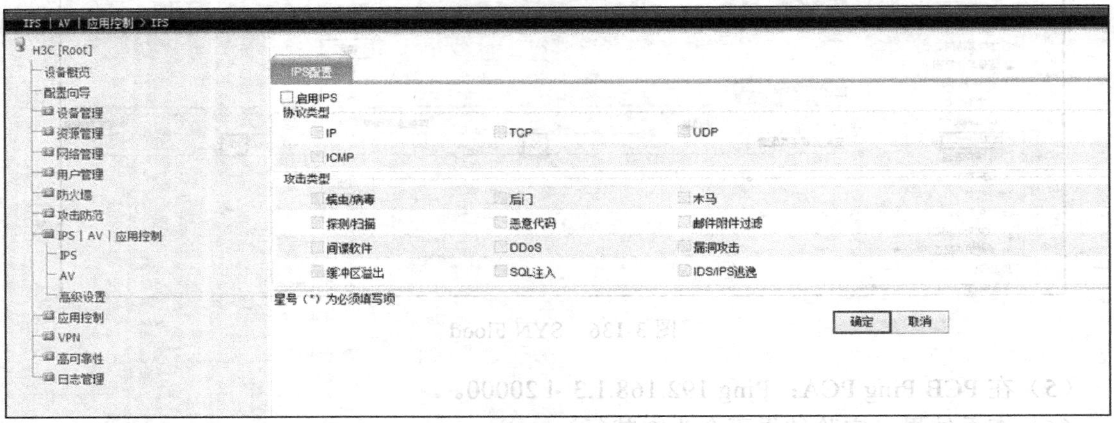

图 3-139　IPS 配置 1

然后选中“启动 IPS”和“注入 SQL”复选框，SQL 注入攻击防范即开启，如图 3-140 所示。

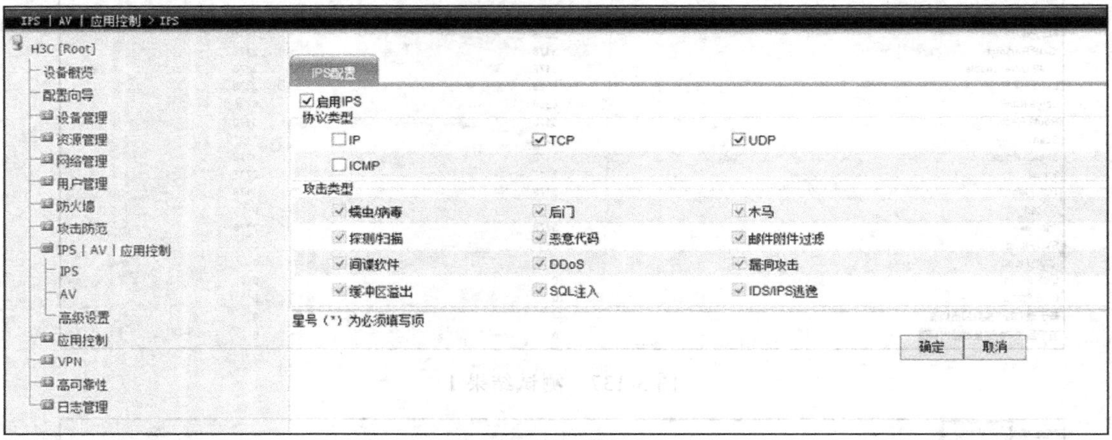

图 3-140　IPS 配置 2

5．实验报告

（1）完成本实验的相关配置命令截图。

（2）完成本实验的相关测试结果截图。

（3）对本实验的测试结果的分析和评注。

（4）对本实验的个人体会。

（5）对相关问题的回答。

*第 4 章

模拟组网与故障排除实验

4.1 组网基本概念

4.1.1 组网相关概念

1. 组网

组网技术就是网络组建技术。计算机网络的类型有很多，根据不同的组网技术有不同的分类依据。网络按交换技术可分为线路交换网和分组交换网。按传输技术可分为广播网、非广播多路访问网、点到点网；按拓扑结构可分为总线型、星型、环型、树型、全网状和部分网状网络。按传输介质又可分有线网络和无线网络。有线网是指同轴电缆、双绞线、光纤连成的网络。无线网是指采用一种电磁波作为载体来实现数据传输的网络类型。按网络分布规模来划分可分为局域网、城域网和广域网。

2. 网段互通

在不同网段中的计算机可以进行互访。如果不同网段中的计算机不能互访，给数据传输造成不便，实现不同网段中计算机互访的方法如下。

（1）增设协议

对于在信息站内部局域网的三个网段来讲，10.232.193.0 网段的计算机要想访问 128.128.10.0 网段上的数据库服务器（IP 地址为 128.128.10.1），由于不是同在一个网段上，所以无法直接通过 TCP/IP 协议访问。考虑到访问数据库服务器的网段数目只有三个，所以在生产初期，我们曾考虑过这样的方法：为需要访问数据库的 10.232.193.0 网段的计算机多分配一个 128.128.10.0 网段 IP 地址，即在每个机器上增加一个 TCP/IP 协议，使机器具有两个 IP 地址，这样它就可以同时访问 10.232.193.0 网段和 128.128.10.0 网段。此种方法的缺点是占用了 IP 地址资源，而且，每台机器都必须设置好，比较麻烦。尤其是在此项生产任务中，参与作业的计算机数目较多，而路由器分配的有效 IP 数目有限，这个方法虽然能解决问题，但是却受到 IP 资源的限制，在生产过程中试用一个星期后就终止采用了。

（2）利用双网卡实现不同网段互访

这种办法相对来说要简单得多，唯一不同的是它需要计算机另外添加一块网卡，这样就可使一台主机同时具有两个真实而独立的 IP。配置方面也比较容易，将第一块网卡设置成本网段的 IP，网关设置成本网段网关；第二块网卡 IP 设置成要访问的其他网段的 IP，网关设置成要访问网段的网关。这种配置的目的是利用双网卡使本机同时处于两个网段之中，以实现跨网段互访。虽然这个方案能够在一定程度上满足生产需求，但考虑到添加硬件的成本问题（每台机器需添加网卡、网线）并且会增加网络构造的复杂度，所以也没有被采纳。

（3）建立转发服务器

由于本次生产任务数据量大，并且很多数据需要进行多次编辑和转储，所以在整个局域网中，如果能利用一台 NT-Server（IP 地址为 10.232.193.15）作为一台转发器和数据服务器，那将是一个两全其美的好办法，因为它不仅能担任生产任务中大量数据实现转储的服务器，更重要的是它能在网络里起到一个简单的路由器的作用，经过配置后还能实现多个网段的相互访问和不同网段可通过防火墙访问 Internet，从而达到仅用一台计算机就能同时实现 IP 转发和数据转储双重服务的目的。

IP 转发服务的具体配置步骤如下：先将 10.232.193.0 网段的主机的网关都指定为 10.232.193.5（防火墙的内部地址）。然后，在防火墙上增加一条由防火墙到 10.232.194.0 的路由，也就是说要访问 194 网段可以由 10.232.193.15 转发。最后，在 IP 转发器上将网关指定为 10.232.193.5，建立了两台网关机的双向联系。另外，添加 IP 地址，使该机器既在 193 网段也在 194 网段。将 10.232.194.0 网段上的主机的网关都设置为 10.232.194.254，若要访问 194 网段外的地址都通过 10.232.194.254 转发，这样就完成了配置。若是 194 网段要访问 Internet，则从 10.232.194.25→10.232.194.254（10.232.193.15）→10.232.193.5→Internet。第三个网段的通信原理同上，至此，三个网段已实现相互通信并共享 Internet。

3. 无线 AP

无线接入点是一个无线网络的接入点，俗称“热点”。主要有路由交换接入一体设备和纯接入点设备，一体设备执行接入和路由工作，纯接入设备只负责无线客户端的接入，纯接入设备通常作为无线网络扩展使用，与其他 AP 或者主 AP 连接，以扩大无线覆盖范围，而一体设备一般是无线网络的核心。

无线 AP 是用户使用无线设备（手机等移动设备及笔记本电脑等无线设备）进入有线网络的接入点，主要用于宽带家庭、大楼内部、校园内部、园区内部以及仓库、工厂等需要无线监控的地方，一般的距离覆盖几十米至上百米，也有的可以用于远距离传送，目前最远的可以达到 30km 左右，主要技术为 IEEE802.11 系列。大多数无线 AP 还带有接入点客户端模式（AP Client），可以和其他 AP 进行无线连接，延展网络的覆盖范围。

一般的无线 AP，其作用有两个：一是作为无线局域网的中心点，供其他装有无线网卡的计算机通过它接入该无线局域网；其次通过对有线局域网络提供长距离无线连接，或对小型无线局域网络提供长距离有线连接，从而达到延伸网络范围的目的。

无线 AP 也可用于小型无线局域网进行连接从而达到拓展的目的。当无线网络用户足够多时，应当在有线网络中接入一个无线 AP，从而将无线网络连接至有线网络主干。AP 在无线工作站和有线主干之间起网桥的作用，实现了无线与有线的无缝集成。AP 既允许无线工作站访问网络资源，同时又为有线网络增加了可用资源。

而无线 AP 与无线路由器的区别体现在下面几个方面：

（1）功能不同

无线 AP 的功能是把有线网络转换为无线网络。形象点说，无线 AP 是无线网和有线网之间沟通的桥梁。其信号范围为球形，搭建的时候最好放到比较高的地方，可以增加覆盖范围，无线 AP 也就是一个无线交换机，接入在有线交换机或是路由器上，接入的无线终端和原来的网络属于同一个子网。无线路由器就是一个带路由功能的无线 AP，接入在 ADSL 宽带线路上，通过路由器功能实现自动拨号接入网络，并通过无线功能，建立一个独立的无线家庭组网。

（2）应用不同

无线 AP 应用于大型公司比较多，大的公司需要大量的无线访问节点实现大面积的网络覆盖，同时所有接入终端都属于同一个网络，也方便公司网络管理员简单地实现网络控制和管理。无线路由器一般应用于家庭和 SOHO 环境网络，这种情况一般覆盖面积和使用用户都不大，只需要一个无线 AP 就够用了。无线路由器可以实现 ADSL 网络的接入，同时转换为无线信号，比起买一个路由器加一个无线 AP，无线路由器是一个更为实惠和方便的选择。

（3）连接方式不同

无线 AP 不能与 ADSL Modem 相连，要用一个交换机或集线器或路由器作为中介。而无线路由器带有宽带拨号功能，可以直接和 ADSL Modem 相连拨号上网，实现无线覆盖。

无线 AP 的应用领域可描述如下：一个典型的企业级应用，包括附加几个无线接入点到有线网络，然后提供无线接入办公局域网。无线接入点的管理是由无线局域网控制器负责处理自动调节射频功率、通道、身份验证和安全性。此外，控制器可以组合成一个无线移动集团，允许跨控制器漫游。该控制器可以是流动性域的一部分，能够让客户在整个大的或地区级办公室地点访问。这样可以节省客户的时间和管理开销，因为它可以自动重新关联或重新验证。

此外，多个控制器和所有连接到这些控制器的数百个接入点都可以通过一个叫思科无线控制系统的软件来管理。这个软件可以处理一个和控制器相同的功能，还增加了用户的映射或 RFID 地点的奖金功能上载的地图，提升控制器和接入点的固件和流氓检测/处理。

一个典型的企业应用，就是在有线网络上安装数个无线接入点，提供办公室局域网络的无线存取。在无线接入点的接收范围内，无线用户端既有移动性的好处，又能充分地与网络连接。在这种场合，无线接入点成为使用者端接入有线网络的一个接口。另外一个用途则是不允许使用网缆连接的情况，例如，制造商使用无线网络连接办公室和货仓之间的网络连线。

4.1.2 组网相关技术介绍

1. 边界网关协议

边界网关协议（BGP）是运行于 TCP 上的一种自治系统的路由协议。BGP 是唯一一个用来处理像因特网大小的网络的协议，也是唯一能够妥善处理好不相关路由域间的多路连接的协议。BGP 构建在 EGP 的经验之上。BGP 系统的主要功能是和其他的 BGP 系统交换网络可达信息。网络可达信息包括列出的自治系统（AS）的信息。这些信息有效地构造了 AS 互连的拓扑图并由此清除了路由环路，同时在 AS 级别上可实施策略决策。

BGP 用于在不同的 AS 之间交换路由信息。当两个 AS 需要交换路由信息时，每个 AS

都必须指定一个运行BGP的节点，来代表AS与其他的AS交换路由信息。这个节点可以是一个主机，但通常是路由器来执行BGP。两个AS中利用BGP交换信息的路由器也被称为边界网关（Border Gateway）或边界路由器（Border Router）。

BGP属于外部网关路由协议，可以实现自治系统间无环路的域间路由。BGP是沟通Internet广域网的主用路由协议，例如，不同省份、不同国家之间的路由大多要依靠BGP协议。BGP可分为IBGP（Internal BGP）和EBGP（External BGP）。BGP的邻居关系（或称通信对端/对等实体）是通过人工配置实现的，对等实体之间通过TCP（端口179）会话交互数据。BGP路由器会周期地发送19字节的保持存活keep-alive消息来维护连接（默认周期为30秒）。在路由协议中，只有BGP使用TCP作为传输层协议。

（1）BGP特点

BGP的主要目标是为处于不同AS中的路由器之间进行路由信息通信提供保障。BGP既不是纯粹的矢量距离协议，也不是纯粹的链路状态协议，通常被称为通路向量路由协议。这是因为BGP在发布到一个目的网络的可达性的同时，包含了在IP分组到达目的网络过程中所必须经过的AS的列表。通路向量信息是十分有用的，因为只要简单地查找一下BGP路由更新的AS编号就能有效地避免环路的出现。BGP对网络拓扑结构没有限制，其特点包括：

① 实现自治系统间通信，传播网络的可达信息BGP是一个外部网关协议，允许一个AS与另一个AS进行通信。BGP允许一个AS向其他AS通告其内部的网络的可达性信息，或者是通过该AS可达的其他网络的路由信息。同时，AS也能够从另一个AS中了解这些信息。与距离向量选路协议类似，BGP为每个目的网络提供的是下一跳（Next-hop）节点的信息。

② 多个BGP路由器之间的协调。如果在一个自治系统内部有多个路由器分别使用BGP与其他自治系统中对等路由器进行通信，BGP可以协调这一系列路由器，使这些路由器保持路由信息的一致性。

③ BGP支持基于策略的选路（Policy-base Routing）。一般的距离向量选路协议确切通告本地选路中的路由。而BGP则可以实现由本地管理员选择的策略。BGP路由器可以为域内和域间的网络可达性配置不同的策略。

④ 可靠的传输。BGP路由信息的传输采用了可靠的TCP协议。

⑤ 路径信息。在BGP通告目的网络的可达性信息时，处理指定目的网络的下一跳信息之外，通告中还包括了通路向量（Path Vector），即去往该目的网络时需要经过的AS的列表，使接收者能够了解去往目的网络的通路信息。

⑥ 增量更新。BGP不需要在所有路由更新报文中传送完整的路由数据库信息，只需要在启动时交换一次完整信息。后续的路由更新报文只通告网络的变化信息。这种网络变化的信息称为增量（Delta）。

⑦ BGP支持无类型编制（CIDR）及VLSM方式。通告的所有网络都以网络前缀加子网掩码的方式表示。

⑧ 路由聚集。BGP允许发送方把路由信息聚集在一起，用一个条目来表示多个相关的目的网络，以节约网络带宽。

⑨ BGP还允许接收方对报文进行鉴别和认证，以验证发送方的身份。

（2）BGP使用的四种消息类型

① Open消息：Open消息是TCP连接建立后发送的第一个消息，用于建立BGP对等体之间的连接关系。

② Keepalive消息：BGP会周期性地向对等体发出Keepalive消息，用来保持连接的有效性。

③ Update消息：Update消息用于在对等体之间交换路由信息。它既可以发布可达路由信息，也可以撤销不可达路由信息。

④ Notification消息：当BGP检测到错误状态时，就向对等体发出Notification消息，之后BGP连接会立即中断。

（3）BGP邻居建立中的状态和过程

① 空闲（Idle）：为初始状态，当协议激活后开始初始化，复位计时器，并发起第一个TCP连接，并开始倾听远程对等体所发起的连接，同时转向Connect状态。

② 连接（Connect）：开始TCP连接并等待TCP连接成功的消息。如果TCP连接成功，则进入Open Sent状态；如果TCP连接失败，进入Active状态。

③ 行动（Active）：BGP总是试图建立TCP连接，若连接计时器超时，则退回到Connect状态，TCP连接成功就转为Open Sent状态。

④ OPEN发送（Open Sent）：TCP连接已建立，自己已发送第一个Open报文，等待接收对方的Open报文，并对报文进行检查，若发现错误则发送Notification消息报文并退回到Idle状态。若检查无误则发送Keepalive消息报文，Keepalive计时器开始计时，并转为Open Confirm状态。

⑤ OPEN证实（Open Confirm）：BGP等待Keepalive报文，同时复位保持计时器。如果收到了Keepalive报文，就转为Established状态，邻居关系协商完成。如果系统收到一条更新或Keepalive消息，它将重新启动保持计时器；如果收到Notification消息，BGP就退回到空闲状态。

⑥ 已建立（Established）：即建立了邻居（对等体）关系，路由器将和邻居交换Update报文，同时复位保持计时器。

2. 开放式最短路径优先

OSPF（Open Shortest Path First，开放式最短路径优先）是一个内部网关协议（Interior Gateway Protocol，IGP），用于在单一自治系统（Autonomous System，AS）内决策路由。与RIP相对，OSPF是链路状态路由协议，而RIP是距离向量路由协议。

链路是路由器接口的另一种说法，因此OSPF也称为接口状态路由协议。OSPF通过路由器之间通告网络接口的状态来建立链路状态数据库，生成最短路径树，每个OSPF路由器使用这些最短路径构造路由表。

开放最短路径协议（OSPF）不仅能计算两个网络节点之间的最短路径，而且能计算通信费用。可根据网络用户的要求来平衡费用和性能，以选择相应的路由。在一个自治系统内可划分出若干个区域，每个区域根据自己的拓扑结构计算最短路径，这减少了OSPF路由实现的工作量；OSPF属动态的自适应协议，对于网络的拓扑结构变化可以迅速地做出反应，进行相应调整，提供短的收敛期，使路由表尽快稳定化。每个路由器都维护一个相同的、完整的全网链路状态数据库。这个数据库很庞大，寻径时，该路由器以自己为根，构造最短路径树，然后再根据最短路径构造路由表。路由器彼此交换，并保存整个网络的链路信息，从而掌握全网的拓扑结构，并独立计算路由。

OSPF 定义了 5 种分组：Hello 分组用于建立和维护连接；数据库描述分组初始化路由器的网络拓扑数据库；当发现数据库中的某部分信息已经过时后，路由器发送链路状态请求分组，请求邻站提供更新信息；路由器使用链路状态更新分组来主动扩散自己的链路状态数据库或对链路状态请求分组进行响应；由于 OSPF 直接运行在 IP 层，协议本身要提供确认机制，链路状态应答分组是对链路状态更新分组进行确认。

（1）OSPF 的特性

① OSPF 属于 IGP，是 Link-State 协议，基于 IP Pro 89；

② 采用 SPF 算法（Dijkstra 算法）计算最佳路径；

③ 快速响应网络变化；

④ 以较低频率（每隔 30 分钟）发送定期更新，被称为链路状态刷新；

⑤ 网络变化时是触发更新；

⑥ 支持等价的负载均衡。

（2）OSPF 术语

① Router-ID：用来唯一标识 OSPF 域中的路由器，每一台 OSPF 路由器只有一个 Router-ID，Router-ID 使用 IP 地址的形式来表示。

② Cost：OSPF 使用接口的带宽来计算Metric，例如，一个 10 Mb/s 的接口，计算 Cost 将 10 Mbit 换算成 bit，为 10 000 000 bit，然后用 10000 0000 除以该带宽，结果为 10000 0000/10 000 000 bit = 10，所以一个 10 Mb/s 的接口，OSPF 认为该接口的 Metric 值为 10，需要注意的是，计算中，带宽的单位取 b/s，而不是 Kb/s，例如，一个 100 Mb/s 的接口，Cost 值为 10000 0000 /100 000 000=1，因为 Cost 值必须为整数，所以即使是一个 1000 Mb/s（1Gb/s）的接口，Cost 值和 100Mb/s 一样，为 1。如果路由器要经过两个接口才能到达目标网络，那么很显然，两个接口的 Cost 值要累加起来，才算是到达目标网络的 Metric 值，所以 OSPF 路由器计算到达目标网络的 Metric 值，必须将沿途中所有接口的 Cost 值累加起来，在累加时，同 EIGRP 一样，只计算出接口，不计算进接口。

OSPF 计算的 Cost，同样是和接口带宽成反比，带宽越高，Cost 值越小。到达目标相同 Cost 值的路径，可以执行负载均衡，最多 6 条链路同时执行负载均衡。

③ 链路（Link）：就是路由器上的接口，在这里，应该指运行在 OSPF 进程下的接口。

④ 链路状态（Link-State）：链路状态（LSA）就是 OSPF 接口上的描述信息，如接口上的 IP 地址、子网掩码、网络类型、Cost 值等，OSPF 路由器之间交换的并不是路由表，而是链路状态（LSA），OSPF 通过获得网络中所有的链路状态信息，从而计算出到达每个目标精确的网络路径。OSPF 路由器会将自己所有的链路状态毫不保留地全部发给邻居，邻居将收到的链路状态全部放入链路状态数据库，邻居再发给自己的所有邻居，并且在传递过程中，绝对不会有任何更改。

⑤ 邻居（Neighbor）：OSPF 只有邻接状态才会交换 LSA，路由器会将链路状态数据库中所有的内容毫不保留地发给所有邻居，要想在 OSPF 路由器之间交换 LSA，必须先形成 OSPF 邻居，OSPF 邻居靠发送 Hello 包来建立和维护，Hello 包会在启动了 OSPF 的接口上周期性发送，在不同的网络中，发送 Hello 包的间隔也会不同，当超过 4 倍的 Hello 时间，

也就是 Dead 时间过后还没有收到邻居的 Hello 包，邻居关系将被断开。

（3）OSPF 路由协议的优点

OSPF 支持各种不同鉴别机制（如简单口令验证，MD5 加密验证等），并且允许各个系统或区域采用互不相同的鉴别机制；提供负载均衡功能，如果计算出到某个目的站有若干条费用相同的路由，OSPF 路由器会把通信流量均匀地分配给这几条路由，沿这几条路由把该分组发送出去；在一个自治系统内可划分出若干个区域，每个区域根据自己的拓扑结构计算最短路径，这减少了 OSPF 路由实现的工作量；OSPF 属动态的自适应协议，对于网络的拓扑结构变化可以迅速地做出反应，进行相应调整，提供短的收敛期，使路由表尽快稳定化，并且与其他路由协议相比，OSPF 在对网络拓扑变化的处理过程中仅需要最少的通信流量；OSPF 提供点到多点接口，支持 CIDR（无类型域间路由）地址。OSPF 的不足之处就是协议本身庞大复杂，实现起来较 RIP 困难。

3. MSTP（多业务传送平台）

MSTP（Multi-Service Transfer Platform，基于 SDH 的多业务传送平台）是指基于 SDH 平台同时实现 TDM、ATM、以太网等业务的接入、处理和传送，提供统一网管的多业务节点。

（1）发展历程

它经历了从支持以太网透传的第一代 MSTP 到支持二层交换的第二代 MSTP，再到当前支持以太网业务 QoS 的新一代（第三代）MSTP 的发展历程。

第一代 MSTP：第一代 MSTP 以支持以太网透传为主要特征。以太网透传功能是指将来自以太网接口的信号不经过二层交换，直接映射到 SDH 的虚容器（VC）中，然后通过 SDH 设备进行点到点传送。第一代 MSTP 保证以太网业务的透明性，包括以太网 MAC 帧、VLAN 标记等的透明传送。以太网透传业务保护直接利用 SDH 提供的物理层保护。第一代 MSTP 的缺点在于：不提供以太网业务层保护；支持的业务带宽粒度受限于 SDH 的虚容器，最小为 2Mb/s；不提供不同以太网业务的 QoS 区分；不提供流量控制；不提供多个业务流的统计复用和带宽共享；不提供业务层（MAC 层）上的多用户隔离。第一代 MSTP 在支持数据业务时的不适应性导致了第二代 MSTP 解决方案的产生。

第二代 MSTP：第二代 MSTP 以支持二层交换为主要特点。MSTP 以太网二层交换功能是指在一个或多个用户以太网接口与一个或多个独立的基于 SDH 虚容器的点对点链路之间，实现基于以太网链路层的数据帧交换。第二代 MSTP 保证以太网业务的透明性，以太网数据帧的封装采用 GFP/LAPS 或 PPP 协议；传输链路带宽可配置，数据帧的映射采用 VC 通道的相邻级联/虚级联或 ML-PPP 协议来保证数据帧在传输过程中的完整性；实现转发/过滤以太网数据帧的功能；提供自学习和静态配置两种可选方式维护 MAC 地址表；支持 IEEE802.1d 生成树协议 STP；支持流量控制，包括半双工模式下背压机制和全双工模式下 802.3x Pause 帧机制。

第二代 MSTP 相对于第一代 MSTP 的优势主要在多用户/业务的带宽共享和隔离方面，包括：提供基于 802.3x 的流量控制；提供业务层上的多用户隔离和 VLAN 划分；提供基于 STP/RSTP 等的以太网业务层保护倒换；一些还提供基于 802.1p 的优先级转发。但是，第二代 MSTP 的缺点也是明显的，包括不提供 QoS 支持；基于 STP/RSTP 的业务层保护倒换时间太慢；所提供的业务带宽粒度受限于 VC，一般最小为 2Mb/s；VLAN 的 4096 地址空间使其在核心节点的扩展能力很受限制，不适合大型城域公网应用；节点处在环上不同位置时，其业务的接入是不公平的；MAC 地址的学习/维护以及 MAC 地址表影响系统性能；基于 802.3x 的流量控制只是针对点到点链路，不能提供端到端的流量控制；多用户/业务的带宽共享是对本地接口而言，还不能对整个环业务进行共享。

第三代 MSTP 技术的诞生：第三代 MSTP 技术以支持以太网业务 QoS 为特色。它的诞生主要源于克服现有 MSTP 技术所存在的缺陷。从现有 MSTP 技术对以太网业务的支持上看，不能提供良好 QoS 支持的一个主要原因是现有的以太网技术是无连接的，尚没有足够 QoS 处理能力，为了能够将真正 QoS 引入以太网业务，需要在以太网和 SDH/SONET 间引入一个中间的智能适配层来处理以太网业务的 QoS 要求。由此，以多协议标记交换（MPLS）为技术特点的新一代 MSTP 技术——第三代 MSTP 技术应运而生。

（2）MSTP 的工作原理

MSTP 可以将传统的 SDH 复用器、数字交叉链接器（DXC）、WDM 终端、网络二层交换机和 IP 边缘路由器等多个独立的设备集成为一个网络设备，即基于 SDH 技术的多业务传送平台（MSTP），进行统一控制和管理。基于 SDH 的 MSTP 最适合作为网络边缘的融合节点支持混合型业务，特别是以 TDM 业务为主的混合业务。它不仅适合缺乏网络基础设施的新运营商，应用于局间或 POP 间，还适合于大企事业用户驻地。而且即便对于已敷设了大量 SDH 网的运营公司，以 SDH 为基础的多业务平台可以更有效地支持分组数据业务，有助于实现从电路交换网向分组网的过渡。所以，它将成为城域网近期的主流技术之一。

这就要求 SDH 必须从传送网转变为传送网和业务网一体化的多业务平台，即融合的多业务节点。MSTP 的实现基础是充分利用 SDH 技术对传输业务数据流提供保护恢复能力和较小的延时性能，并对网络业务支撑层加以改造，以适应多业务应用，实现对二层、三层的数据智能支持，即将传送节点与各种业务节点融合在一起，构成业务层和传送层一体化的 SDH 业务节点，称为融合的网络节点或多业务节点，主要定位于网络边缘。

（3）MSTP 的特点

① MSTP 将环路网络修剪成为一个无环的树型网络，避免报文在环路网络中的不断增生和无限循环；

② MSTP 把整个交换网络划分成多个域，通过一棵公共生成树（CST）连接所有的域；

③ MSTP 设置 VLAN 映射表（即 VLAN 和生成树实例之间的对应关系），把 VLAN 和生成树联系起来，在每个域内形成多棵生成树，生成树之间彼此独立，在数据转发过程中实现 VLAN 数据的负载均衡；

④ MSTP 可以快速收敛并且快速恢复故障；

⑤ MSTP 向下兼容 STP 和 RSTP。

（4）MSTP 的功能

① 具有 TDM 业务、ATM 业务或以太网业务的接入功能；

② 具有 TDM 业务、ATM 业务或以太网业务的传送功能，包括点到点的透明传送功能；

③ 具有 ATM 业务或以太网业务的带宽统计复用功能；

④ 具有 ATM 业务或以太网业务映射到 SDH 虚容器的指配功能。

（5）关键技术

① 级联

VC 级联的概念是在 ITU-T G.707 中定义的，分为相邻级联和虚级联两种。相邻级联指 SDH 中用来承载以太网业务的各个 VC 在 SDH 的帧结构中是连续的，共用相同的通道开销（POH）；虚级联指 SDH 中用来承载以太网业务的各个 VC 在 SDH 的帧结构中是独立的，其位置可以灵活处理。

② 通用成帧规程（GFP）

GFP 是 ITU-T G.7041 定义的一种链路层标准，是一种对于以帧为单位组织的数据业务的简单有效的封装方式，它既可以在字节同步的链路中传送长度可变的数据包，又可以传送固定长度的数据块，是一种简单而又灵活的数据适配方法。GFP 采用了与 ATM 技术相似的帧定界方式，可以透明地封装各种数据信号，利于多厂商设备互连互通。

③ 链路容量调整机制（LCAS）

LCAS 可以在不中断数据流的情况下动态调整虚级联个数，它所提供的是平滑地改变传送网中虚级联信号带宽以自动适应业务带宽需求的方法。LCAS 可以将有效净负荷自动映射到可用的 VC 上，从而实现带宽的连续调整，不仅提高了带宽指配速度，对业务无损伤，而且当系统出现故障时，可以动态调整系统带宽，无须人工介入，在保证服务质量的前提下，使网络利用率得到显著提高。

④ 多协议标签交换（MPLS）

MPLS 是一种多协议标签交换标准协议，它将第三层技术（如 IP 路由等）与第二层技术（如 ATM、帧中继等）有机地结合起来，从而使得在同一个网络上既能提供点到点传送，也可以提供多点传送；既能提供原来以太网的服务，又能提供具有很高 QoS 要求的实时交换服务。MPLS 技术使用标签对上层数据进行统一封装，从而实现了用 SDH 承载不同类型的数据包。基于 MPLS 的 MSTP 设备不但能够实现端到端的流量控制，而且还具有公平的接入机制与合理的带宽动态分配机制，能够提供独特的端到端业务 QoS 功能。通过嵌入二层 MPLS 技术，允许不同的用户使用同样的 VLAN ID，从根本上解决了 VLAN 地址空间的限制。此外，由于 MPLS 中采用标签机制，路由的计算可以基于以太网拓扑，大大减少了路由设备的数量和复杂度，从整体上优化了以太网数据在 MSTP 中的传输效率，达到了网络资源的最优化配置和最优化使用。

4.2　故障排除相关概念

1．交换机排障（链路故障、STP、VLAN 排障）

（1）链路故障

当一台正常连接的服务器突然无法提供服务时，发生链路故障的可能性非常大。统计表明，链路故障在网络故障总量中约占有 80%的比重，因此，链路故障是网络中最常发生的故障之一。

交换机故障中的链路故障通常表现为以下几种情况：

① 计算机无法登录至服务器；

② 计算机在网上邻居中只能看到自己，而看不到其他计算机，从而无法使用其他计算机上的共享资源和共享打印机；

③ 计算机无法通过局域网接入Internet；

④ 计算机无法在局域网络浏览 Web 服务器，或进行 E-mail 收发；

⑤ 网络中的部分计算机运行速度十分缓慢。

（2）STP 故障

作为 IEEE 标准协议，STP 具有兼容性好、网络规划要求低、配置简单等优势，被广泛应用于二层网络中。故障通常使能 STP 的网络拓扑中出现链路故障，或链路故障恢复后业务流量恢复需要超过 30 秒，即端口无法快速收敛。

（3）VLAN 故障

VLAN 用于隔离网络风暴，增加网络安全性。其增加了 4 个字节的特殊标注域，用于区别不同用户发送的数据帧，其中 VLAN ID 占用 12 个 bit。

交换机故障中的 STP 故障通常表现为：

① VLAN 用户隔离不成功；

② VLAN 隔离后不能进行任何通信；

③ 采用 VLAN 技术后无法进行设备管理。

2. 路由器排障（链路故障、OSPF、BGP、IPSec 排障）

（1）链路故障

所谓链路就是从一个节点到相邻节点的一段物理线路，它需要由物理层提供数据收发服务，并为网络层提供数据报文的封装，网络层参数的协商等功能，发送端和接收端通过发送 LCP 包来确定那些在数据传输中的必要信息。

路由器故障中的链路故障通常是因为链路不稳定导致的网络不稳定、产生丢包等情况。

（2）OSPF 故障

OSPF 是一个内部网关协议，用于在单一自治系统内决策路由，是对链路状态路由协议的一种实现，隶属内部网关协议，故运作于自治系统内部。

路由器故障中的 OSPF 故障的表现为：

① 邻居关系故障，常见的故障之一是两台相邻路由器不能正确建立起邻居关系，而邻居关系是路由学习的基础。

② 区域间路由故障。

（3）BGP 故障

边界网关协议（BGP）是运行于 TCP 上的一种自治系统的路由协议。BGP 是唯一一个用来处理像因特网大小的网络的协议。路由器故障中的 BGP 故障表现为：

① BGP 邻居建立故障；

② BGP 路由学习故障；

③ BGP 路径选择故障。

（4）IPSec 故障

Internet 协议安全性（IPSec）是一种开放标准的框架结构，通过使用加密的安全服务以确保在 Internet 协议（IP）网络上进行保密而安全的通信。Microsoft® Windows® 2000、

Windows XP 和 Windows Server 2003 家族实施 IPSec 是基于“Internet 工程任务组（IETF）”IPSec 工作组开发的标准。

IPSec（Internet Protocol Security）是安全联网的长期方向。它通过端对端的安全性来提供主动的保护以防止专用网络与 Internet 的攻击。在通信中，只有发送方和接收方才是唯一必须了解 IPSec 保护的计算机。在 Windows 2000、Windows XP 和 Windows Server 2003 家族中，IPSec 提供了一种能力，以保护工作组、局域网计算机、域客户端和服务器、分支机构（物理上为远程机构）、Extranet 以及漫游客户端之间的通信。

4.3　模拟组网实验

1. 实验目的

模拟应用场景的综合组网实验，掌握在多网络的结构下，实现网段之间的互通和无线 AP 成功注册，需要运用到 BGP、OSPF、MSTP、VLAN、无线 AP 注册和信号发布等技术。

2. 实验拓扑（图 4-1）

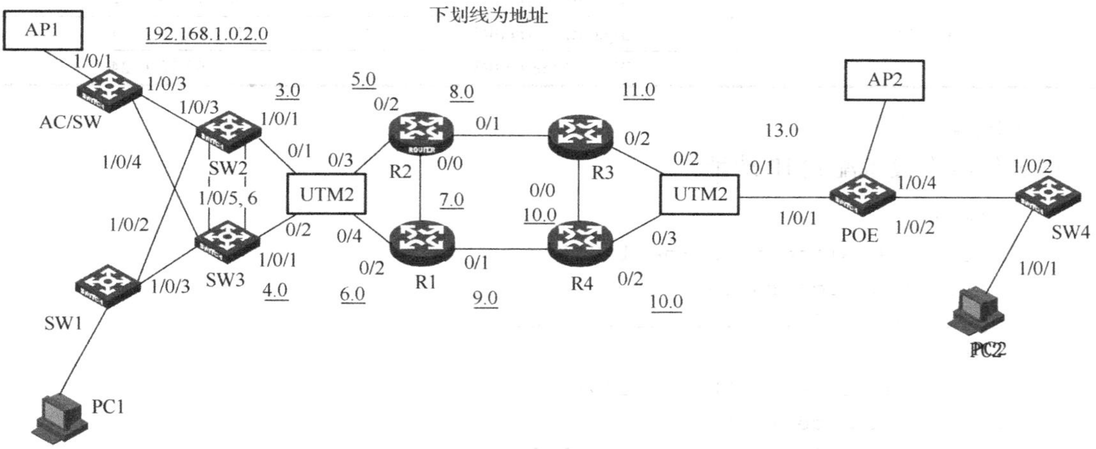

图 4-1　模拟组网实验拓扑

3. 实验设备

PC、S5120-28SC-HI。其中，PC 与 S5120-28SC-HI 之间以 Console 线进行连接，PC 的串口连接路由器/交换机的 Console 口。

4. 实验步骤

1）接口地址配置

将交换机路由器的接口按照表 4-1 所示配置地址。

表 4-1　接口配置地址

设　备	接　口	IP　地　址
SW2	GigabitEthernet1/0/1	192.168.3.2/24
SW3	GigabitEthernet1/0/1	192.168.4.2/24

续表

设　备	接　口	IP 地 址
R1	GigabitEthernet0/0	192.168.7.2/24
	GigabitEthernet0/1	192.168.9.1/24
	GigabitEthernet0/2	192.168.6.2/24
R2	GigabitEthernet0/0	192.168.7.1/24
	GigabitEthernet0/1	192.168.8.1/24
	GigabitEthernet0/2	192.168.5.2/24
R3	GigabitEthernet0/0	192.168.10.1/24
	GigabitEthernet0/1	192.168.8.2/24
	GigabitEthernet0/2	192.168.11.2/24
R4	GigabitEthernet0/0	192.168.10.2/24
	GigabitEthernet0/1	192.168.9.2/24
	GigabitEthernet0/2	192.168.12.2/24
UTM1	GigabitEthernet0/1	192.168.3.1/24
	GigabitEthernet0/2	192.168.4.1/24
	GigabitEthernet0/3	192.168.5.1 /24
	GigabitEthernet0/4	192.168.6.1 /24
UTM2	GigabitEthernet0/1	192.168.13.1/24
	GigabitEthernet0/2	192.168.11.1 /24
	GigabitEthernet0/3	192.168.12.1 /24

具体配置如下。

（1）给各个设备配置 IP 地址：

```
[SW2]
interface GigabitEthernet1/0/1
port link-mode route
ip address 192.168.3.2 255.255.255.0
[SW3]
interface GigabitEthernet1/0/1
port link-mode route
ip address 192.168.4.2 255.255.255.0
[R1]
interface GigabitEthernet0/0
port link-mode route
ip address 192.168.7.2 255.255.255.0
interface GigabitEthernet0/1
port link-mode route
ip address 192.168.9.1 255.255.255.0
interface GigabitEthernet0/2
port link-mode route
ip address 192.168.6.2 255.255.255.0
[R2]
interface GigabitEthernet0/0
port link-mode route
ip address 192.168.7.1 255.255.255.0
```

```
interface GigabitEthernet0/1
port link-mode route
ip address 192.168.8.1 255.255.255.0
interface GigabitEthernet0/2
port link-mode route
ip address 192.168.5.2 255.255.255.0
[R3]
interface GigabitEthernet0/0
port link-mode route
ip address 192.168.10.1 255.255.255.0
interface GigabitEthernet0/1
port link-mode route
ip address 192.168.8.2 255.255.255.0
interface GigabitEthernet0/2
port link-mode route
ip address 192.168.11.2 255.255.255.0
[R4]
interface GigabitEthernet0/0
port link-mode route
ip address 192.168.10.2 255.255.255.0
interface GigabitEthernet0/1
port link-mode route
ip address 192.168.9.2 255.255.255.0
interface GigabitEthernet0/2
port link-mode route
ip address 192.168.12.2 255.255.255.0
```

（2）通过 Web 界面给防火墙配置地址。

UTM1:

登录防火墙 UTM1，单击左侧菜单栏中的“设备管理”→“接口管理”菜单，在界面中 GigabitEthernet0/1 一栏中单击按钮，按如图 4-2 所示进行配置，然后单击“确定”按钮。

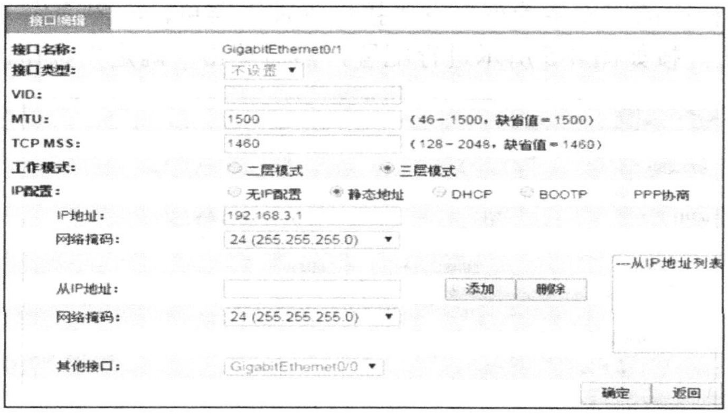

图 4-2　UTM1 接口 GigabitEthernet0/1 地址图

单击左侧菜单栏中的“设备管理”→“接口管理”菜单，在界面中 GigabitEthernet0/2 一栏中单击按钮，按如图 4-3 所示进行配置，然后单击“确定”按钮。

单击左侧菜单栏中的“设备管理”→“接口管理”菜单，在界面中 GigabitEthernet0/3 一栏中单击按钮，按如图 4-4 所示进行配置，然后单击“确定”按钮。

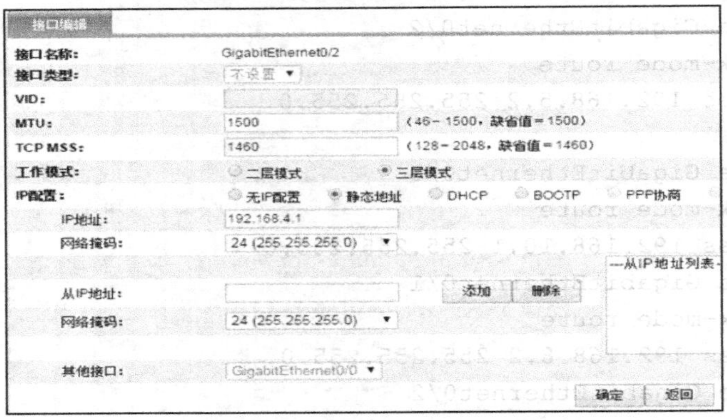

图 4-3　UTM1 接口 GigabitEthernet0/2 地址图

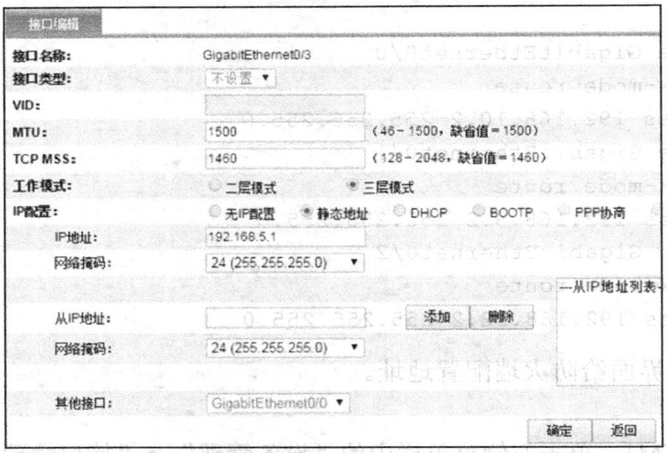

图 4-4　UTM1 接口 GigabitEthernet0/3 地址图

单击左侧菜单栏中的“设备管理”→“接口管理”菜单，在界面中 GigabitEthernet0/4 一栏中单击按钮，按如图 4-5 所示进行配置，然后单击“确定”按钮。

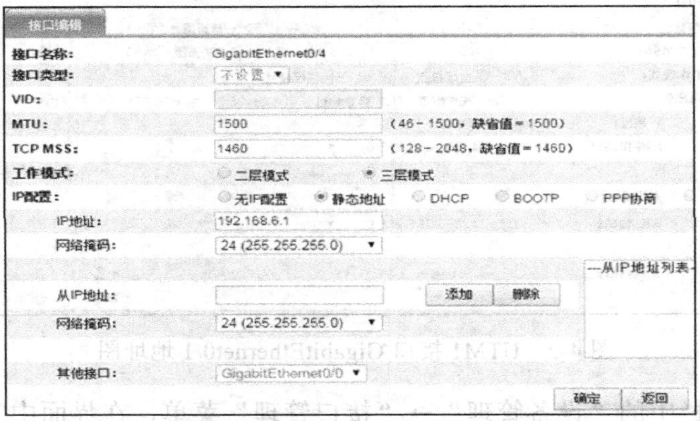

图 4-5　UTM1 接口 GigabitEthernet0/4 地址图

UTM2：

切换到防火墙 UTM2，单击左侧菜单栏中的“设备管理”→“接口管理”菜单，单击界面中 GigabitEthernet0/1 一栏的按钮，按如图 4-6 所示进行配置，然后单击“确定”按钮。

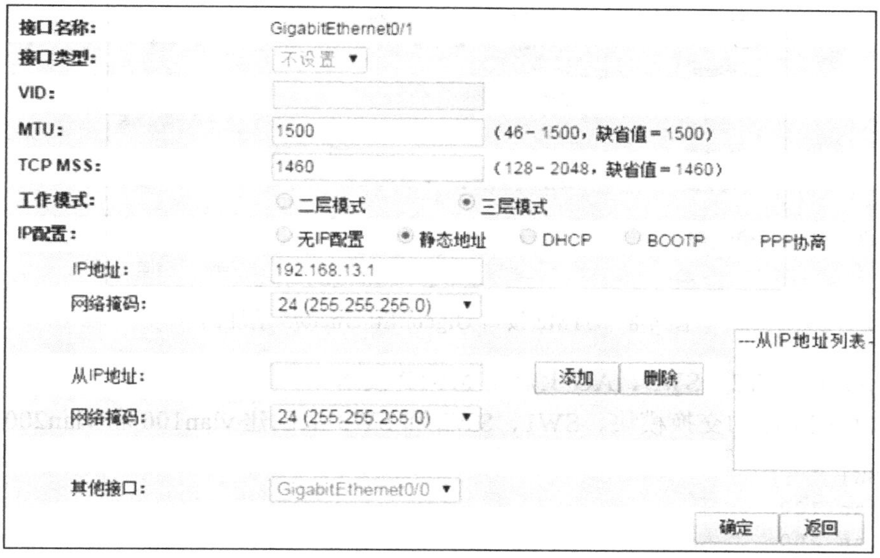

图 4-6　UTM2 接口 GigabitEthernet0/1 地址图

单击左侧菜单栏中的“设备管理”→“接口管理”菜单，单击界面中 GigabitEthernet0/2 一栏中的按钮，按如图 4-7 所示进行配置，然后单击“确定”按钮。

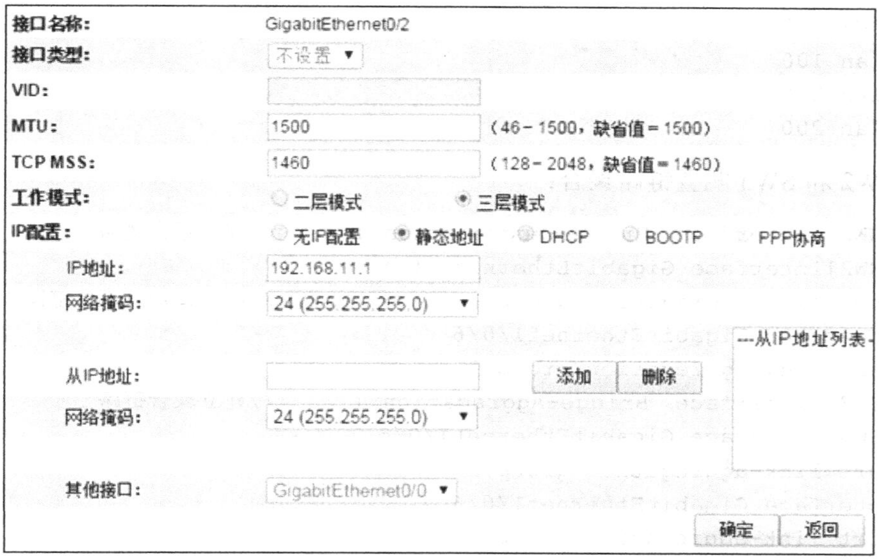

图 4-7　UTM2 接口 GigabitEthernet0/2 地址图

单击左侧菜单栏中的“设备管理”→“接口管理”菜单，单击界面中 GigabitEthernet0/3 一栏中的按钮，按如图 4-8 所示进行配置，然后单击“确定”按钮。

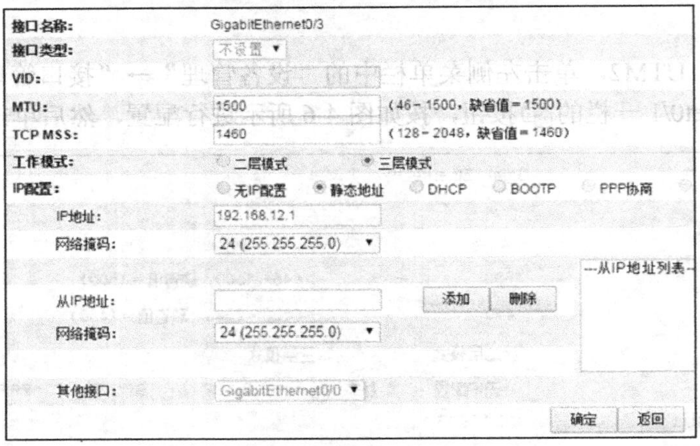

图 4-8 UTM2 接口 GigabitEthernet0/3 地址图

2）在 SW1、SW2、SW3、AC 上启用 MSTP 技术

（1）分别在 AC 的交换模块、SW1、SW2 和 SW3 上创建 vlan100 和 vlan200：

```
[SW]
vlan 100
vlan 200
[SW3]

[SW1]
vlan 100
vlan 200
[SW2]
vlan 100
vlan 100
vlan 200
```

（2）SW2 和 SW3 配置链路聚合：

```
[SW2] interface  Bridge-Aggregation 1          //建立聚合链路 1
[SW2]interface GigabitEthernet1/0/5
port link-aggregation group 1                  //将接口加入聚合链路 1，下同
interface GigabitEthernet1/0/6
port link-aggregation group 1
[SW3] interface  Bridge-Aggregation 1          //建立聚合链路 1
[SW3]interface GigabitEthernet1/0/5
port link-aggregation group 1
interface GigabitEthernet1/0/6
port link-aggregation group 1
```

（3）互连接口配置 Trunk：

```
[SW]
interface GigabitEthernet1/0/3
port link-type trunk                           //将接口类型改为 Trunk，下同
port trunk permit vlan all
```

```
interface GigabitEthernet1/0/4
port link-type trunk
port trunk permit vlan all
[SW1]
interface GigabitEthernet1/0/2
port link-type trunk
port trunk permit vlan all
interface GigabitEthernet1/0/3
port link-type trunk
port trunk permit vlan all
[SW2]
interface Bridge-Aggregation1
port link-type trunk
port trunk permit vlan 1 100 200
interface GigabitEthernet1/0/2
port link-type trunk
port trunk permit vlan all
interface GigabitEthernet1/0/3
port link-type trunk
port trunk permit vlan all
[SW3]
interface Bridge-Aggregation1
port link-type trunk
port trunk permit vlan 1 100 200
interface GigabitEthernet1/0/3
port link-type trunk
port trunk permit vlan all
interface GigabitEthernet1/0/4
port link-type trunk
port trunk permit vlan all
```

（4）MSTP 域名和实例映射配置：

```
[SW1]
stp region-configuration                //进入 STP 域
region-name h3c                         //配置 STP 域名
instance 1 vlan 100                     //将 vlan100 划给实例 1
instance 2 vlan 200                     //将 vlan200 划给实例 2
active region-configuration             //激活 STP 区域配置
stp enable                              //开启 STP
[SW2]
stp region-configuration
region-name h3c
instance 1 vlan 100
instance 2 vlan 200
active region-configuration
stp instance 1 root primary             //将此交换机作为实例 1 的主根
stp instance 2 root secondary           //将此交换机作为实例 2 的主根
stp enable
[SW3]
stp region-configuration
region-name h3c
```

```
instance 1 vlan 100
instance 2 vlan 200
active region-configuration
stp instance 1 root secondary
stp instance 2 root primary
stp enable
```

3）在 SW2 和 SW3 上启用 VRRP 技术

（1）为 VLAN 配置地址：

```
[SW2]
interface Vlan-interface100
ip address 192.168.1.1 255.255.255.0
interface Vlan-interface200
ip address 192.168.2.1 255.255.255.0
[SW3]
interface Vlan-interface100
ip address 192.168.1.2 255.255.255.0
interface Vlan-interface200
ip address 192.168.2.2 255.255.255.0
```

（2）VRRP 配置：

```
[SW2]
interface Vlan-interface100
vrrp vrid 1 virtual-ip 192.168.1.254
                //建立 vrrp 组 1 并设置虚地址 192.168.1.254
vrrp vrid 1 track interface GigabitEthernet1/0/1 reduced 50
                //跟踪 GigabitEthernet1/0/1 接口，如果发生断线，则降低优先级 50
interface Vlan-interface200
vrrp vrid 2 virtual-ip 192.168.2.254
vrrp vrid 2 priority 80                 //设置优先级为 80
[SW3]
interface Vlan-interface100
vrrp vrid 1 virtual-ip 192.168.1.254
vrrp vrid 1 priority 80
interface Vlan-interface200
vrrp vrid 2 virtual-ip 192.168.2.254
vrrp vrid 2 track interface GigabitEthernet1/0/1 reduced 50
```

4）在 R1、R2、SW2、SW3 和 UTM1 上开启 OSPF 技术并引入 BGP 路由

（1）vlan1 配置：

```
[SW2]
interface Vlan-interface1
ip address 192.168.100.2 255.255.255.0
[SW3]
interface Vlan-interface1
ip address 192.168.100.1 255.255.255.0
```

（2）创建 OSPF 并宣告网段，将 vlan100 和 vlan200 设置为静默接口：

```
[SW2]
ospf 1 router-id 1.1.1.1                //配置 router-id
```

```
silent-interface Vlan-interface100    //将 vlan100 接口设置为静默接口
silent-interface Vlan-interface200    //将 vlan200 接口设置为静默接口
area 0.0.0.0
network 192.168.1.0 0.0.0.255         //宣告 192.168.1.0 网段，下同
network 192.168.2.0 0.0.0.255
network 192.168.3.0 0.0.0.255
network 192.168.100.0 0.0.0.255
[SW3]
ospf 1 router-id 2.2.2.2
silent-interface Vlan-interface100
silent-interface Vlan-interface200
area 0.0.0.0
network 192.168.1.0 0.0.0.255
network 192.168.2.0 0.0.0.255
network 192.168.4.0 0.0.0.255
network 192.168.100.0 0.0.0.255
interface GigabitEthernet1/0/1
ospf cost 2000
[R1]
ospf 1 router-id 4.4.4.4
import-route bgp
area 0.0.0.0
network 192.168.6.0 0.0.0.255
[R2]
ospf 1 router-id 3.3.3.3
import-route bgp
area 0.0.0.0
network 192.168.5.0 0.0.0.255
```

5）对 UTM1 进行区域划分

（1）划分安全域。

单击左侧菜单栏中的“设备管理”→“安全域”菜单，在界面中单击 Trust 一栏中的按钮，在新界面中按如图 4-9 所示进行操作，然后单击“确定”按钮。

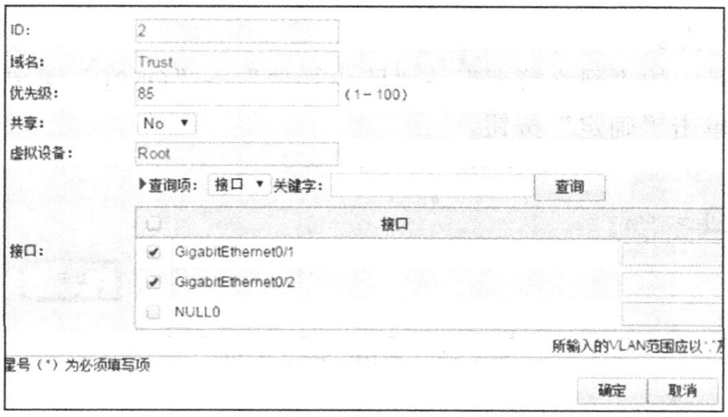

图 4-9 UTM1 划分 Trust 域

单击左侧菜单栏中的“设备管理”→“安全域”菜单，在界面中单击 Untrust 一栏中的按钮，在新界面中按如图 4-10 所示进行操作，然后单击“确定”按钮。

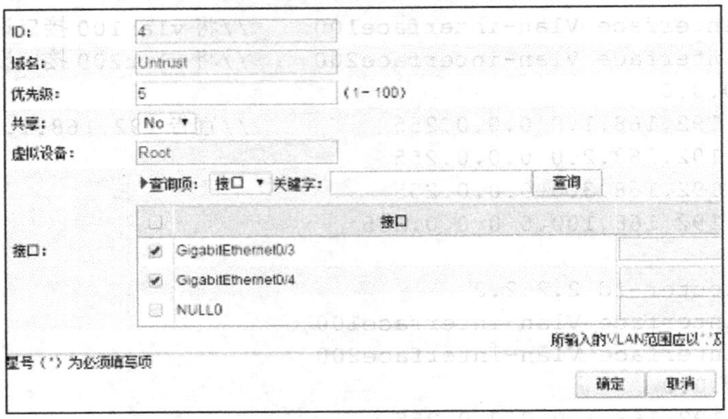

图 4-10　UTM1 划分 Untrust 域

（2）设置域间策略。

单击左侧菜单栏中的“防火墙”→“安全策略”→“域间策略”菜单，单击界面中的“新建”按钮，在新界面中按如图 4-11 所示进行操作，然后单击“确定”按钮。

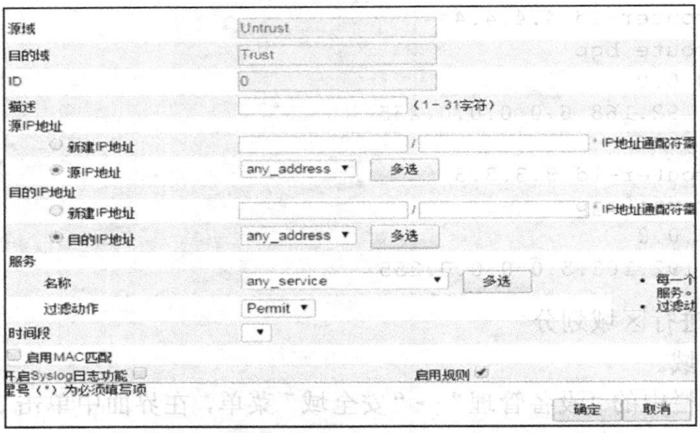

图 4-11　UTM1 设置域间策略

（3）启用 OSPF 协议。

单击左侧菜单栏中的“网络管理”→“路由管理”→“OSPF”菜单，按如图 4-12 所示进行操作，然后单击“确定”按钮。

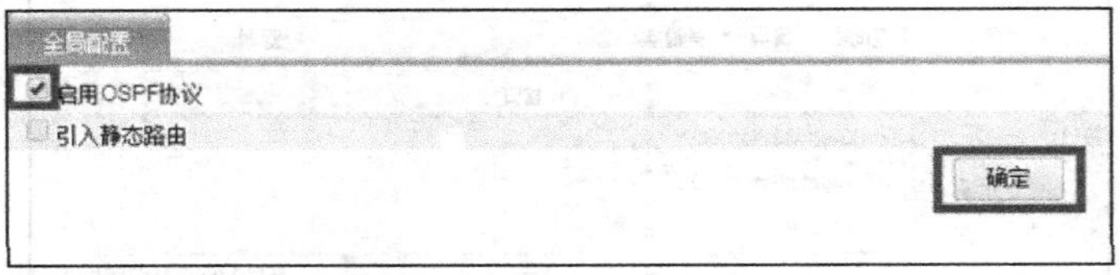

图 4-12　启用 OSPF 协议

在新界面中单击“新建”按钮，如图 4-13 所示。

在新界面中的“区域 ID”文本框中输入 0，在“网段地址”文本框中输入 192.168.3.0，在“网段掩码”文本框中输入 0.0.0.255 后单击右边的“新增网段”按钮，将网段添加到网段列表，如图 4-14 所示。

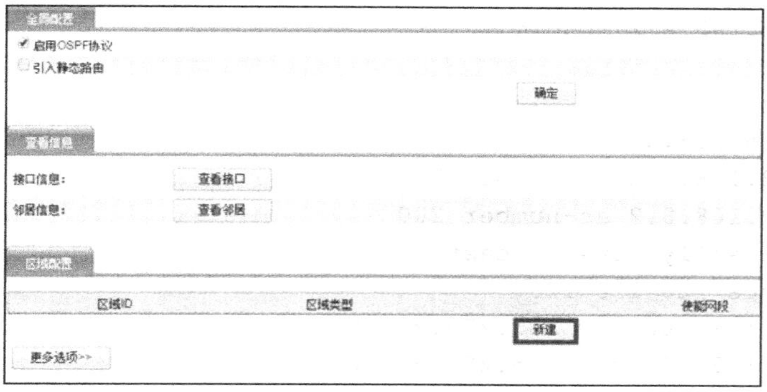

图 4-13　新建 OSPF 区域

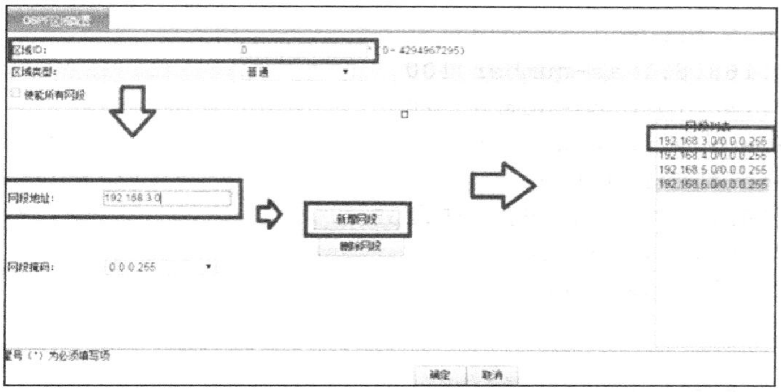

图 4-14　配置新建 OSPF 区域

再在“网段地址”文本框中输入 192.168.4.0 后单击“新增网段”按钮。

再在“网段地址”文本框中输入 192.168.5.0 后单击“新增网段”按钮。

再在“网段地址”文本框中输入 192.168.6.0 后单击“新增网段”按钮后单击“确定”按钮。

```
[UTM1]
interface GigabitEthernet0/2
ospf cost 3000
interface GigabitEthernet0/4
ospf cost 3000
```

6）在 R1、R2、R3、R4 之间启用 BGP 技术

```
[R1]
bgp 100
router-id 4.4.4.4
peer 192.168.7.1 as-number 100          //与192.168.7.1 建立邻居
peer 192.168.9.2 as-number 200          //与192.168.9.2 建立邻居
address-family ipv4 unicast
preference 120 120 120                   //设置优先级
network 192.168.1.0 255.255.255.0       //宣告192.168.1.0 网段，下同
network 192.168.2.0 255.255.255.0
peer 192.168.7.1 enable
```

```
peer 192.168.9.2 enable
[R2]
bgp 100
router-id 3.3.3.3
peer 192.168.7.2 as-number 100
peer 192.168.8.2 as-number 200
address-family ipv4 unicast
preference 120 120 120
network 192.168.1.0 255.255.255.0
network 192.168.2.0 255.255.255.0
peer 192.168.7.2 enable
[R3]
bgp 200
router-id 6.6.6.6
peer 192.168.8.1 as-number 100
peer 192.168.10.2 as-number 200
address-family ipv4 unicast
preference 120 120 120
network 192.168.13.0 255.255.255.0
peer 192.168.8.1 enable
peer 192.168.10.2 enable
[R4]
bgp 200
router-id 5.5.5.5
peer 192.168.9.1 as-number 100
peer 192.168.10.1 as-number 200
address-family ipv4 unicast
preference 120 120 120
network 192.168.13.0 255.255.255.0
peer 192.168.9.1 enable
peer 192.168.10.1 enable
```

7）在 R3、R4 和 UTM2 之间开启 OSPF 技术，并引入 BGP 路由

```
[R3]
ospf 1 router-id 6.6.6.6
import-route bgp                         //在 OSPF 中引入 BGP
area 0.0.0.0
network 192.168.11.0 0.0.0.255
[R4]
ospf 1 router-id 5.5.5.5
import-route bgp
area 0.0.0.0
network 192.168.12.0 0.0.0.255
```

8）对 UTM2 进行区域划分

（1）划分安全域。

单击左侧菜单栏中的“设备管理”→“安全域”菜单，单击界面 Trust 一栏中的按钮，按如图 4-15 所示进行操作，然后单击“确定”按钮。

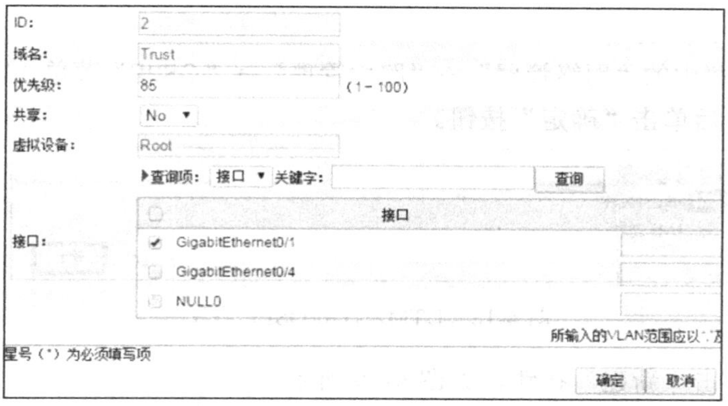

图 4-15　UTM2 划分 Trust 域

单击左侧菜单栏中的“设备管理”→“安全域”菜单，单击界面 Untrust 一栏中的按钮，按如图 4-16 所示进行操作，然后单击“确定”按钮。

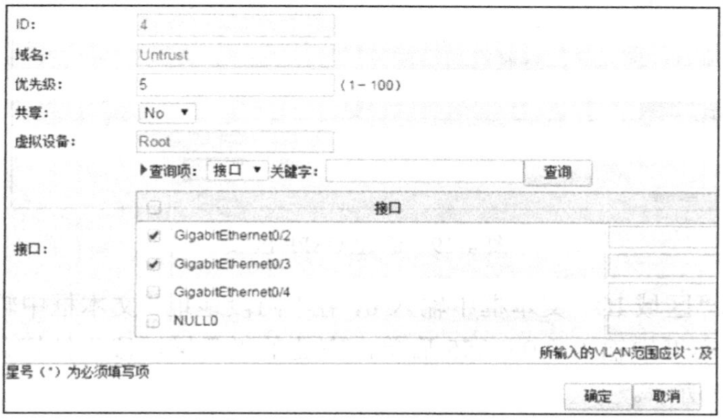

图 4-16　UTM2 划分 Untrust 域

（2）设置域间策略。

单击左侧菜单栏中的“防火墙”→“安全策略”→“域间策略”菜单，在界面中单击“新建”按钮，在新界面按如图 4-17 所示进行配置，然后单击“确定”按钮。

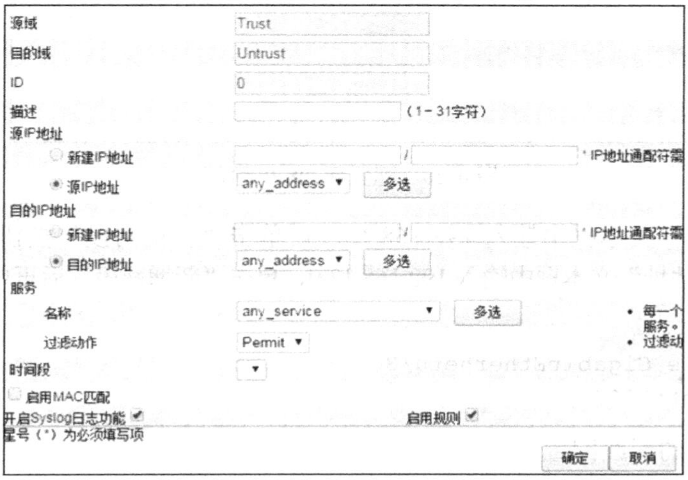

图 4-17　UTM2 设置域间策略

（3）启用 OSPF 协议。

单击左侧菜单栏中的“网络管理”→“路由管理”→“OSPF”菜单，在界面中按如 4-18 所示进行操作，然后单击“确定”按钮。

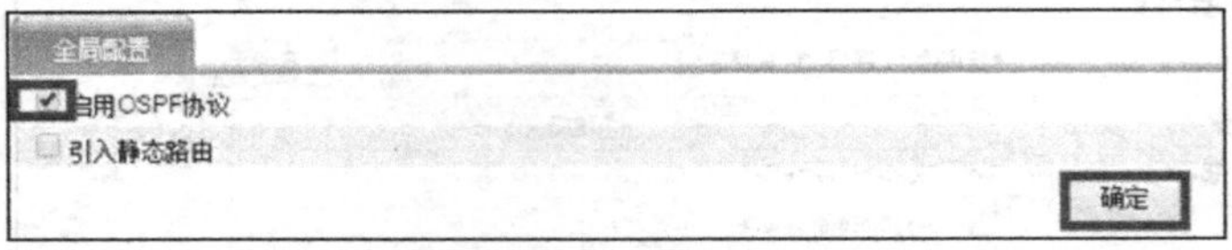

图 4-18 UTM2 启用 OSPF 协议

在新界面中单击“新建”按钮，如图 4-19 所示。

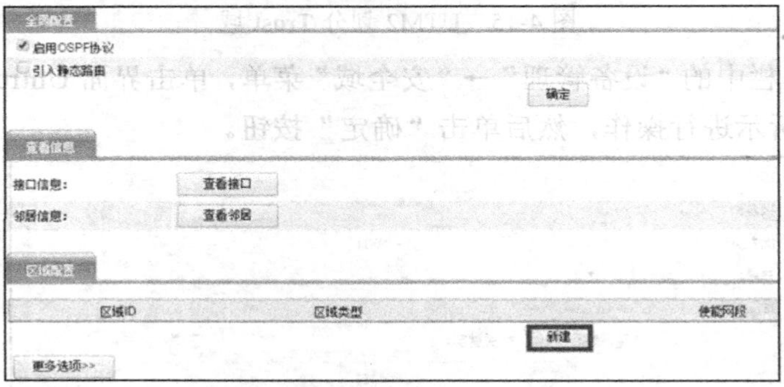

图 4-19 新建 OSPF 区域

在新界面中的“区域 ID”文本框中输入 0，在“网段地址”文本框中输入 192.168.11.0，在“网段掩码”文本框中输入 0.0.0.255 后单击右边的“新增网段”按钮，将网段添加到网段列表，如图 4-20 所示。

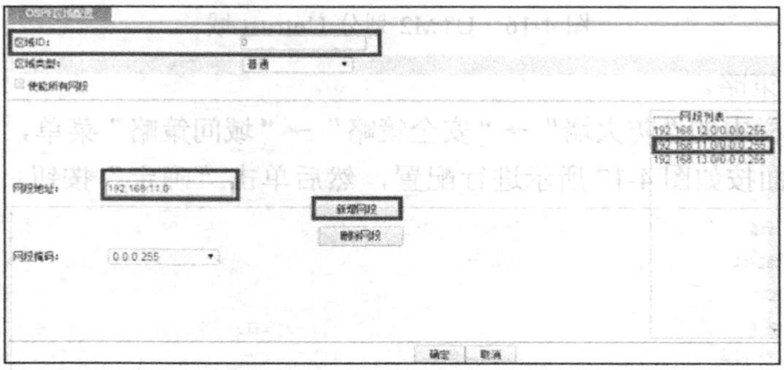

图 4-20 配置新 OSPF 区域

在“网段地址”文本框中输入 192.168.12.0 后单击“新增网段”按钮。

然后在“网段地址”文本框中输入 192.168.13.0，单击“新增网段”后再单击“确定”按钮。

```
[UTM2]
interface GigabitEthernet0/3
ospf cost 3000
```

9）AC 和 AP 的无线配置

（1）让 POE 给 AP2 供电：

```
[POE]
interface GigabitEthernet1/0/4
poe enable
```

（2）设置 AP1 和 AP2 工作模式为 fit：

```
<WA4620i-ACN>ap-mode fit
```

（3）配置 AC 和 SW：

```
[AC]
interface Vlan-interface100
ip address 192.168.1.253 255.255.255.0
interface Bridge-Aggregation1
port link-type trunk
port trunk permit vlan all
ip route-static 0.0.0.0 0.0.0.0 192.168.1.254
[SW]
interface Bridge-Aggregation1
port link-type trunk
port trunk permit vlan all
```

（4）设置 AC 和 AP 互连接口允许 vlan100 通过：

```
interface GigabitEthernet1/0/1
port access vlan 100
```

（5）开启 DHCP 功能：

```
[AC]
dhcp enable                                  //开启 DHCP 功能
dhcp server ip-pool pool2                    //创建地址池
network 192.168.1.0 mask 255.255.255.0       //设置分配的网段
gateway-list 192.168.1.253                   //设置网关
dhcp server forbidden-ip 192.168.1.253       //设置不允许分配地址
dhcp server forbidden-ip 192.168.1.252
dhcp server forbidden-ip 192.168.1.1
dhcp server forbidden-ip 192.168.1.2
[UTM2]
dhcp enable
dhcp server ip-pool jiance
network 192.168.13.0 mask 255.255.255.0
gateway-list 192.168.13.1
option 43 hex  80070000 01C0A801 FD          //通过 16 进制表示 AC 地址
dhcp server forbidden-ip 192.168.13.1
```

（6）AP 注册：

```
[AC]
wlan ap ap1 model WA4620i-ACN id 1
serial-id 210235A1BSC149001004               //输入 AP 产品序列号
wlan ap ap2 model WA4620i-ACN id 2
serial-id 210235A1BSC149001007
```

（7）发射信号：

```
interface WLAN-ESS2                              //建立 ESS2 虚接口
port access vlan 100
interface WLAN-ESS3
port access vlan 100
wlan service-template 2 clear                   //建立 WLAN 服务模板
ssid jiance                                      //设置 SSID
bind WLAN-ESS 2                                  //绑定 ESS2 接口
service-template enable                          //使能服务模板
wlan service-template 3 clear
ssid jiance1
bind WLAN-ESS 3
service-template enable

wlan ap ap1 model WA4620i-ACN id 1              //控制 AP 发射无线信号
radio 2
channel 11
max-power 14
service-template 2
radio enable
wlan ap ap2 model WA4620i-ACN id 2
radio 2
channel 11
max-power 14
service-template 3
radio enable
```

最终达到的效果是 AP2 能顺利注册在 AC 上，并且 PC1 能 Ping 通 PC2，说明全网连通完毕。

5．实验报告

（1）完成本实验的相关配置命令截图。
（2）完成本实验的相关测试结果截图。
（3）对本实验的测试结果的分析和评注。
（4）对本实验的个人体会。
（5）对相关问题的回答。

4.4　故障排除实验

1．实验目的

掌握复杂组网下网络错误的准确定位和排查技术，包括交换机排障（链路故障、STP、VLAN 排障）、路由器排障（链路故障、OSPF、BGP、IPSEC 排障）和安全排障（链路故障、控制策略排障）。

2. 实验拓扑（图 4-21）

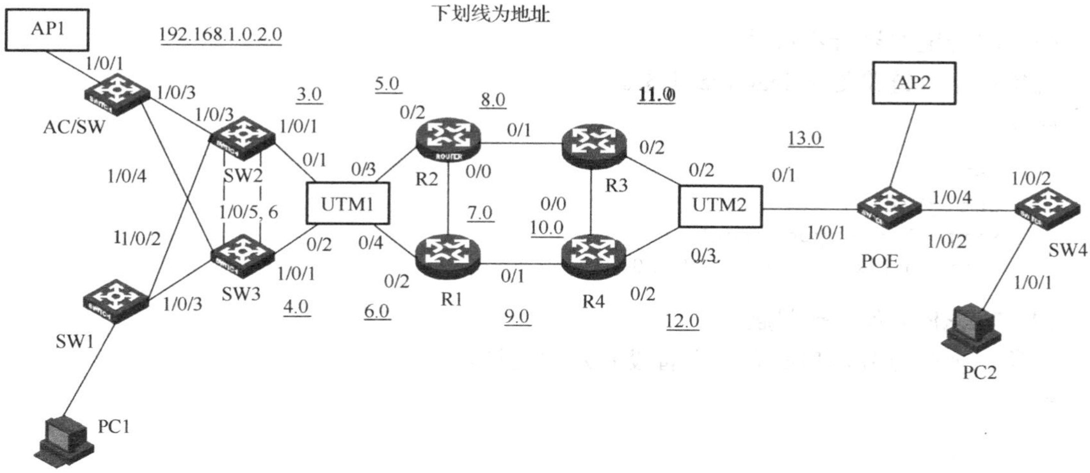

图 4-21　故障排除实验拓扑

3. 实验步骤

1）排错完毕最终实现需求

① PC1 和 PC2 能互相 Ping 通；

② AP1 和 AP2 能发射无线信号；

③ 每台设备不能出现等价路由；

④ SW2 是实例 1 的主是实例 2 的备；

⑤ SW3 是实例 2 的主是实例 1 的备；

⑥ 一旦 SW2 和 SW3 的 GigabitEtherent1/0/1 口断开后，VRRP 的主备角色会切换；

⑦ R2 和 R3 之间的 IPSec 加密要建立成功。

2）错误点

（1）STP 域参数错误。

现象：SW1、SW2、SW3 上出现 master 端口。

解决：

```
[SW1]
Undo instence 1 vlan 10
Undo instence 2 vlan 20
Active region
```

（2）STP 主备相反。

现象：SW2、SW3 上实例的主备相反。

解决：

```
[SW2]
Stp instence 1 root primary
Stp instence 2 root secondary
[SW3]
```

```
Stp instence 1 root secondary
Stp instence 2 root primary
```

（3）聚合链路聚合不成功。

现象：聚合链路处于 inactive 状态。

解决：

```
[SW2]
Int g1/0/5
Port  link-type trunk
Port trunk per vlan100 200
```

（4）VRRP 主备切换问题。

现象：上行监视端口断开，主备没有发生切换。

解决：

```
[SW2]
Int vlan100
Vrrp vrid 1 track inter g1/0/1 reduce 50
[SW3]
Int vlan 200
Vrrp vrid 2 track inter g1/0/1 reduce 50
```

（5）OSPF router-id 冲突。

现象：在 SW2 上看不到 SW3 的邻居。

解决：

```
[SW3]
Ospf 1 router-id 2.2.2.2
```

并重启 OSPF 进程。

（6）OSPF 邻居建立出错。

现象：SW2 和 SW3 之间通过多个 VLAN 建立了邻居关系。

解决：

```
[SW2] [SW3]
Ospf
Silence-interface vlan 100
Silence-interface vlan 200
```

（7）OSPF 宣告出错。

现象：R4 和 UTM2 之间未能建立 OSPF 邻居。

解决：

```
[R4]
Ospf
Area 0
Undo network 192.168.9.0 0.0.0.255
Undo network 192.168.12.0 0.0.0.255
```

（8）R2 和 R3 之间 IPSec 通道建立失败。

现象：断开 R1、R4 之间的链路，发现 13 网段无法 Ping 通 1.0 和 2.0 网段。

解决：

```
[R2]
Acl number 3000
Undo ru 0
Rule per ip sou 192.168.1.0 0.0.0.255 desti 192.168.13.0 0.0.0.255
Rule per ip sou 192.168.2.0 0.0.0.255 dest 192.168.13.0 0.0.0.255
```

（9）BGP 路由学习错误

现象：R2、R3 的路由表中未能将学习到的 BGP 路由加入路由表中。

解决：

```
[R1] [R2] [R3] [R4]
Bgp
Address-family ipv4 unicast
Prefence 120 120 120
```

（10）POE 接口未开启供电。

现象：AP2 的灯不亮。

解决：

```
[POE]
Int g1/0/4
Poe enable
```

（11）AP2 没有配置无线信号发射。

现象：使用“display wlan ap all”命令可以看到 AP2 的状态是 R/M，但看不到 AP2 的 SSID。

解决：

```
interface WLAN-ESS3
port access vlan 100
wlan ap-group default_group
ap ap1
ap ap2
wlan service-template 3 clear
ssid jiance1
bind WLAN-ESS 3
service-template enable
wlan ap ap2 model WA4620i-ACN id 2
serial-id 210235A1BSC149001007
radio 1
radio 2
channel 11
max-power 14
service-template 3
radio enable
```

将以上错误都排查出来之后，网络将能正常运行。AP2 能注册在 AC 上，PC1 和 PC2 能相互 Ping 通，证明网络恢复正常。

4．实验报告

（1）完成本实验的相关配置命令截图。
（2）完成本实验的相关测试结果截图。
（3）对本实验的测试结果的分析和评注。
（4）对本实验的个人体会。
（5）对相关问题的回答。

*第5章

SDN 实验

5.1 SDN 技术介绍

5.1.1 传统网络的弊病

1. 网络创新困难

随着网络规模的急剧膨胀和应用类型的不断丰富，因特网作为社会基础设施至关重要的一部分，结构和功能日趋复杂，管控能力日趋减弱。尤其作为网络核心的路由器，承载功能不断扩展，如分组过滤、区分服务、多播、服务质量（QoS）、流量工程等，路由器最初定义的“哑的、简单的”数据转发单元已经变得臃肿不堪。从路由器当前主要厂商的发展趋势来看，性能提升和功能扩展依然是其主要研发目标。而出于自身技术和市场占有率考虑，路由器只能通过命令行接口 CLI（Command-line Interface）等方式对外开放少量功能，研究人员难以在真实的网络中实验和部署新型网络体系结构和网络技术。这就导致网络技术的创新变得相当困难。

2. 传统网络难以管理

传统 IT 架构中的网络，根据业务需求部署上线以后，如果业务需求发生变动，重新修改相应网络设备（路由器、交换机、防火墙）上的配置是一件非常烦琐的事情。在互联网/移动互联网瞬息万变的业务环境下，网络的高稳定与高性能还不足以满足业务需求，灵活性和敏捷性反而更为关键。SDN 所做的事是将网络设备上的控制权分离出来，由集中的控制器管理，无须依赖底层网络设备（路由器、交换机、防火墙），屏蔽了来自底层网络设备的差异。而控制权是完全开放的，用户可以自定义任何想实现的网络路由和传输规则策略，从而更加灵活和智能。

3. TCP/IP 协议的缺陷

从技术性上来讲，当前的互联网是 40 多年前被用特定的设计原理设计出来的。其持续的成功已经被越来越多的复杂的网络攻击所阻碍，这是因为缺少安全性就被嵌入到原始架构中。同时，IP 的细腰也就意味着核心架构是很难修改的，并且实施新的功能除了要通过现有的体系结构之外，还要有目光短浅、笨拙的临时的补丁才行。除此以外，通过增量的变化来支撑在安全性、性能可靠性、社会内容分布、流动性等上的日益渐增的需求已经是极其困难的了。

5.1.2 SDN 的提出

软件定义网络（Software Defined Networking，SDN）是一种新兴的基于软件的网络架构及技术，其最大的特点在于具有松耦合的控制平面与数据平面、支持集中化的网络状态控制、实现底层网络设施对上层应用的透明。正如 SDN 的名字所言，它具有灵活的软件编程能力，使得网络的自动化管理和控制能力获得了空前的提升，能够有效地解决当前网络系统所面临的资源规模扩展受限、组网灵活性差、难以快速满足业务需求等问题。

SDN 的关键思想是将控制平面和转发平面分离，即在转发平面不再有路由器和交换机之分。所有的路由选择都由控制平面的 SDN 控制器下达指令，在转发平面的所有交换机只会根据控制器下达的流表对包进行转发。

斯坦福大学的研究者于 2008 年提出 OpenFlow 技术，并逐渐推广 SDN 概念。OpenFlow 作为 SDN 的原型实现方式，代表了 SDN 控制转发分离架构技术的实现。随着 SDN 技术得到认可，从严格定义上来讲，OpenFlow 指的是 SDN 控制平面和数据平面之间多种通信协议之一，但实际上，OpenFlow 以其良好的灵活性、规范性已经被看作 SDN 通信协议事实上的标准，类似于 TCP/IP 协议作为互联网的通信标准。

基于 OpenFlow 的 SDN 技术推出之后，2009 年被 MIT 评为十大前沿技术。2011 年，McKeown 等研究者组织成立开放式网络基金会 ONF（Open Networking Foundation），专门负责相关标准的制定和推广，包括 OpenFlow 标准、OpenFlow 配置协议和 SDN 白皮书，大大推进了 OpenFlow 和 SDN 的标准化工作，也使其成为全球开放网络架构和网络虚拟化领域的研究热点。在学术界，美国 GENI、Internet2、欧洲 OFELIA 和日本的 JGN2plus 先后展开对 SDN 的研究和部署，IETF、ITU、ETSI 等标准组织开始关注 SDN，讨论 SDN 在各自领域可能的发展场景和架构应用。

5.1.3 SDN 的南北向接口

1. 交换机以及南向接口

SDN 交换机是 SDN 网络中负责具体数据转发处理的设备。本质上看，传统设备中无论是交换机还是路由器，其工作原理都是在收到数据包时，将数据包中的某些特征域与设备自身存储的一些表项进行比对，当发现匹配时则按照表项的要求进行相应处理。SDN 交换机也是类似的原理，但是与传统设备存在差异的是，设备中的各个表项并非是由设备自身根据周边的网络环境在本地自行生成的，而是由远程控制器统一下发的，因此各种复杂的控制逻辑（如链路发现、地址学习、路由计算等）都无须在 SDN 交换机中实现。SDN 交换机可以忽略控制逻辑的实现，全力关注基于表项的数据处理，而数据处理的性能也就成为评价 SDN 交换机优劣的最关键指标。因此，很多高性能转发技术被提出，如基于多张表以流水线方式进行高速处理的技术。另外，考虑到 SDN 和传统网络的混合工作问题，支持混合模式的 SDN 交换机也是当前设备层技术研发的焦点。同时，随着虚拟化技术的出现和完善，虚拟化环境将是 SDN 交换机的一个重要应用场景，因此 SDN 交换机可能会有硬件、软件等多种形态。例如，OVS（Open vSwitch，开放虚拟交换标准）交换机就是一款基于开源软件技术实现的能够集成在服务器虚拟化 Hypervisor 中的交换机，具备完善的交换机功能，在虚拟化组网中起到了非常重要的作用。

SDN 交换机需要在远程控制器的管控下工作，与之相关的设备状态和控制指令都需要经由 SDN 的南向接口传达。当前，最知名的南向接口莫过于 ONF 倡导的 OpenFlow 协议。作为一个开放的协议，OpenFlow 突破了传统网络设备厂商对设备能力接口的壁垒，经过多年的发展，在业界的共同努力下，当前已经日臻完善，能够全面解决 SDN 网络中面临的各种问题。当前，OpenFlow 已经获得了业界的广泛支持，并成为了 SDN 领域的事实标准，例如，前文提及的 OVS 交换机就能够支持 OpenFlow 协议。OpenFlow 解决了如何由控制层把 SDN 交换机所需的用于和数据流做匹配的表项下发给转发层设备的问题，同时 ONF 还提出了 OF-CONFIG 协议，用于对 SDN 交换机进行远程配置和管理，其目标都是为了更好地对分散部署的 SDN 交换机实现集中化管控。

2．控制器以及北向接口

SDN 控制器负责整个网络的运行，是提升 SDN 网络效率的关键。SDN 交换机的"去智能化"、OpenFlow 等南向接口的开放，产生了很多新的机会，使得更多人能够投身于控制器的设计与实现中。当前，业界有很多基于 OpenFlow 控制协议的开源的控制器实现，例如，NOX、Onix、Floodlight 等。它们都有各自的特色设计，能够实现链路发现、拓扑管理、策略制定、表项下发等支持 SDN 网络运行的基本操作。虽然不同的控制器在功能和性能上仍旧存在差异，但是从中已经可以总结出 SDN 控制器应当具备的技术特征，从这些开源系统的研发与实践中得到的经验和教训将有助于推动 SDN 控制器的规范化发展。另外，用于网络集中化控制的控制器作为 SDN 网络的核心，其性能和安全性非常重要，其可能存在的负载过大、单点失效等问题一直是 SDN 领域中亟待解决的问题。当前，业界对此也有了很多探讨，从部署架构、技术措施等多个方面提出了很多有创见的方法。

SDN 北向接口是通过控制器向上层业务应用开放的接口，其目标是使得业务应用能够便利地调用底层的网络资源和能力。北向接口是直接为业务应用服务的，其设计需要密切联系业务应用需求，具有多样化的特征。同时，北向接口的设计是否合理、便捷，以便能被业务应用广泛调用，会直接影响到 SDN 控制器厂商的市场前景。因此，与南向接口方面已有 OpenFlow 等国际标准不同，北向接口方面还缺少业界公认的标准，成为当前 SDN 领域竞争的焦点，不同的参与者或者从用户角度出发，或者从运营角度出发，或者从产品能力角度出发提出了很多方案。虽然北向接口标准当前还很难达成共识，但是充分的开放性、便捷性、灵活性将是衡量接口优劣的重要标准，例如，REST API 就是上层业务应用的开发者比较喜欢的接口形式。部分传统的网络设备厂商在其现有设备上提供了编程接口供业务应用直接调用，也可被视作是北向接口之一，其目的是在不改变其现有设备架构的条件下提升配置管理灵活性，应对开放协议的竞争。

5.1.4　OpenFlow 协议

OpenFlow 最早由斯坦福大学的 Nick McKeown 教授等研究人员在 2008 年 4 月发表的论文《OpenFlow：Enabling Innovation in Campus Networks》中提出，其最初的出发点是考虑到网络的创新思想需要在实际网络上才能被更好地验证，而研究人员又无法修改现网中的网络设备，故而提出了名为 OpenFlow 的控制和转发分离的架构，将控制逻辑从网络设备盒子中引出来，供研究者对其进行任意的编程从而实现新型的网络协议、拓扑架构而无须改动网络设备本身。从其起源可以看出，OpenFlow 的设计与 SDN 有着非常一致的目标，对网络的创新发展起到了巨大的推动作用，因此受到了广泛的关注和支持。

OpenFlow 标准的名称是 OpenFlow Switch Specification。因此它本身是一份设备规范，其中规定了作为 SDN 基础设施层转发设备的 OpenFlow 交换机的基本组件和功能要求，以及用于由远程控制器对交换机进行控制的 OpenFlow 协议。OpenFlow v1.0 是 OpenFlow 规范的第一个商业化版本，于 2009 年 12 月 31 日发布，它是 OpenFlow 规范后续版本的重要基础。

OpenFlow v1.0 中已经充分体现了基于 OpenFlow 交换机、OpenFlow 控制器，以及 OpenFlow 协议搭建 SDN 的设计思想和整体架构，如图 5-1 所示。

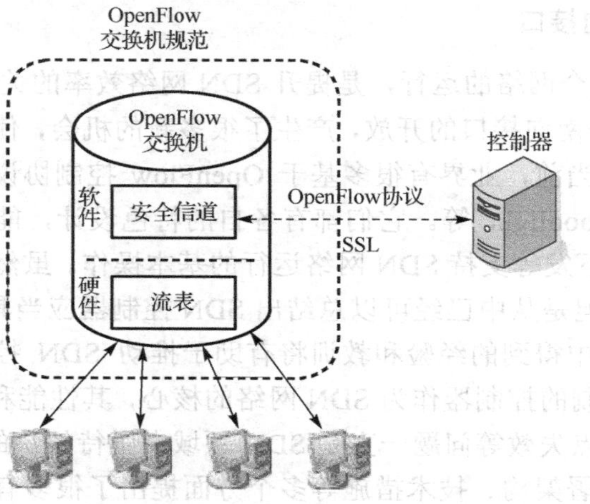

图 5-1 OpenFlow v1.0

OpenFlow 交换机利用基于安全连接的 OpenFlow 协议与远程控制器通信。其中，流表（Flow Table）是 OpenFlow 交换机的关键组件，负责数据包的高速查询和转发。另外，OpenFlow 交换机还需要通过一个安全通道与外部的控制器进行通信，这个安全通道上传输的是 OpenFlow 协议，它将负责传递控制器和交换机之间的管理和控制信息。因此，流表、安全通道及 OpenFlow 协议是 OpenFlow v1.0 的核心组成部分。

1. 流表

如前文所述，OpenFlow 的设计目标之一就是将网络设备的控制功能与转发功能进行分离，进而将控制功能全部集中到远程的控制器上完成，而 OpenFlow 交换机只负责在本地做简单高速的数据转发。在 OpenFlow 交换机的运行过程中，其数据转发的依据就是流表。

所谓流表，其实可被视作是 OpenFlow 对网络设备的数据转发功能的一种抽象。在传统网络设备中，交换机和路由器的数据转发需要依赖设备中保存的二层 MAC 地址转发表或者三层 IP 地址路由表，而 OpenFlow 交换机中使用的流表也是如此，不过在它的表项中整合了网络中各个层次的网络配置信息，从而在进行数据转发时可以使用更丰富的规则。流表中每个表项的结构如图 5-2 所示。

头域	计数器	动作

图 5-2　流表表项结构

OpenFlow 流表的每个流表项都由 3 部分组成：用于数据包匹配的包头域（Header Fields），用于统计匹配数据包个数的计数器（Counters），用于展示匹配的数据包如何处理的动作（Actions）。

（1）头域

OpenFlow 流表的头域（OpenFlow v1.1 之后被称作匹配域），用于对交换机接收到的数据包的包头内容进行匹配。在 OpenFlow v1.0 中，流表的头域中包括了 12 个元组（Tuple），相关内容如图 5-3 所示。

入端口	源 MAC 地址	目的 MAC 地址	以太网类型	VLAN ID	VLAN 优先级	源 IP 地址	目的 IP 地址	IP 协议	IP TOS 位	TCP/UDP 源端口	TCP/UDP 目的端口
Ingress Port	Ether Source	Ether Des	Ether Type	VLAN ID	VLAN Priority	IP Src	IP Des	IP Proto	IP TOS Bit	TCP/UDP Src Port	TCP/UDP Des Port

图 5-3　流表头域组成

头域中用于和交换机接收到的数据包进行匹配的元组涵盖了 ISO 网络模型中第二至第四层的网络配置信息。每一个元组中的数值可以是一个确定的值或者是“ANY”以支持对任意值的匹配。另外，如果交换机能够在 IP 地址相关元组上支持子网掩码的话，将有助于实现更精确的匹配。

（2）计数器

OpenFlow 流表中的计数器可以针对交换机中的每张流表、每个数据流、每个设备端口和每个转发队列进行维护，统计数据流量的相关信息，如针对每张流表，统计当前活动的表项数、数据包查询次数、数据包匹配次数等；针对每个数据流，统计接收到的数据包数、字节数、数据流持续时间等；针对每个设备端口，除统计接收到的数据包数、发送数据包数、接收字节数、发送字节数等指标之外，还可以对各种错误发生的次数进行统计；针对每个队列，统计发送的数据包数和字节数，还有发送时的溢出错误次数等。计数器的详细统计信息如表 5-1 所示。

表 5-1　计数器的统计信息列表

计　数　器	比　特　数	计　数　器	比　特　数
每张流表		发送字节数	64
活动表项数	32	接收的丢弃数	64
数据包查询数	64	发送的丢弃数	64
数据包匹配数	64	接收的出错数	64
每个数据流		发送的出错数	64
接收到的数据包数	64	接收帧对齐错误数	64
接收字节数	64	接收溢出错误数	64
数据流持续时间（秒）	32	接收 CRC 错误数	64
数据流持续时间（纳秒）	32	冲突数	64
每个端口		每个队列	
接收到的数据包数	64	发送数据包数	64
发送数据包数	64	发送字节数	64
接收字节数	64	发送溢出错误数	64

（3）动作

OpenFlow 流表的动作用于指示 OpenFlow 交换机在收到匹配的数据包后应该如何对其进行处理。与传统交换机转发表只需要指明数据包的出端口不同，OpenFlow 交换机因为缺少控制平面的能力，所以对匹配数据包的处理不仅是简单的转发操作，还需要用动作来详细说明交换机将要对数据包所做的处理。

OpenFlow 交换机的每个流表项可以对应有零至多个动作，如果没有定义转发动作，那么与流表项中头域匹配的数据包将被默认丢弃。同一流表项中的多个动作的执行可以具有优先级，但是在数据包的发送上并不保证其顺序。另外，如果流表项中出现有 OpenFlow 交换机不支持的参数值，交换机将向控制器返回相应的出错信息。

OpenFlow 交换机在接收到网络数据包后，按照优先级依次匹配其本地保存的流表中的表项，并以具有最高优先级的匹配表项作为匹配结果，并根据相应的动作对数据包进行操作。同时，一旦匹配成功，对应的计数器将更新；而如果没能找到匹配的表项，则将数据包转发给控制器。流程中对 802.1d 协议的处理是可选步骤（在 OpenFlow 规范 1.1 版本之后已删除该步骤）。数据报文的整体处理流程如图 5-4 所示。

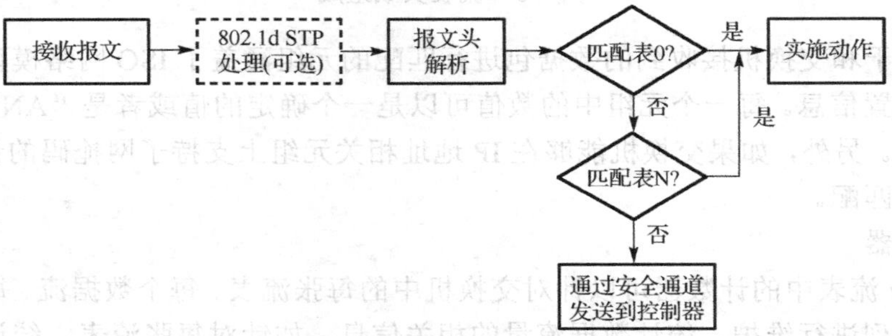

图 5-4　OpenFlow 交换机中的数据报文处理流程

5.1.5　Google 的 SDN 应用部署

众所周知，网络流量总有高峰和低谷，高峰流量可达平均流量的 2～3 倍。为了保证高峰期的带宽需求，只好预先购买大量的带宽和价格高昂的高端路由设备，而平均用量只有 30%～40%。这大大提高了数据中心的成本。

这种浪费是必然的吗？Google 观察到，数据中心中的流量是有不同优先级的：

① 用户数据拷贝到远程数据中心，以保证数据可用性和持久性。这个数据量最小，对延迟最敏感，优先级最高。

② 远程存储访问进行 MapReduce 之类的分布式计算。

③ 大规模数据同步以同步多个数据中心之间的状态。这个流量最大，对延迟不敏感，优先级最低。

Google 发现高优先级流量仅占总流量的 10%～15%。只要能区分出高优先级和低优先级流量，保证高优先级流量以低延迟到达，让低优先级流量把空余流量挤满，数据中心的广域网连接（WAN Link）就能达到接近 100% 的利用率，如图 5-5 所示。要做到这个，需要几方面的配合：

① 应用需要提前预估所需要的带宽。由于数据中心是 Google 自家的，各种服务所需的带宽都可以预估出来。

② 低优先级应用需要容忍高延迟和丢包，并根据可用带宽自适应发送速度。

③ 需要一个中心控制系统来分配带宽。这样 Google 采用了 SDN 的网络架构，在全球的 12 个数据中心之间搭起了 SDN 网络。

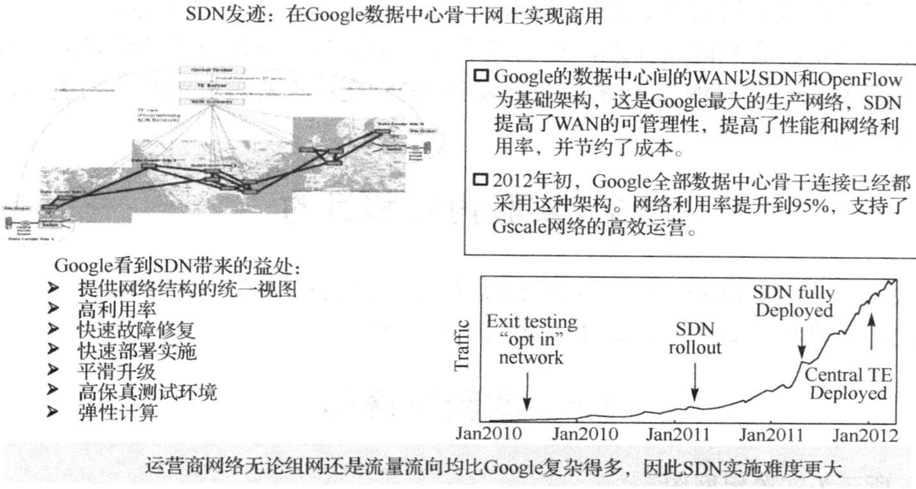
SDN发迹：在Google数据中心骨干网上实现商用
Google的数据中心间的WAN以SDN和OpenFlow为基础架构，这是Google最大的生产网络，SDN提高了WAN的可管理性，提高了性能和网络利用率，并节约了成本。
2012年初，Google全部数据中心骨干连接已经都采用这种架构。网络利用率提升到95%，支持了Gscale网络的高效运营。
Google看到SDN带来的益处：
提供网络结构的统一视图
高利用率
快速故障修复
快速部署实施
平滑升级
高保真测试环境
弹性计算
Traffic
Exit testing "opt in" network
SDN rollout
SDN fully Deployed
Central TE Deployed
Jan2010
Jan2010
Jan2011
Jan2011
Jan2012
运营商网络无论组网还是流量流向均比Google复杂得多，因此SDN实施难度更大

图 5-5　SDN 在 Google 数据中心骨干网上实现商用

5.2　方 案 介 绍

本次实验方案基于 H3C VCF 控制器平台，通过部署支持 OpenFlow 的交换机，整合 SDN 控制器和 SDN APP 提供一套完整的基于 OpenFlow 协议的网络虚拟化控制管理平台。实现主机部署，从而实现对网络控制和网络管理的自动化。

5.2.1　用户组

用户在控制器上创建用户组，用户组包括用户组名称、网段地址和绑定的安全策略的名称，由用户组名称进行标识。用户组通过与安全策略绑定而生效，作用范围为控制器管理范围内的所有匹配该用户组网段地址的主机。

主机根据自身的 IP 地址与存在的用户组网段进行匹配，如果匹配某个用户组，表示该主机属于该用户组。通过用户组绑定的安全策略，下发主机策略流表到 SDN 交换机，实现对主机的访问控制及流量限速。

5.2.2　安全策略

安全策略主要有控制访问和流量限速两大功能。访问控制可以对主机是否可以访问网络进行控制，对可以访问网络的主机，可以通过流量限速处理对其进行平均速率和突发尺寸的限制。

用户在控制器上创建安全策略，安全策略包括策略名称、是否允许报文通过、是否进

行限速配置以及限速配置的平均速率和突发尺寸，由策略名称进行标识。安全策略可以提供给多个用户组进行绑定，绑定后的安全策略对匹配用户组的主机生效。

5.2.3 策略控制

通过安全策略的访问控制处理，可以对 SDN 交换机下挂的主机访问权限进行控制。控制器通过下发主机策略流表到 SDN 交换机，对主机发出来的报文进行控制。

通过安全策略的流量限速处理，对主机进行平均速率和突发尺寸的流量限速处理。控制器通过下发 meter 到 SDN 交换机，与下发到 SDN 交换机的主机策略流表关联，对主机的流量进行控制。

5.3 实验内容和目的

本实验方案中，通过演示 SDN 控制器的策略控制来展现 SDN 控制器强大的平台能力，能够支撑巨大的网络集群能力，提供高级别的可靠性。

5.4 实验组网图

图 5-6 所示为实验组网图。

VCFC：H3C SDN 控制器。

S-1、S-2、S-3：模拟某种业务应用。

S5500-HI-1：管理网段网关。

S5500-HI-2：业务网段网关。

S5120-HI-1/2：与模拟应用服务相连的两台 S5120-HI 作 SDN 交换机管理主机访问策略。

PC：作为网关外的实验终端。

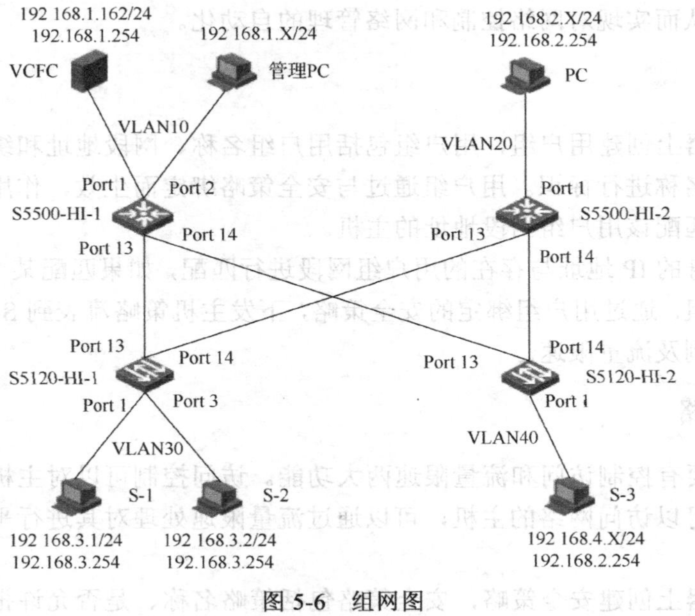

图 5-6　组网图

5.5　交换机配置

1. 配置 S5500-HI-1 设备的 VLAN 信息

```
<X>sys
[X]sysname S5500-1 //将其中一台 S5500-HI 重命名为 S5500-1，注意加上自己的组名
[S5500-1]vlan 10
[S5500-1-vlan10]description TO_VCFC //新建管理段 VLAN10 并注释
[S5500-1]interface GigabitEthernet1/0/1
[S5500-1-GigabitEthernet1/0/1]port acce vlan 10
[S5500-1]interface GigabitEthernet1/0/2
[S5500-1-GigabitEthernet1/0/2]port acce vlan 10
[S5500-1]interface GigabitEthernet1/0/13
[S5500-1-GigabitEthernet1/0/13]port acce vlan 10
[S5500-1]interface GigabitEthernet1/0/14
[S5500-1-GigabitEthernet1/0/14]port acce vlan 10
```

2. 配置 S5120-HI-1 设备的 VLAN 信息

```
<H3C>sys
[H3C]sysname S5120-1                  //将其中一台 S5120-HI 重命名为 S5120-1
[S5120-1]
[S5120-1]vlan 10
[S5120-1-vlan10]quit
[S5120-1]vlan 30
[S5120-1-vlan30]quit
[S5120-1]interface GigabitEthernet1/0/13
[S5120-1-GigabitEthernet1/0/13]port acce vlan 10
[S5120-1-GigabitEthernet1/0/13]quit
[S5120-1]interface GigabitEthernet1/0/14
[S5120-1-GigabitEthernet1/0/14]port acce vlan 30
[S5120-1-GigabitEthernet1/0/14]quit
[S5120-1]interface GigabitEthernet1/0/1
[S5120-1-GigabitEthernet1/0/1]port acce vlan 30
[S5120-1-GigabitEthernet1/0/1]quit
[S5120-1]interface GigabitEthernet1/0/3
[S5120-1-GigabitEthernet1/0/3]port acce vlan 30
[S5120-1-GigabitEthernet1/0/3]qu
[S5120-1]interface Vlan-interface 10
[S5120-1-Vlan-interface10]ip add 192.168.1.1 24
[S5120-1-Vlan-interface10]quit
```

3. 配置 S5120-HI-2 设备的 VLAN 信息

```
<H3C>sys
[H3C]sysname S5120-2                  //将另外一台 S5120-HI 重命名为 S5120-1
[S5120-2]vlan 10
```

```
[S5120-2-vlan10]quit
[S5120-2]vlan 40
[S5120-2-vlan40]quit
[S5120-2]interface GigabitEthernet1/0/13
[S5120-2-GigabitEthernet1/0/13]port acce vlan 10
[S5120-2-GigabitEthernet1/0/13]quit
[S5120-2]interface GigabitEthernet1/0/14
[S5120-2-GigabitEthernet1/0/14]port acce vlan 40
[S5120-2-GigabitEthernet1/0/14]quit
[S5120-2]interface GigabitEthernet1/0/1
[S5120-2-GigabitEthernet1/0/1]port acce vlan 40
[S5120-2-GigabitEthernet1/0/1]quit
[S5120-2]interface Vlan-interface 10
[S5120-2-Vlan-interface10]ip add 192.168.1.2 24
[S5120-2-Vlan-interface10]quit
```

4．配置 S5500-HI-2 设备的 VLAN 信息

```
<X>sys
[X]sysname S5500-2                    //将另外一台 S5500-HI 重命名为 S5500-2
[S5500-2]vlan 20
[S5500-2-vlan20]vlan 30
[S5500-2-vlan30]vlan 40
[S5500-2-vlan40]
[S5500-2-vlan40]quit
[S5500-2]interface GigabitEthernet1/0/13
[S5500-2-GigabitEthernet1/0/13]port acce vlan 30
[S5500-2-GigabitEthernet1/0/13]quit
[S5500-2]interface GigabitEthernet1/0/14
[S5500-2-GigabitEthernet1/0/14]port acce vlan 40
[S5500-2-GigabitEthernet1/0/14]quit
[S5500-2]interface GigabitEthernet1/0/1
[S5500-2-GigabitEthernet1/0/1]port acce vlan 20
[S5500-2-GigabitEthernet1/0/1]quit
[S5500-2]interface Vlan-interface 20
[S5500-2-Vlan-interface20]ip add 192.168.2.254 24
                                      //配置 192.168.2.0 网段的网关
[S5500-2-Vlan-interface20]quit
[S5500-2]interface vlan 30
[S5500-2-Vlan-interface30]ip add 192.168.3.254 24
                                      //配置 192.168.3.0 网段的网关
[S5500-2-Vlan-interface30]quit
[S5500-2]interface vlan 40
[S5500-2-Vlan-interface40]ip address 192.168.4.254 24
                                      //配置 192.168.4.0 网段的网关
[S5500-2-Vlan-interface40]quit
```

5.6 功能实践

5.6.1 登录 VCFC

打开浏览器在地址栏中输入 http://192.168.1.162:8443/sdn/ui，进入 VCFC 登录页面，如图 5-7 所示，用户名为 sdn，密码是www.h3c.com。

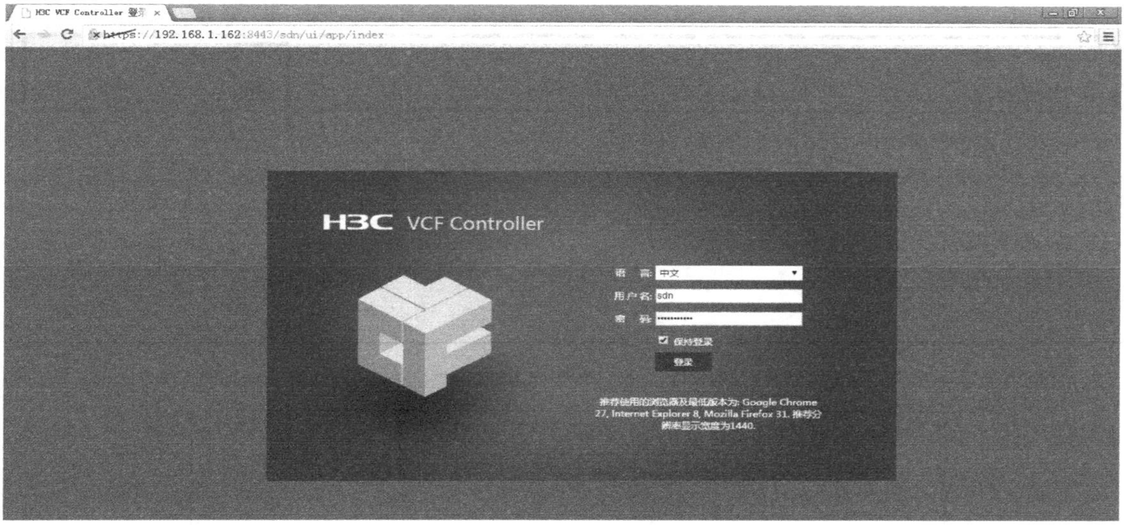

图 5-7 VCFC 登录页面

5.6.2 策略跟随应用

1. 策略 APP 加载/卸载

实 践 项 目	策略 APP 加载/卸载
实验目的	策略 APP 加载/卸载
实验设计	控制器策略 APP 的加载/卸载应用状态正常
实验过程	（1）控制器上没有加载策略 APP； （2）控制器加载策略 APP 正常后有预期效果 1； （3）控制器卸载 APP 后有预期结果 2
预期结果	（1）应用状态正常且可以配置策略配置； （2）APP 在该控制器被清除

（1）APP 卸载。

登录 VCFC 控制器，单击菜单栏中的“系统管理”→“应用管理”菜单，然后按如图 5-8 所示路径查找是否有“H3C VCFC Virtual Gateway”及“H3C VCFC VSM”两个 APP，如有请卸载，如图 5-9 所示。

重要提示：不得删除默认策略中的“H3C VCFC ARP”，删除后控制器不可用。

（2）新策略 APP 加载。

为了完成本次实验，需增加一个名为 policy 的策略组件（组件的路径详见桌面 SDN 文件夹中文件名为“policy-2130”的压缩包），在应用管理界面单击“加载”按钮，然后按如图 5-10～图 5-12 所示方式完成加载。

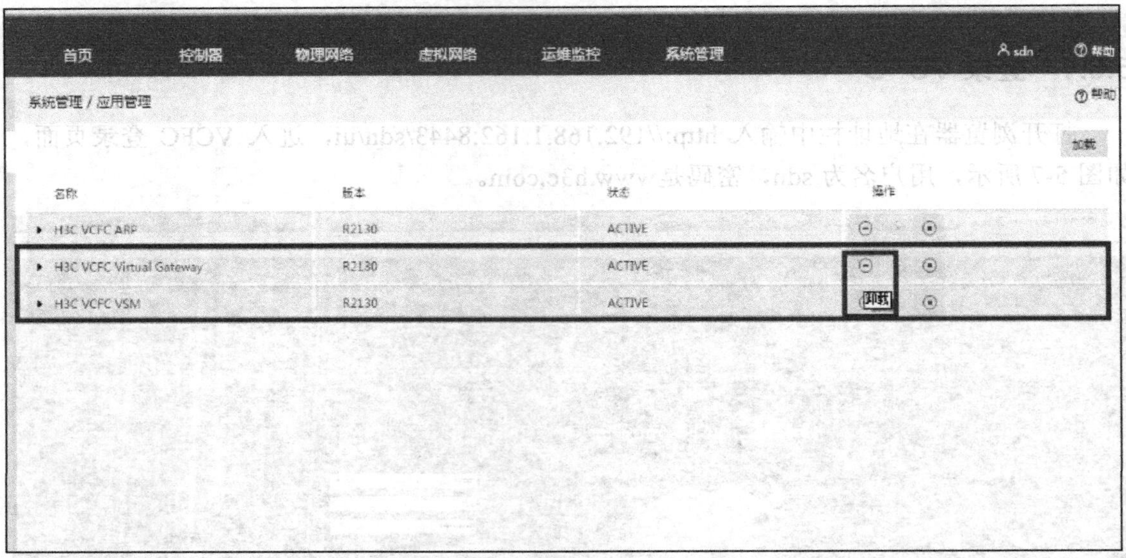

图 5-8　应用管理页面

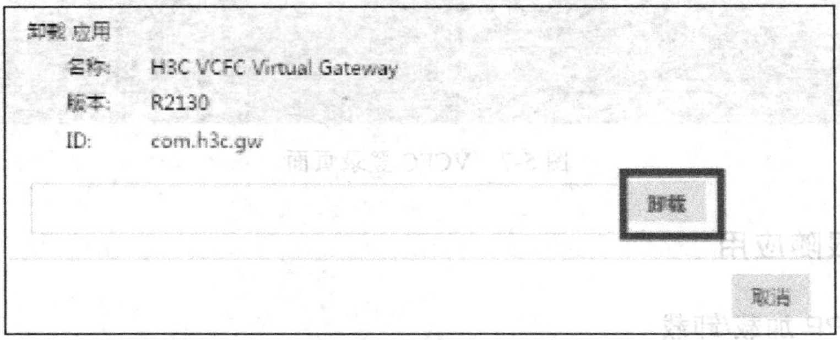

图 5-9　卸载应用

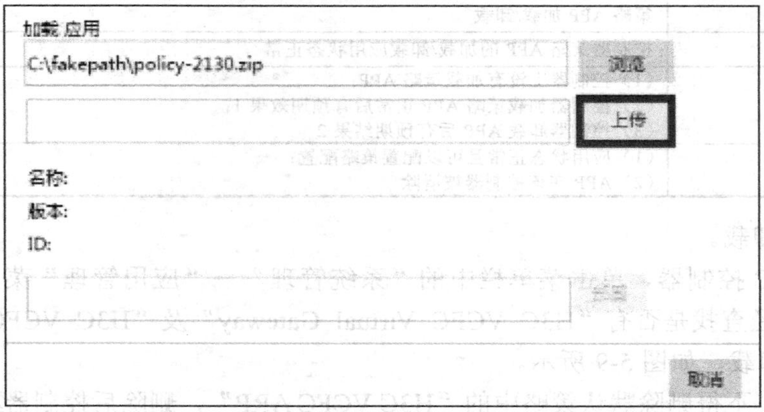

图 5-10　加载应用 1

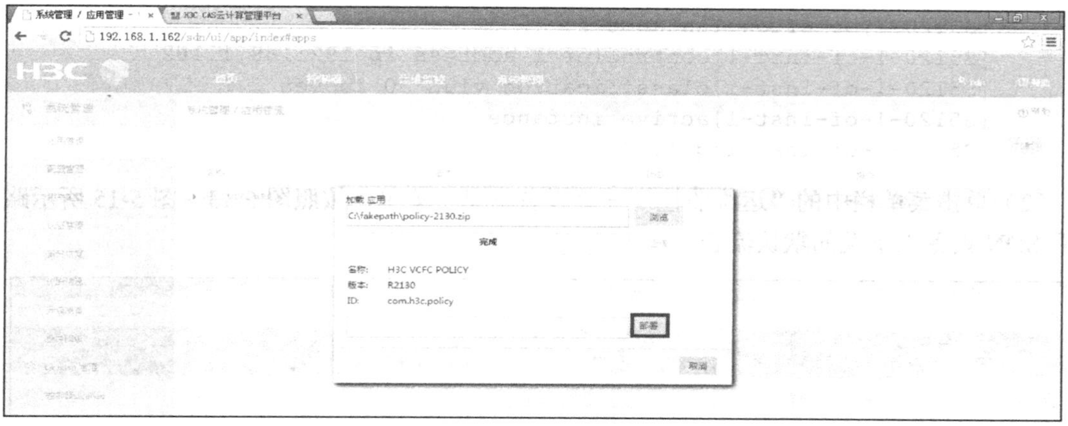

图 5-11 加载应用 2

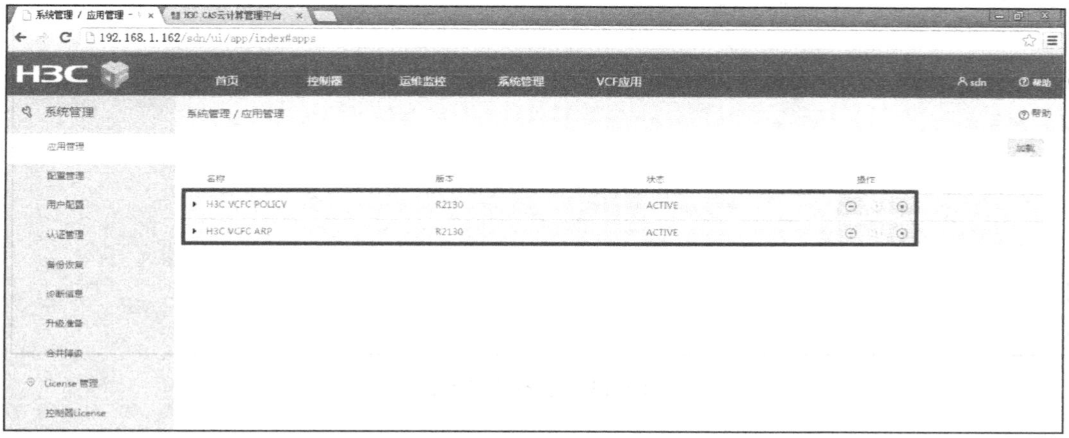

图 5-12 加载成功界面

2. 策略 APP 默认流表的下发

实 践 项 目	策略 APP 默认流表的下发
实验目的	策略 APP 下发最基础的默认流表管理设备
实验设计	接入 S5120-HI 交换机使能 OpenFlow，配置需要管理的 VLAN 及端口
实验过程	（1）2 台 S5120-HI 交换机配置 OpenFlow 实例，并且配置管理的 VLAN 10； （2）配置网管口 IP（192.168.1.1/24、192.168.1.2/24）并且配置 OpenFlow 实例的控制器配置； （3）在 VCF Controller 上查看交换机流表信息，有预期结果 1
预期结果	可以查询到管理的交换机，以及交换机上的端口与下发的 4 条默认流表
注意事项	可以在交换机 OpenFlow 实例上配置作用域为全局

（1）配置交换机 OpenFlow 设置：

```
[S5120-2]openflow instance 1            //开启一个 OpenFlow 实例
[S5120-2-of-inst-1]controller 1 address ip 192.168.1.162
                                        //设置该实例的控制器 IP 地址
[S5120-2-of-inst-1]classification vlan 40 loosen //该实例控制 vlan 40
[S5120-2-of-inst-1]active instance      //激活实例
[S5120-2-of-inst-1]quit
```

```
[S5120-1]openflow instance 1
[S5120-1-of-inst-1]controller 1 address ip 192.168.1.162
[S5120-1-of-inst-1]classification vlan 30 loosen
[S5120-1-of-inst-1]active instance
[S5120-1-of-inst-1]quit
```

（2）单击菜单栏中的“运维监控”→“设备信息”菜单，按照图 5-13～图 5-15 所示路径查看 SDN 设备上下发的默认流表。

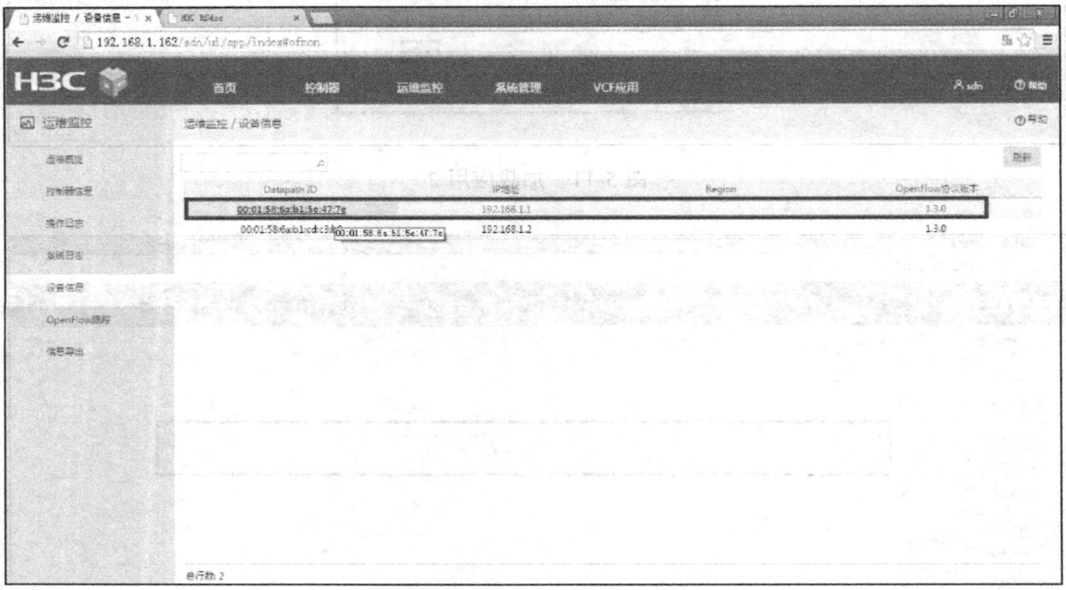

图 5-13　设备信息界面

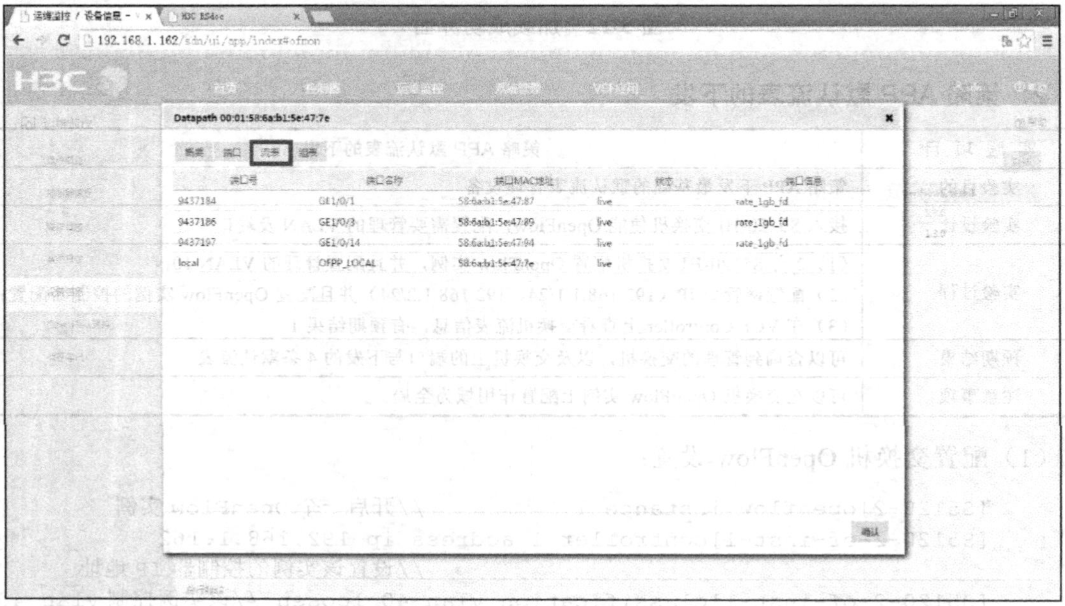

图 5-14　单击设备 ID 进入查看

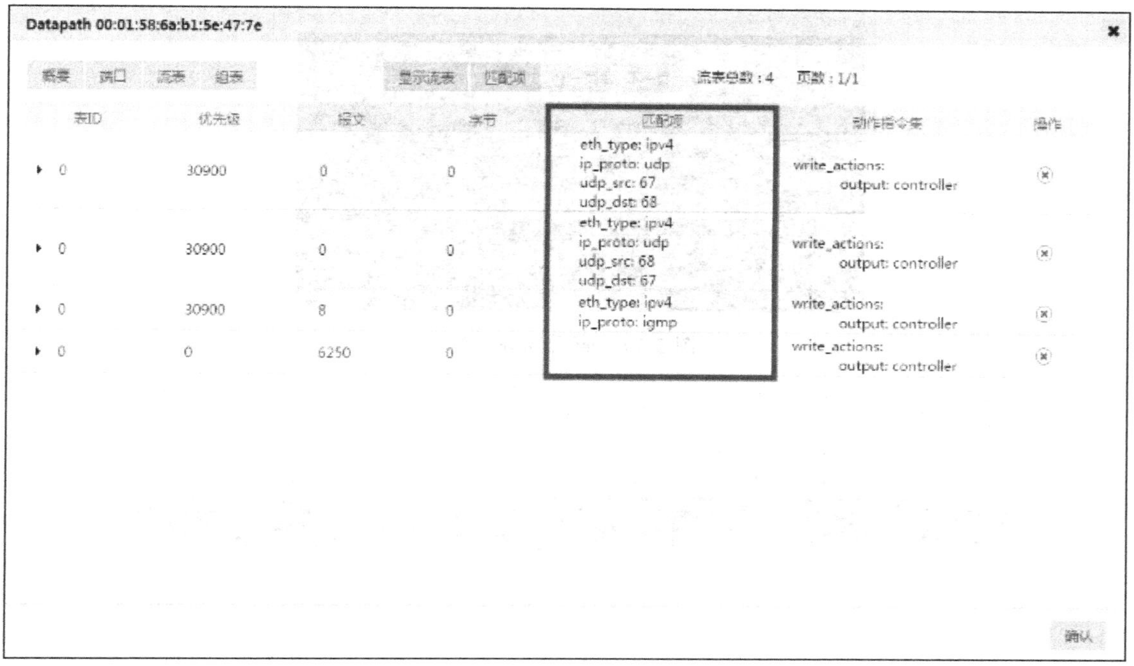

图 5-15　查看流表

3. ARP 主机信息学习

实 践 项 目	ARP 主机信息学习
实验目的	控制器 ARP APP 模块能通过主机发送的 ARP 报文学习到主机信息
实验设计	控制器通过 S-1 发出的 ARP 请求学习主机信息
实验过程	（1）S5500-HI-2 配置该 VLAN（Vlan30）虚接口的网关地址； （2）然后 S-1 Ping 网关地址发出 ARP 请求； （3）在控制器查看 ARP 主机信息有预期效果 1
预期结果	（1）在控制器 Web 页面上“运维监控”→“OpenFlow 跟踪”中可以查看 S-1 的主机信息，包含 S-1 源地址及目的网关的 MAC 地址信息，以及无法 Ping 通的原因
注意事项	无论是否配置用户组策略都能学习 ARP 主机信息

单击菜单栏中的“运维监控”→“OpenFlow 跟踪”菜单，按照图 5-16～图 5-18 所示路径操作。

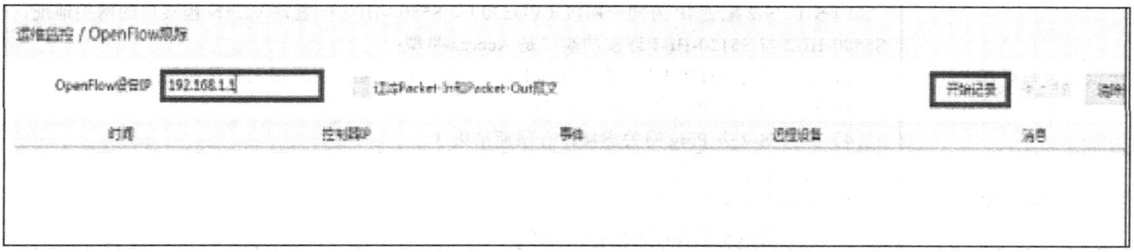

图 5-16　OpenFlow 跟踪

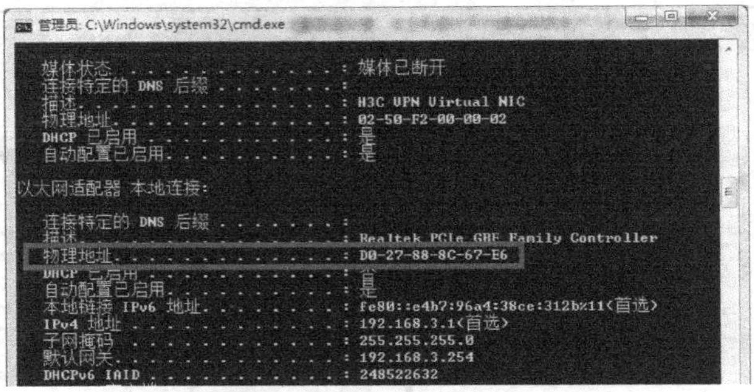

图 5-17　查看物理地址

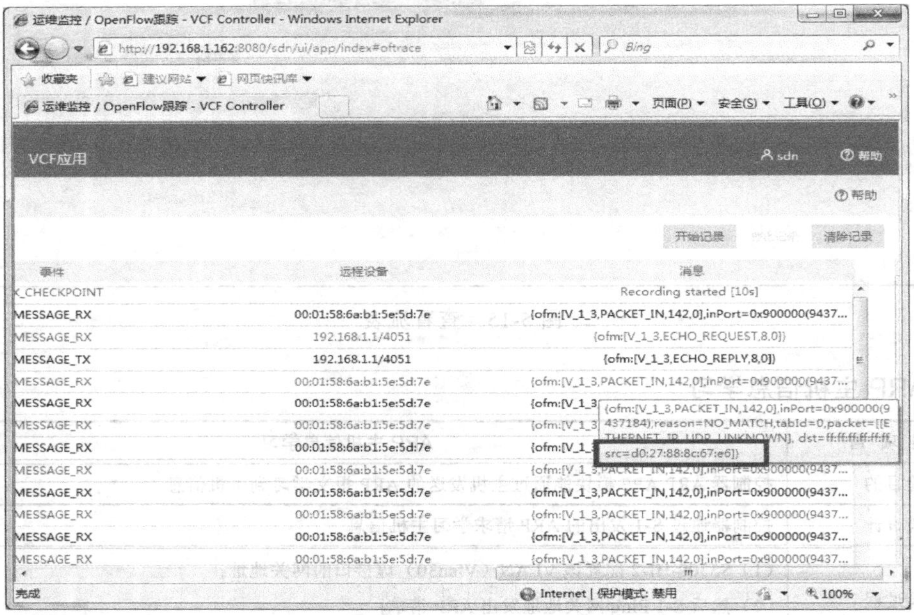

图 5-18　查看跟踪记录

4．不创建用户规则时，主机不能互通

实验项目	不创建用户规则时，主机不能互通
实验目的	验证 SDN 网络内不创建用户规则时，不允许主机间互通
实验设计	SDN 网络内 S-1、S-2 配置为同一 VLAN（Vlan30），地址为同一网段地址，进行互 Ping 不能通信，并且 S-1、S-2 和网关的 VLAN 虚接口也不能 Ping 通
实验过程	（1）S-1、S-2 配置 IP 为同一网段（Vlan30），S5500-HI-2 配置该 VLAN 虚接口的网关地址，S5500-HI-2 与 S5120-HI-1 连接的端口是 Access 类型； （2）控制器与 S5120-HI-1 建立 OpenFlow 连接，没有配置用户规则有预期结果 1； （3）S-1、S-2 互 Ping 有预期结果 2； （4）S-1、S-2 去 Ping 网关虚接口有预期结果 3
预期结果	（1）有 4 条默认流表； （2）两个主机不能互通； （3）两个主机不能与网关虚接口互通
注意事项	原本在同一网段并直连在一个交换机上的两个主机在普通的网络中是可以直接 Ping 通的，而在本实验环境中，在控制器没有规定规则之前，就算连在同一交换机上的两台主机也是 Ping 不通的

5. 创建用户规则但不绑定策略时，主机不能互通

实验项目	创建用户规则但不绑定策略时，主机不能互通
实验目的	创建用户规则但不绑定策略时，有符合用户规则的主机接入，也没有主机流表
实验设计	在该实验目的情况下，SDN 网络内 S-1、S-2 配置为同一 VLAN 且地址为同一网段地址，两主机进行互 Ping 不能通信，两主机和网关同 VLAN 虚接口也不能 Ping 通
实验过程	（1）S-1、S-2 配置 IP 为同一网段（Vlan30），S5500-HI-2 配置该 VLAN 虚接口的网关地址，S5500-HI-2 与 S5120-HI-1 连接的端口是 Access 类型； （2）控制器与两个 S5120-HI 建立 OpenFlow 连接，有配置用户规则但不绑定策略有预期结果 1； （3）两个主机互 Ping 有预期结果 2； （4）两个主机去 Ping 网关虚接口有预期结果 3
预期结果	（1）有 4 条默认流表； （2）两个主机不能互通； （3）主机不能与网关虚接口互通

6. 按照下图（5-19～图 5-22）路径创建 Vlan30 的用户组（不绑定策略）

图 5-19　安全策略页面

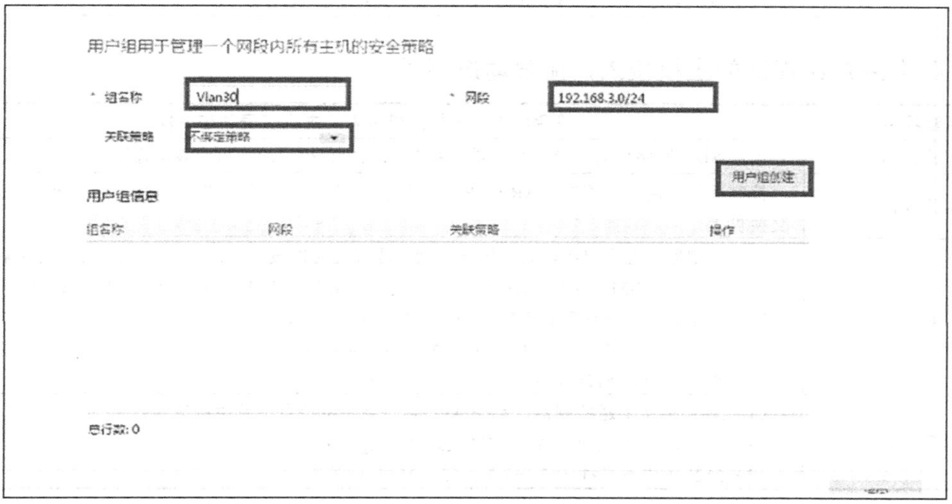

图 5-20　创建页面

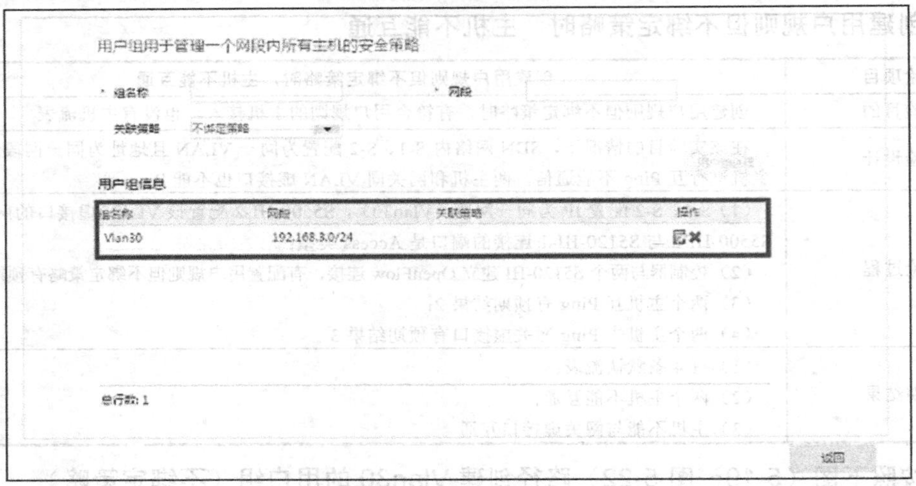

图 5-21 创建成功效果

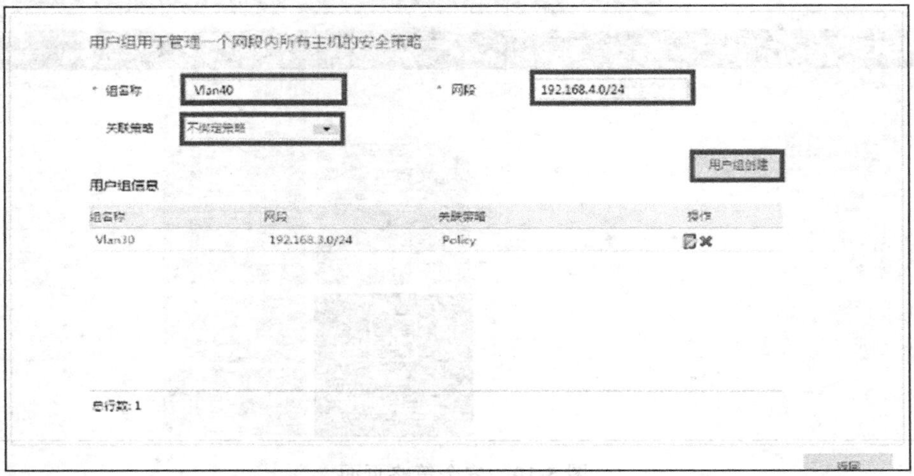

图 5-22 创建 Vlan40 用户组（不绑定策略）

7．符合用户组规则的主机接入，流表动态下发

实验项目	符合用户规则的主机接入，主机流表动态下发
实验目的	验证 SDN 网络内有符合用户组的主机接入就会有相应的主机流表动态下发
实验设计	控制器创建用户组规则，ARP APP 学习到符合用户规则的主机信息则下发主机流表到 SDN 交换机上
实验过程	（1）控制器配置用户组规则，用户规则网段设置为网段 30 并且与策略 1（无限速）相绑定； （2）控制器与 S5120-HI-1 交换机建立连接，与 S5120-HI-1 相连的两个主机且 IP 地址在网段 1 内，主机发起与网关虚接口 Ping 发出 ARP 报文有预期结果 1； （3）主机之间互 Ping，主机 Ping 网关，有预期结果 2； （4）查看交换机 5120-1 的流表，有预期结果 3
预期结果	（1）APR 报文上送控制器，ARP APP 学习到主机信息下发主机流表； （2）主机之间 Ping 通，主机与网关之间 Ping 通； （3）5120-1 中有通往 192.168.3.1（2，254）的流表

按照如图 5-23～图 5-27 所示创建策略。

图 5-23　安全策略配置页面

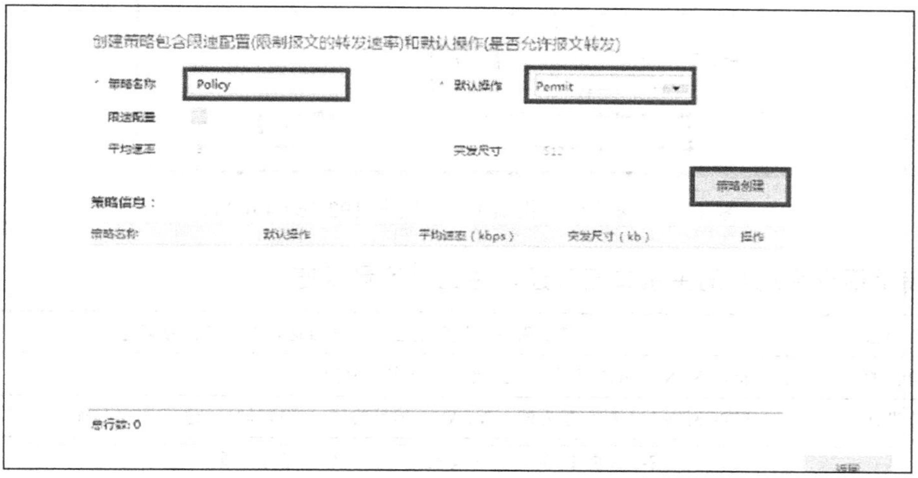

图 5-24　策略创建页面

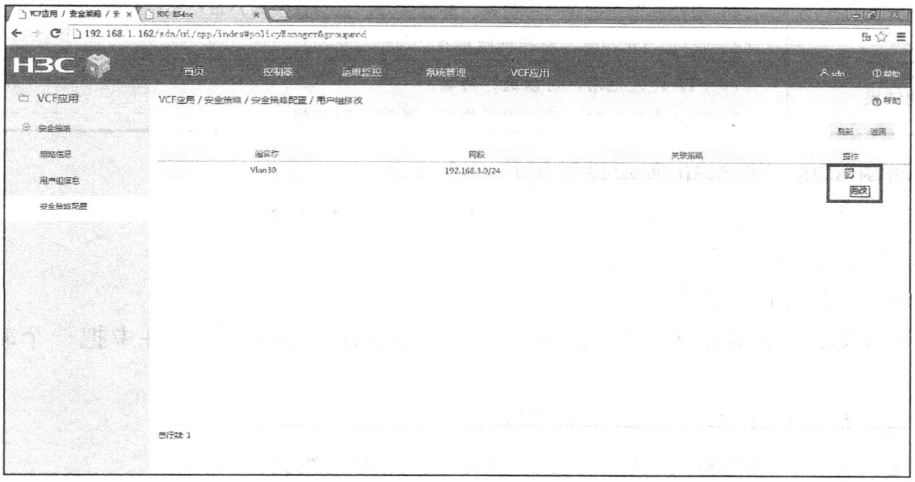

图 5-25　修改用户组

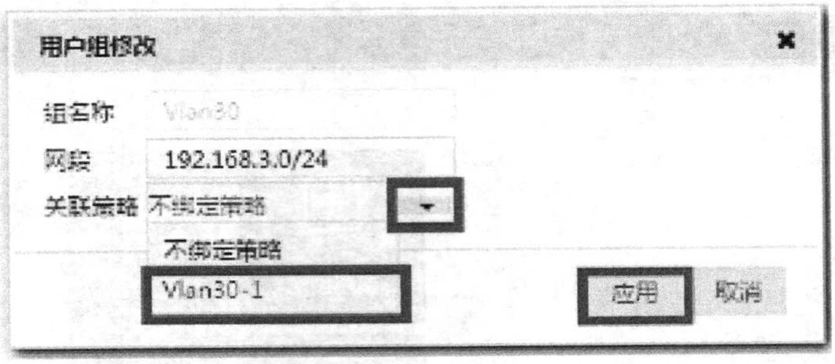

图 5-26 修改用户组页面 1（网段 192.168.3.0/24）

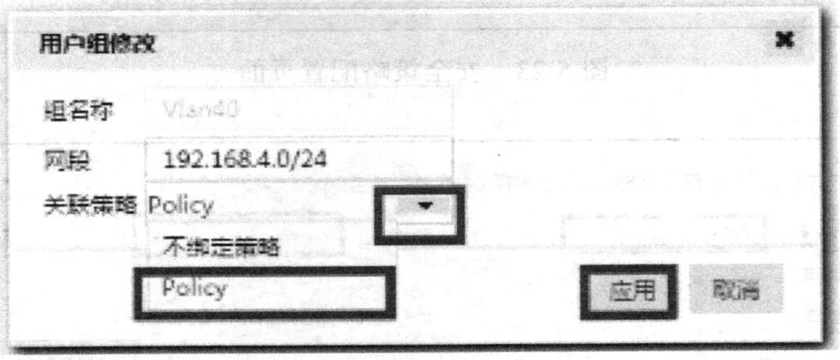

图 5-27 修改用户组页面 2（网段 192.168.4.0/24）

8. 满足用户组规则的主机二层互通，并且可流量限速

实验项目	满足用户组规则的主机二层互通，并且可流量限速
实验目的	验证 SDN 网络内可以二层互通，并且支持流控
实验设计	SDN 网络内主机配置为同一 VLAN，地址为同一网段地址，进行 FTP 传输
实验过程	（1）S-1、S-2 配置 IP 为同一网段且上一步已经验证为互通； （2）一个主机上启动 FTP Server，另一个启动 FTP Client； （3）进行 FTP 业务，有预期结果 1； （4）在控制器上创建一个策略，配置限速，然后修改用户组引用该策略； （5）进行 FTP 业务，有预期结果 2
预期结果	（1）FTP 连接正常，可以进行传输； （2）FTP 连接正常，可以进行传输，速度为限速值

按照如图 5-28～图 5-30 所示设置用户口令。

在另一台主机（FTP Client）上打开 cmd，输入如下命令：

① ftp 192.168.3.x （ftp 主机 IP）。

② dir（查看有什么文件）。

③ get XXXXXX.XX 文件名+后缀（建议在 Server 上的常用文件中把一个软件名改成 1）。

限速策略设置如图 5-31 和图 5-32 所示。

平均速度单位为 Kb/s，例如，设置 8192，实际限速约为 1Mb/s。

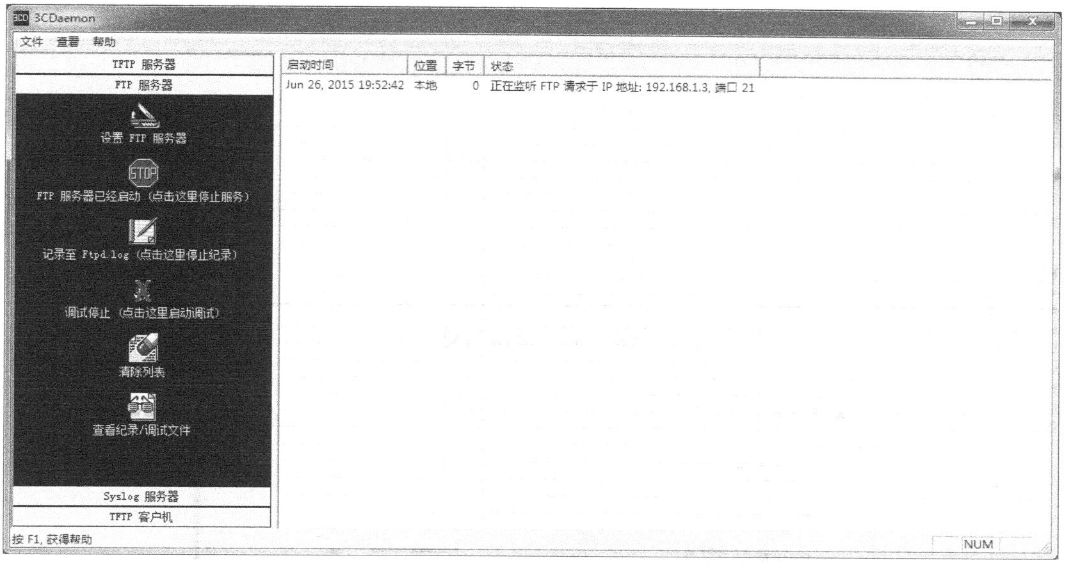

图 5-28　在 S-1 或者 S-2 上启动 FTP Server

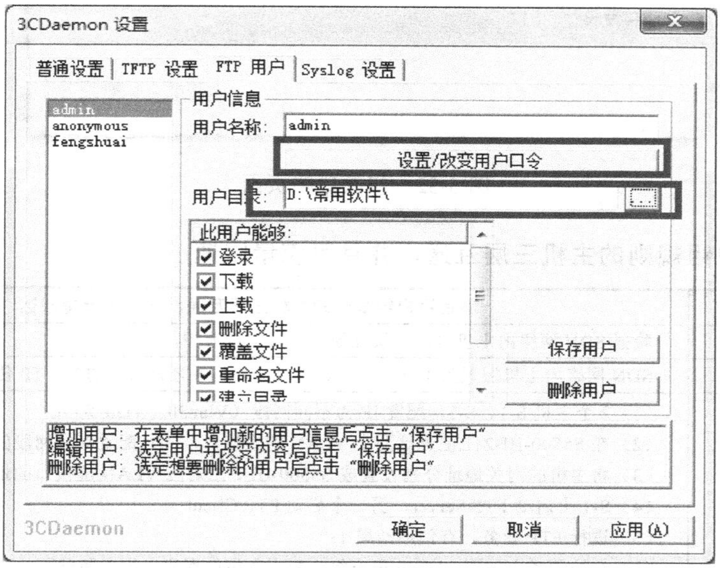

图 5-29　设置 3CDaemon

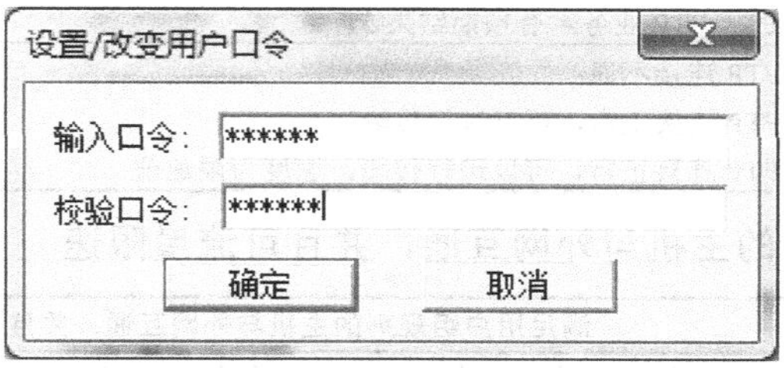

图 5-30　设定密码为 123123

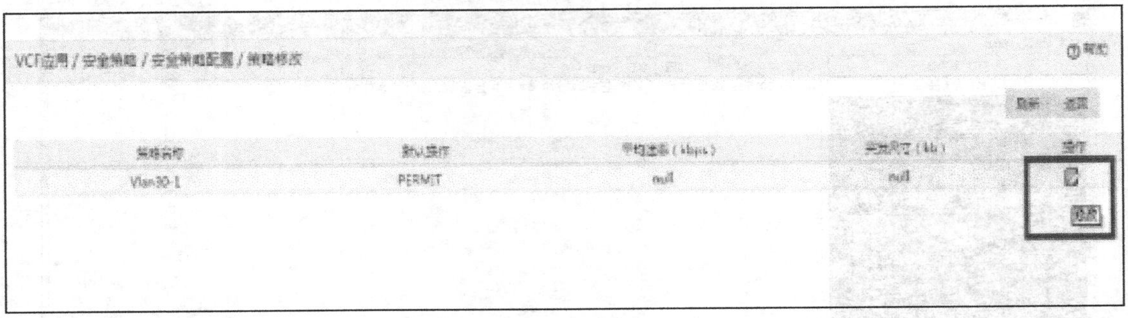

图 5-31　修改策略

图 5-32　修改策略页面

9．满足用户组规则的主机三层互通，并且可流量限速

实验项目	满足用户组规则的主机三层互通，并且可流量限速
实验目的	验证 SDN 网络内主机可以三层互通，并且支持流控
实验设计	SDN 网络内主机配置为不同 VLAN，地址为不同网段地址，进行 FTP 传输
实验过程	（1）2 个主机 S-1、S-3，配置 IP 为不同网段（Vlan30、Vlan40）； （2）在 S5500-HI-2 上配置这两个 VLAN 的虚接口，并且配置对应网段的网关地址； （3）将主机的网关地址分别设置成 S5500-HI-2 上对应 VLAN 虚接口的地址； （4）S-1 上启动 FTP Server，另一个启动 FTP Client； （5）进行 FTP 业务，有预期结果 1； （6）在控制器上创建 Vlan40 用户组，配置主机的网段，绑定策略； （7）进行 FTP 业务，有预期结果 2； （8）在控制器上已有策略，配置限速； （9）进行 FTP 业务，有预期结果 3
预期结果	（1）FTP 连接不通； （2）FTP 连接正常，可以进行传输； （3）FTP 连接正常，可以进行传输，速度为限速值

10．满足用户组规则的主机与外网互通，并且可流量限速

实验项目	满足用户组规则的主机与外网互通，并且可流量限速
实验目的	验证 SDN 网络内主机可以与外网互通，并且支持上行流控
实验设计	SDN 网络内主机与外网用户，进行 FTP 传输

续表

实验项目	满足用户组规则的主机与外网互通，并且可流量限速
实验过程	（1）在 S5500-HI-2 上连接一个 PC 做终端，配置其他网段的 IP（Vlan20），该终端的网关是 S5500-HI-2； （2）S-1 上启动 FTP Server，PC 上启动 FTP Client； （3）进行 FTP 业务，有预期结果 1； （4）在控制器上创建一个用户组，配置该网段； （5）进行 FTP 业务，有预期结果 2； （6）在控制器上创建一个策略，配置限速，然后修改用户组引用该策略； （7）进行 FTP 业务，有预期结果 3
预期结果	（1）FTP 连接不通； （2）FTP 连接正常，可以进行传输； （3）FTP 连接正常，可以进行传输，速度为限速值

5.6.3 北向接口功能支持

1．控制器 WEB UI 查看 SDN 交换机上的流表

实验项目	控制器 WEB UI 查看 SDN 交换机上的流表
实验目的	控制器管理 SDN 交换机后能通过 WEB UI 正常查看流表
实验设计	SDN 网络内存在同网段/不同的主机和网关的终端，主机之间的流表和默认流表和网络口流表 WEB UI 都能正常显示。
实验过程	（1）控制器与两个 S5120-HI 建立 OpenFlow 连接，单击控制器 UI 上的“运维监控”→“设备信息”中相应 S5120-HI 实例的 DPID 查看流表信息有预期结果 1； （2）在控制器上使能 BDDP 链路发现后，单击控制器 UI 上的“运维监控”→“设备信息”中相应 S5120-HI 实例的 DPID 查看流表信息有预期结果 2； （3）控制器上配置用户组规则，同网段间的主机互通，单击控制器 UI 上的“运维监控”→“设备信息”中相应 S5120-HI 实例的 DPID 查看流表信息有预期结果 3； （4）在控制器上配置用户组规则，不同网段间的主机互通，单击控制器 UI 上的“运维监控”→“设备信息”中相应 S5120-HI 实例的 DPID 查看流表信息有预期结果 4； （5）在控制器上配置用户组规则，S-1/2/3 与网关外的 PC 终端互通，单击控制器 UI 上的“运维监控/设备信息”中相应 S5120-HI 实例的 DPID 查看流表信息有预期结果 5
预期结果	（1）能正常显示 4 条默认流表； （2）能正常显示 2 条网络口流表； （3）能正常显示 S-1/2 的主机流表； （4）能正常显示 S-1/2/3 的主机流表； （5）能正常显示 S-1/2/3 及 PC 的主机流表

2．控制器 ResAPI 获取 SDN 交换机上的流表

实验项目	控制器 ResAPI 获取 SDN 交换机上的流表
实验目的	控制器 ResAPI 获取 SDN 交换机上的流表
实验设计	SDN 网络内存在同网段/不同的主机和网关的终端，主机间/主机和 PC 的流表和默认流表和网络口流表 ResAPI 都能正常获取

续表

实验项目	控制器 ResAPI 获取 SDN 交换机上的流表
实验过程	（1）控制器与两个 S5120-HI 建立 OpenFlow 连接，进入控制器的 API 界面，单击/datapaths GET /of/datapaths/flows 输入相应 S5120-HI-2 实例的 DPID，单击“try it out”有预期结果 1； （2）在控制器上配置用户组规则，主机与网关外的终端互通，进入控制器的 API 界面，单击/datapaths GET /of/datapaths/flows 输入相应 S5120-HI-1 实例的 DPID，单击“try it out”有预期结果 2； （3）控制器上配置用户组规则且绑定的策略开启限速功能，符合用户组规则的主机接入，进入控制器的 API 界面，单击/datapaths GET /of/datapaths/{dpid}/meters 输入相应 S5120-HI 实例的 DPID，单击“try it out”有预期结果 3
预期结果	（1）API 接口能返回 4 条默认流表的信息； （2）API 接口能返回 S-1/2/3 及 PC 的主机流表； （3）API 接口能返回 meter 流表

Datapath ID 查看方法为在菜单栏选择“运维监控”→“设备信息”→“Datapath ID”菜单，如图 5-33 所示。

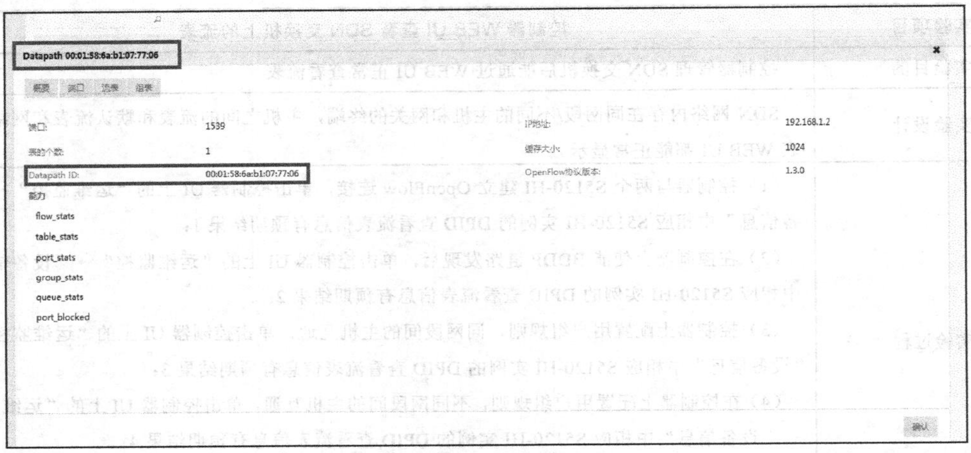

图 5-33　查看 Datapath ID

控制器 ResAPI 获取 SDN 交换机上流表的方法如图 5-34～图 5-38 所示。

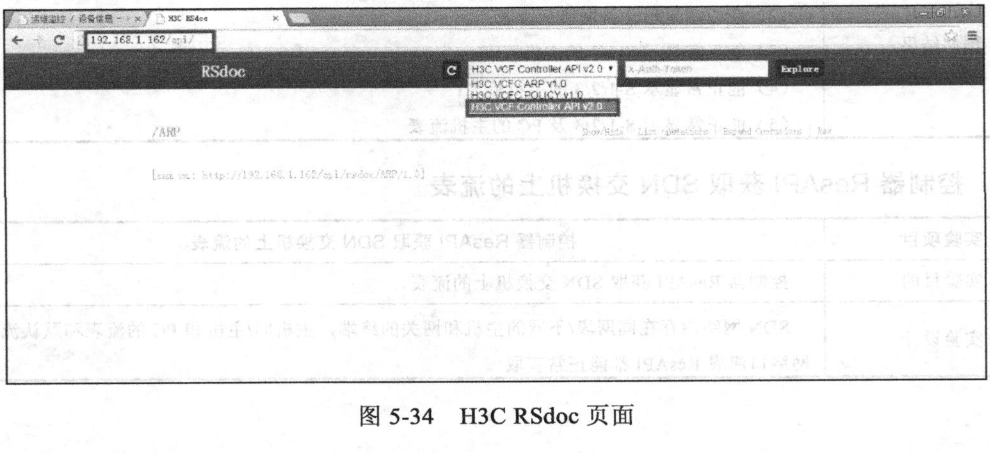

图 5-34　H3C RSdoc 页面

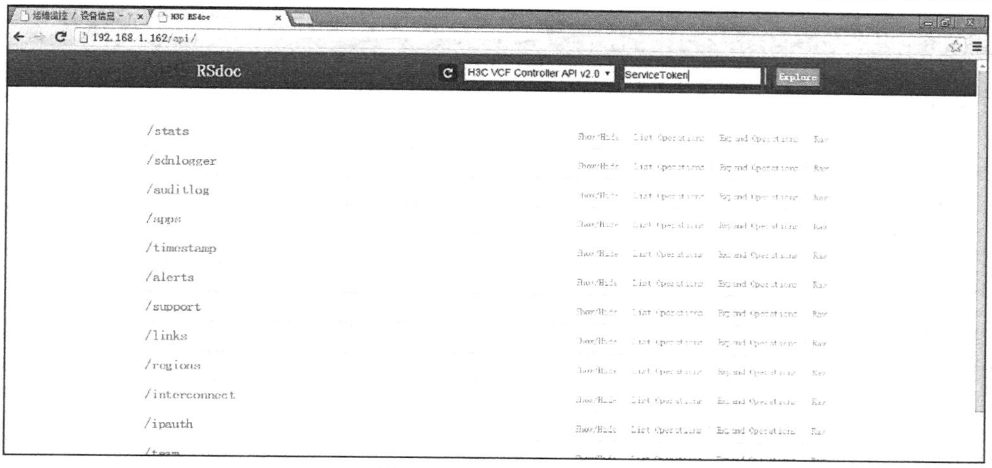

图 5-35 Server Token

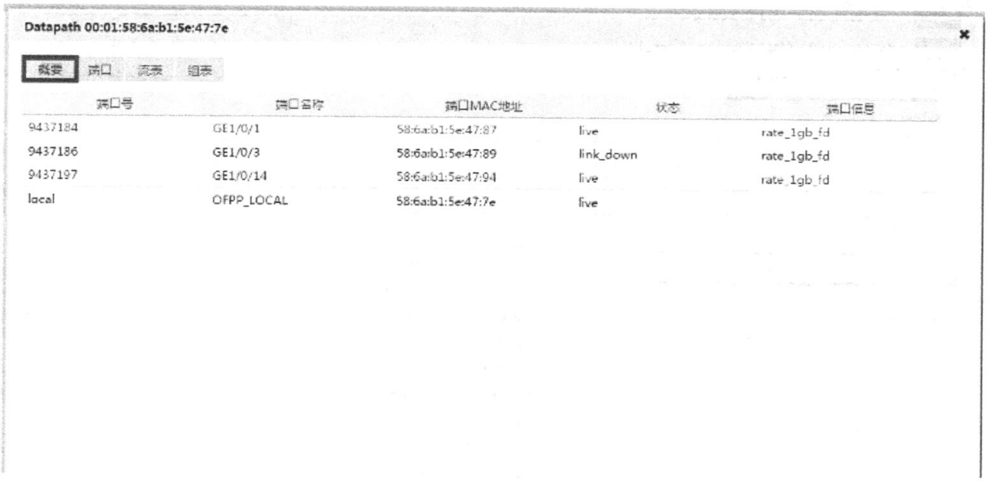

图 5-36 Datapath

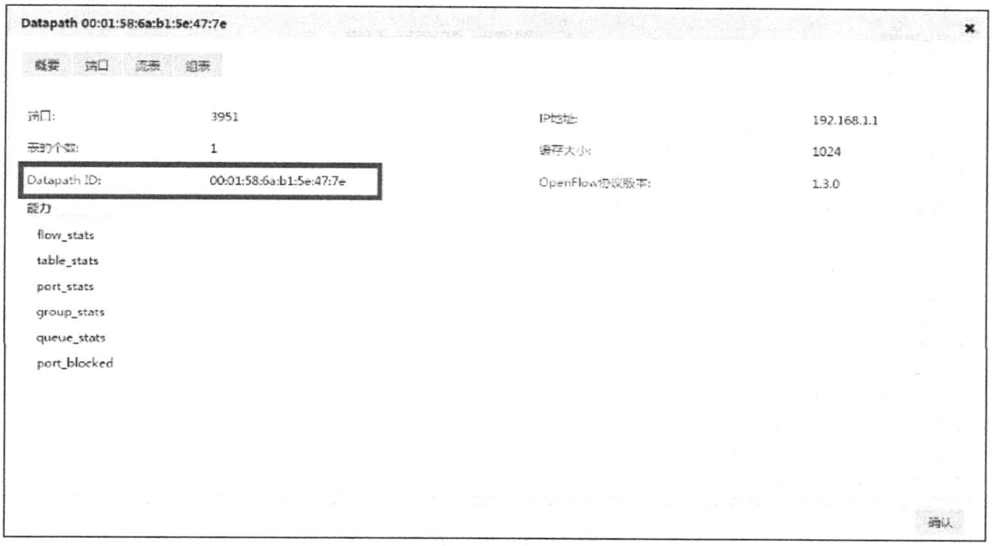

图 5-37 查看 Datapath

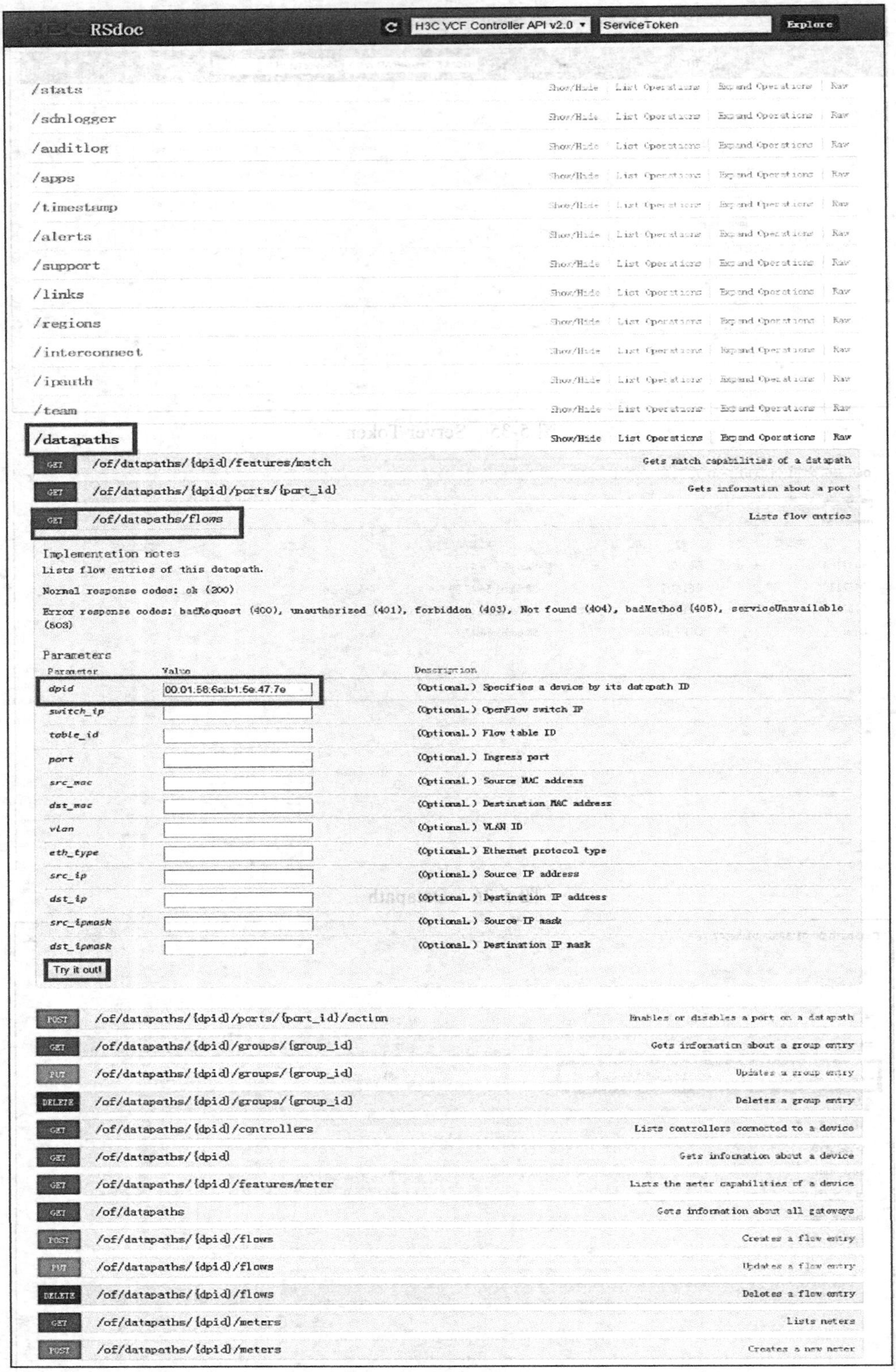
RSdoc
H3C VCF Controller API v2.0
ServiceToken
Explore
/stats
/sdnlogger
/auditlog
/apps
/timestamp
/alerts
/support
/links
/regions
/interconnect
/ipauth
/team
/datapaths
Show/Hide | List Operations | Expand Operations | Raw
GET /of/datapaths/{dpid}/features/match Gets match capabilities of a datapath
GET /of/datapaths/{dpid}/ports/{port_id} Gets information about a port
GET /of/datapaths/flows Lists flow entries
Implementation notes
Lists flow entries of this datapath.
Normal response codes: ok (200)
Error response codes: badRequest (400), unauthorized (401), forbidden (403), Not found (404), badMethod (405), serviceUnavailable (503)
Parameters
Parameter Value Description
dpid 00.01.58.6a.b1.5e.47.7e (Optional.) Specifies a device by its datapath ID
switch_ip (Optional.) OpenFlow switch IP
table_id (Optional.) Flow table ID
port (Optional.) Ingress port
src_mac (Optional.) Source MAC address
dst_mac (Optional.) Destination MAC address
vlan (Optional.) VLAN ID
eth_type (Optional.) Ethernet protocol type
src_ip (Optional.) Source IP address
dst_ip (Optional.) Destination IP address
src_ipmask (Optional.) Source IP mask
dst_ipmask (Optional.) Destination IP mask
Try it out!
POST /of/datapaths/{dpid}/ports/{port_id}/action Enables or disables a port on a datapath
GET /of/datapaths/{dpid}/groups/{group_id} Gets information about a group entry
PUT /of/datapaths/{dpid}/groups/{group_id} Updates a group entry
DELETE /of/datapaths/{dpid}/groups/{group_id} Deletes a group entry
GET /of/datapaths/{dpid}/controllers Lists controllers connected to a device
GET /of/datapaths/{dpid} Gets information about a device
GET /of/datapaths/{dpid}/features/meter Lists the meter capabilities of a device
GET /of/datapaths Gets information about all gateways
POST /of/datapaths/{dpid}/flows Creates a flow entry
PUT /of/datapaths/{dpid}/flows Updates a flow entry
DELETE /of/datapaths/{dpid}/flows Deletes a flow entry
GET /of/datapaths/{dpid}/meters Lists meters
POST /of/datapaths/{dpid}/meters Creates a new meter

图 5-38 返回流表

3．查看控制器支持的 REST API 接口支持情况

实验项目	查看控制器支持的 REST API 接口支持情况
实验目的	查看控制器支持的 REST API 接口支持情况
实验设计	控制器中的基础 REST API 接口的功能
实验过程	（1）单击控制器 REST API 中/sdnlogger 中的 post/get 有预期结果 1； （2）单击控制器 REST API 中/Regions 中的 post/get 有预期结果 2； （3）单击控制器 REST API 中/team 中的 post/get 有预期结果 3； （4）单击控制器 REST API 中/datapaths 中的 post/get 有预期结果 4； （5）在 REST API 页面最上方选择不同组件的 REST API 有预期结果 5
预期结果	（1）可以查看控制器打开 log 信息和查询 log 信息打开情况； （2）可以创建备份组和查看备份组的信息； （3）可以创建集群和查看集群的信息； （4）可以查看控制器管理设备的端口物理信息，可以创建流表和查看流表。 （5）控制器支持丰富的 REST API 接口

参考文献

[1] 刘冬喜. 微机局部网络中的传输介质与访问控制方式分析[J]. 科技通信：成都，1994:17-21.

[2] 刘轶康. 基于 OPNET 的无线局域网认证研究与仿真[D]. 西安：西安电子科技大学，2008.

[3] 纪辉进，魏华. VLAN 技术及其应用[J]. 软件导刊，2008(5):57-58.

[4] 张园，王青松. 无线局域网安全技术综述[J]. 计算机与现代化，2008(11):28-30.

[5] 陈立全. WLANAP 中二层隔离功能的实现[J]. 计算机工程，2005，31(4):50-52.

[6] 栗喧，张晓. 网络常用命令解析[J]. 健康大视野，2013，21.

[7] 沈鑫剡. 广域网原理、技术及实现[M]. 北京：人民邮电出版社，2000.

[8] MA Gallo，WM Hancock. Switched Multimegabit Data Service (SMDS)[M]. Networking Explained, 2002.

[9] 赵冬梅，郭荣华，赵佳. 网络安全技术与应用[J]，网络安全技术与应用，2006(8):90-91.

[10] 杨宏宇，孙济洲，谢丽霞. 面向 Internet 的 IPsec 安全体系结构[J]. 计算机工程与应用，2002，38(5):159-160.

[11] 吴企渊. 计算机网络[M]. 北京：清华大学出版社，2001.

[12] 胡道元. 计算机局域网[M]. 北京：清华大学出版社，2010.

[13] 赵思宇. 局域网组网技术与实训[M]. 北京：中国电力出版社，2014.

[14] 陈明. 计算机广域网络教程[M]. 北京：清华大学出版社，2008.

[15] 沈鑫剡. 广域网技术综述[J]. 北京：中国数据通信网络，2000，(08):2-6.

[16] 姜乐勇. 浅谈无线局域网(WLAN)技术[J]. 北京：信息技术与信息化，2012，(05).

[17] 张公忠. 现代网络技术教程[M]. 北京：电子工业出版社，2004.

[18] 梁亚声，计算机网络安全教程[M]. 北京：机械工业出版社，2008.

[19] 雷葆华. SDN 核心技术剖析和实战指南[M]. 北京：电子工业出版社，2013.

[20] 张朝昆，崔勇，唐翯翯，吴建平. 软件定义网络(SDN)研究进展[J]. 软件学报，2012(01).

[21] 徐恪，熊勇强，吴建平. 宽带 IP 路由器的体系结构分析[J]. 软件学报，2000，11(2):179-186.

[22] 朱培栋. 高性能路由器[M]. 人民邮电出版社，2005.

[23] 黎连业，张维，向东明. 路由器及其应用技术[M]. 北京：清华大学出版社，2004.

[24] 朱雁辉. Windows 防火墙与网络封包截获技术[M]. 北京：电子工业出版社，2002.

[25] 刚克维思(Goncalves，M.). 防火墙技术指南[M]. 北京：机械工业出版社，2000.

[26] 宿洁，袁军鹏. 防火墙技术及其进展[J]. 计算机工程与应用，2004，40(9):147-149.

[27] MichaelPalmer，RobertBruceSinclair，帕尔默，等. 局域网与广域网设计与实现[M]. 北京：清华大学出版社. 2003.

[28] 蒋建春，马恒太，任党恩，等. 网络安全入侵检测：研究综述[J]. 软件学报. 2000，11(11):1460-1466.

[29] 李涛. 网络安全概论[M]. 北京：电子工业出版社，2004.

[30] 徐泓江，朱刚亮. 计算机组网事项及故障排除[J]. 科技信息：科学教研，2007(17):55-55.

[31] 张朝昆，崔勇，唐翯祎，等. 软件定义网络(SDN)研究进展[J]. 软件学报，2015，26(1):62-81.

[32] ThomasD. Nadeau，KenGray，纳多，等. 软件定义网络：SDN 与 OpenFlow 解析[M]. 北京：人民邮电出版社，2014.